U0340381

全球治理与发展战略丛书

丛书主编：陶 坚

全球环境治理与我国的资源环境安全研究

史亚东◎著

知识产权出版社
全国百佳图书出版单位

图书在版编目（CIP）数据

全球环境治理与我国的资源环境安全研究 / 史亚东著. — 北京：知识产权出版社，2016. 6
（全球治理与发展战略丛书 / 陶坚主编）
ISBN 978-7-5130-4128-7

Ⅰ.①全… Ⅱ.①史… Ⅲ.①环境保护—研究—世界②资源管理—安全管理—研究—中国③环境管理—安全管理—研究—中国 Ⅳ.①X-11②F124.5③X321.2

中国版本图书馆CIP数据核字（2016）第069429号

内容提要

本书详细介绍了全球环境治理机制的主体、原则和政策工具，结合我国资源安全和环境安全的现状，针对参与全球环境治理对我国资源环境安全的影响进行了深入分析。作者以全球气候变化为例，探讨了当前全球气候治理机制存在的问题和未来的改进方向，以及对我国能源安全、水资源安全及粮食安全的影响，还具体分析了节能减排约束下我国能源价格风险和能源效率问题。

策划编辑：蔡 虹　　　　　　责任编辑：李 瑾　杨晓红
责任出版：刘译文　　　　　　封面设计：邵建文

全球环境治理与我国的资源环境安全研究
史亚东　著

出版发行：知识产权出版社有限责任公司	网 址：http://www.ipph.cn
社 址：北京市海淀区西外太平庄 55 号	邮 编：100081
责编电话：010-82000860 转 8392	责 编 邮 箱：lijin.cn@163.com
发行电话：010-82000860 转 8101/8102	发 行 传 真：010-82000893/82005070/82000270
印 刷：三河市国英印务有限公司	经 销：各大网上书店、新华书店及相关专业书店
开 本：787mm×1092mm 1/16	印 张：25.5
版 次：2016 年 6 月第 1 版	印 次：2016 年 6 月第 1 次印刷
字 数：460 千字	定 价：55.00 元

ISBN 978-7-5130-4128-7

以下呈现给读者的，是国际关系学院国际经济系师生的最新作品。它们是国际经济系课题组承担的"北京市与中央在京高校共建项目"的部分研究成果，取名为"全球治理与发展战略丛书"，共5种。

全球治理与中国，是贯穿这项课题研究的一条主线，一个既宏大、长远，又具体、直接关系到世界进步、国家繁荣和企业发展的问题。

陶坚教授主编、十多位老师和同学协力完成的《全球经济治理与中国对外经济关系》一书，以全球经济治理的大时代为背景，展开分析了中国对外经济关系涉及的多领域、多层面议题。上篇，着眼于找规律，启发思考。作者对全球治理的理论进行了深入剖析，揭示了国际经济秩序的变革与全球经济治理的内在关系，并从全球可持续发展的视角研究了全球环境治理问题。接着，以二十国集团、欧盟、东亚地区、美国为例，从不同角度切入，探讨了各自的政策和实践、对全球和地区经济治理的影响以及对中国的启示。下篇，立足于谋对策，紧扣中国。作者围绕中国参与全球经济治理的国家角色、现状和能力建设，人民币国际化，中美经贸不平衡关系的治理，对美欧贸易协作的应对，以及推行"一带一路"战略实施，提出了全面推动中国对外经济关系发展的系统、有见地、可行的政策建议。

张士铨教授在多年的教学实践中发现，在全球化和转型两个大背景下，我国国家治理体系面对着一个中心问题——如何处理增进国家经济利益和现有全球公共物品的相互关系。虽然它们都是现实存在并有多样化的表现方式，也是当今我国继续推动市场化改革获取国家利益，在此基础上谋求国际经济规则的制定权和发挥国际影响力的着力点所在，但为什么这样做，很多人尤其是学习国际关系的学生不甚了解。所以，他在专著《国家经济利益与全球公共物品》中，以由浅入深、由简到繁的方法，依次对国家面对的利益格局调整、国家利益的获得以及它们和全球利益的博弈关系，对国内公共物品和全球公共物品的需求和面对的矛盾逐一展开分析，并提出了精辟观点：第一，国家利益并非铁板一块，而是取决于内外环境的变化，不同利益集团的组合既超越了国界限制也打破了意识形态束缚；第二，增进一国的国家利益，必须说明并夯实各方的利益基础，否则国家利益就是空谈，无法实现；第三，国家利益有其内在结构，在一定外在环境下各种利益之间存在互补与替代关系，优先发展经济利益是取得国家利益的关键；第四，以问题为导向，分析利益格局和公共物品的供需关系。在国家实力提升、更主动参与全球治理体系的背景下，以提供"硬公共物品"为先导，逐渐对"软公共物品"发力，促进我国利益与全球利益融合，提升我国的全球影响力。

气候变化与环境保护是当前全球经济治理的重要领域。史亚东博士在《全球环境治理与我国的资源环境安全研究》一书中，详细介绍了全球环境治理机制的主体、原则和政策工具，结合我国资源安全和环境安全的现状，对参与全球环境治理对于我国资源环境安全的影响进行了深入分析。她以全球气候变化为例，探讨了当前全球气候治理机制存在的问题、未来的改进方向，以及对我国能源安全、水资源安全和粮食安全的影响，还具体分析了节能减排约束下我国能源价格风险和能源效率问题。

服务经济与服务贸易的兴起和发展已经在很大程度上改变了世界经济和贸易的格局，特别是区域经济合作进程不断加快，推动了服务贸易自由化在全球各地区的迅速发展，包括中国在内的东亚国家在国际服务贸易领域占据了越来越重要的地位。刘中伟博士的专著《东亚区域服务贸易自由化合作发展机制研究》，在总结借鉴服务贸易和服务贸易自由化理论研究的基础上，回顾东亚区域服务贸易发展现状，研究东亚区域框架下服务贸易自由化的合作发展机制和区域经济治理问题，并就中国参与区域服务贸易自由化合作进程提供政策建议和理论依据。一是通过回顾全球和东亚区域服务贸易发展格局，对东亚地区服务贸易总体状况和服务贸易自由化的发展特点与趋势进行了阐述。二是基于传统比较优势理论适用于服务贸易理论分析的观点，认为贸易自由化在提高经济效率、形成贸易效应方面的作用在服务贸易领域同样适用，并对东亚区域服务贸易自由化的积极作用明显。三是东亚区域服务贸易自由化的合作发展，一方面在于各经济体自身的服务业发展，服务生产要素资源在产业内的整合、互补和投入程度，具备开展服务贸易合作的基础；另一方面在于东亚各经济体要具有开展合作的意愿，并通过寻求签订服务贸易合作协议来实现服务贸易自由化。四是在全球价值链整合和服务业跨境转移背景下，东亚服务生产网络的形成与发展对东亚区域服务贸易体系和结构产生了深刻影响。构建有利于东亚地区长远发展的稳定、平衡的合作与治理机制，将最终成为东亚区域服务贸易自由化实现的制度保障。五是中国在参与东亚区域服务贸易自由化进程中，可以立足于比较优势和专业化分工深化，改善自身服务贸易出口结构；大力推动服务外包产业发展，加快促进服务生产要素自由流动；把握东亚服务贸易自由化合作进程重点，注重合作与治理机制整合发展；建立健全服务贸易政策体系，促进我国服务贸易可持续发展。据此，作者指出，当前东亚区域服务贸易自由化进程主要通过其共享机制、开放机制、竞合机制和经济增长机制四种机制，推动包括中国在内的东亚地区经济体深入开展服务贸易合作，完善区域开放性经济一体化和治理机制建设，促进东亚各国经济的可持续发展。

刘斌博士的《21世纪跨国公司新论：行为、路径与影响力》，重点围绕跨国公司的经济属性、管理属性和政治属性的"三维属性",从一个整合的层面,结合全球经济治理的视角,对其中的七大核心问题进行分析和阐述。全书通过对跨国公司的产业行为、经营行为、战略行为、组织行为、创新行为、垄断行为、主权行为进行纵向历史性总结分析,阐述了在相关领域内跨国公司行为的特点、模式、路径,以及产生的影响,特别是分析了21世纪以来的10多年间跨国公司在相关领域行为的新动向。本书将中国跨国公司的行为特点和发展现状视为一个重要的部分,分别在相关的章节进行了分析和说明,希望由此描绘一个对中国本土跨国公司分析的完整视图。

相信上述5部著作能够帮助读者从不同的视角,来观察和理解中国在全球治理中的角色,在不同领域面临的挑战,靠什么来维护国家利益,又如何扩大全球影响力。

作者们将收获的,是学术发表的喜悦和为国家经济发展建言献策的荣耀。

是为序。

陶坚(国际关系学院校长)

2015年7月16日于坡上村

　　21世纪，全球化来势汹汹，已经席卷了越来越多的民族和国家，面对全球化汹涌的浪潮，当前世界格局以及人类社会生活正受到深刻的影响。"全球化"的首个定义是"一个或者一系列包含了社会关系和社会交流的转变的进程——这些转变反映在它们的广度、深度、速度和影响方面，从而产生出洲际或者区域间的活动、互动和权力行使的流动和网络"（科尔曼，2013）。全球化理论强调社会生活的各个方面随着时间变化在空间上日益紧密联系和相互影响。越来越多的问题体现出这样的特点，例如经济、环境、文化和军事问题等。然而，面对全球化问题的严峻性，以国家主权为基础的国际政治结构和管理却显得无能为力。在此背景下，全球治理理论应运而生。全球化问题需要世界各国广泛合作，全球治理理论也因此对世界政治结构、国家主权下的政府管理体制，甚至是国家主权都形成一定挑战。因此，在当前形势下，全球治理与国家安全问题有着密切联系。

　　环境问题是最典型的一种全球化问题。从广义上看，所有环境影响随着时间都可以通过土壤、水、空气和生物等途径在空间和地域上传播；从狭义上看，全球环境问题特指全球气候变化、臭氧层破坏、海洋污染、酸雨问题以及生物多样性损失等威胁整个人类社会生存和发展的跨区域、跨国界问题。全球环境问题是全球治理理论重要的实践对象：一方面，环境问题的紧迫性迫使每一个国家都必须高度重视；另一方面，环境领域相对较少地涉及敏感问题，使得各国易于接受沟通和达成合作。然而，正如各国尤其是发展中国家，普遍担忧在全球化进程和全球治理中国家政治和经济安全遭受威胁一样，全球环境治理对国家安全亦会带来变化与挑战。全球环境治理对国家安全的影响最直接地表现在国家的资源和环境安全方面，而纵观国内外相关文献，无论是国际政治、资源环境，还是经济学领域，都鲜有同时涉及上述两个方面并深入的研究。基于此，本书在详细阐述全球环境问题和全球环境治理机制的基础上，着重对全球环境治理对我国资源环境安全方面的影响进行了深入剖析，结合当前最受关注的全球气候变化问题，具体研究了全球气候治理机制下我国能源安全、水资源安全和粮食安全等问题。全书的主要结论如下：

一、全球环境治理是在多元治理主体下，由一系列协议、组织、原则和程序所组成的复杂网络。在多元化的治理主体中，以联合国及其分支机构所代表的国际政府间组织发挥了主导作用。但是应当看到，在应对气候变化等治理实践中，联合国体系正在饱受诟病，其治理效果并不理想。尽管当前国际非政府组织还有许多局限性，但在全球环境治理机制改革中其一定会发挥更加重要的作用。

二、有效的全球环境治理机制的建构，首先需要解决在国际环境合作中诸多关于公平原则的争论。在实践中，"共同但有区别的责任"原则作为一项公平准则已经在国际社会达成共识。但各国针对"什么是共同的责任""什么是有区别的责任"却没有形成统一认识。这导致在气候变化领域，发达国家与发展中国家在减排责任分担上争论不休，国际气候合作陷入停滞。本书认为，"共同但有区别的责任"应当指的是原则的"共同性"和结果的"有区别性"。针对全球气候变化问题，本着公平原则，应当建立一套适于全球所有国家的统一标准，在此标准下得到每个国家不同的承担责任的结果。同时，公平原则应当满足促进国际合作广泛实现的目标，并且不以效率作为首要的和唯一的目标。

三、得益于经济学理论和环境经济学发展，在全球环境治理实践中可以借助多种市场化政策工具，来提升治理绩效。这些工具包括以博弈论为理论指导的国际环境协议、建立在科斯产权交易理论之上的污染权交易机制以及包含环境税在内的其他金融财税机制等。在全球气候治理实践中，碳排放权交易作为主要的市场化工具得到了广泛的应用，不管是在国内还是国际上，统一的碳市场的建立将有很大前景。

四、气候变化是当今国际社会面临的最为棘手的环境问题。虽然应对气候变化的行动历程已经经历了二十多年，但全球控制温室气体排放的效果却不尽如人意。本书认为全球气候治理机制的改进有三个主要方向：一是改变属地责任的碳排放记账原则，通过同时考虑生产者责任和消费者责任，构建新的碳排放责任认定标准，作为静态减排责任分担机制的基础；二是在历史数据缺失的情况下，坚持"发达国家率先减排"的原则，以体现历史责任的要求；三是通过设立以人均消费作为减排门限的方法，建立起考虑各国未来发展情况的动态减排责任分担机制。

五、资源安全和环境安全都归属于国家非传统安全领域。其中，资源安全的内涵中包含了经济含义、物质含义和环境含义三个层次，而经济含义是资源安全最为重要的领域。由于影响环境安全的因素是跨国界和跨区域的，国家环境安全要求以人类整体利益为终极目标，这将对国家绝对主权观形成一定挑战。当前，我国资源安全的现实基础比较脆弱，环境质量总体上保持稳定，但污染问题依然严重。通过建立我国资源环境承载力指标体系，可以看出我国资源环境承载力虽仍不乐观，但总体呈改善趋势。

六、我国正在积极地参与国际环境合作和全球环境治理实践。然而，在我国参与全球环境治理初期，由于环境成本上升，可能引发资源的价格安全风险和国内供应的数量安全风险；随着我国参与全球环境治理进程的深入，资源的对外依存风险加大。长期来看，随着治理进程的深入和治理主体的多元化，参与全球环境治理对维护我国资源安全是有积极意义的。

七、全球气候治理与我国能源安全有着紧密联系。在节能减排的压力下，我国能源结构、能源消费、能源生产以及能源产业和技术都会受到深刻影响。利用实证分析方法可以得到：如果我国实现匀速减排，能源效率会显著降低；同时，在节能减排日趋严格的约束下，企业面临的国际油价风险也在逐渐提高。当前，中央提出"能源革命"，并首次将其提升至国家长期战略的高度，彰显新形势下国家对保障能源安全的高度重视。在此背景下，配合"一带一路"战略实施，将是未来我国实现开放条件下能源安全的有力保障。

八、我国水资源总量丰富、人均贫乏，时空分布不均，水资源安全性较低，气候变化、气温上升加剧地面蒸发作用，改变降水的时空分布，加速冰川消融，减少主要河流径流量，进一步恶化我国的水资源安全状况。同时，水资源危机也不可避免地增加温室气体排放、减少碳汇量。气候变化与水资源危机间形成恶性循环。保障粮食安全始终是我国治国安邦的头等大事。随着气候变化、城市发展大量占用耕地情况的出现，我国粮食安全的不确定性加大。气候变化导致的干旱、洪涝、冰雹、霜冻等农业气象灾害的增加，加大了确保粮食安全的难度。改良品种、改进农作物种植制度，增强预防和抵抗灾害能力，是保障粮食安全的重要手段。

本书的研究立足于资源环境经济学与可持续发展经济学理论基础之上，同时又综合了国际政治和国际关系等多个学科知识。对于全球环境问题及全球气候治理的相关研究，本书吸收了笔者已经出版的《全球可持续发展经济学》的部分研究内容；对既有的相关研究成果，本书亦尽可能地纳入其中。当然，由于时间和能力所限，本书的研究成果还存在着许多不足之处，在此还请各位读者不吝赐教，激励笔者在今后的研究中不断充实和完善。

第一章 全球环境治理：理论与现状

全球环境问题，即跨国界的生态破坏与环境污染问题，主要包括全球气候变暖、酸雨问题、臭氧层破坏、生物多样化损失和污染物跨界运输等。就其实质来看，全球环境问题是全球不可持续问题的现实表现和直接后果。可持续发展，是人类赖以生存的自然生态系统的可持续性得以保障，及生态可持续所限制的"全球经济规模"不被突破条件下的发展。20世纪后半叶到21世纪初以来，全球环境问题日益严峻，全球生态足迹濒临极限。

全球环境问题的解决依赖于有效的全球环境治理机制的建立。全球环境治理具有如下基本特征：治理主体的多元化，治理机制的网络化，以及必须处理地域和时域两个维度上的公平与正义问题。

在当前全球环境治理机制中，以联合国环境规划署为代表的国际政府间组织承担了主要的治理责任。然而面临全球化严峻的挑战，联合国体系的价值观正遭受质疑，其面临的困难主要有：国家议程的边缘化、执行不力、凝聚力低、组织基金缺乏以及全球性政策不充分等。在联合国体系饱受诟病的背景下，其分支机构的治理效果也难以令人满意。与此同时，国际非政府组织在治理实践中被寄予厚望，但要使其成为主要力量还有一些局限性。

第一节 全球环境问题背景介绍 ①

全球环境问题，主要指跨国界的生态环境问题，表现为环境污染和生态破坏，虽在一国领土内产生，却影响全球所有国家和地区。全球环境

---

① 本节内容参见：钟茂初、史亚东、孔元：《全球可持续发展经济学》，经济科学出版社2011年版。

问题是全球不可持续发展的现实表现和直接后果，解决全球环境问题必须扭转当前不可持续的发展模式。20世纪后半叶以来，以气候变暖、臭氧层破坏、酸雨问题、生物多样性破坏等为典型代表的全球环境问题日益严峻，全球生态足迹濒临极限。应对全球环境问题已经成为国际社会最为棘手的问题之一。

一、全球环境问题——不可持续发展的现实表现

可持续发展概念的提出，源于工业化所带来的一系列不可持续问题（生态环境问题）。而不可持续问题的影响多数都是全球性的，其实质就是对地球生态系统（全球人类生存系统，是人类作为一个整体的根本利益）的损害。随着工业化和全球化的进展，气候变化、温室效应、臭氧耗竭、酸雨等一系列全球性环境问题对人类生存与发展构成严重威胁，成为关系人类整体生存发展的重大全球性问题。世界上任何经济活动导致的生态环境影响都是跨国性的，在解决生态环境问题的过程中也都是全球性的，没有一个国家和地区可以独立解决外界或自身引发的全球性环境问题。经济的全球化进程，更加使得环境问题向全球联动性的方向变化。联合国环境规划署在《全球环境展望2000》的序言中指出①，历史上没有任何危机像环境危机这样清楚地表明各国之间的相互依存。全球气候变暖、臭氧层空洞、有毒废物转移、水资源短缺、森林锐减、物种消失等问题并非局部性的，而是超越了国界，具有了全球性质。尽管各国都各自存在着不同程度的资源与环境问题，但全球性的生态环境问题毕竟是当今世界面临的最主要问题。世界性的环境问题，比各国环境问题的总和还要大。这样，就不能单凭各个国家独立的力量获得解决。毫无疑问，需要超越本国的自身利益，通过国际间的合作，共同对付威胁全球的各类环境问题。

全球环境问题实质就是全球不可持续问题的现实表现和直接后果。"不可持续问题"是与"可持续发展"反向对应的。可持续发展，是指人类赖以生存的自然生态系统的可持续性得以保障，及生态可持续所限制的"全球经济规模"不被突破条件下的发展（人类经济社会的发展，必须

---

① 联合国环境规划署：《全球环境展望2000》，中国环境科学出版社2000年版。

时刻顾及人类经济社会活动不可突破的界限，这才是"可持续发展"的根本！）①。由此可知，不可持续问题是指，由于人类经济社会活动过度行为，导致人类赖以生存的自然生态系统的可持续性被破坏，生态可持续所限制的"全球经济规模"被突破。亦即，人类赖以生存与发展的各种条件（大气、水、海洋、土地、矿藏、森林、草原、野生生物种群等构成的地球生态系统）遭到破坏而导致人类生存危机的问题。"不可持续问题"在20世纪后半期直至21世纪初期发展到了极其严重的阶段。

（一）全球环境问题的归纳

1987年，世界环境与发展委员会（The United Nations World Commission on Environment and Development, WCED）发表了题为《我们共同的未来》（Our Common Future）的报告，该报告列举了世界上发生的一系列令人震惊的环境事件，指出世界上存在着急剧改变地球和威胁地球上许多物种（包括人类生命）的环境趋势，系统地阐述人类面临的一系列重大经济、社会和环境问题。这份报告中包含了大量的历史资料和各种数据，涉及当今人类面临的16个严重的环境问题。②这些问题至今没有根本性的改变，甚至有日益深化的趋势。

（1）人口呈几何级数增长且分布结构不合理，给全球社会和环境带来极大的压力，人类面临"僧多粥少"的局面。

（2）土壤流失和土壤退化。土壤是生物生长之本，土壤质量极大地影响着人类的生活质量，土壤极度贫瘠会使人类失去生存条件。而今全世界每年损失1 000万公顷的灌溉土壤，且无机肥的大量使用使土壤肥力不断下降。

（3）沙漠化面积呈扩大化趋势，不断有土地被风化成为沙漠。沙漠与人类长期在争夺土地，全球每年有600万公顷有生产力的土地被沙漠化。

（4）森林锐减，林政秩序混乱。全世界每年有1 100多万公顷的森林遭受破坏，平均每分钟有20公顷森林从地球上消失。森林带来的环境效益

---

① 钟茂初：《可持续发展"的意涵、误区与生态文明之关系》，《学术月刊》2008年第7期。

② 世界环境与发展委员会：《我们共同的未来》，吉林人民出版社2004年版。

要远远大于木材的价值，但由于能源及其他生活用品对木材的需求，使得森林在无节制的采伐中不断消失。

（5）大气污染和酸雨的危害日益严重。人类在进行物质生产时，大量的废气、烟尘被排放到空气中，日积月累超过自然界能够净化的数量，使得大气质量不断下降而影响到人类的生活环境，更为严重的是被排出的废气在空气中形成酸雨，对人类、对植物都造成危害，每年都有大量的森林因为酸雨而遭到破坏。

（6）水污染不断加剧。工业生产、人类生活的废弃物、空气的污染导致了水污染的加剧，给人类健康带来严重危害，当水资源遭受严重污染时，人类对水资源的基本需求得不到满足。

（7）温室效应。由于化石燃料的巨量使用，导致大气中CO_2的浓度过高，而导致"温室效应"。地表温度的升高，导致海平面的上升，使得海洋向陆地进发，给人类带来很大的危害。

（8）臭氧层的破坏。由于臭氧层的存在，人类才不至于遭受过多的太阳紫外线辐射。但现代工业社会向大气中大量排放诸如氟利昂之类的损耗臭氧层的物质，使得臭氧层遭到破坏，给人类健康安全带来极大的危害。

（9）物种灭绝。目前地球上的物种正以前所未有的速度灭绝，相当多的动植物在人类的威胁下逐渐退化，这就必然损害了生态系统物种多样化的要求，表征生态系统出现了问题。

（10）化学制品的滥用。人类使用着7万~8万种化学制品，且每年又有1 000~2 000种新产品投入使用，大量的化学制品使用造成严重的环境问题，其造成的影响已经远远超过了环境的自净化能力。

（11）海洋污染严重。人类总是把海洋当成最大的垃圾场，全世界每年有几十亿吨废物倒入大海，由于油船泄漏等原因大量石油流入海洋，海洋沿岸各种设施、工厂的建设也使近海遭受严重污染，海洋生物遭受灭顶之灾。

（12）能源消耗与日俱增。全球每年能源消耗超过10兆千瓦时。能源消耗增长促使人类加剧对自然界的开发，而形成恶性循环的环境问题。

（13）工业事故频发。放射性物质、有毒物质的泄漏事故不断发生，这些物质的扩散导致土壤失去可耕性，危及广大地域人群的健康安全，影响各种生物的生长力。

（14）军费开支巨大。世界每年军费开支约1万亿美元，军事科学的进步、军事装备的发展、核武器的扩充都给人类环境安全带来了严重的威胁。

（15）贫困加剧。贫困促使人类对资源进行更无节制的开发，对环境资源造成巨大的压力，而环境资源的破坏（如森林退化、过度放牧、土地过度使用等）又加重了贫困。这种贫困与环境破坏的恶性循环，使得贫困与环境问题不断地深化。

（16）自然灾害增加。20世纪70年代死于自然灾害的人数是20世纪60年代的6倍，受灾害人数是20世纪60年代的2倍，此后的情形更甚。这些自然灾害（特别是极端的气候灾害）的发生大多与生态环境的不断恶化有关。

（二）全球环境问题日益严峻

从1987年至今，全球生态环境进一步恶化。2007年10月，联合国环境规划署（United Nations Environment Programme, UNEP）发布了《全球环境展望4：旨在发展的环境》（Global Environment Outlook 4: Environment for Development, GEO4）①，发表的数据说明人类对地球生态系统继续过度利用并对环境产生了严重的负面影响。为地球"会诊"的结果令人触目惊心：自1987年以来的20年间，人类消耗地球资源的速度已经将我们自身的生存置于岌岌可危的境地。这份报告，分别对大气、土地、水和生物多样性进行评估，并在评估的基础上对各地区以及全球环境进行分析和预测。报告指出，环境变化的威胁是目前迫在眉睫的问题之一，人类社会必须在21世纪中叶之前大幅减少温室气体的排放。1987—2007年地球生态系统的变化体现在以下方面。

（1）地球总人口增长了34%，达到67亿人，全球人均年收入增长40%，达到8 162美元。

（2）地球每年失去7.3万平方千米森林，相当于英国威尔士面积的3倍。

---

① 联合国环境规划署：《全球环境展望GEO4：旨在发展的环境》，中国环境科学出版社2008年版。

(3)为了灌溉或发电需要，人类已在世界60%的主要河流上建水坝或令其改道。

(4)淡水鱼数量下降50%。

(5)全世界一半以上的城市超出世界卫生组织制定的污染标准。

(6)由于全球人口的膨胀，地球的生态承载力已经超支1/3。人类农田灌溉已经消耗了70%的可用水。水需求量的日益增长将成为缺水国家无法承担的负担。

(7)当前生物多样性锐减的速度也是人类历史上最快的。在已经被全面评估的脊椎动物物种中，30%的两栖动物、23%的哺乳动物和12%的鸟类的生存受到威胁。

该报告还分析了由于生态环境变化对人类生存条件产生的影响和将要产生的影响：

(1)气候变化可能对全球7个地区带来影响。

(2)气温升高2 ℃是一道坎。气候变化给我们的生活带来的影响"清晰明了"，人类的活动对这种变化起了决定性作用。自1906年以来，全球温度升高了大约0.74 ℃，21世纪预计还会升高1.8～4 ℃。部分科学家认为全球平均温度比工业化前水平升高2 ℃是一道坎，超过这道坎，就极有可能造成重大的、不可逆转的危害。目前的发展态势对于稳定温室气体排放没有起到积极的作用。1990年到2003年，航空运输里程数增加了80%，船运荷载量从1990年的40亿吨增加到了2005年的71亿吨。每个领域都使能源需求大大增加。尽管消耗臭氧层的物质很大程度被淘汰，但是南极上空的臭氧层空洞现在比过去更大了，使有害的太阳紫外线辐射得以到达地球表面。

(3)污染和食物短缺加剧。因环境原因而导致的疾病占所有疾病的1/4。估计全世界每年有200万人因室内或室外空气污染而过早死亡。发达国家在治理污染方面所取得的一些成就是以牺牲发展中国家的利益为代价的，他们正在将其工业生产及其影响出口到发展中国家。不可持续的土地使用方式造成了土地退化，成为与气候变化及生物多样性损失一样严重的威胁。它通过污染、土壤侵蚀、富营养化、缺水、土地含盐量增加以及生态圈的断裂已经威胁到全球1/3的人口。人口增长、过度消费以及不断从消费谷物变为消费肉类，这些都使将来对食品的需求会比目前的数字增加2.5～3.5倍。而全球生物多样性所面临的形势不容乐观，60%的生态系统的功能已经退化或正以不可持续的方式在使用，从1987年到2003年淡水脊椎动物的总数平均减少了将近50%，比陆地和海洋物种减少的速度快很多。

（4）全球水环境状况严峻。全球各大河流中，每年有10%因灌溉需求有部分时间不能抵达大海。到2025年，预计在发展中国家水的浪费率将上升50%，而在发达国家也要上升18%。这种上升态势对水生态系统有潜在影响①。

由此可见，从发展趋势来看，自1987年《我们共同的未来》的报告提出至今，前述问题不仅没有得到根本性的遏止，而且每一问题都在不断深化，越来越严重地对全球生态环境产生着全局性的影响，这些影响不可避免地要由未来世代的人类所承担。

二、全球生态足迹濒临极限

（一）生态足迹概念的提出

"生态足迹"（Ecological Footprint）是由加拿大学者E.Rees William和Mathis Wackernagel于20世纪90年代初提出的一种度量人类活动对生态影响的方法，是一组基于土地面积的量化指标，形象的表述是："生态足迹"是"一只负载着人类与人类所创造的城市、工厂……的巨脚踏在地球上留下的脚印"。生态足迹这一形象化概念即反映了人类对地球环境的影响。这就是，当地球所能提供的土地面积容不下这只"巨足"时，其上的城市、工厂就会失去平衡；如果"巨足"始终得不到一块允许其发展的立足之地，那么它所承载的人类文明将最终坠落、崩毁。由于任何人都要消费自然提供的产品和服务，均对地球生态系统构成影响。只要人类对自然系统的压力处于地球生态系统的承载力范围内，地球生态系统就是安全的，

---

① 联合国环境规划署：《全球环境展望GEO4：旨在发展的环境》，中国环境科学出版社2008年版。

人类经济社会的发展就处于可持续的范围内①。如何判定人类是否生存于地球生态系统承载力的范围内呢？Wackernagel（1997）通过测定现今人类为了维持自身生存而使用的自然的量来评估人类对生态系统的影响。简单地说，所谓"生态足迹"，是指人类生产和消费过程中占用自然的面积，这其中还包括自然为了处理人类的排泄物、污染物所需要的面积。如一个人的粮食消费量可以转换为生产这些粮食所需要的耕地面积，他所排放的二氧化碳总量可以转换成吸收这些二氧化碳所需的森林、草地或农田的面积。生态足迹的计算是基于：①人类可以确定自身消费的绝大多数资源及其所产生的废弃物的数量。②这些资源和废弃物能转换成相应的生物生产土地面积。因此，任何已知人口（一个人、一个城市或一个国家）的生态足迹是生产这些人口所消费的所有资源和吸纳这些人口所产生的所有废弃物所需要的生物生产土地的总面积和水资源量。通过跟踪国家或区域的能源和资源消费，将它们转化为提供这种物质流所必需的生物生产土地面积，并同国家和区域范围所能提供的这种生物生产土地面积进行比较，能为判断一个国家或区域的生产消费活动是否处于当地生态系统承载力范围内提供定量的依据。

生态足迹分析思路是：人类负荷，是人类对环境的影响规模，由人口自身规模和人均对环境的影响规模共同决定。可用生态足迹来衡量人类负荷：人类要维持生存必须消费各种产品、资源和服务，人类的每一项最终消费的量都追溯到提供生产该消费所需的原始物质与能量的生态生产性土地的面积。所以，人类系统的所有消费，理论上都可以折算成相应的生态生产性土地的面积。在一定技术条件下，维持某一物质消费水平下的某一人口规模的持续生存必需的生态生产性土地的面积即为生态足迹。一个地区的生态承载力小于生态足迹时，出现生态赤字。生态赤字表明该

---

① M. Wackernagel and W. Rees（1996）："Our Ecological Footprint: Reducing Human Impact on the Earth". Gabriola Island, BC: New Society Publishers; M.Wackernagel（1994）："Ecological Footprint and Appropriated Carrying Capacity: A Tool for Planning Toward Sustainability". (PhD thesis), Vancouver, Canada: School of Community and Regional Planning, The University of British Columbia; Wackernagel M, et al.（1999）："National Natural Capital Accounting with the Ecological Footprint Concept", "Ecological Economics".

地区的人类负荷超过了其生态容量,要满足其人口在现有生活水平下的消费需求,该地区要么从地区之外进口欠缺的资源以平衡生态足迹,要么通过消耗自然资本来弥补收入供给流量的不足。Wackernagel(1997)在《国家生态足迹》(Ecological Footprint of Nations)的论文中,对52个国家和地区的生态足迹进行了计算。结果表明:

(1)全球人类活动与生态承载力关系已十分紧张。全球总生态足迹远远超过总生态承载力,超支35%。为实现可持续性,必须消除高达35%的生态赤字。

(2)对地球影响最大(总生态足迹最大)的5个国家依次为:美国、中国、俄罗斯、日本、印度。其中,中国和印度虽然人均生态足迹低于世界平均水平,但因人口规模很大,所以总的生态足迹很高,对环境影响规模很大。而其他三国,虽然人口规模远低于中国和印度,但人均生态足迹很高,所以总的生态足迹很高,对环境影响规模很大。

(3)地球生态承载力接近临界。净初级生产力(NNP,全球光合作用产物供给人类活动的比率)是有效衡量经济规模对地球生命承载能力的指标,事实上规定了人口和经济的发展规模。目前,地球上所有陆生生态系统每年的净初级生产量的40%直接或间接地为人类所利用或破坏,也就是说,如果人类生产和消费模式不变的话,那么人类人口只要增加一倍就将消耗掉地球上全部的净初级生产量,也就是说,人类的生存基础即将达到承载能力的极限[①]。

(二)全球呈生态赤字状态

世界自然基金会(World Wide Fund for Nature, WWF)发布了"地球生态报告"系列报告,检验了149个国家的自然及资源状况,主要目的是探索人类对地球的冲击。《2004年地球生态报告》指出,地球的"健康状况"正在急剧地衰退,起因是人们对于自然资源的消耗量日益增加,北美洲的发达国家对资源的浪费尤其严重。这些区域的发展及消耗更多的资源,对于地球资源的压力将会不断增加。人类消耗自然资源的速度比大自然更新的速度要快,除非各国政府重新恢复对自然资源的消耗和地球再生能力间的平

---

① M. Wackernagel: "Ecological footprints of nations", 1997. http://ucl.ac.uk.

衡,否则将无法偿还这些生态债务。报告显示,人类的"生态足迹"从1961年以来已增长了2.5倍。当今人类平均的生态足迹为:平均每个人使用了2.2公顷的土地所能提供的自然资源,这是将地球的113亿公顷富有生命力的土地和海洋区域除以全球61亿人口计算得出的;然而,实际上地球所能提供的资源限度是每个人1.8公顷,人均生态赤字达0.4公顷,全球整体呈生态赤字状态。"生态足迹"的值越高,人类对生态的破坏就越严重。由于人类过度开发自然资源的情况越来越严重,导致湿地、草原、森林、海洋等良性生态区域的面积减少,或者使其遭到了不可逆的破坏。

人类的资源消耗量以及制造的废物在2003年就已经超过了地球生态能力大约25%。"生态足迹"不断扩大的状况在工业化国家尤其严重,其社会成员正在以难以维持地球可持续发展的极端水平消耗资源。北美人均资源消费水平是欧洲的2倍,是亚洲和非洲的7倍。在所有国家中,阿联酋以其高水平的物质生活和大规模的石油开采导致其人均生态足迹达9.9公顷,是全球平均水平的4.5倍;美国、科威特紧随其后,以人均生态足迹9.5公顷位居第二。而中国排名第75位,中国人均自然资源消耗量为1.5公顷,虽然低于全球平均值,但由于人口太多,国土所能提供的人均资源限度仅为0.8公顷,人均生态赤字高于全球的平均水平。

随着生态赤字的增长,欧洲环境署认为当今世界流行的地缘政治划分可能将会由现在按经济划分的发达国家和发展中国家,转变成按资源划分的"生态负债国"和"生态债权国"。生态负债国是指一国的总体消耗大于其自身生态系统的供应能力。生态债权国拥有生态盈余,本国居民的生态足迹低于本国的人均可用生态承载力。1961年,147个国家中仅有26个是生态负债国,但是到2003年,90个国家出现了生态赤字。生态债权国的生物承载力盈余,可以不开发,也可以开发之后出口到别的国家。尽管是盈余,但是如果不合理管理生态系统,生态承载力仍可能被过度利用。

仅有生态盈余,尚不能创造人类福祉。满足可持续发展目标(所有人以自然的方式生活)的发展,可以通过生态足迹(人类对自然需求的指标)和人类发展指数(Human Development Index HDI,基本的人类发展指标)相结合来共同检验。联合国开发计划署每年发布一次人类发展报告。符合可持续发展目标的发展,应允许所有人用自然的方式过充实的生活,而且还可以通过两个指标来检验，即生态足迹——表示人类对自然需求的指标，人类发展指数——基本的人类发展指标。联合国开发计划署认为一国的人类发展指数超过0.8就是高人文发展水平。全球人均生态足迹低于1.8全球公顷（全球人均可用生态承载力），意味着这个国家的生活方式可以在全世界范围内持续复制。可持续发展要求世界在平均水平上满足这个要求。就地区而言，2003年，亚太和非洲需求低于人均1.8全球公顷，而欧洲和北美的人类发展指数高于0.8。世界上任何地区和全世界总体都不满足可持续发展的标准。在国家水平上，根据向联合国提交的报告，拉丁美洲的一些国家接近可持续发展[1]。

（三）经济全球化对全球环境问题的影响

经济全球化的重要后果之一就是由于经济迅速增长而使地球生态支持系统迅速达到极限，而全球贸易自由化加剧了全球性生态危机。主要表现在以下几方面[2]。

（1）经济全球化，使全球经济主体都卷入资本主导的全球经济体系，国家间和企业间的恶性竞争最大化地破坏全球生态环境。迄今为止的经济全球化都是由资本主导的，所有参与全球化的主体都把经济增长和利润增长作为核心目标。在竞争的压力下，资源的有限性和自然生态系统的价值被忽略，都采用了不计生态成本的生产方式，进而重复着环境破坏的后果。无论是资本主义制度之内还是之外，都无法逃离这一恶性逻辑，资本主导的全球化使全球生态环境陷于困境。

（2）全球贸易自由化，加速了地球生态资源前所未有的消耗，直接威胁着地球的生物多样性系统。贸易自由化给全球生态环境带来了多方面影响，如全球木材贸易导致了原始森林被大面积砍伐，进而严重地损害了生物多样性系统，森林原有植物群落遭到破坏，生物物种大量灭绝；来自国际市场的巨大诱惑，致使海洋渔业资源面临耗竭。根据联合国粮农组织报告，全球70%的主要鱼类种群面临完全捕捞和过度捕捞问题；野生动植物

---

① 中国环境与发展国际合作委员会、世界自然基金会：《中国生态足迹报告》，www. wwfchina.org。

② 康瑞华：《经济全球化对生态环境问题的双重影响》，辽宁干部教育网，2005年7月11日。

贸易加剧了濒危动植物的灭绝，对生物多样性构成了重大威胁；有毒化学品贸易和危险废物越境转移危害全球生态环境；贸易的扩大还使得异地物种突破自然地域限制入侵他乡，导致衍生地物种及生物遗传资源多样性丧失。外来生物入侵已经与生态破坏和环境恶化共同成为世界生物多样性面临的主要威胁。

（3）经济全球化使农业日益成为一种全球一体化的产业，使小规模农业转向出口导向型、单一作物的规模农业，加剧了生态系统的破坏。如大量使用化学品造成土壤退化，大规模种植经济作物，大面积地毁林开荒，放弃传统耕作方式等。

（4）为了全球经济一体化、全球化贸易的需要，为使各地的各种产品迅速地进入目标市场，修建了庞大的交通网络，形成了庞大的交通运输量。凡此种种，都造成了巨大的环境和社会成本，既强化了自然资源的消耗，又严重地破坏了全球生态系统。

联合国环境规划署对全球化的环境成本和收益的最新分析发现，"至少有八个原因可以假定全球化能加剧环境问题"。

（1）环境破坏性增长不断扩大；

（2）各国政府控制及应对环境管理挑战的能力越来越弱；

（3）公司的力量和影响范围增强；

（4）运输、能源等给环境造成很多负面影响的部门的刺激；

（5）发生经济危机的可能性增加；

（6）水等自然资源的商品化，地方放松对资源使用的传统管理；

（7）行动和影响的责任的空间分割；

（8）重视发展进一步占据主导地位。

这个分析同时还列出一些因素，表明"全球化可能有助于改善环境质量"。

（1）跨国公司能传播最先进的环境管理技术和工艺；

（2）政府管理经济事务的能力不断提高，能产生溢出效应，管理环境的能力也随之加强；

（3）全球化能够增加政府收入，从而增加政府对环境和社会计划的支出，使公众要求创造良好环境的呼声越来越高；

（4）木材等自然资源国际贸易的增长使资源价格越来越高，产权更有保障，对可持续森林资源的投资也逐渐增加。总之，"尽管后面列出的这四个因素能说明一些问题，但是，不论它们的影响还是力量都远远不及前文提到的大多数原因的负面影响"①。

全球化对生态环境影响的程度，最突出地体现在全球贸易的持续增长方面。世界贸易组织《2010年世界贸易报告》显示②，2008年，全球自然资源贸易总额达3.7万亿美元，占世界货物贸易总额的近24%。从1998年至2008年的10年间，全球自然资源贸易增长6倍多，其中燃料占据的份额从1998年的57%增长至2008年的77%，提升了20个百分点。报告显示，2008年，自然资源的15大出口国占世界资源出口的52%，15大进口国占世界资源进口的71%。报告指出了自然资源贸易中，市场漠视资源开发的经济后果这一现象的普遍性以及一些经济体对自然资源的高度依赖性。

从生产规模、方式、地点和技术来看，经济全球化已经对环境产生了巨大影响。不管是奢侈品还是满足人们基本需求的食品都在世界范围内运输到很远的地方。以木材为例，作为原材料，从一个国家的森林中砍伐下来，然后在另外一个国家加工生产，最终产品在第三国销售和消费。在许多发展中国家，日益增长的贸易和外国投资通过为当地人提供就业机会、建设基础设施、增加人民收入和使数亿人摆脱贫困的方式刺激了经济增长。但多数情况下，这些行为都导致了环境污染或日益加重的环境恶化。

与经济全球化密切相关的是技术全球化，它包括那些用于开采和生产矿产资源和农业材料的技术、制造技术、交通技术、通信技术和用于其他服务的技术，以及这些技术的迅速开发和广泛应用。这些技术能造福于环境或损害环境，在某些情况下，通过推广清洁能源或提高生产效率来减少环境风险或损害，而在另一些情形下，通过扩散威胁和过度开发自然资源增加了对环境的风险和损害。例如，由国际贸易和旅游引发的日益增长的国际交通，使外来物种可能到达原先到不了的地方并生存和传播，这一

---

① 联合国环境规划署：《全球环境展望年鉴2007》，http://www.un.org/chinese/esa/environment/outlook2007/2.html。

② World Trade Report 2010, www.wto.org/english/res_e/publications_e/wtr10_e.htm.

趋势已经成为世界范围生态系统退化的主要原因。[1]

第二节　全球环境问题的典型案例 [2]

本节通过介绍当前最棘手的全球环境问题——全球气候变化问题，以及一些典型的全球环境事件，来展示当前全球环境问题的急迫性，以及需要各国共同努力来应对的必然性。

一、最棘手的全球环境问题——全球气候变化

早在18世纪初，研究者就已经意识到地球正在经历以变暖为主要特征的显著变化，然而直至20世纪80年代，对于全球气候变化系统性、科学性的论证才真正开始。1988年，世界气象组织和联合国环境规划署合作成立了政府间气候变化专门委员会（Intergovernmental Panel on Climate Change, IPCC），这是一个依附于联合国的跨国组织，它虽然不直接进行相关的科研和监测活动，却通过对成员方科研报告的审查和已发表的科学文献撰写"气候变化评估报告"，来评估和理解人为引起的气候变化，这种变化的潜在影响以及有关的社会经济信息等。IPCC下设三个工作组和一个专题组，分别负责评估气候系统和气候变化的科学问题，评估社会经济体系和自然系统对气候变化的脆弱性、气候变化正负两方面后果和适应气候变化的选择方案，评估限制温室气体排放并减缓气候变化的选择方案，IPCC《国家温室气体清单》计划等工作。1990年、1995年、2001年和2007年，IPCC先后出具了四份评估报告，将气候变暖的科学论据进行陈列，使气候变暖成为全球公认的事实。

2001年，IPCC出具的第三次评估报告称：日益增加的大量观测结果表明，地球正在变暖并伴随着气候系统的其他变化。首先，20世纪全球平均地表温度增加了0.6 ℃左右，全球平均地表温度自1861年以来一直在增高，

---

① 联合国环境规划署：《全球环境展望年鉴2007》，http://www.un.org/chinese/esa/environment/outlook2007/2.html。

② 钟茂初、史亚东、孔元：《全球可持续发展经济学》，经济科学出版社2011年版。

全球范围内20世纪90年代是最暖的十年,而1998年是最暖的年份。其次,地表以上8 km大气层气温在过去40年中有所升高,近地表气温每十年增加0.1 ℃。再次,卫星数据显示,雪盖和冰川面积减少,其中雪盖面积自20世纪60年代末以来很可能已减少了10%左右,而20世纪非极区的高山冰川普遍退缩。另外,根据测潮数据,20世纪全球平均海平面升高了0.1~0.2 m,并且全球海洋热容量一直在增加。

另外,由全球气温升高引起的洪水、干旱、高温、台风和雨雪冰冻等极端气候加剧,尤其是20世纪80年代以来,极端天气和气候事件频繁发生,给人类生命、财产等带来严重损失。近50年来,已观测到极端温度大范围变化,冷昼、冷夜和霜冻变得更为少见,而热昼、热夜和热浪变得更加频繁;全球呈现出热带气旋强度增大的趋势,与观测到的热带海表温度升高相关;20世纪60年代以来,两半球中纬度西风都在加强;自1970年以来,在更大范围,尤其是在热带和副热带,观测到了强度更强、持续时间更长的干旱;强降水事件的发生频率有所上升,并与增暖和观测到的大气水汽含量增加相一致①。

科学界对引起气候变化的原因归纳为两点:一是自然因素,二是人为影响。从自然因素看,引起气候变化的原因多种多样,有的是地球系统本身的某些因素,如火山爆发、地壳活动、大气环流等,有的是外部强迫的作用,如太阳辐射。近30年对太阳辐射的卫星观测表明,太阳活动没有发生明显的趋势线变化,而且太阳活动的自然变化对全球大气升温的贡献还不到温室气体作用的1/10。强烈的火山爆发虽然会对地球大气气温有作用,但毕竟出现的频率低、影响时间短。因此大量的科学研究表明,如果仅考虑自然因素,无法解释20世纪中叶以来的全球气候变暖现象,只有考虑人为影响,特别是大气温室气体浓度的大幅增加,才能再现近50年来全球气候变暖趋势。因此,20世纪后半叶的全球气候变暖不能排除人类活动的作用②。

---

① 国家气候中心:《全球气候变化的最新科学事实和研究进展——IPCC第一工作组第四次评估报告初步解读》,《环境保护》2007年第6期。

② 郑国光:《认清主流,把握趋势——关于当前气候变化若干关键科学问题的认识》,《人民日报》2010年6月25日。

地球表面的温度是地表接受的太阳辐射能和从地表发出的辐射能共同决定的。地球（大气层顶）接受的太阳辐射通过大气时6%被水汽、液态水、臭氧和二氧化碳等大气分子散射回太空，10%被地球表面反射回太空，余下84%被地表吸收。由于地球系统得到的能量和失去的能量要相等，地球需要向太空发射回与入射量相等的长波辐射。理论上，地球表面的平均温度估计是–19 ℃，这个比实际观测值低得多。形成这种差异的原因在于地球的大气层中云、水汽、二氧化碳和其他微量气体的存在，它们本身既吸收辐射又发射辐射，这些重新发射的辐射有一部分又返回大气层和地表，使地球表面的平均温度上升，这个自然的过程就是通常所说的温室效应[①]。二氧化碳、甲烷、一氧化氮、臭氧等既能吸收又能重新发射辐射的大气成分被称为温室气体。工业革命以来，煤、石油等化石能源的大规模使用，加之对森林的严重破坏，大气中二氧化碳等温室气体浓度持续增加，全球大气中的二氧化碳平均浓度已从工业革命前的280 ppm上升到2008年的385 ppm，明显超过了65万年以来的自然变化范围。

2007年，IPCC工作组第四次评估报告得出结论：近百年来全球气候变暖很可能（发生的概率大于90%）是由于人为温室气体浓度增加所致。二氧化碳是最重要的人为温室气体，1970年至2004年，由于人类活动引起的温室气体增加了70%。第四次评估报告还指出可辨别的人类活动影响超过了平均温度的范畴，这些影响已扩展到了气候的其他方面：在20世纪下半叶，人类影响很可能已对海平面上升做出了贡献；可能对风场变化做出了贡献，影响了温带风暴的路径和温度场；可能使极端热夜、冷夜和冷昼的温度升高；多半可能增加了热浪的风险，从20世纪70年代以来扩大了受干旱影响的面积，并使强降水事件的频率增加。

二、典型的环境事件

（一）美国墨西哥湾原油泄漏事件

2010年4月20日，位于墨西哥湾的"深水地平线"钻井平台发生爆炸并

---

① 国家气象局国家气候中心：《气候变化——人类面临的挑战》，气象出版社2007年版。

引发大火，大约36小时后沉入墨西哥湾。这个油井刚要完工，尚未投产，由英国石油公司所有。这一平台属于瑞士越洋钻探公司，由英国石油公司（BP）租赁。墨西哥湾"深水地平线"钻井平台爆炸由一个甲烷气泡引发。钻井平台底部油井自4月24日起漏油不止，事发后沉没的钻井平台每日漏油达到5 000桶，后来每日达2.5万至3万桶，此次漏油事故超过了1989年阿拉斯加埃克森公司瓦尔迪兹油轮的泄漏事件，演变成美国历来最严重的油污大灾难。海上浮油面积在数万平方千米海域扩张。此次漏油事件造成了巨大的环境和经济损失，同时，也给美国及北极近海油田开发带来巨大变数。受漏油事件影响，美国路易斯安那州、阿拉巴马州、佛罗里达州的部分地区以及密西西比州先后宣布进入紧急状态。

针对此次事故的影响，英国石油公司（BP）将创建一笔200亿美元的基金，专门用于赔偿漏油事件的受害者。这笔基金的金额不是赔付的上限，而且这笔钱不包括英国石油公司应支付的环境破坏赔偿费用。评级机构穆迪预测，BP的赔偿路还很漫长，最终可能需要600亿美元才能摆平。

一次重大的漏油事件将破坏整个生态系统。墨西哥湾沿岸生态环境正在遭遇"灭顶之灾"，据评估，污染可能导致墨西哥湾沿岸1 000英里长的湿地和海滩被毁，脆弱的物种灭绝。从生态保护的角度来看，此次漏油事故的发生地点是最为不利的。向南，是濒危的大西洋蓝鳍金枪鱼和抹香鲸产卵和繁衍生息的地方。向东、向西，是美国佛罗里达州、阿拉巴马州、密西西比州和得克萨斯州的珊瑚礁和渔场，向北，是路易斯安那州的海岸沼泽地。在受害最严重的路易斯安那州，超过125英里的海岸线被浮油侵袭，污染正一点一点地毁灭沿岸生态。飓风季的来临将使原油污染进一步恶化，墨西哥湾沿岸的沼泽通常对飓风能够起到缓冲作用，减轻内陆地区所受冲击。此次事故的最糟糕影响在于长期破坏沿岸沼泽，那将令包括新奥尔良在内的许多地区失去"屏障"，遭风暴袭击时更加脆弱。路易斯安那州近几十年来湿地面积大幅减少，湿地生态系统脆弱。原油侵袭的进一步加剧，将使湿地生存能力受到严重威胁。据调查，2010年2月至2011年3月，总共有406头鲸和海豚死在墨西哥湾海滩上，其中以幼小鲸类为主。现在判定其对鱼类的影响还为时尚早，但在阿拉巴马州附近的海岸线，虎头鲨的数量增加了3倍。研究者们认为，环境恢复遥遥无期。

（二）切尔诺贝利核事故与福岛核事故

1986年4月26日，苏联切尔诺贝利核电站4号核反应堆突然失火，并引起爆炸，随即产生一系列核反应，引发人类历史上最严重的核事故。核反应堆爆炸后，十数万居民因受到核辐射而撤离，而后数年，又从污染严重地区搬迁了23万人，前后共疏散34万余人。事故发生后，放射性物质随着大气飘散，导致切尔诺贝利核电站附近地区的民众接连出现癌症高发和新生儿畸形等现象。联合国调查认为，共有约9 000人因辐射染上这些病症，但"绿色和平"组织认为，在乌克兰、白俄罗斯和俄罗斯，因切尔诺贝利核事故而死亡的人数是该数字的10倍。距离核电站7千米内的松树、云杉等植物凋萎，1 000公顷森林逐渐死亡。此外，核辐射还致使当地动植物出现基因变异。此次事故中，乌克兰共有260多万人遭受核辐射侵害，10万人失去家园，癌症患者、儿童甲状腺疾病患者和畸形家畜急剧增加；白俄罗斯23%的领土受到污染，大部分人受到不同程度的核辐射，6 000平方千米土地无法使用，400多个居民点成为无人区；俄罗斯大约有4 300个城镇和村庄超过150万居民处于切尔诺贝利核事故后遭受放射性污染的区域。切尔诺贝利核电站事故的危害被定为7级（最严重级别的核事故，这类事故涉及放射物质大量外泄，对公众健康和环境造成广泛影响）。切尔诺贝利核事故，虽然已过去25年，但依然存在安全隐患，还封存着约200吨核原料，封存"石棺"挡不住地下水的渗透，反应堆内的核物质随着地下水继续污染周围地区，危及水源，被称作"可能延时引爆的地雷"（乌克兰政府希望建造新石棺，为此发起了"避难所"项目，包括修建新石棺，新石棺需要8.7亿欧元建设资金。同时为储存切尔诺贝利的核废料也需要修建新设施，这笔费用达到2.5亿欧元。"避难所"项目总耗资为16亿欧元）。有研究者认为，全球共有20亿人口受到了切尔诺贝利事故影响，消除切尔诺贝利核泄漏事故后遗症需800年。

2011年3月11日，日本东部地区发生里氏9.0级强烈地震并引发海啸，福岛第一核电站出现了核泄漏事故。强震导致福岛第一核电站运转发生了严重故障。随后，福岛第一核电站1号至6号核反应堆均出现了不同程度的问题。最终福岛第一核电站事故的危害定为7级。日本官方先后对核电站半径10千米、20千米区域内的居民实施疏散。福岛第一核电站的受损核反应堆不断向外释放微量的放射性物质,并已经影响到了周边地区的农业、渔业生产,导致对受污染水产品和农产品禁售以及外国的禁止进口。中国、韩国和俄罗斯的部分农作物也受到了一定污染。为了给核反应堆抢修,不得已将带有低浓度放射性物质的污水排向了太平洋,引起太平洋国家的严重关切和普遍担忧。有关专家推测,30年后,福岛第一核电站排入海水中的放射性物质将扩散至整个太平洋。尽管随着时间推移和海水传播,放射性物质浓度会变得非常低,但按照现在的技术条件,放射性物质一旦泄漏便很难回收,因此有必要加强监测,关注其是否会经食物链在生物体内积聚。对环境及海洋生物的影响,目前还无法测定和评估。另外,由于外部不断地给问题核反应堆内注水,而污染水的回收进展缓慢,导致了污染水积水坑的水位上升,并使得高浓度污染水不断地向地下渗透,导致地下水污染浓度的高升。核反应堆附近的地下水中,放射性碘和放射性铯的浓度激增,其对地下水无疑将产生长远影响。

第三节　全球环境治理机制的理论内涵

人类社会对资源与环境问题的关注已经经历了三波浪潮:第一波浪潮起始于20世纪四五十年代,由于人口急剧增长,人们开始担忧诸如粮食、土地、能源等资源稀缺性问题;第二波浪潮发生在20世纪六七十年代,大规模的工业化活动和随之而来的收入的增加,引发了公众对环境污染的关注和对环境质量的需求;第三波浪潮在20世纪90年代以后,全球性的环境问题,如酸雨、气候变化、动物多样性保护等开始受到瞩目,并且诸如此类的环境问题,其应对难度和严峻形势,大有超越以往任何环境问题的趋势。全球环境问题的出现,意味着仅凭一国或几国之力,无法实现有效治理,现实的紧迫性要求机制上不断进行创新。于是,我们看到有关全球环境治理机制的理论和相关研究应运而生。

一、全球治理理论的兴起

（一）"治理"的内涵

"治理"（governance）一词，20世纪90年代以来在西方学术界特别是政治学、经济学和管理学等领域大行其道，"以至于已经成为一个可以指涉任何事物或毫无意义的'时髦词语'"（鲍勃·杰索普，1999）。在英语中，"治理"原意主要是指控制、指导或者操纵，长期以来其一直与"管理"（government）一词内容交叠。"治理"的用法在外行看来多种多样、随意使用，但对于政治学、社会学和经济学领域的专家来说，"治理"一词与"管理"最显著的区别在于两者的主体和权威不同。全球治理理论主要创始人之一罗西瑙（Rosenau）在其代表作《没有政府统治的治理》和《21世纪的治理》等文章中指出，治理与政府管理有重大区别，治理是一种由共同的目标支持的活动，其主体不一定是政府机关，也无须依靠国家的强制力量来实现。换句话说，与政府管理相比，治理的内涵更加丰富，它包括了政府机制，同时也包括了非正式的、非政府的机制。另一位治理理论的专家罗茨（Rhodes）更加详细地列举出关于"治理"的六种定义，分别是：

（1）作为最小国家管理活动的治理，它是指国家削减公共开支，以最小的成本获得最大的收益；

（2）作为公司管理的治理，它是指指导、控制、监督企业运行的组织机制；

（3）作为新公共管理的治理，它是指将市场的激励机制和私人部门的管理手段引入政府的公共服务之中；

（4）作为善治（good governance）的治理，它是指强调效率、法治、责任的公共服务体系；

（5）作为社会—控制体系的治理，它是指政府与民间、公共部门与私人部门之间的合作与互动；

（6）作为自组织网络的治理，它是指建立在信任与互利基础上的社会协调网络。杰索普认为治理的表现形式包括自组织的人际网络、经过谈判而达成的组织间的协调以及"分散的、由语境中介的系统间的调控"（Context-Mediate inter-systemic Steering）。这里他更加强调的是"治理"

定义中的自组织网络（Heterachy）。全球治理委员会曾给出了当前关于"治理"最权威的定义，他们认为治理是各种公共和私人机构管理共同事务的诸多方式的总和，它不断调和各主体相互冲突的利益，并使他们采取可持续的联合行动。它既包括有权强制人们执行的正式制度和规制，也包括各种人们同意或以为符合其利益的非正式的制度安排。它有三个特征：治理过程的基础不是控制，而是协调；治理既涉及公共部门，也包括私人部门；治理不是一种正式的制度，而是持续的互动①。

　　治理理论的兴起挑战了20世纪七八十年代以前社会科学中流行的严格的两分法范式，即在经济学中市场对科层等级制，政策研究中市场对计划，政治学中的私对公，国际关系中的混乱无序对主权。不管是在实践中还是通过理论，学者们发现在复杂的组织和系统的协调中，还存在除了纯粹的市场和等级的国家机关之外的中间治理形态。与此同时，许多社会经济问题已经不能完全依靠纯粹的市场或是纯粹的政府来完成。学者们认为，不论是公共部门还是私人部门，没有一个机构掌握足够的信息和知识，以及使用有效工具的能力来独立解决所有问题。从政府角度看，以往认为政府需要通过管制、命令，或是利用政策激励措施引导公众自发行动的职能，也开始悄然转变。治理理论要求政府与私人部门合作，协同行动来找寻解决问题的最优途径。在公众积极参与的社会，政府将不再是服务供给者的角色，而是扮演调解、协调，甚至是裁决的角色。因此，良好的治理需要广大利益相关者的广泛参与、协调和共同行动②。

　　由上述分析可见，既然治理的主体可以是政府，也可以是非政府的组织或其他私人部门，因而治理的范围就远远大于管理。管理（或者说"统治"）以政府为权威主体，所涉及的范围必然在一国领土以内，超过本国领土而对他国的管理，实质就是对他国主权的侵略，这为国际法所不容。因此，在此意义上，我们可以提出全球治理的概念，而绝不可能产生"全球管理"或者"全球统治"。

---

① 俞可平：《全球治理引论》，《马克思主义与现实》2002年第1期，第20–32页。
② 钟水映、简新华：《人口、资源与环境经济学》，科学出版社2005年版。

（二）全球治理

当前人类社会日益受到全球化的冲击,产生诸多的全球化问题。显然,这些问题的解决单独依靠一个国家或几个国家是不可能完成的,在此背景下,全球治理的理念应运而生。作为国际政治领域的新生概念,全球治理的许多理论在各派学者之间还存有很多争论,首当其冲就是关于其内涵,目前尚未形成统一的、明确的认识。一般而言,学者们大多把全球治理当作是治理理论在国际范围的延伸,甚至将全球治理等同于治理。托尼·麦克格鲁把全球治理定位于多层次的全球治理,认为多层次的全球治理是从地方到全球的多层面中,公共机构与私人机构之间的一种逐渐演进的(正式与非正式)政治合作体系,其目的是通过制定和实施全球的或者跨国的规范、原则、计划和政策来实现共同的目标和解决共同的问题。利昂·戈登克尔和托马斯·韦斯认为,全球治理就是给超出国家独立解决能力范围的社会和政府问题带来更有秩序和更可靠的解决办法的努力。国内学者俞可平提出,所谓全球治理指的是通过具有约束力的国际规则解决全球性的冲突、生态、人权、移民、毒品、走私、传染病等问题,以维持正常的国际政治经济秩序。蔡拓认为,所谓全球治理是以人类整体论和共同利益论为价值导向的,多元行为体平等对话、协商合作,共同应对全球变革和全球问题挑战的一种新的管理人类公共事务的规制、机制、方法和活动。通过对全球治理核心内涵的分析,蔡拓进一步提出了要注意的全球治理的五大要义,包括从政府转向非政府,从国家转向社会,从领土政治转向非领土政治,从强制性、等级性管理转向平等性、协商性、自愿性和网络化管理,以及全球治理是一种特殊的政治权威。

关于全球治理的主体,即制定和实施全球规则的组织机构,一般而言有如下三类:一是各国政府、政府部门及亚国家的政府当局;二是正式的国际组织,如联合国、世界贸易组织、世界银行、国际货币基金组织等;三是非正式的全球公民社会组织。究竟哪类主体在全球治理中起主要作用,各位学者莫衷一是。一些学者认为主权国家过去曾经是全球治理的主体,未来也将承担全球治理的主要职责,另外一些学者强调是否应该建立超主权之上的世界政府,或者改革现有的联合国职能,加强其对各国政府的硬约束,使之成为实质性的世界政府。国内学者庞中英(2011)认为,全球治理的根本前途在于超于"改革"，甚至不妨"另起炉灶"。而"另起炉灶"就要建设、塑造世界民主政府。只有全球民主政府才是应对全球危机的根本方案：把"政府"和"治理"通过全球民主结合起来。值得一提的是，在这些争论中，学者们普遍看到了除了各个主权国家和世界政府之外，非政府的全球公民社会组织在全球治理中的作用也不容忽视。罗西瑙认为，这些组织可以描述为：非政府组织、非国家行为体、无主权行为体、议题网络、政策协调网、社会运动、全球公民社会、跨国联盟、跨国游说团体和知识共同体。

关于全球治理的对象，主要是很难依靠一个国家或几个国家完成的跨国性问题，俞可平总结了这样的问题主要有如下几类：

（1）全球安全，包括国家间或区域性的武装冲突、核武器的生产与扩散、大规模杀伤性武器的生产和交易、非防卫性军事力量的兴起等；

（2）生态环境，包括资源的合理利用与开发、污染源的控制、稀有动植物的保护，如国际石油资源的开采、向大海倾倒废物、空气污染物的越境排放、有毒废料的国际运输、臭氧衰竭、生物多样性的丧失、渔业捕捞、濒危动植物种、气候变化，等等；

（3）国际经济，包括全球金融市场、贫富两极分化、全球经济安全、公平竞争、债务危机、跨国交通、国际汇率，等等；

（4）跨国犯罪，例如走私、非法移民、毒品交易、贩卖人口、国际恐怖活动，等等；

（5）基本人权，例如种族灭绝、对平民的屠杀、疾病的传染、饥饿与贫困以及国际社会的不公正，等等。

尽管有些学者例如罗西瑙肯定了当前全球治理的绩效，但是也有越来越多的学者批评全球治理现状，指出当前全球治理机制面临的困难重重。戴维·赫尔德（2011）在《重构全球治理》一文中提到，后冷战时代，全球和区域治理机制已经变得极其脆弱，具有代表性的机构，如联合国、欧盟与北约，都遭到了削弱。首先，联合国体系的价值观正受到质疑，安理会的合法性遭遇挑战，一些多边机制的工作实践也遭受批评。其次，欧盟曾被认为是全球治理的典范，但是欧盟未来的发展方向存在高度不确定性，充满创新与进步的欧洲模式正在遭受认同危机。另外，尽管经济多边机制仍然在发挥作用,但一些协调美国、欧盟及其他主导国家行为的多边机制却越来越脆弱。归纳这些困难,赫尔德总结出四大引致全球治理困境的问题:一是国际政府间机制没有明确的工作分工,经常功能重叠,指令冲突,目标模糊。二是国际机构体系的惯性,或者这些机构在面临集体解决问题的手段、目标、成本出现分歧时的无能表现,这经常导致所谓的无为成本比采取行动成本更大的情况。三是跨国问题,因为缺乏对全球层面问题的基本认知,全球公共事务(如全球变暖或生物多样性的缺失)属于哪些国际机构的责任尚不明确,跨国问题很难被充分理解、领悟,也很难采取有效的行动;制度分裂和竞争不仅导致机构之间的管辖权重叠,而且造成国际机构在全球与国家层面无力承担责任。四是责任赤字或不足,它与两个相互交织的问题相联系,即国家间权力不平衡以及国家行为体与非国家行为体在制定全球公共政策过程中的权利不均衡。多级机制需要充分代表参与其中的所有国家,但目前尚未做到。此外,必须适当安排国家行为体与非国家行为体之间的对话与协商。国家间的不均衡和国家与非国家行为体之间的不均衡不容易被察觉,因为在很多情况下不仅仅是数量的问题,主要问题还是代表权的质量。在主要政府间国际组织的谈判桌上有席位,或者是在重要的国际会议上有席位,并不能确保代表的有效性,即使正式的代表权势均力敌,发达国家还拥有大量延伸谈判权以及技术专家组成的代表,贫穷的发展中国家则常常只有一个代表席,甚至多国共享一个代表席。

全球治理当前的困境重重使得其前景也变得不甚明朗。主要问题之一是全球各主权国家、各公民群体以及各个国际组织,其利益诉求差别巨大,难以在重大的全球性问题上达成共识,这使未来全球治理的有效性存在很大疑问,也是目前学者们讨论重构全球治理要克服的主要问题之一。另外,全球治理不可避免地带来公平性问题,而显然在当前的全球治理体系下,发展中国家或者说落后国家很难保障其公平的权益。俞可平(2002)认为,全球治理理论中存在一些不容忽视的危险因素。首先,全球治理基本的要素之一是治理主体,全球治理主体中的国际组织和全球公民社会组织在很大程度上受美国为首的西方发达国家所左右,因此,全球治理的过程很难彻底摆脱发达国家的操纵。其次,全球治理的规制和机制大多由西方国家所指定和确立,全球治理在很大程度上难免体现发达国家的意图和价值。最后，全球治理由于强调其治理的跨国性和全球性，会过分弱化国家主权和主权政府在国内、国际治理中的作用，这客观上有可能为强国和跨国公司干涉别国内政、推行国际霸权政策提供理论上的支持，也就是说，不仅全球治理会被扭曲，而且全球治理理论本身也有可能被扭曲和被用来为强权政治辩护。上述这些危险性，或者说全球治理带来的不公平性，都需要发展中国家给予充分认识。

二、全球环境治理的内涵

（一）全球环境治理的产生背景

全球环境治理的理论滞后于全球环境保护运动的实践。在20世纪60年代以前，环境保护很少出现在媒体舆论中或者被政府提及，以致全社会从上至下都沉溺在"对抗自然""改造环境"的自我陶醉和满足中。1962年，美国生物学家蕾切尔·卡逊出版了《寂静的春天》一书，描绘了在人类广泛使用滴滴涕杀虫剂（DDT）之后，田野出现昆虫绝迹、鸟类死亡、整个自然生态环境被严重破坏的景象。DDT是一种化学合成杀虫剂，最初是"二战"期间在美国军队中消灭蚊子之用，后来被广泛用于对付田间害虫。然而，这种杀虫剂不仅能消灭害虫，也能通过食物链危害鱼类、鸟类及其他生物，甚至能够在人类体内聚集，导致人罹患各种病症。这一可怕的环境事件像平静荒野里的一声呐喊，震惊了整个世界，而科学界也进一步佐证了这一现象出现的真实可能性。自此以后，人类社会开始重新审视自身发展与自然环境之间的关系，环境保护的意识逐渐明晰，应对环境问题的行动在世界范围内开展起来。

1972年，联合国环境规划署在斯德哥尔摩召开了首次人类环境大会，会议通过了《人类环境宣言》，阐明了与会的各国和国际组织所取得的七点共同看法和二十六项原则。这七点共同看法是：

（1）由于科学技术的迅速发展，人类能在空前规模上改造和利用环境。人类环境的两个方面，即天然和人为的两个方面，对于人类的幸福和对于享受基本人权，甚至生存权利本身，都是必不可少的。

（2）保护和改善人类环境是关系到全世界各国人民的幸福和经济发展的重要问题，也是全世界各国人民的迫切希望和各国的责任。

（3）在现代，如果人类明智地改造环境，可以给各国人民带来利益和提高生活质量；如果使用不当，就会给人类和人类环境造成无法估量的损害。

（4）在发展中国家，环境问题大半是由于发展不足造成的，因此，必须致力于发展工作；在工业化国家里，环境问题一般好似同工业化和技术发展有关。

（5）人口的自然增长不断给保护环境带来一些问题，但采用适当的政策和措施，可以解决。

（6）我们在解决世界各地的行动时，必须更审慎地考虑它们对环境产生的后果。为现代人和子孙后代保护和改善人类环境，已经成为人类一个紧迫的目标。这个目标将同争取和平和全世界的经济与社会发展两个基本目标共同和协调实现。

（7）为实现这一环境目标，要求人民和团体以及企业和各级机关承担责任，大家平等地从事共同的努力。各级政府应承担最大的责任。国与国之间应进行广泛合作，国际组织应采取行动，以谋求共同的利益。

上述七点共识首次从世界范围的角度确定了人类保护环境的必要性和紧迫性，更为重要的是，它确认了环境治理实践的开端，从此，人类社会从单纯的环境保护运动上升到环境治理的高度。在共识中的第七条，首次提出了环境治理实践的承担主体，即人民、团体、企业、各级机关以及国际组织，并且申明了各级政府应承担最大的责任这一原则。人类环境宣言及其所达成的共识和原则，为开展环境治理实践奠定了良好的基础。

随着全世界对环境问题的日益关注，人们发现跨区域的环境问题，亦即全球环境问题，相比区域环境问题更难处理。这些问题主要有全球气候变化、臭氧层破坏、生物减少、酸雨问题、森林锐减、土地荒漠化、海洋污染、废物转移等，而其中又以全球气候变化问题的影响范围最广、形势最紧迫。在应对这些问题的过程中，国际社会逐渐形成了一套共识和行动框架，由此人类社会也迈出了全球环境治理的脚步。

（二）全球环境治理的特征

全球环境治理与全球治理理论一脉相承。由于全球治理的概念在学术界尚存在很多争议，因此，对于全球环境治理，学术界也没有达成一致认识。全球治理理论强调利用一系列国际规则来解决全球性的问题，因此在全球环境治理的理论内涵中必然包括一系列具有约束力的国际规则，而治理的目的则是整个人类社会的可持续发展。根据联合国《里约环境与发展宣言》《21世纪议程》、联合国环境规划署文件，全球环境治理的途径是国际社会通过建立新的公平的全球伙伴关系，利用条约、协议、组织所形成的复杂网络来解决全球性环境问题（蔺雪春，2006；刘颖，2008），这里利用条约、协议、组织所形成的复杂网络构成了全球环境治理的主要机制。

鉴于学术界关于"全球环境治理"一词的概念仁者见仁，智者见智，每种定义似乎都有其合理性和不足，笔者在此不再针对其定义做出新的解释。但是，综合各位学者的研究，在全球化变革的背景下，我们认为全球环境治理具有如下几个显著特征：

首先，全球环境问题跨国界的特性，使得其影响对象十分广泛，区别于以往一般性的环境问题由一国政府干预的做法，全球环境问题的应对必然包含越来越多的其他主体。全球环境治理的主体除了各主权国家之外，还包括国际政府间组织、公民社会的群体性组织（国际非政府组织）、跨国公司、全球精英等。其中，国际政府间组织在当前全球环境治理的实践中发挥着主要作用，这些组织主要包括联合国及其分支机构、国际货币基金组织（IMF）、世界银行以及其他区域性的多边发展银行、世贸组织（WTO）等。各主权政府、国际政府间组织代表了治理实践中政府的力量，而公民社会的群体性组织、跨国公司等则展示了非政府组织、非国家行为体和无主权行为体的作用。值得注意的是全球精英在治理实践中的作用正日益增加。这些全球精英包含政治精英、商业精英、知识精英等。他们利用在信息和知识方面的主导地位，形成全球环境治理领域特定的知识共同体，以知识、权威和理解力参与治理实践，左右了全球变革的进程。尽管在全球环境治理中哪类主体才应当是最主要的实施者，学者们有不同的认识。但可以肯定的是，全球环境治理的主体权利正在由主权主体向非主权主体、由国内组织向国际组织转移。

其次，多边主体下的全球环境治理机制，是由协议、组织、原则和程序所组成的复杂网络。具体来说，全球环境治理机制包含：

（1）国际环境会议及其达成的多边环境协议；

（2）具有强制力的国际环境法律体系；

（3）具体进行全球环境治理的政策工具；

（4）解决经济技术援助的资金机制等。

全球环境问题的解决是建立在各国广泛参与谈判的基础上的。自1972年以来，在联合国主持下召开的商讨全球环境问题的会议已超过1 000次。这其中以1972年的斯德哥尔摩会议和1992年的里约热内卢会议最为重要。特别是里约会议，吸引了超过180个国家和地区的参与，其通过的《环境与发展宣言》建立了生态环境领域的布雷顿森林体系。这些国际环境会议的召开，为多边环境协议的达成提供了平台，而多边环境协议体现了"治理"理论中的协调互动和自组织的内涵，亦即协议的达成具有自我执行（self-enforcing）的特点。目前这些协议覆盖了全球问题中的海洋、土壤、生物多样性、大气、化学品和有毒废弃物排放等方面，而其中又以海洋公约和相关协议的内容最多，例如，《联合国海洋法公约》《国际防止船舶造成污染公约》等。有关土壤保护的公约主要有《联合国防治沙漠化公约》，有关生物多样性的公约主要有《世界遗产公约》和《生物多样性公约》，有关化学品和有毒废弃物排放的公约主要有《控制危险废物越境转移及其处置巴塞尔公约》以及《关于持久性有机污染物的斯德哥尔摩公约》等。20世纪90年代以后，有关大气污染物排放的公约引起了全球更为广泛的关注，这其中以《保护臭氧层的维也纳公约》《蒙特利尔议定书》《联合国气候变化框架公约》《京都议定书》最为受瞩目。

随着国际环境会议的召开和各项环境协议的达成，国际环境立法发展也十分迅速。据统计，1972—1997年由联合国主持制定的全球性的国际环境立法已达40多项，涉及危险废物的控制、危险化学品国际贸易、化学品安全使用与环境管理、臭氧层保护、气候变化、生物多样性保护、荒漠化防治、物种贸易、海洋环境保护、海洋渔业资源保护、核污染防治、南极保护、自然和文化保护等内容。现在的国际环境立法基本上形成了一个门类齐全、内容丰富的国际环境法律体系（何忠义，2002）。

在全球环境治理机制中，有效的政策工具也是重要的组成部分。在治理理念下，政府的行为由"管理""控制"向"协调""组织"转变，因此相应的政策干预也由先前的命令控制，向协调、互动性的政策转变。在全球环境问题治理中，这种转变表现得更为明显。因为，目前尚没有一个世界政府能够实施对全球环境问题的命令控制政策，而且结合全球环境问题的复杂性，实施此类政策也需要耗费大量成本。经济学理论给予利用协调、互动性政策以极大的可能性。在经济学家看来，环境问题的产生归咎于个人行为目标与集体行为目标的背离。因此，实现有效率的解决问题的途径就是使两者的行为目标一致。这样基于效率最大化原则的政策，即所谓的对微观行为主体的激励政策，它与命令控制政策最大的不同在于其在实现了环境目标的同时节省了社会无谓损失，并且更赋有灵活性。但是这类政策实施的前提是具有良好的市场经济环境，这在发达国家并没有太大问题，然而对于发展中国家来说，应用这些政策还需要做好基础设施、制度监管和执行等实施环境的能力建设。

全球环境治理机制还包括进行经济技术援助的资金机制，主要是发达国家针对发展中国家的资金计划。目前，全球环境治理的资金来源主要有三个方面：一是官方发展援助。发达国家在《21世纪议程》第33章中重申将0.7%的国民生产总值用于官方发展援助。二是多边国际组织的资金。包括来自世界银行、国际货币基金组织的资金，也包括联合国环境规划署、发展署的资金。例如，1990年，世界银行、联合国环境规划署和发展署就共同建立了一项"全球环境基金"，用于帮助发展中国家支付解决全球环境问题的费用。联合国其他的专门机构如粮农组织、教科文组织、世界卫生组织等某些项目的组成部分，也致力于环境活动。此外，经合组织（Organization for Economic Cooperation and Development, OECD）的发展援助委员会、区域性的多边发展银行也是重要的资金来源。三是与多边环境协议相关的资金，主要通过以下几个渠道提供：传统的信托资金、其他旨在应对具体问题的多边基金机制、与捐款国的双边安排、基金、私有部门和非政府组织的捐助等。此外，还包括债务减免、私人资本流动、非传统的资金来源、非政府部门提供的资金和国内的资本流动等（薄燕，2006）。

最后，全球环境治理的显著特征还表现在其从理论到实践都围绕着"公平"与"正义"的量度，随之而来也伴随着诸多争议和不确定性。全球环境治理涉及两个维度上的治理，即地域与时域。从地域方面来看，全球环境问题的产生和影响在国家地域之间分布极度不均衡，这使得在治理机制中如何分配各国责任成为难题。当前，包括全球环境问题在内的全球治理机制都是由西方发达国家所主导，发展中国家要追求符合自身利益的公平对待，涉及在原有国际格局的框架下，建立一种新的国际秩序。全球环境治理中所体现出的问题实际上都包含了现有国际秩序的问题，这对于发展中国家参与全球环境治理是十分必要的警醒。全球环境治理的时域特点表现为全球环境问题的产生及其解决和治理，不仅影响当代人，还要影响后代。由于后代人无法站出来替自己代言，因此跨时间的公平更加难以保证。治理理论中多层次治理的网络建构可能是解决途径之一，这也是造成未来治理主体更加多样化的原因。

三、全球环境治理的主体分析

与全球治理理论的理念一样，全球环境治理实际上也是以减少政府"管理"和"统治"作为自己旗号的。这使得全球环境治理的主体日趋多元化。正如前述所言，全球环境治理的主体除了包含各主权国家以外，还包括国际政府间组织、国际非政府组织、跨国公司和全球精英等。在全球化变革日益深刻的当下，全球环境治理中的主权国家正在向两个方向转移和让渡自己的治理权利：一个方向是向国内的地方政府和民间组织转移，另一个方向是对外向国际政府间组织和国际非政府间组织转移（王学义，2013）。基于这一发展趋势，我们将就主要的全球环境治理主体——国际组织，进行更加详细的分析。国际组织尽管产生于几百年之前，但它大规模的发展却始于1945年以后。1909年，全球范围的国际组织才仅有37个，但时至今日，其数量已经超过250个。国际组织可以区分为国际政府间组织和国际非政府组织。这其中，国际政府间组织正承担着全球治理的主要责任。

（一）国际政府间组织

1. 联合国环境规划署（UNEP）

鉴于环境问题的日趋严峻性，1972年，联合国在瑞典首都斯德哥尔摩召开了第一次人类环境与发展大会，大会上发表了人类环境宣言，标志着人类社会对环境问题及其对人类发展影响的认识与关注。会议同时做出决议，在联合国框架下成立一个负责全球环境事务的组织，统一协调和规划有关环境方面的全球事务。在此背景下，联合国环境规划署得以产生。UNEP的总部设在肯尼亚首都内罗毕，是全球少有的设在发展中国家的联合国机构之一。所有的联合国成员国、专门机构成员和国际原子能机构成员，均可以加入环境署。到2009年，已有超过100个国家参与其活动。

UNEP设立的宗旨在于促进环境领域内的国际合作，并提出政策建议；在联合国系统内提供指导和协调环境规划总政策，并审查规划的定期报告；审查世界环境状况，以确保可能出现的具有广泛国际影响的环境问题得到各国政府的适当考虑；经常审查国家和国际环境政策和措施对发展中国家带来的影响和费用增加的问题；促进环境知识的取得和情报的交流。除此之外，其被赋予的职能和任务包括：负责提出和制定全球环境规划保护和方案；协调联合国系统各机构在环境领域的行动；对全球重大环境问题进行科学研究、监测并提出解决方案；推动国际社会加强环境立法，制定环境政策，开发环境技术，普及和传播环境知识与信息；以及公众环境意识的教育与提高等①。

在后冷战时代，面临全球化严峻的挑战，联合国体系的价值观正遭受质疑，其面临的困难主要有：国家议程的边缘化、执行不力、凝聚力低、组织基金缺乏以及全球性政策不充分等。在联合国体系饱受诟病的背景下，其分支机构UNEP的治理效果也难令人满意，具体来说有如下几点。

（1）UNEP设计之初的政治妥协注定了它不可能实现其宗旨。在1972年斯德哥尔摩会议上，各国达成了在环境行动中建立统一框架的总协定。但是在如何进行制度安排上，各国陷入了严重的分歧。政治上唯一可行的解决方案是组建一个行政机构最小、在法律或财政上都不与现有组织发生竞争的组织。这样的目的设计显然不可能实现其所谓宗旨的政策协调授权。具体表现为：已经建立的、在环境领域进行工作的各种国际组织或联合国机构拒绝接受这样一个新建的、缺乏权威而又弱小的组织的协调领导；其后成立的全球环境基金（GEF）和可持续发展委员会（CSD），不愿意承认UNEP的权威地位，这进一步弱化了UNEP在环境政策中的作用。另

---

① 联合国环境规划署简介：http://www.fmprc.gov.cn。

外，UNEP作为一个项目（programme）而不是一个特别机构的地位，限制了它在联合国层级中的地位和影响。项目是联合国大会的附属品，而特别机构则是独立自主的政府间组织，亦即其管理主体独立于联合国秘书处和联合国大会。总之，这些初始设置已然决定了UNEP不可能实现其授权。

（2）UNEP的治理结构也限制了其自身影响的发挥。UNEP的治理结构要服务于两项十分不同的功能，即对外通过监测全球环境问题趋势、协调全球环境议程而推进全球环境治理，对内则要实现监督UNEP项目、预算和运行。然而UNEP的治理结构却混合了这两项功能。UNEP的最高决策机构是理事会，它每两年召开一届会议，就重大问题做出决策。理事会由58个经过联合国大会选举产生的成员组成，每届轮换三分之一，联合国所有成员国都可以自由参与UNEP的各项事务。理事会通过经社理事会向联合国大会提交报告，其席位按联合国五大地理区域分配。UNEP的理事会因为既要设定全球环境议程又要监督UNEP工作项目和预算，因此其环境政策制定通常过于政治化，而且其工作项目多出于国家个体的利益而不具有长远的、战略性眼光。在理事会休会期间，由各国常驻UNEP代表组成常驻代表委员会，监督理事会决议执行情况和UNEP秘书处运转情况，这与其他国际组织的运行非常不同（大多数国际组织是由拥有广泛代表力的理事会和较小的执行委员会组成）。UNEP常驻代表委员会几乎包含了所有希望参与的联合国成员国以及欧盟等特殊机构，这些代表很少掌握环境领域的专业知识而大多代表了其他领域。除此之外，常驻代表委员会通过定期召开会议直接干预UNEP工作，或者通过影响UNEP的职员而间接地削弱秘书处的权威和独立性。

（3）UNEP的财政结构也不利于其在全球环境治理中的作用。UNEP每年的财政预算约为2.15亿美元，相比联合国开发计划署（The United Nations Development Programme, UNDP），联合国粮食计划署（World Food Programme, WFP）等其他国际机构来说，这一预算规模非常渺小（见图1-1）。另外，不同于其他国际组织的预算都是可预见的强制性摊款，UNEP的资金主要依赖于各国的自愿捐款形成的环境基金。这种随意不可靠的财务安排使各国的优先权置于UNEP优先权之上，导致了UNEP活动的分裂性和缺乏清晰的优先次序。在财务稳定性方面，显然UNEP的计划能力和自主性都是相当脆弱的，因此其领导风格常显现出一种风险规避的态度。

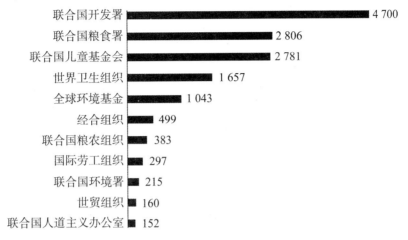

联合国开发署	4 700
联合国粮食署	2 806
联合国儿童基金会	2 781
世界卫生组织	1 657
全球环境基金	1 043
经合组织	499
联合国粮农组织	383
国际劳工组织	297
联合国环境署	215
世贸组织	160
联合国人道主义办公室	152

图1-1　2006年国际组织预算（单位：百万美元）

自20世纪70年代开始，各国向环境基金的捐款出现实质性减少，同时，指导UNEP具体行动的专项捐款和信托基金却显著增加了。目前，限制性融资（restricted financing）占UNEP的收入组成比例已经超过三分之二。这一趋势揭示了两个方面的问题：一是向环境基金的捐款减少显示了各国对UNEP信心的不足，二是整体资金的增长则显示了环境问题的重要性以及对相应国际机制的迫切需求。

从2003年起，已经有超过100个国家捐助UNEP，但是大部分数额都很微小。UNEP捐助者的前五名，分别是美国、日本、德国、英国和瑞典。

（4）UNEP总部的位置也成为其发挥有效治理功能的绊脚石。UNEP是除了联合国人居署以外唯一一个将总部设在发展中国家的联合国分支机构。将其设置在内罗毕的决定是1972年联合国大会上公开投票的结果，事实上也反映了发展中国家抱团表决的现象。然而，由于远距离沟通限制，UNEP缺乏与其他机构和公约秘书处面对面的充分交流，而为了协调相关活动，执行理事和许多高级职员不得不频繁出行，这不仅增加了额外负担，更重要的是限制了UNEP相关协调和促进环保活动的能力。UNEP的总部远离政治活动密集的热点地区，对其完成指定任务的协调能力也造成挑战。需要承认的是，UNEP在制度建设方面的专业知识对于非洲是急需的，然而，环保挑战却要求UNEP承担更直接务实的行动。另外，这一选址的劣势还在于内罗毕这样的地方无力吸引和留住那些具备专业知识和经验的顶尖人才，而这些人才对UNEP成为环境领域的权威组织是至关重要的。

总之，UNEP仍是当前承担全球环境治理主要责任的国际组织。它提供了一个给予环境监测、评估、信息和分析协调一体化的国际平台。但是，UNEP不能再追求在每个环境问题中都承担领导者角色。体系内的专业知识在过去的三十多年里随着其他环境领域的国际组织和非政府组织的增生而扩散开来。相反地，UNEP可以有效地成为一个政策性平台的奠基者，以召集各种机构和网络来协商互动交流。一个更加策略性的方法是将UNEP的竞争优势塑造成为一个信息交流中心和政策性平台，而不是一个运行机构，这样可以便于多边环境协议的实现。

2. 世界贸易组织（WTO）

在经济全球化的变革下，全球环境问题与全球性的经济网络——国际贸易之间的联系越来越紧密。世界贸易组织（World Trade Organization, WTO）作为国际贸易领域的法律基础和组织基础，其在全球环境治理中也承担着一定作用，具体表现为WTO的绿色贸易壁垒、WTO规制和环境保护的冲突，以及成为WTO成员方带来的环境效应。

绿色壁垒（Environmental Trade Barrier），亦称为环境壁垒，是指为了保护生态环境、自然资源和人类健康而直接或间接采取的限制甚至禁止贸易的措施。绿色壁垒在相关立法的支持下，以制定复杂的环保公约、法律、法规、标准和标志为形式，对国外商品进行准入的限制，是技术性贸易壁垒的重要组成部分（见表1-1）。由于发展中国家在经济和技术上的劣势，绿色壁垒常被发达国家用于"借环境保护之名，行贸易保护之实"，因此绿色壁垒在发展中国家常带有贬义的成分。尽管绿色壁垒的出现抵消了发展中国家廉价资源上的比较优势，不符合这些国家的经济利益，但客观来说，该壁垒却是经济全球化、无限增长、自由贸易与环境问题之间的激烈矛盾冲突下的必然产物。著名的环境库兹涅茨曲线和污染物天堂假说提醒人们经济增长和自由贸易正加速对环境的破坏，在公众对环境问题的强烈关注下,国家一方面不得不利用在环境领域的相关法律法规,制定在生产、加工、运输、销售、贸易各个环节的环境标准和措施;另一方面又可以利用这些措施替代当前软弱无能的关税壁垒,形成对国内市场的保护和对国际市场的开拓。因此,自20世纪80年代以来,这种绿色贸易保护已蔚然成风,并在GATT(关税及贸易总协定)和WTO的某些条款中得到了合法性的支持,如GATT第20条关于"一般例外"的规定。

表1-1　绿色贸易壁垒的主要形式

绿色贸易壁垒	内容
绿色关税	进口国对可能造成环境危害的产品征收的一种进口附加税
绿色市场	进口国以污染环境、危害人类健康以及违反有关国际环境公约或国内环境法律、法规而采取的限制进口的措施
反补贴	怀疑进口品低价是由于接受了出口国政府的环境补贴或未将生产过程中的环境成本内部化,对进口品采取的限制或制裁措施
国内标准	要求进口品必须满足国内的 PPMs 标准及其他环境标准
绿色标志	要求进口商品或生产它们的企业必须获得绿色标志或认证制度等
进口检验	通过制定严密的检验制度和烦琐的检验程序,利用先进设备和技术检验进口商品有毒、有害物质的含量
其他	要求回收利用、政府采购、押金制度等强制性措施

WTO在全球环境治理中的另一作用表现在其相关规则与环境保护的冲突,具体表现为WTO规则与多边环境协议的矛盾和冲突,以及其内部贸易规则与环境保护的矛盾[①]。多边环境协议是为解决全球环境问题而形成的国际性协议,关于贸易问题,它通常包含两大措施:一是针对缔约国,规定使用特定物质或品种的进出口要受限于一些先决条件,只有满足这些条件,贸易才视为合法;二是针对非缔约国,即禁止缔约国从非缔约国进口受控物质以及清单上包含受控物质的产品,并禁止缔约国向非缔约国出口受控物质,除非进口国出示资料表明该种进口活动完全符合淘汰计划,缔

---

① 孙凤蕾:《WTO在全球环境治理中的困境与出路》,《生态经济》2006年第6期。

约国应尽最大的努力阻止向非缔约国出口生产或利用受控物质的技术，不得向非缔约国出口有助于生产受控物质的产品、设备或技术，也不得为此提供补贴、援助、贷款、担保或保险等。如果贸易双方都是WTO成员方，但是只有一方为多边环境协议的缔约方，那么WTO非歧视的原则就与上述多边环境协议中缔约国针对非缔约国采取限制或禁止进口的措施相违背。即使是在WTO的环境例外条款中，也明确规定了这种例外措施不能违反非歧视原则，亦即多边环境协议中关于贸易的限制即使是在WTO的例外条款中也是被禁止的。另外，WTO作为一个多边贸易体系，如果单边采取环境保护措施，其贸易规则与环境问题也会产生冲突。虽然WTO存在解决争议的机制，但其目标是确保成员方贸易双方的相互责任，这与以互惠为核心价值的体系是相适应的，但对以保护公共品为目标的环境政策来说却未必适合。环境保护的许多重要目标因此难以纳入WTO的争端机制中。WTO的贸易制裁措施对于贸易体系是强有力的，但对于环境问题，尤其是考虑到发展中国家的利益时，贸易制裁就未必能实现预期的效果。

　　WTO对全球环境问题的治理还体现在成为其成员方后带来的环境效应上。以中国为例，加入WTO，将通过产业结构调整、资源和能源使用、城市化等多种途径来影响环境①。首先，随着外资进入，我国的劳动密集型产业、外向型产业和资本密集型产业将得到进一步发展，同时资源型产业萎缩，污染产业有从东部向中西部转移的倾向；其次，加入WTO将影响我国能源结构，一方面，清洁能源的使用将会降低大气污染，但与此同时城市化的推进，也可能加剧能源消耗，使城市环境污染加剧。另一方面，工业固态废弃物也将随着加入WTO后经济结构的调整带来改变，农产品、木材进口的增加和农药化肥使用的减少，将会对环境的改善起到积极作用（见表1-2）。

表1-2 中国成为WTO成员方的环境效应

加入WTO引起的变化	环境效应	政策建议
农业经济结构调整：减少粮食生产，增加蔬菜、水果、畜禽生产	减少来自化肥和农药的面源污染：增加生产动物肥料的定点源	开发沼气，为水果和蔬菜提供有机肥料

---

① 杜悦新：《世界贸易组织与环境治理》，《环境保护》2002年9月。

续表

加入 WTO 引起的变化	环境效应	政策建议
工业经济结构调整：减少污染严重的第二工业；增加第三产业和服务业	减少单位产量污染：由于产量提高而污染增加；劳动密集型工业（纺织业和玩具生产）增加导致水和空气污染增加	建立激励机制，加强标准实施以扩大结构调整的收益
城市化速度加快	增加固态废物	加紧进行城市垃圾处理和回收工作
减少车辆生产厂家：大幅度降低价格使城市私人车辆拥有量增加	外国投资和进口将带进新技术；但城市私人拥有车辆将抵消所得利益并使城市空气污染进一步恶化	逐步减少排放和有关污染物排放量：提供改性汽油的基础设施，包括进行交叉补贴
外国投资增加	新技术和减少单位产量污染技术；污染严重产业转移到西部	鼓励煤炭部门引进新技术和管理创新；保护西部开发
增加能源和木材进口	减少对煤炭的依赖，创造植树造林机会	鼓励和支持煤炭产业劳动力调整，支持环境和生态脆弱地区的农民植树造林
增加了对中国出口产品的"绿色障碍"，包括"绿色消费"SPS、TBT 的协定	往来账户盈余的下降，可能会增加对国内产品的依赖，例如煤炭生产的能源和重污染出口产品锡	根据 SPS 和 TBT 协议融合国内标准和国际标准；鼓励和推行 ISO14000 管理标准认证；了解并根据重要贸易伙伴的"绿色消费"进行调整；可能需要将农业的 GMO 生产与出口分离
对环境服务产业需求增加	外资带入的改进的技术将使环境服务更加有效和便宜，有利于环境的改善和恢复	中国许多小企业的技术落后，外资企业又集中在东部地区。因此需要对提高技术水平和分散布局给予奖励

资料来源：杜悦新，2002。

总之，由于WTO不是也无意成为一个专门处理环境问题的国际组织，其对全球环境问题的治理作用十分有限，并且该作用大多通过绿色壁垒和调整成员方经济结构这样的间接途径完成。然而，如同经济活动必然产生废弃物和污染一样，自由贸易与全球环境问题已经密不可分，因此，在全球环境治理的框架下，必须发挥WTO的主体作用，并且为了突破当前困境，WTO围绕环境问题的改革也势在必行。

（二）国际非政府组织

非政府组织（Non-Governmental Organization, NGO），顾名思义，不同于政府组织和商业集团，带有明显的非官方和非盈利的特性。1950年，联合国经社理事会第288（X）号决议中指出，任何国际组织，凡不是由政府间协议而创立的，都被认为是为此种安排而成立的非政府组织。1994年，联合国官方又进一步规范了非政府组织的定义，认为非政府组织是非营利实体，其成员由一国或多国公民组成，其行动由其所有成员的共同意志所驱使。世界银行业认为非政府组织是从事扶危济贫、维护穷人利益、保护环境、提供基本的社会服务或从事社区发展的私人组织。尽管学术界关于非政府组织定义的认识并不相同，但一般来说非政府组织都会具有如下属性：正规性、民间性、非营利性、自治性、公益性、自愿性、非宗教性和非政治性。

自20世纪80年代以来，国际非政府组织无论在数量、规模还是参与范围上都出现了惊人的增长。根据国际组织联盟的统计，到2004年，国际非政府组织已达51 509个，占到了国际组织总数的80%以上[①]。国际非政府组织已经成为全球治理的重要主体之一，在一定程度上引导着全球治理的发展进程和价值趋向。根据参与活动领域的不同，这些非政府组织可以区分为人权组织、环保组织、贫困救济与援助组织、妇女权益保护组织等。当然，在全球环境治理领域，影响力最大的非政府组织主要是国际环境非政府组织。

国际环境非政府组织是以保护生态环境为己任，依靠志愿者和社会捐款来完成其工作活动的组织。当前，具有影响力的国际环境非政府组织主要有绿色和平组织（Greenpeace）、世界自然基金会（World Wide Fund for

---

① http://www.uia.org/statistics/organizations/types-2004.pdf.

Nature, WWF)、地球之友（Friends of the Earth International, FOEI）,世界自然保护联盟（International Union for Conservation of Nature and Natural Resources, IUCN）,气候组织（The Climate Group）等（见表1-3）。这些组织多起源于国际社会对某些特定环境问题的应对过程中,但随着各类环境问题之间的交叉性和关联性,这些非政府组织活动的范围也不断交叉,开始关注所有涉及生态环境的问题。

表1-3　主要的国际环境非政府组织一览表

组织名称	概况	宗旨	职责
绿色和平组织	前身是 1971 年成立于加拿大的"不以举手表决委员会",1979 年改为绿色和平组织,总部设在荷兰阿姆斯特丹	促进实现一个更为绿色、和平和可持续发展的未来	保护地球、环境以及各种生物的安全及持续性发展,并以行动做出积极的改变
世界自然基金会	1961 年成立,总部设于瑞士格朗,是目前世界最大、经验最丰富的独立环保 NGO	遏止地球自然环境的恶化,创造人类与自然和谐相处的美好未来	保护世界生物多样性,确保可再生自然资源的可持续利用,推动降低污染和减少浪费性消费的行动
地球之友	由国际间 70 余国环保组织组成的网络,拥有一个小型秘书处,位于阿姆斯特丹	建立一个和平的、可持续发展的世界,使人们能够与自然和谐相处	广泛保障环境和社会公正、人类尊严,尊重人类权利和个人权利;防止环境恶化,培育生态文化多样性等

续表

组织名称	概况	宗旨	职责
世界自然保护联盟	1948年成立于瑞士格朗，由全球81个国家、120个政府组织、超过800个非政府组织、1 000个专家和科学家组成，是少有的政府与非政府机构都能参与的国际组织	影响、鼓励及协助全球各地的社会，保护自然的完整性与多样性，并确保在使用自然资源上的公平性，及生态上的可持续发展	拯救濒危动植物种；建立国家公园和保护区；评估物种及生态系统的保护并帮助其恢复
气候组织	2004年由时任英国首相的托尼·布莱尔和来自北美、欧洲和澳大利亚的20位商业精英和政府领袖共同发起成立，专注于解决气候变化应对方案	促进全球低碳经济的发展	开发企业领袖力量项目；制定自愿碳市场标准；实施绿色电力市场发展项目；打破全球气候僵局项目；倡导城市和区域领袖联盟；启动针对消费者的低碳同行项目

在运作模式上，国际环境非政府组织大多采用游说各国政府代表、宣传和倡导社会运动，参与国际环境谈判，提供专业信息、举行非政府组织平行论坛等形式，推进全球环境治理的进程。具体来说，其运作模式可以归纳为三种类型：一是通过国际会议、提案、联合国的咨商地位以及社会运动等形式来影响各个主权国家和政府间国际组织的行动；二是通过援助项目的方式直接参与各国和全球的可持续发展进程，即利用资金、技术、制度和管理上的援助，提高项目实施国家和地区的可持续发展能力；三是建立基于市场机制作用下的长效机制，例如与企业建立绿色联盟，降低环境风险，推动绿色价值链的发展①。

---

① 安祺、王华：《环保非政府组织与全球环境治理》，《环境与可持续发展》2013年第38卷第1期，第18-22页。

1. 国际非政府组织参与全球环境治理的实践

在应对全球环境问题的行动中自始至终都有非政府组织的身影。1972年，罗马俱乐部发布了其著名的《增长的极限》的报告，成为全球环境运动开始的标志之一。与此同时，美国反对环境种族主义、环境不公正的运动正在全国范围内如火如荼地进行，在国内的环境非政府组织推动下，1972年第一次人类环境大会得以在瑞典首都斯德哥尔摩召开。与会的非政府组织超过了200个，表达了具有共同价值、知识和利益的环境选民的诉求（Michele M，2008），这也成为非政府组织在全球环境会议上的首秀。其后，无论是在海洋保护、防止臭氧层破坏、生物多样性保护，还是在应对气候变化等全球环境问题上，国际非政府组织都显露出强大的影响力和推动力。从实践上看，这种影响的途径主要有三个方面。

（1）直接推进全球环境保护的行动

国际非政府组织直接推进全球环境保护的行动体现在其政治游说、宣传、策划社会运动等方面。南极条约体系下矿产资源活动管理机制的演变为我们提供了非常生动的实例①。南极是地球上未被开发和污染的清洁大陆，蕴藏着丰富的矿产资源，是地球的共同财富。1959年签署的《南极条约》确立了南极独特的法律地位，它既不属于某个国家，也不归联合国管辖，其管理权掌握在南极条约协商国集团手中。这种冻结领土主权的规定虽然搁置了国家之间的争议，但也同时使得南极处于无主之地的位置。鉴于南极条约组织在官方上的软弱性，非政府组织找到了可以充分发挥其力量的平台。从20世纪50年代起，有超过30个非政府组织加入到南极事务中来。除了主要的国际环境非政府组织绿色和平组织和世界自然基金会之外，还产生了专门性的组织，如南极研究科学委员会（SCAR）、南极洲和南大洋联盟（ASOC）等。《南极条约》签署之初由于忽略了环境保护的要义，并没有禁止南极矿资源的开发。1988年通过的《南极矿产资源活动管理公约》采取了节制开发和环境保护相平衡的立场。非政府组织认为，该公约的透明度和责任制度很不完善，公约制度下的科学数据保密制度限制了公众的知情权，而这种信息的封闭会造成缔约国尤其是协商国的独占

---

① 　王彦志：《非政府组织参与全球环境治理——一个国际法学与国际关系理论的跨学科视角》，《当代法学》2012年第1期，第48页。

地位，因此，该公约与环境保护是相悖的。为了阻止该公约的签署和批准，国际非政府组织展开了大量游说和宣传活动，通过鼓动国内公共辩论、发起写信和请愿书、对社区群众进行宣传教育、揭露公约弱点等活动，最终影响了澳大利亚、法国、比利时和意大利政府的政策偏好。在1989年10月第15次《南极条约》磋商缔约国大会上，澳大利亚和法国首次提议禁止南极开发活动，这一主张得到了比利时、印度和意大利等国家的支持，但同时美国和英国却主张保留将来开发南极的权利。随后，绿色和平组织和世界自然基金会在英国发起了公共运动，其他一些非政府组织也组织了在德国、美国和新西兰的游说活动，最终动摇了这些国家的谈判立场。1990年年初，新西兰同意不签署《南极矿产资源活动管理公约》，在随后的《南极条约环境保护议定书》谈判中，英国和美国也最终宣布支持议定书，即认同"科学研究除外，禁止任何与矿产资源相关的活动"的决定。于是，南极矿产资源活动管理的立场从开发保护转向了禁止开发，《南极矿产资源活动管理公约》因为《南极条约环境保护议定书》的签署而终止。在这场关于南极环境保护的行动中，国际环境非政府组织通过国内、跨国和国际政治活动，运用利益策略和道德说服，影响了主要国家的国内选民和政治领导人，改变了国家的偏好，也改变了国家间的身份认同和利益计算。

（2）通过参与国际谈判推进全球环境保护的行动

全球环境治理的主要形式和工具之一是通过国际环境会议达成多边的环境协议。在历届重要的国际环境会议上，都可以看到为数众多的国际非政府组织的身影。绝大多数国际环境法条约和宣言等文件不但规定非政府组织可以参与国际环境会议和谈判，而且规定非政府组织可以以观察员身份参与国际环境协议实施和监督过程。除了参与国际环境合作的缔约方大会，非政府组织还可以直接与环境协议的秘书处建立联系，由此来参与全球环境治理[①]。

1992年，在巴西首都里约召开的环境与发展大会，云集了来自170多个国家的约2 000个非政府组织的代表3万多人。他们一方面游说政府代表，

① 王彦志：《非政府组织参与全球环境治理——一个国际法学与国际关系理论的跨学科视角》，《当代法学》2012年第1期，第49页。

另一方面在官方会议同期召开了平行的非政府组织全球论坛。在14天的时间里，论坛共举行了350次会议和超过1 000次的非正式讨论，最终向官方大会提供了非政府组织起草的300多个模拟条约文本。这些文本内容最终大多被官方会议采纳，形成了著名的《里约环境与发展宣言》和《21世纪议程》①。

在应对气候变化问题上，《联合国气候变化框架公约》和《京都议定书》是迄今为止气候领域最为重要的国际环境协议，而这两项协议的达成都受到国际非政府组织的重要影响。大约700个国际非政府组织组成了气候行动网络，该网络在气候谈判期间通过每日新闻、通讯来提供信息，向各国谈判者展开游说，观察会议进程，监督谈判的透明度，甚至在谈判期间还会为那些谈判不积极的国家颁发"每日化石奖"，以此给这些国家施加压力。在2007年的巴厘岛气候大会上，非政府组织组织了多场"边会"，为最终"巴厘岛路线图"的出台做出了贡献。2009年，由于涉及商讨《京都议定书》第二承诺期的问题，在哥本哈根举行的气候大会受到了空前的瞩目。在这次大会上，数以万计的非政府组织人士到场，绿色和平组织、世界自然基金会等重要的国际环境非政府组织还公布了一份气候条约的初稿，供各国作为谈判的基准。

总之，国际环境会议已经成为非政府组织活跃的舞台，他们利用多种方式不但能够影响国际谈判的进程，甚至能够改变国际谈判的结果。

（3）通过影响个体行为推进全球环境保护的行动②

国际非政府组织参与全球环境治理的实践还表现为，其能够通过制定独立的全球环境规制、制度、标准、规范、原则等，影响个人、厂商和其他社会群体的行为，从而间接地起到环境治理的作用。如今，这些全球私人环境规制已经涵盖了企业加工、生产、融资、销售、消费、投资、贸易和金融等各个领域，这使得每一个产业链环节上的利益相关者都纳入了环境规制的范围。国际标准化组织（ISO）通过开发和实施环境管理体系14000系列，来实现企业自我的环境治理，就是其中的典型例子。作为一个公私

---

① 饶戈平：《全球化进程中的国际组织》，北京大学出版社2005年版，第14页。
② 王彦志：《非政府组织参与全球环境治理——一个国际法学与国际关系理论的跨学科视角》，《当代法学》2012年第1期，第51页。

混合的非政府机构,国际标准化组织是全球最大的非政府性标准化专门机构,其于1993年成立了ISO/TC3207环境管理技术委员会,开始专门展开环境管理系列标准的制定工作。ISO14000系列的环境管理体系目前已被广泛用于第三方环境认证,它适用于任何组织,包括企业、事业和相关政府机构,通过认证后可证明该组织在环境管理方面达到了国际水平,能够确保对企业各个过程、产品及活动中的各类污染物控制达到相关要求,是建立绿色组织的有效工具。通过实施ISO14000系列的环境认证,企业或其他组织自发地约束自身环境行为,建立起良好的社会形象,并以此获得了进入国际市场的"绿色通行证"。因此,这些由非政府组织制定的私人的全球环境规制,看似没有强制力,但其实施效果却超乎预料。

2. 国际非政府组织参与全球环境治理的途径

国际非政府组织在全球环境治理中正占有越来越高的地位,这一方面依靠其自身独特的组织形式而获得的权威,另一方面依赖于其与其他治理主体的紧密合作。关于其独特的组织形式,我们知道非政府组织虽然一定程度上受国家的限制,却并不受国家的管制。因此,它在全球环境治理体系中具有相对的独立性。它的非官方性质和非营利性质,使其只用为其成员负责而不必代表国家利益,可以避免政治绑架环境的困境,能够在一定程度上实现监督国家行为的职能。同时,这些性质还帮助非政府组织通过宣传、策划社会活动等形式广泛发动公民群众,具有强大的影响力和号召力。另外,非政府组织自身独特的组织形式还使其拥有官方不具备的强大的信息优势和技术专长。随着信息技术的发展和通信的全球化,大多数政府已经无法控制信息的跨界传播,这使得非政府组织开展跨国活动更具备优势。在遇到一些与环境有关的政策争议或不明的科学问题时,非政府组织可以迅速围拢专家人才,提供高质量的专业研究和报告,正如《我们共同的未来》中所言,非政府组织"在规划和项目的贯彻方面,往往能有效地代替政府机构,它们有时同有关人群直接联系,而这是政府机构不能办到的"[①]。国际非政府组织参与全球环境治理的另一个有效途径是与国际政府间组织、各主权政府等其他主体紧密合作。

---

① 张骥、王宏斌:《全球环境治理中的非政府组织》,《社会主义研究》2005年第6期,第108页。

3. 国际非政府组织与国际政府间组织的关系

由上述国际非政府组织参与国际环境会议和谈判的实践可以看出，其与国际政府间组织保持着积极互动的联系。具体来说，这种紧密联系体现在国际非政府组织制度化参与和通过对话广泛参与国际政府间行动两个方面①。在制度化参与方面，国际非政府组织与联合国之间的关系是最典型的体现。联合国早在成立之初就确定了与非政府合作的法律依据。《联合国宪章》第七十一条规定，"经济及社会理事会得采取适当办法，俾与各种非政府组织会商有关本理事会职权范围内之事件"②。1968年，联合国通过1296号决议，将享有经社理事会咨商地位的非政府组织分为三类，确立了联合国与非政府组织合作的制度框架。到20世纪七八十年代，非政府组织参与联合国活动的次数逐渐增加，已经成为联合国重要的合作伙伴。1996年，联合国通过了1996/31号决议，将在经社理事会注册的非政府组织重新分为一般咨商地位（General Consultative Status）、专门咨商地位（Special Consultative Status）和列入名册地位（Roster Status）③。这三种咨商地位在权利和义务上各有不同，但都确立和联合国建立工作关系这一点（见表1-4）。联合国秘书长还授权对具有咨商地位的非政府组织活动提供便利，其中包括：迅速有效地酌情颁发经社理事会及其附属机关的各种文件；获得联合国的新闻文件服务；安排各有关团体或组织就特别关注的事项进行非正式讨论；在联合国大会处理经济、社会和有关领域各问题的公开会议中适当安排各组织的席位并协助取得各种文件等。

除了制度化地参与像联合国这样的国际政府间组织，非政府组织更多地是采取对话的方式参与到其他国际政府间组织中去。例如，世界贸易组织总协定中曾规定"总理事会应做出适当安排，以便与在职责范围上与WTO有关的各非政府组织进行磋商与合作"。在1996年通过的《与非政府组织关系安排的指导方针上》，WTO建立了一整套与非政府组织对话的关

---

① 叶江：《试论国际非政府组织参与全球治理的途径》，《国际观察》2008年第4期，第19页。

② 参见《联合国宪章》第七十一条。

③ 李宝俊：《全球治理中联合国与非政府组织的关系》，《现代国际关系》2008年第3期，第52页。

系框架。包括：

（1）遵循《建立世界贸易组织协定》第5条第2款所确立的基本原则。

（2）各成员方认识到非政府组织能起到增进公众对WTO相关活动的认知程度的作用，因而各成员方愿意提高WTO的透明度并发展同非政府组织的关系。

（3）为了达到更具透明度的目的，必须保证非政府组织获得更多有关WTO活动的信息，特别是比过去更快地取消对获取有关这些活动的文件限制。为此，秘书处会将相关资料（包括已经取消限制的文件）在互联网上公布。

（4）WTO秘书处应经济地采用各种方式，发展同非政府组织的直接联系。虽然WTO强调各成员方是一个对其成员方的有关权利和义务具有法定约束力的政府间组织，认为非政府组织不可能直接参与WTO的工作或其会议，但WTO秘书处、各成员方以及其争端解决机构却不断开展各种积极方式与非政府组织保持对话和联系，使其广泛参与了贸易与环境等相关议题的探讨。

表1-4 一般、专门和列入名册咨商地位的非政府组织的权利、义务区别一览表

选 项	一般咨商地位	专门咨商地位	列入名册咨商地位
与经社理事会工作的相关性	所有领域	某些领域	有限领域
是否具有经社理事会的咨商地位	是	是	是
能否参加联合国会议	是	是	是
能否指派驻联合国代表	是	是	是
能否被邀请参加联合国国际会议	是	是	是
能否对经社理事会日程建议新选项	是	否	否
能否在经社理事会议上发布声明	2 000字	500字	否
能否在经社理事会议上发言	是	否	否
能否在经社理事会附属机构会议上发布声明	2 000字	1 500字	否

选　项	一般咨商地位	专门咨商地位	列入名册咨商地位
能否在经社理事会附属会议上发言	是	是	否
是否必须提交每四年一次的报告	是	是	否

资源来源：叶江，2008。

4. 国际非政府组织与各主权国家之间的关系

在全球治理的框架下，主权国家要向国际组织和民间机构适度让渡自己的权利，这一点使得国际非政府组织与主权国家之间的关系并非单纯合作那样简单。正如美国学者朱迪恩·坦德勒所言，政府组织与非政府组织并非是天然的姻亲，从诸多层面来看，两者毋宁说更似一对互相竞争的对手①。由于国家总是在国际政治的根本问题上主张主权原则，对于从人类整体利益出发的全球环境问题，主权国家也一定会从国家利益出发做出决策，这给予以人类关怀作为终极归宿的非政府组织以一定程度上替代主权国家发挥作用的空间，并可以监督国家在具体政策中的执行。不同于政府行政化、指令化的治理方式，没有科层组织结构的桎梏，非政府组织可以比政府机构更加灵活、有效地参与到全球环境治理当中。当然，国际非政府组织要充分实现自身的治理价值，在与主权国家良性竞争的基础上，必须要在与主权国家的合作下展开。具体来说，这种合作奠定于以下几点联系：第一，非政府组织的计划与政府的宏观经济政策之间的联系。第二，一个非政府组织的计划经常是由政府来提供的，反之亦然。第三，非政府组织财政收入的大部分而且越来越多的直接或间接地来自政府、多国银行的捐赠和发达国家。第四，非政府组织有时也会被政府接管或将其扩展。第五，非政府组织可以对政府的政策制定施加各种各样的影响②。

总之，非政府组织的特点与性质决定了其可以作为有效替代和补充，

---

① 朱迪恩·坦德勒：《变私人志愿组织为发展机构评价问题》。
② 保罗·斯特里滕：《非政府组织与发展》，何曾科主编：《公民社会与第三部门》，社会科学文献出版社2000年版。

延伸主权国家的治理边界，而主权国家主动让位、建立良好的法律制度环境是非政府组织发挥治理作用的基础。正是在这种良性竞争与互动的背景下，国际非政府组织实现了全球环境治理的功能。

5. 国际非政府组织参与全球环境治理的局限性

在多元化的全球环境治理结构下，国际非政府组织无疑发挥着重要作用，但其自身也存在着一定的局限性，这使得当下其还不能代替国际政府间组织和主权国家的作用，成为全球环境治理的主导力量。首先，国际非政府组织虽然具备独立性，但由于缺乏足够的"政治资源"，有时会导致"志愿失灵"问题。例如，其随着治理投入的增加，不得不接受来自主权国家、企业集团的捐赠，这势必将削弱其公正性，可能成为某些群体谋取私利的工具。另外，其权威性和相应的行为能力依然受制于国际政治现实的诸多限制，使其无法像国际政府间组织或主权国家那样直接参与缔结条约等国际立法行动。全球环境问题的复杂性使得国际非政府组织无法聚合和协调世界不同国家和群体的诉求，在国际环境谈判僵持不下时，非政府组织的诉求更得不到呼应①。从合法性方面来看，显然国际政府间组织和各主权政府拥有比非政府组织更大范围的授权，在治理的操作层面，合法性的缺失意味着其无力进行强制执行，这使得很多非政府组织的行为仅落脚在强硬的"措辞"上。

从国际非政府组织内部来看，虽然在数量上和规模上该类组织都持续增长，但其内部发展并不平衡。表现为起源于发达国家的非政府组织实力较强、影响较大、资金充足、人员专业、结构完善，而发展中国家试图建立起的国际非政府组织则规模较小、资金匮乏、人员和专业水平低、影响力较小。这种国际非政府组织内部的南北差异，显然也染上了意识形态和价值观取向的色彩。对于发展中国家来说，常常需要保持警惕，避免一些国际非政府组织打着"道义"的旗号，背地里却暗搞政治制度移植和文化渗透，动摇甚至颠覆发展中国家政府的执政基础。另外，在某一全球环境问题上，往往出现不止一家国际非政府组织的干预，但这些非政府组织之间却常常出现矛盾和争论。例如，绿色和平组织强烈反对转

---

① 宋效峰：《非政府组织与全球气候治理——功能及其局限》，《云南社会科学》2015年第5期，第72页。

基因食品，而其他一些国际环境非政府组织却对此持积极支持态度。非政府组织之间的联合行动常被誉为佳话，但实际上他们也存在争夺支持者和资金的隐性竞争。当然，一些国际非政府组织的治理结构也饱受诟病，例如，绿色和平组织前主任就曾批判该组织缺乏内部民主，其成员之间的关系并不平等①。

---

① 张杰、张洋：《论全球环境治理维度下环境NGO的生存之道》，《求索》2012年12月，第177页。

第二章　全球环境治理中的
公平性问题 ①

公平和正义，是人类社会追求的永恒目标和对社会制度进行评判的价值尺度，随着时代和思想发展而不断变化。功利主义认为，"最大多数人的最大幸福"是评价社会制度公正的衡量标准；罗尔斯认为，作为公平的正义原则是第一优先的，应对社会最不利地位者特别关注；主流经济学思想，强调以"利己"的手段实现"利他"，发展中却更重视手段本身，演变为纯粹的逐利行为。

与社会正义理论一脉相承的环境正义，应当是一种作为环境公平的正义，即在哲学和伦理学上符合罗尔斯关于"正义论"的相关论述。它拒绝了功利主义那样可以允许牺牲一部分人的平等自由来实现最大利益总额的潜在含义，也不同于主流经济学那样，把公平置身于Pareto效率之上。它要求实现环境权利义务分配的代内公平和代际公平，其中代内公平又可划分为国内公平和国际公平。

全球环境治理必然涉及一系列的公平与正义问题，在实践中，当前全球环境治理所秉承的基本公平原则是"共同但有区别的责任"原则。它的创新之处在于提出了"有区别的责任"，强调以不同方式对待不同类别的国家，从而实现了"实质的公平"。它的基本原理符合罗尔斯作为公平的正义理论。

虽然"共同但有区别的责任"是全球环境治理的基本公平原则，但在全球气候治理实践中，各国针对"什么是共同的责任""什么是有区别的责任"争论颇多，导致国际气候合作停滞不前。笔者认为，气候变化的公平原

---

① 本章部分内容参见：钟茂初、史亚东、孔元：《全球可持续发展经济学》，经济科学出版社2011年版。

则应当具备如下属性：原则的"共同性"和结果的"有区别性"；能够促进合作的广泛实现；不以效率作为首要的和唯一的目标。

第一节　公平与正义原则的一般性认识

公平与正义原则是十分玄奥复杂的概念，自古以来，关于对它们的认识，学者们就曾争论不休，并且其内涵也随着时代和思想发展而不断变化。可以肯定的是，公平与正义是人类社会成员一种共同的和永恒的价值追求。我们应当在这个基本价值的基础上去探讨如何认识和实现环境领域的公平与正义。也只有在认同共同价值追求的前提下，去讨论环境的公平正义原则才有意义。

一、公平的内涵概述

在人类思想史上占据重要地位的公平问题一直是人类社会关注和讨论的热点问题，它不仅自古有之，而且随着时代的不同而不断变化。早在古希腊时期，梭伦对社会关系进行调节的措施就已经产生了早期公平的观念，此时梭伦提出公平就是不偏不倚。梭伦之后，古希腊人又提出了许多公平观，例如伯利克利认为法律对所有人都同样公平，普罗塔哥拉把公平理解为对规矩认可的行动，而亚里士多德则把公平表述为同样的情况同样对待等。在我国，关于公平的认识也历史久远，孔子曾在《论语·季氏第十六》中说"有国有家者，不患寡而患不均，不患贫而患不安"，《说文解字》中也提到"正，是也""公，平分也"等。这里，我国古人对公平的理解含有公正、平均的意味。到近代，公平的含义有了新的内容。《现代汉语词典》定义公平为"处理事情合情合理，不偏袒哪一方"，《布莱克法律词典》则指出公平是指法律的合理、正当适用，在法学上指对有关赋予当事人权益的法律事件或争议所做的处理具有持久性。马克思主义认为，公平问题根源于人类社会实践的发展，人类在劳动实践中形成了各种关系，对各种关系的调节就提出了公平问题。由此可见，人们关于公平的观念不是抽象的，而是具体的，不是固定不变的，而是处于不断的发展变化之中的（洋龙，2004）。

公平始终是人类社会追求的核心价值目标，虽然时代不同其具体定义有所不同，但分析其内涵却无外乎如下几个方面：一是社会中人与人之间地位的平等，社会成员被平等地对待和尊重是最基本的公平。二是社会收入分配的公平，它是指财富或利益分配是否与个人的努力和付出相关联，这也是公平最常被提及和使用的方面。三是人与自然、社会之间利益关系的平衡与协调。四是对制度或规则公正、平等的评价或反映。除了用上述四个方面对公平的内涵加以概述外，公平亦可以进行分类归纳，表述为三种形式，即起点公平、过程公平和结果公平。其中，起点公平可以理解为人与人之间，人与自然、社会之间利益关系的平等均衡，它摒弃了先赋性因素，是一种条件下的公平。过程公平即机会公平，是指在机会均等、竞争规则相同的条件下，每个人获得与自己投入相称的利益，亦即等量劳动获得等量报酬，等量资本得到等量利润①。过程公平是自由主义思想家们坚持的公平观，他们认为这种平等能够最大限度地扩大个人自由，人们按照自由的方式对经济做出贡献，因此按照贡献来分配利益是公平的。结果公平侧重于社会收入分配的后果，这里平均的含义被强化，虽然结果公平并不等同于分配平均，但是避免收入分配差距过大、社会两极分化严重却是结果公平的必然要求。另外，也有学者将公平的表现形式定义为权利公平、机会公平、分配公平和规则公平，认为权利公平就是起点上的公平，机会公平是过程上的公平，分配公平是结果的公平，而规则公平是贯穿人的社会活动全过程的公平，是前三种公平的保障机制②。

二、正义的内涵概述

公平与正义是一对相伴而生的概念，人们在讨论其中之一时往往离不开对另一方的关注。与公平一样，人类社会对正义的讨论也由来已久。在古希腊时期，正义被认为是一种最重要的美德，它主要侧重于人的行为方面。比如，苏格拉底认为正义是知道如何行动是最好的；柏拉图认为正义是一

---

① 陆树程，刘萍：《关于公平、公正、正义三个概念的哲学反思》，《浙江学刊》2010年第21期，第198—203页。

② 韩跃红：《普世伦理视域中的公平与正义》，《哲学研究》2007年第12期，第85—89页。

种人类美德的道德原则，它能给予那些属于国家法制的其他美德以及那些被统摄在这一普遍的观点之下的德行以存在和继续存在的力量；亚里士多德认为政治学上的善就是正义，正义是守法与平等；乌尔比安认为正义是给予每个人应得部分的坚定而恒久的意愿。然而，到了近代，西方哲学家和思想家扩大了正义的内涵，将正义专门用作评价社会制度的一种道德标准，认为正义是社会制度的首要价值。此时，学界对于正义的争论更加激烈，分裂为功利主义、直觉主义、契约主义等学派。面对这种情形，美国法哲学家博登海默直言道："正义有着一张普罗透斯似的脸，变幻无常，随时可呈不同形状并具有极不相同的面貌。"虽然正义观念是由西方传入我国的舶来品，但我国古代关于义的思想却早在先秦时期就已产生，并且经由孔子、孟子、荀子的发展形成了儒家正义思想，比西方更早地完成了正义由个人行为向社会制度的内涵转变。义（義）字在我国古语里与美、善同意，孔子在论述其正义思想时也将义关注在人的道德修养方面，认为君子喻于义，君子之仕行其义也。而到了荀子时期，荀子将义落实到国家和社会制度层面，强调社会制度的构建，并多次使用正义一词，例如"正义直指，举人之过，非毁疵也"（《荀子·不苟》），"正利而谓之事，正义而谓之行"（《荀子·正名》）等①。

　　正义自古以来就是一个复杂的问题，正确而全面地理解它的含义，需要从三个方面入手②：第一，理念层面。正义首先是作为一种人类社会的至高理想而存在的，它的表现形式是一种观念上的价值。正义自产生以来就带有神圣、崇高、尊严的意思，它体现了人类社会至高的善，反映了人类对自身价值、尊严与发展方向的最高追求。虽然正义首先是观念上的、理想化的，但这种观念根植的土壤却是现实特定的社会结构，因此正义并非虚无缥缈的乌托邦，而是人类根据积累的社会实践经验对未来发展方向和价值目标的描绘。从这个意义上讲，正义作为一种理念而存在的价值，在于能够引导和规范人们的社会实践活动，激励当前社会中的人们努力朝着理想的价值目标前进。第二，制度层面。制度正义是正义体系中最重要、最关键

① 石永之：《从"義"字看儒家正义思想的形成》中国儒学网http://www.confuchina.com/03%20lunlizhengzhi/yi%20zi.htm。

② 王桂艳：《正义、公正、公平辨析》，《南开学报（哲学社会科学版）》2006年第2期。

的一种形态。罗尔斯在《正义论》中曾说："正义的主要问题是社会的基本结构,或更准确地说,是社会主要制度分配基本权利和义务,决定由社会合作产生的利益之划分的方式。……社会基本结构之所以是正义的主要问题,是因为它的影响十分深刻,并自始至终。"①理念层面上的正义虽然有激励和引导作用,但毕竟只是一种价值取向,制度层面上的正义才是真正承担价值的载体。制度正义是评价社会制度的首要价值,它反映了正义与社会实践的紧密联系,体现了正义对一定社会经济、政治结构的依赖。制度的演变体现了不同价值取向的冲突,人类社会对正义的追求也通过制度变迁得以展现。第三,日常生活层面。制度并不是实践本身,因此制度正义也不能反映正义体系的全部层面。正义作为一种价值判断和道德评价,在制度层面与日常生活层面存在一定距离。因此,只有在特定的、具体的情形下,才能对政治、经济、法律、道德等领域的善恶是非做出明确评价。

三、公平与正义的异同

公平与正义联系紧密、相伴而生,人们在具体语境中运用它们时经常将其互换使用,对它们含义的区分并不清楚。实际上,在伦理学和哲学思想里,公平与正义是两个层面的概念,它们之间的区别是十分鲜明的。公平与正义的差别体现在:一个层次低,一个层次高;一个是具体的,一个是抽象的;一个外延长,一个内涵广;一个是价值取向,一个是客观操作;一个可以是微观的,而另一个专指宏观。正义是比公平层次更高的概念,体现了比公平更高的要求。正义是人类社会的最高价值追求,是人之为人的真正之义,它具有鲜明的理想色彩,是基于现实实践的一种抽象描绘。而公平侧重于日常生活的具体层面,贯穿了社会实践的各个部分。对于公平来说,虽然内涵不如正义丰富,但其外延却比正义更多,即公平是正义的必然要求而非充分条件,正义的一定是公平的,但公平的却不一定是正义的,不正义的也并不一定是不公平的。另外,正义反映了人们的价值取向和道德判断,带有明显的主观色彩,"应然"的成分更多;而公平却

---

① 约翰·罗尔斯:《正义论》,何怀宏、何包钢、廖申白译,中国社会科学出版社1988年版,第7页。

是对事物的客观操作,暗含已经存在了作为第三方的判断,只不过强调需要用一个标准、一个尺度,并做到不偏不倚。正义的作用更多地体现在制度层面,是对社会制度进行评判的价值尺度,因此指向制度或集体等比较宏观的层面,通常对个人不能使用;而公平除了可以运用在宏观层面对制度等进行指向外,还可以运用于个人,它对行为的要求是微观具体的。

公平与正义虽然在概念上有差别,却都是人类社会的永恒追求。国内学者韩跃红(2007)认为,公平与正义应当纳入普世伦理的视域,因为它们是可以普遍化的准则,是每一个文化道德体系相互重叠的部分,是人人都愿意被如此对待也希望以此来对待别人的准则,是社会普遍希望被遵循的法律规则和道德规范。公平与正义来源于人的基本需求,不管在具体观念上时代的、国家的,甚至个人的差别有多么大,却都是根源于人的尊严与自由,根源于人权的基本需要,因此是普世伦理和普遍价值,是全世界人民共同关注的对象。

四、对公平与正义的不同认识

(一)功利主义对于正义的认识

功利主义作为西方伦理学说的一个重要流派,它对正义的解释和认识在正义体系中一直占据着重要地位。功利主义又称功用主义、乐利主义、实利主义,它起源于18世纪末19世纪初的英国,以边沁和密尔为主要代表人物。杰里米·边沁是18世纪著名的自由主义政治思想家,他继承了早期思想家爱尔维修、贝卡里亚和休谟等人的功利思想,提出"趋乐避苦"的人性观。他认为"自然把人类置于两位主公——快乐和痛苦——的主宰下。只有它们才能指示我们应当干什么,决定我们将要干什么。是非标准、因果联系,俱由其定夺"[1]。正是从这种人性论出发,边沁总结了其功利主义原则,认为"当一项行动增大共同体幸福的倾向大于它减少这一幸福的倾向时,它就可以说是符合功利原则的",即合乎道德的行为是使快乐总和超过痛苦总和的行为,如果快乐的总量大于痛苦的总量,那么这一行为便

---

① 林奇富:《契约论批判与批判的尺度——杰里米·边沁功利主义政治哲学探析》,《吉林大学社会科学学报》2003年1月。

是善行,反之便是恶行。边沁认为功利主义原则具有普遍性,是指导人类行为唯一正确的理性法则。在此之后,约翰·密尔继承和发扬了边沁的学说,提出"功用主义"一词来更系统、更严整地论述这一伦理思想,标志着功利主义发展到了一个新的阶段①。

功利主义坚持"最大多数人的最大幸福"为第一和根本原则,这是他们用于评价社会制度的衡量标准,正义原则正是由此出发,通过人的安全感和同情心衍生出来的重要原则。公正的中心内容和根本基础就是功利,没有功利就谈不上公正。功利主义者所谓最大的善,指的就是最大的收入,根据功利主义的正义标准,使社会中个人功利最大化的社会分配就是公正的分配②。功利主义代表人物之一的西季维克对这一正义论也有过最清楚、最容易理解的概述③,其主旨是说"如果一个社会的主要制度被安排得能够达到总计所有属于它的个人而形成的满足的最大净余额,那么这个社会就是被正确地组织的,因而也是正义的"。功利主义的正义观是一种目的论,它强调善④的独立性,认为它是优先的,是判断正当与否的唯一标准,正当依赖于善。功利主义隐含着对某些个人平等与自由权利的侵犯,因为只要带给大多数人的利益大于少数人的牺牲,则这一制度安排就是正义的。从这个意义上可以说,功利主义只追求社会总的利益最大化,却对如何将这一总量利益在个人之间进行分配漠不关心。

(二)罗尔斯——作为公平的正义

正是由于对功利主义对少数人权益的侵犯和将正当置于善之下的不满,激发了一大批思想家开始寻求与之对立的正义理论和正义观。1971

---

① 王洪波、段宏利:《功利主义评析——兼论社会转型中的社会公平问题》,《内蒙古大学学报》2005年7月。

② 何建华:《正义是什么:效用、公平、权利还是美德》,《学术月刊》2004年10月。

③ 约翰·罗尔斯:《正义论》,何怀宏、何包钢、廖申白译,中国社会科学出版社1988年版,第22页。

④ "在功利主义那里,善可以解释为理性欲望的满足",见罗尔斯:《正义论》,中国社会科学出版社1988年版。

年，美国著名哲学家、伦理学家约翰·罗尔斯出版了《正义论》一书，成为与现行功利主义相对抗、全面论述有关社会基本结构的正义理论著作。《正义论》的出版在西方学术界引起强烈反响，被誉为"第二次世界大战后伦理学、政治哲学领域中最重要的理论著作"。罗尔斯在该著作中"继承概括了洛克、卢梭、康德为代表的契约论，使之上升到更高的抽象水平而提出了他的'作为公平的正义'理论"①。

　　罗尔斯的正义论由三大理论要素构成②：第一个要素是"基本的直觉观念"，即"公民都是自由平等的个人，他们为了进行合作而形成的一个公平的系统就是社会。"罗尔斯的正义论是一种义务论，他认为正当是优先于善并独立于善的，正义原则先于具体的社会制度和组织形式，因此由正义保障的平等和自由不会受制于政治的交易和社会利益的权利，自由只能为了自由本身的缘故而被限制。第二个要素是"原初状态"，这是相应于传统的社会契约理论中的自然状态。它不是一种实际的历史状态，而是一种纯理想化的假设状态。这种状态的一个基本特征是："没有一个人知道他在社会中的地位——无论是阶级地位还是社会出身，也没有人知道他在先天的资质、能力、智力、体力等方面的运气"。③正义的原则正是在这种"无知之幕"后被选择的。"无知之幕"的假设使得"原初状态"达到的基本契约都是公平的，因为所有人的处境都是相似的。这揭示了罗尔斯"作为公平的正义"理论的真正含义，它并不是指正义与公平的概念是同一的，而是意味着正义原则是在公平的原初状态中被一致同意的。关于"原初状态"还有一个假设，即设想处于状态中的各方是理性和相互冷淡的。罗尔斯认为这并不意味着各方是利己主义者，而是应当被理解为对他人利益冷淡的个人。在这种假设下，正义原则将选择遵循游戏理论中的"最大最小值规则"和"互无偏涉的合理性"。第三个要素是在原初状态中各方将选择的原则是处在一种"词典式序列"中的两个正

---

① 约翰·罗尔斯：《正义论》，何怀宏、何包钢、廖申白译，中国社会科学出版社1988年版，序言第6页。

② 段吉福、余小俐：《作为公平的正义：理论与回响——以罗尔斯〈正义论〉为核心的讨论》，《西南民族大学学报（人文社科版）》2003年第9期，第193–197页。

③ 约翰·罗尔斯：《正义论》，何怀宏、何包钢、廖申白译，中国社会科学出版社1988年版，第12页。

义原则。第一个原则是平等自由的原则，第二个原则是机会的公正平等原则和差别原则。其中，第一个原则优先于第二个原则，而第二个原则中的机会公正平等原则又优先于差别原则，这种优先是"词典式次序"的，即如词典条目间的先后顺序一样不能被颠倒。

罗尔斯公平的正义理论与古典的功利主义形成鲜明对比。首先，功利主义的正义观是一种目的论，而作为公平的正义却是一种义务论，即功利主义把正义原则作为次一级的规则，具有从属的有效性，而罗尔斯的契约论却是坚持正义优先的原则。其次，在功利主义那里，社会的选择原则被解释为个人选择原则的扩大，一个人的选择原则是尽可能大地增进他的福利，对于社会来说，社会的原则也是尽可能地增加社会集体的福利。而作为公平的正义理论是一种契约论，认为社会选择的原则本身是一种原初契约的目标。罗尔斯认为古典的功利主义和作为公平的正义之间隐含着根本的社会观的差别，"在我们的理论里，我们把一个组织良好的社会设想为一个由那些人们在一种公平的原初状态中将选择的原则来调节的互利互惠的合作体系，而在古典功利主义的理论中，组织良好的社会则被设想为一种社会资源的有效管理，这种管理能最大限度地增加由公平的观察者从许多既定个人欲望体系造成的总的欲望体系的满足"[①]。

（三）经济人假设条件下的正义与公平

现代西方主流经济学理论的核心假设之一是"理性经济人"的假设，它认为在社会中的微观经济主体都是追求个人利益最大化的，因而是理性的也是利己的。这一假设最初由西方经济学的奠基人亚当·斯密在1776年发表的著作《国富论》中提出，后来经过穆勒、马歇尔等许多经济学家的不断修正，最终形成了当前系统的"经济人"假说。这一假设是西方主流经济学赖以生存和发展的基石，主流学派的所有理论和结论都离不开这一前提条件，关于正义与公平的认识也不例外。主流经济学对正义的理解建立在社会福利总量最大化的基础上，即认为社会制度有效性首先反映在其能最大化社会普遍福利和物质财富利益上，他们使用"帕累托有效"一词来表示制度的有

---

① 约翰·罗尔斯:《正义论》，何怀宏、何包钢、廖申白译，中国社会科学出版社1988年版，第12页。

效性或者说效率,意味着社会分配结构达到这样一种状态时,即在不损害他人的前提下无法使自己的境况变得更好,就是有效率的。主流经济学对于公平的定义也是在帕累托有效的基础上做出的。他们认为一种平等(equal)的分配只有在实现了帕累托效率时才是公平的(fair)。对于平等的含义,主流经济学家们认为它指这样一种分配状态,即没有人认为其他人获得的分配比自己的更好,或者说别人的分配位于自身无差异偏好曲线的下端。利用两人交换经济的埃奇沃思方盒图可以很清楚地描绘出这种状态。如图2-1所示,A、B两图给出了分配结构的公平和平等的不同含义。在A中,当前的分配结构符合经济学中公平的定义,即当前分配首先是有效率的,它位于帕累托有效集的契约曲线上。其次,当前的分配也是平等的,即对于交换的双方来说,另一方的商品束带来的效用不会比自己持有的更多(这一结论可以通过中心对称法发现,即对当前交易点作中心对称,对称点的含义是对方商品束带来的效用,如果它没有在自身的无差异曲线之上,则说明对自身商品束的偏好至少与对方商品束的一样好)。A中的交易点首先是有效率的,其次是平等的,因而反映了社会公平的分配状态。与A相比,可以看出在B中,虽然当前交易点满足平等的要义,但因为其不处于契约曲线上,因而不满足帕累托有效,所以不能称之为公平的分配结构。

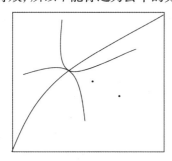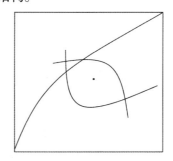

| A.公平的分配 | B.分配是平等的,但不是帕累托有效的 |

图2-1　经济学中公平分配的含义(两人交换经济的埃奇沃思图)

主流经济学在"经济人"的假设下对公平与正义的认识与古典功利主义有很多联系。回顾前述西季维克对社会制度正义原则的描述,它听上去与社会帕累托有效的概念十分相似,即正义原则与帕累托有效都要求最大化社会福利净余额。特别是当经济学引入了一种加总的社会福利函数,使得人们找寻到一种方法可以将个人福利转换为社会福利后，功利主义的正义观得到了经济学上的支持。实际上，如果追究"经济人"概念的起源就不得不提到功利主义，最早提出这一假设的亚当·斯密也正是功利主义的代表人物之一。亚当·斯密以功利主义的第一原则，即"最大多数人的最大幸福"为终极目标，论证了在"看不见的手"的引导下，个人对自己利益最大化的追求会自动实现这一目标。因此，"经济人"的最初提出具有强烈的道德色彩，它以"利他"为己任，只不过实现这种利他结果的手段恰恰是"利己"。然而，在经济学后来的发展中，尤其是在马歇尔之后，新古典经济学的兴起使人们开始更加注重手段的实现，"经济人"假设逐渐脱去了其道德的外衣，开始变为纯粹的个人逐利行为。

综上所述，在"经济人"假设下的公平与正义具有两个特点：一是具有功利主义那样隐含对少数人权益侵犯容忍的特征，即为了增加社会福利净余额，可以允许牺牲掉少数人（弱势群体）的福利。二是过分强调"利己"的实现手段，而逐渐忽视"利他"的最终目的。西方许多经济学家认为手段比目的更容易形成共识，如果人们对什么是最终的正义和公平还在争论不休，显然倒不如先对实现正义和公平的手段达成一致，因此现代主流经济学在分析问题时表现为轻目的、重手段的特征。主流经济学赖以生存的假设前提决定了它不可能完全解决社会的公平与正义问题。

第二节　环境公平与正义理论

阐述全球应对气候变化领域的公平与正义，首先要对环境公平与正义有基本的了解。本节将从环境正义运动的兴起出发，利用前述对公平与正义原则的一般性认识，分析环境公平与环境正义的内涵，揭示环境正义的两个内在要求。

一、环境正义运动的兴起

公平与正义自古以来一直关注社会关系与社会制度层面，作为一种概念上的延伸拓展到环境和生态领域，则是最近几十年才开始的事情。随着人类社会尤其是工业化国家经济的迅速发展，人类生产和生活等活动对生态环境带来的负面影响越来越严重。人类社会释放的废弃污染物以及对动植物的肆意破坏行为不仅扰乱了生态系统的自然平衡，也日益威胁着人类自身的生存和发展。1962年，美国生物学家蕾切尔·卡逊出版了《寂静的春天》一书，首次对人类社会提出了环境威胁的警告，引起广大民众的强烈反响。不久之后，"环境保护"的观念开始在社会成员之中萌发，人们对"大自然"的态度也从一开始的征服对象转变为人类生存和发展不可或缺的依靠。人们对自身与自然之间关系的重新审视使得"环境保护"的观念逐渐深入人心，这场由美国开端的环境保护运动也随之发展并迅速蔓延到世界其他各国。1972年，联合国在瑞典斯德哥尔摩召开了第一届人类环境会议，会议通过了《人类环境宣言》，标志着环境保护作为一项重要事业在全球范围内被正式确定下来。

环境保护运动兴起之初，人类被作为一个整体来处理与自然环境的关系，人类内部各阶层之间、当代人与后代人之间与环境的关系问题并没有得到广泛重视。此时，另一场运动在美国悄然兴起并愈演愈烈，这场声势浩大、席卷全国的运动直接导致了环境领域对人类内部关系的全面讨论，环境正义与环境公平的理念也随之产生。这项运动即著名的美国民权运动，历史上又称之为"平权运动""美国黑人民权运动"，它发生在20世纪五六十年代，是一项美国人民反对种族歧视、争取平等权利的社会运动。

"二战"后的美国，由历史遗留下来的种族歧视问题十分严重。在政治上，黑人没有与白人同样的公民权，特别是选举权；在就业上，黑人大多承担笨重的体力劳动，没有相应的社会保障并且工资低下；在居住和教育上，黑人被种族隔离制度圈定在固定区域活动，不能进入白人所在的社区、学校，甚至不能和白人一起就餐、乘车等。面对这种情形，美国受歧视的广大黑人、社区的低收入阶层和部分白人一起开始了有组织、有领导的抗争活动。在著名民权运动领袖马丁·路德·金的带领下，他们先是在南方各州废除了根深蒂固的种族隔离制度，后又争取与白人平等的公民权和就业权。最终美国联邦政府迫于压力，分别在1964年和1965年通过了《民权法》和《选举权法》，黑人民权运动取得一定成功。民权运动在美国乃至全世界的影响深远，它首次以非暴力抗争的形式争取全体公民的自由、尊严与平等，将社会正义与公平提到前所未有的高度。在这一运动的带领下，美国现代妇女运动、其他族裔民主运动都受到不同程度的推动与影响，环境正义运动也正是在这一背景下逐渐兴起来的。

作为民权运动在环境领域的延伸，环境正义运动是以有色人种和低收入人群争取环境领域内权益和负担的公平分配为核心而展开的。有色人种、少数族裔和低收入阶层在争取平等公民权的过程中发现，其在环境领域也常常遭遇歧视，表现为他们通常没有平等的环境参与权，并且在环境风险上承担不合理的比例。例如，调查发现有色人种和低收入阶层居住的社区分布了更多的垃圾填埋场和焚烧设施，他们居住地的环境要求通常比白人社区低，容易遭受污染并且在环境诉讼中因为种族歧视而处于不利境地。这些在环境领域的种种不公平现象，激发了美国社会底层人民的愤怒，在人们呐喊着要求平等公民权的同时，平等的环境权也被提上日程，环境正义运动由此展开。

1982年发生在北卡罗来纳州华伦郡（Warren County）的抗议事件是环境正义运动爆发的导火索。华伦郡是北卡罗来纳州北部的一个小县，地处偏远，经济相对落后，总人口中有63.7%是黑人。1978年由于爆发了一宗多氯联苯（PCB）废弃液体非法倾倒案件，致使全州14个地区出现严重污染。四年后，该州政府决定挖出PCB污染土，将其填埋于位于华伦郡拥有黑人居民达84%的埃弗顿（Afton）小区，此举遭到小区居民的强烈反对。在运输污染土至填埋场当日，小区居民爆发了大规模的抗议活动，他们横躺在卡车经过的路上阻止污染物运入，并与警察发生冲突。最终，抗议活动持续了7周之久，警方逮捕了500多人，其中包括民权运动领袖、众议院议员等①（李翠萍，2009）。

华伦郡的抗议事件在全美国掀起轩然大波，在民众的集体声讨和抗议示威下，政府相关部门开始展开针对有色人种和低收入阶层居住的社区废弃污染物处理设施分布情况的调查，同时在环境政策和污染物管理上，扩大了有色人种和低收入阶层的话语权，并对造成其暴露在不合理的环境风险的责任人提起法律诉讼。1991年，来自全美50个州的600多人齐

---

① 李翠萍：《污染区居民如何扭转环境不正义——美国北卡罗来纳州华伦郡多氯联苯掩埋场个案分析》，《美中公共管理》2009年第6期，第1-9页。

聚华盛顿特区召开了首次有色人种环境保护领导人高峰会议,将此次环境正义运动推向高潮。这次会议对环境保护运动进行了重新阐释,将环境保护、社会正义与反对种族歧视联系在一起,提出了环境正义的17条原则,呼吁在全社会和全世界实现环境的公平与公正。

美国的环境正义运动起源于民权运动,是反对种族歧视、争取平等公民权在环境领域的展现。随着这一运动深入展开,环境正义的领域也逐渐从种族歧视拓展到更深层次的方面,并从国内延伸到国际,从当代人拓展到后代人,关于国际正义、代际正义的呼声越来越响亮,环境公平与环境正义的理念开始全面形成。

二、环境正义与环境公平的内涵

环境正义(Environmental Justice)一词虽然早在20世纪80年代的"华伦郡事件"中就已出现并得到广泛使用,但对其概念和内涵的全面界定却经历了漫长过程,直至今天,学术界和官方机构对什么是环境正义仍有不同看法。著名环境社会学家,被誉为美国环境正义之父的Robert Bullard(1990)在其著作中最早给予了环境正义内涵的学术性描述,此时,他对环境正义的理解依赖于当时特定的时代背景而主要强调环境保护中的种族主义和废弃污染物处理设施的不合理分布。不久之后,美国联邦环保局(US Environmental Protection Agency, USEPA)成立了环境公平办公室(后更名为环境正义办公室),首次给出了环境正义的官方解释。他们认为环境正义是指在环境法律、法规和政策的实施、执行、发展过程中,所有人不论其种族、肤色、国籍以及收入水平,都能得到平等的对待和富有价值的参与。此时的环境正义虽然已经具备了承认所有人享有平等的环境权这一基本内涵,但对其含义的解释仍然不够准确和全面。2003年12月,在布达佩斯召开的中欧和东欧学术会议上,参与者们对环境正义又有了如下定义:环境正义是指在司法保证下对环境风险、环境投资和环境收益毫无任何歧视地平等分配,并且公平分配环境的投资权、收益权以及资源使用权,并保证所有人公平分享有关环境政策的参与权和知情权。这里,环境正义的概念抓住了"分配"这一关键要素,使得环境正义逐渐展露其真正本质。

实际上，环境正义的概念、内涵与社会正义是一脉相承的。正如罗尔斯所言"一个社会体系的正义，本质上依赖于如何分配基本的权利义务，依赖于在社会的不同阶层中存在着的经济机会和社会条件"①，环境正义的本质也是处理人与人之间在生态、环境、资源等方面相关的基本权利和义务，而如何分配这些基本权利和义务体现了环境正义原则的具体要求。基于此，我们不能不提到与环境正义紧密相关的另一个概念——环境公平（Environmental Equity）。国内许多学者在提及环境公平的含义时常常将它等同于环境正义，并将美国的那场环境正义运动解释为环境公平的起源。确实，环境公平与环境正义在概念上看似接近、容易混淆，但依据哲学和伦理学对公平与正义的解析，我们却不难辨清其含义的细微区别。环境正义体现了比环境公平的更高要求，带有抽象的理想主义色彩；而环境公平体现了现实的操作层面，指的就是具体的环境权利和义务分配是否公平。因此，环境公平是环境正义的本质要求，环境正义是环境公平最终的目标。当然，在环境领域，过分地强调两者在含义上的区别意义不大。原因在于，当前实现环境正义的载体就是环境公平，克服环境权利和义务的分配不公是实现环境正义最紧要的事情。

环境正义应当是一种作为环境公平的正义，即在哲学和伦理学上符合罗尔斯关于"正义论"的相关论述。它是一种义务论，即所有主体在环境权利与义务上的平等作为正义原则独立于善，并处于第一优先的地位。这里，所有主体不仅指国内的各种族、各民族和各阶层的所有人民，也包括世界各国的各种族、各民族和各阶层的人民，而且不仅指当代的所有人民，也包括以后各代的所有人民。由此可见，环境正义原则要求实现环境权利义务分配的代内公平和代际公平，其中代内公平又可划分为国内公平和国际公平。

环境正义作为一种公平的正义更体现在其是一种契约论，是原初状态下社会选择的结果。由于环境正义涉及的主体范围广泛，契约合作的现实性和重要性甚至强于一般的社会制度正义。自然环境对人类的影响是跨区域、跨时间的，因此要想妥善处理人类与自然环境的关系必须在最广

---

① 约翰·罗尔斯：《正义论》，何怀宏、何包钢、廖申白译，中国社会科学出版社1988年版，第7页。

范围内达成人与人之间的合作。这时, 国家间的合作显得特别重要, 因为没有一种超主权机构来代替行使分配权利, 国际范围内的权利义务分配必须通过契约签订的形式达成。按照罗尔斯关于"无知之幕"的假定, 在原初状态下人们通过意识形态的契约签订过程会选择两个正义原则, 即平等自由的第一原则和机会公正平等以及差别原则结合的第二原则。这两个原则同样是环境领域契约达成所选择的原则, 它可以进一步表述为所有主体都拥有与基本的自由平等相关联的环境资源的使用权、享有权以及不受环境风险威胁的权利的第一原则; 和依系于在机会公平平等的条件下与环境资源相关的政策参与、信息获得、投资管理的渠道向所有人开放 (机会公平平等), 以及在与正义的储存原则一致的情况下, 符合环境利益最少受惠者的最大利益 (差别原则) 的第二原则。其中, 第一原则优先于第二原则, 第二原则中的机会公平平等原则又优先于差别原则, 它们的排列顺序是一种"词典式"的先后顺序。

环境正义理论作为一种罗尔斯式的契约论, 拒绝了功利主义那样可以允许牺牲一部分人的平等自由来实现最大利益总额的潜在含义, 也不同于主流经济学那样, 把公平置身于帕累托效率之上。如果以功利主义的理论来作为环境正义的基础, 那么在处理人与环境的关系时牺牲个别种族、个别阶层、个别国家的利益就成了正当。而如果完全推行纯自由主义, 却又承认了个人对环境资源占有的绝对自由。利用主流经济学理论也不能完全解决环境公平问题, 因为它的内在缺陷往往使公平置于效率之下, 使正当沦为对善的依赖。因此, 环境正义和环境公平的理论基础应当是罗尔斯的作为公平的正义。

三、环境正义的内在要求: 代内公平与代际公平

(一) 代内公平

环境正义首先意味着所有主体拥有平等自由的, 与环境资源、环境安全相关的一系列权利。当针对的主体是当代人时, 这种环境正义的内在要求体现为代内公平 (Intra-Generational Equity) 的要求。根据地域的不同, 代内公平可以区分为国内公平和国际公平。回顾环境正义运动的兴起, 一国之内不同种族和收入阶层对环境相关权利的追求起到了初始的推动作

用。后来，随着跨区域和跨国界环境污染的出现，代内公平逐渐开始强调国家间的公平，也就是平等享受环境相关权利的主体不仅限于一国以内，国家主体之间、各国人民之间也应当享有与环境相关平等自由的权利，并且保证这种权利应当成为实现环境正义的首要原则。

环境不公平最直接的表现是代内不公平。首先，从国内层面来看，代内不公平体现在不同收入阶层、不同种族或民族以及不同地域之间环境收益与环境风险分担的不公平。在环境正义运动发源地——美国，许多研究报告揭示低收入阶层和少数族裔更容易遭受环境污染的侵害。1987年，美国联合基督教会所组成的种族正义调查委员会（UCC）在研究了美国已经关停和正在使用的有毒废弃物处理设施以后，发现种族是这些设施建厂选址时参考的重要因素，并由此发现整个美国都有沿少数族裔聚集地分布这些环境风险设施的趋势。1990年，环境正义运动之父Bullard在其名著——《倾倒在南方各州》中揭示了美国休斯敦垃圾填埋厂倾向于集中在非白人社区，原因在于这些地方缺乏相应的污染抵抗能力，这使得这些填埋厂基于成本费用的考虑会选择在这里集聚。美国的情况在其他国家也有类似的表现，例如印度的贫民窟环境恶劣、污染严重；中国的农村相比城市也更容易遭受工业化污染等。

其次，从国际层面来看，代内不公平体现在发达国家与发展中国家之间、经济政治地位强势的大国与小国之间，在环境收益与环境风险分担上的不公平。经济上落后的发展中国家倾向于拿本国的资源环境换发展，逐渐成为发达国家的垃圾倾倒地和污染产业转移地。然而，在国际分工中处于产业链低端的发展中国家，在与发达国家的贸易中往往处于不利地位，资源过度消耗和环境污染加剧的代价却是与发达国家贫富差距的进一步拉大。与此同时，发展中国家的抗风险能力低下，在面临严重的环境灾害时表现得更为脆弱，带来的损失也更为巨大。国家之间的环境不公平还体现在处理和解决国际环境问题时，经济政治地位强势的大国垄断了话语权，弱小国家没有平等参与国际环境问题讨论的能力，丧失了机会上的公平。

根据罗尔斯作为公平的正义理论，环境正义的实现特别强调对处于弱势地位者环境权益的保护。为了社会契约的达成，富人对穷人、发达国家对发展中国家环境权益的保护，不是一种基于慈善的怜悯，而是一种法律上应当尽的义务。在追求环境正义的过程中，应当警惕功利主义为满足社会整体的最大化利益而导致的对弱势地位者基本权益的侵犯。环境正义不是一种有效管理环境资源的机制，而是在公平状态中各主体在环境权益分享与责任共担之间达成的一种互惠互利的合作关系。

（二）代际公平

　　环境正义除了要求在当代人之间的公平与正义，还要求当代人与后代人之间在处理相关权利义务以及环境资源分配等方面实现公平，即代际公平（Inter-Generational Equity）。所谓的代际公平原则是将人类世代延续作为一种状态，从人类整体出发，强调世代之间公平分享地球上的环境资源以及社会文化遗产，并公平地分配相关权利和义务。代际公平原则的出现与实现可持续发展的要求紧密相关，是可持续发展原则的核心内容之一。1972年在斯德哥尔摩通过的联合国《人类环境宣言》中指出"人类有权享有良好的环境，也有责任为子孙后代保护和改善环境"，第一次将人类当代与后代的责任关系问题提上日程。随后，可持续发展的概念在此基础上迅速推广起来并在内容上得到不断补充和修正，代际之间公平的原则也随之展现。1987年，Brundtland在联合国环境与发展大会的报告《我们共同的未来》中提出可持续发展就是"既满足当代人的需要，又不损害后代人满足其需要的能力"，这一方面成为可持续发展最为广泛接受的定义，另一方面又成为指导处理当代人与后代人权利责任关系的准则。1989年，美国国际法学者Edith Brown Weiss在其著作《公平地对待未来：国际法、共同遗产与世代间的公平》中首次系统地提到了代际公平理论，认为：要想实现可持续发展必须将地球及其一切资源视为世代相传的公共信托，当代人从祖先那里继承这些信托，并作为未来后代的受托人，有义务将这些资源完好地交给后人并传承相关的权利和责任。Weiss认为代际公平在于承认人类整体共同享有环境资源这一事实，这使得人类各世代内在地联系在一起，代际公平意味着他们在这种联系中享有平等的地位。除此之外，Weiss还提出了构成代际公平的三项原则，即为后代维持自然和人文多样性的"保存选择权原则"，提供给后代同样地球质量的"保持质量原则"和保证后代人平等接触和使用前辈遗产权利的"保存接触原则"。

在哲学和伦理学领域，关于代际正义的理论也迅速发展，并使"各种伦理学理论受到了即使不是不可忍受也是最严厉的考验"①。罗尔斯认为对正义的完全解释必须考虑代与代之间的正义问题，但这个问题却是十分困难的。他首先从确定社会最低受惠值的角度引入了代际正义问题，认为"每一代不仅必须保持文化和文明的成果，完整地维持已建立的正义制度，而且也必须在每一代的时间里，储备适当数量的实际资金积累"，由此提出了正义的储存原则（just savings principle），认为通过适当的积累可以使各世代各自承担和维持正义社会所需负担的公平的一份。罗尔斯认为正义的储存原则可以被视为代际的一种相互理解，同时它又是所有世代（除了第一代）都要得益的必然选择。因为"如果这一原则被遵守的话，就可能产生这样一种情况：每一代都从前面的世代获得好处，而又为后面的世代尽其公平的一份职责"。在正义的储存原则下，社会最低受惠值的水平被最终确定下来，因此罗尔斯正义理论中的差别原则就包括了作为一种限制的储存原则。"第一个正义原则和公平机会的原则在同代范围内限定了差别原则的运用，储存原则则在代际限定了差别原则的范围"。罗尔斯的代际正义理论依然是以批判经典的功利原则为标志的，他认为功利主义的"最大多数人的最大幸福"可能导致一种过度的积累率，即要求"较穷的世代为了以后要富得多的后代的更大利益做出沉重的牺牲"，而提出正义的储存原则可以避免这种极端情况的出现。值得注意的是，罗尔斯在论述代际正义时确实遇到一定困难，例如他提出正义的储存原则却难以给出精确的指示，认为"至少在目前我们不可能对应当有多高的储存率制定出精确的标准"。

代际正义理论是一种作为公平的正义，它要求各世代之间彼此公平地对待，实际上是在道德上构筑人类作为个体主体、群体主体和类主体之间的统一体系。作为后代的人们无法拥有同当代人进行谈判的能力，其利益在当代也无人来代表，因此要实现代际公平，要求人类从自发的类主体转变为自觉的类主体，从一种义务和责任的角度来关怀后代人的生存和发展。

---

① 约翰·罗尔斯：《正义论》，何怀宏、何包钢、廖申白译，中国社会科学出版社1988年版。

第三节　环境公平原则在全球气候治理机制中的表现

全球气候变化问题是一种跨区域、跨国界的国际环境问题。在国际环境法中被确立下来的"共同但有区别的责任"是处理国际环境问题的基本准则。然而，在应对气候变化领域，就该准则中什么是"共同的责任"、什么是"有区别的责任"，发达国家与发展中国家有不同的认识。国际气候合作中关于公平原则的争论反映了各方对环境公平与环境正义认识的分歧。厘清这种分歧、认识到气候变化问题公平原则的基本属性，对全球温室气体减排责任的分担和推进应对气候变化行动的进程，具有重大意义。

一、处理全球环境问题的基本准则——共同但有区别的责任

众所周知，环境问题的特点常常是跨区域、跨国界的，表现为影响范围广、可区域溢出、环境风险不确定性等，并且往往这种跨越性越大，它对人类生存和发展的威胁越大，解决起来也越困难。例如酸雨问题、臭氧层破坏问题、海洋污染问题以及气候变化问题等，它们的影响波及全球，解决也需要各国人民的通力合作才可能实现。此时，如果处理不好各国之间环境权利与义务的公平分配问题，不仅不能够实现国际合作、及时而顺利地解决环境问题，还会进一步拉大国家间贫富差距，使国际范围的公平与正义遭遇侵害。

人类社会的发展史伴随着先进国家对落后国家的侵略、剥削和掠夺。从殖民时代的残酷占领到经济战役中的大肆侵犯，世界的正义与公平时时刻刻在遭遇挑战。在环境领域，率先进入工业化进程的发达国家在经济实力累积时期排放了大量污染物，同时，它们利用技术革命的迅速发展对自然环境进行了大范围的人为改造，这虽然在短期使人类的生存条件得以改善，但在长期却造成生态环境的严重破坏，威胁着人类的长期发展以及地球上其他生物的生存。随着经济水平和国内人民生活水平的提

高，发达国家对自由、无污染的自然环境的需求越来越高，他们意识到生态环境的改变将成为其继续发展的瓶颈，因此开始广泛开展环境保护运动。在这场由发达国家开启、席卷全球的环保运动中，发达国家往往扮演着运动的参与者和审判者的双重角色，即一方面积极号召并参与环境保护，另一方面又对其他发展落后国家的参与程度、参与方式以及如何参与等进行干预和决策，使环境运动一开始就过于强调人类的整体责任而忽视对相关权利义务的划分，导致环境保护一开始就存在不公平、不正义的现象。按照罗尔斯正义观的相关论述，环境正义要求在自由平等基础上实现机会平等和差别原则，其中差别原则要求实现最少受惠者的最大利益。对于国家来说，国家之间的资源禀赋、地理位置等差异是一种先天的不平等，在这种不平等条件下，国家之间基于合作产生的利益、责任的分担应当满足最落后国家的最大利益，即发达国家有义务帮助最不发达国家，并只能通过这种途径获得自身利益。这种帮助不是基于仁爱和怜悯、可有可无的，而是一种义务和责任，是强制的，属于正义范畴的，并应当受法律保护。

在环境领域，体现这种代内国际公平原则的，是最终作为国际环境法确立下来的"共同但有区别的责任"原则（Common but Differentiate Responsibilities，CDR）。CDR原则的首次明确提出是在1992年里约召开的联合国环境与发展大会上。与之相似的论述还出现在1992年签署的《联合国气候变化框架公约》中，它提出各缔约国"应当在公平的基础上，依据它们共同但有区别的责任和相应能力，为人类当代和后代的利益保护气候系统"。

"共同但有区别的责任"原则是处理国际环境利益关系所确立的一条基本准则，它依据环境正义的代内公平要求，从两个方面高度概况了如何公平、公正地分担依据国际环境合作所产生的责任和负担。首先，这一原则强调了共同性。基于罗尔斯正义理论的第一原则，所有主体平等享有环境资源使用权和不受环境污染威胁的权利，这一利益分配的普遍性决定了责任的分担也必须是在所有主体间进行分配的。同时考虑环境问题的跨区域性、影响的广泛性，共同的责任使进行最广泛的国际环境合作成为可能，它意味着每个国家都有义务参与到全球环境保护与改善的国际行动中来,不管它是发达国家还是欠发达国家,也不管其国内的经济状况和发展水平如何。其次,这一原则更突出地强调了区别性,在承认所有国家都有义务保护环境的基础上强调了各国应当依据各自能力来分担环境保护的具体责任。"有区别的责任"原则凸显了环境正义与公平的要求,因为它不仅考虑到了各国对环境污染不同程度的影响,还考虑到了落后国家发展的第一需要和其现实的经济承担能力。鉴于发达国家和发展中国家历史上、自然上的不平等安排,基于合作而产生的环境责任分担应当符合最不发达国家的最大利益,而这正是罗尔斯正义理论差别原则的本质要求。

CDR原则中的"有区别的责任"是发展中国家可以坐到谈判桌前与发达国家共商环境大事的前提条件,也是吸引发展中国家使其有动力参与国际环境合作的必然要求。罗尔斯的正义理论揭示这是原初状态下契约签订各方选择的结果,我们利用博弈理论也可以发现只有实现有区别的责任才有可能使环境谈判或环境协议顺利达成。著名的"智猪博弈"的案例可以给予恰当的说明,它讲的是猪圈里大猪、小猪争食吃时发生的有趣故事。猪圈里一头安放食槽,另一头是踏板,只要踏板一踩就有一定的猪食进槽。去踩踏板的猪会消耗一定体力,而不去踩的猪有机会先吃到食物,并且对于大猪、小猪来说,其踩踏板消耗的体力是一样的,但如果同时进食吃进去的食物总量却不相同。大猪、小猪现在的情形简单而生动地展现了当前环境合作领域大国(发达国家)和小国(发展中国家)面临的抉择。这里踩踏板我们可以理解为在环境保护中率先采取行动和措施,或者说率先拿出技术和资金解决环境问题等,而吃食则指通过环境保护行动获取的各种利益,包括对优质环境资源的分享、不受环境风险的侵害等。显然,环境质量的改善和环境资源的保护带给大国的效应更大,类似进食时大猪吃进的更多,而小国率先进行环境保护行动所获得的收益可能还不足以弥补其行动的损失(这里我们假设净支付为0)。各方具体的支付矩阵如图2-2所示。

	大国	
	行动	等待
小国 行动	2, 6	-1, 7
小国 等待	4, 4	0, 0

图2-2 "智猪博弈"支付矩阵

在这种"智猪博弈"里，小国的占优战略显然是等待大国率先行动。因为无论大国是否进行环境保护，对于小国来说等待的策略更划算，而如果大国知道小国的最优战略是等待，则必然选择行动来实现其支付最大化。这样，该博弈的均衡解就是大国行动而小国等待。由此可见，如果期待环境合作能够达成，大国与小国在分担环境责任方面必然是不同的，大国在已知这一信息的前提下，也将同意"有区别的责任"原则，CDR原则因此成为各方达成契约的必然选择。

CDR原则的正式提出虽然是在1992年的里约大会上，但这一理念却早在1972年的《联合国人类环境会议宣言》中就已出现，并且在其后的《关于消耗臭氧层物质的蒙特利尔议定书》、《生物多样性公约》等中都有提及，已经成为国际环境法的一条基本准则。当然，虽然世界大多数国家都认同和接受这一基本准则，但在"有区别的责任"因何而有别、有多大程度的差别等问题上各国还存在争论。特别是在气候保护领域，1997年签署的《京都议定书》根据CDR原则确定了发达国家的强制减排责任而没有规定发展中国家的减排任务，这引起不少发达国家的反对和争论，成为造成当前国际气候合作迟迟不能达成的原因之一。

二、全球气候治理中关于公平原则的争论

虽然CDR原则被确定为处理国际环境问题的基本准则，但是针对其中"有区别的责任"因何而区别、有多大程度上的区别等问题，各方的理解和争论却不断。在国际气候谈判过程中，这种对于公平原则不同认识的争论更是贯穿了应对气候变化行动的全过程。从2009年年底召开的哥本哈根会议来看，由于对公平原则的不同认识，各国在如何分担减排责任方面出现严重分歧。部分发达国家认为公平原则体现在所有国家参与到减少

温室气体排放的责任中，因此要求发展中国家加入承诺减排的行列。而大多数发展中国家则坚持发达国家的带头作用，并认为发达国家应当向发展中国家提供必要的技术和资金。除此之外，《京都议定书》下的碳排放权贸易也存在许多公平原则上的争论：首先，发展中国家反对没有限制的碳排放权贸易，要求发达国家进行国内实质性减排。其次，在碳排放权分配问题上各国没有统一标准，对公平的分配方法难以达成一致。由此可见，困扰国际气候合作的主要症结是公平分担责任问题。而公平分担责任问题分歧的本质，又在于"公平原则"的认同分歧。所以，对这一问题的深入研究，寻求各个利益体对于"公平原则"的"共集"，将有助于突破目前的合作困境。

（一）公平原则的南北分歧

在国际气候合作中，发达国家认为应对气候变化的责任应当在全球范围内分担，即要求发展中国家也承诺进行强制减排；而发展中国家则基于历史和能力的考虑，坚持发达国家的带头作用，并对发达国家极力支持的碳排放权交易持谨慎态度。在责任分担上穷国与富国的分歧反映了南北双方对于公平原则的不同理解。Müller（2002），Miachael Richards（2003）曾指出发达国家理解的公平是建立在成本收益原则的基础上，而发展中国家理解的公平却是一种占有资源权利和发展机会的平等。黄之栋、黄瑞祺（2010）将全球环境正义划分为道德权利取向与目标结果取向，指出发展中国家坚持的公平与正义是道德取向的，即强调权利的优先性，认为所有人都具有天赋且不可分割的权利，任何个人乃至国家都不得侵犯这种权利。而发达国家则持有目标结果取向的观点，认为目的的达成优先于权利的实现，换言之，行为的好坏须以目的的达成为标准。

基于这种分析，符合发达国家的公平原则，即全球性参与碳减排以及实施无限制的碳排放权贸易能够降低全球减排成本并实现帕累托改进。对于发展中国家来说，参与国际碳排放权交易似乎能够获得经济上的收益，但按照发展中国家对于公平的理解，这种单纯的收入指标却并不能完全代表社会福利的改进。因此，发展中国家认为如果其参与减排，获得货币收益的同时可能损失未来的发展权利。

（二）公平与效率的分歧

气候合作领域的主要矛盾除了穷国和富国在承担减排责任上的争论外，还涉及权利分配方法上的分歧，具体表现就是如何公平地在国家间分配碳排放权问题。作为一种权利上的平等，发展中国家大多倾向于按照人均原则分配这种权利，而发达国家却提出其他的分配标准，认为其也有公平原则的基础。并且，对于发达国家来说，碳排放权的分配并非关键问题，它们以追求高效率和低成本为目标，认为权利的初始分配对效率的实现没有实质性影响。

1. 碳排放权分配方法的争论

目前学术界提出的碳排放权分配方法主要有：按人均分配、按GDP分配以及考虑历史累积因素的分配等。这些分配方法除了考虑促进合作的因素外，更多地是基于其分析背后所认同的公平含义。1998年，Rose等学者在研究气候政策的福利效果时，将上述分配方法进行总结，认为它们都体现了一定的公平原则，可以将其归纳为基于分配的公平、后果的公平和过程的公平。例如，按人口分配体现的是分配权利的平等原则，而按GDP则体现了分配中的满足基本需要原则。张志强等（2008）、丁仲礼等（2009）指出，国内学者在分析碳排放权分配问题时，强调发达国家的历史责任和均等主义，提出"累积人均排放量指标""人均单位GDP排放量指标""消费排放量指标"和"生存排放量指标"等。

值得注意的是，许多学者在研究分配方法时运用的是可交易的碳排放许可（Tradable Emission Permits）的概念，它与排放权（rights）的定义存在一定差别，而正是这种差别导致了许多公平的分配方法。因为只有在"许可"（permits）的概念下某些分配方法才被视为公平，而使用"权利"的概念则已经暗指了哪些方法才算公平。例如，Kinzigetal（1998），Baeretal（2000），Sagar（2000）等认为如果将碳排放视为一种对大气资源的基本权利，则公平的分配方法是按人均的标准来进行，因为这反映了每个人在权利上的平等，是公平原则的基本内涵。当然Claussen和McNeilly（1998）等学者认为这种分配方法对于控制总的排放量并非有益，因为它将鼓励人口增长从而导致环境进一步恶化。

有关碳排放权诸多不同的分配方法使各国在选择具体标准时产生争

议，发达国家偏好于按GDP分配，而发展中国家偏好于按人口或历史累积因素分配。如果公平原则的选取是自利性质的，那么我们就不难理解为何各国的偏好会如此不同，因为学者们已经证明按照人口分配发展中国家的减排成本更小，而按照GDP分配则更有利于发达国家（徐玉高等，1997）。

2. 碳排放权的初始分配与效率

科斯定理成立的前提是不存在交易成本，而Hahn（1984），Stavins（1995），Godby（2000），Cason（2003）等证明，当微观市场存在垄断势力和交易成本时，排放权的初始分配是决定效率的重要因素。Tietenberg（1992）把基于微观市场的分析扩展到全球碳排放权交易市场，认为相对于巨额的排放权交易来说，找寻买卖双方产生的交易成本可以忽略不计。在假设没有交易成本和收入效用的前提下，Rose（1998）用实证检验得出，初始碳排放权的分配方法对效率实现没有影响。

需要说明的是，虽然有实证检验证明交易成本在全球碳排放权交易市场是微小的，但依然不能得出初始分配不重要的结论。因为在全球交易市场上，交易成本的概念并不合适，更大的成本并非来自交易而是来自谈判过程以及协议的监督执行过程之中。由于公平分配方法的选择能够影响谈判的成本，因此碳排放权的初始分配与市场效率依然有着某种联系。除此之外，即使全球碳排放权交易市场满足科斯定理假设的所有条件，初始碳排放权的分配问题也不能被忽视。各国的利益再分配机制并不是由法律约束强制执行的，也没有一个超主权机构来监督这种执行，因此讨论实现效率之后的公平是没有意义的。如果初始分配问题的公平性争论得不到解决，各国依然不会参与合作，市场化追求效率的措施也无从谈起。

（三）国际气候合作与公平

国际环境领域的重要研究方向之一是国际合作的有效性问题。由于从经济学视角看，国际环境是一种典型的全球公共品，因此国际环境合作存在着严重的搭便车（Free Rider）现象。如何避免搭便车，使合作是可自我执行的（self-enforcing），是经济学家们讨论的重点[①]。现有文献中，Hoel（1991），Carraroetal（1993），Barrett（1994）等利用博弈理论证明，合作只

---

① 自我执行的含义为：合作是营利的且是稳定的。

能在少数国家内进行，由全体国家都参与的国际合作很难实现，但是当考虑合作内部存在转移支付、问题关联、社会性激励等形式时，合作的稳定性会扩展，合作联盟中签约国的数量也会增加。

另一种扩展合作稳定性和签约国数量的方法，是在合作博弈中加入公平因素的影响。Metz（2000），Convery（2000）等学者认为公平的责任分担原则在国际协议的执行中起重要作用，并能使更多的国家签署协议。Francesco Bosello等（2003）利用动态博弈理论和RICE模型，实证检验了三种不同的公平原则对联盟盈利性和稳定性的影响，发现每一种公平原则下，都不可能形成全球性的国际合作[1]。这基本符合该文的逻辑判断。因为公平的分担原则很多，单纯在一种原则下有些国家的境况必然会不如另外的原则，因此存在搭便车的动机，而这也正是各国在公平原则上争论的原因。如果存在一种大家一致认可的公平原则作为标准，重新考虑动态博弈的过程，则可能有更多的国家加入联盟[2]。因为，此时的标准是被大家一致接受的，意味着任何承担的责任远离这个标准都会造成国内的福利损失。

（四）解决公平原则争论的方法

国家间对于公平原则的不同认识以及关于公平与效率孰轻孰重的争论，使国际气候领域的谈判难以达成一致，许多学者意识到实现国际气候合作的前提是在公平原则上消除分歧。例如，在碳排放权分配问题上，有许多被认为是公平的分配方法，而每种方法下各国的减排成本和收益都有所差异，因此任何单一标准的分配方法不能获得所有国家的认同。一种解决的途径是令决策者为每种分配方法打分或赋予权重，从而建立一个多标准的公平原则体系，使各方利益在多个标准中进行协调，最终得出一种被广泛接受的折中的方案（Ringius等，1998）。这种将多个公平原则进行整合的方法为国际气候谈判提供了新的解决思路，它有可能使各国对公平原则达成统一认识。虽然它在具体运用上还存在很多问题，例如，如何使

---

① 这三种公平原则指使结果公平，即平均减排成本相等、人均减排成本相等和单位GDP减排成本相等，并没有涉及碳排放权初始分配问题上的公平。

② Christine Grüning, Wolfgang Peters: "Can just ice and Fairnessen Large the Size of International Environmental Agreements." Frankfurt, Germany: 2007, 1-28.

更多的国家参与赋权；如何划分国家组别，使组内国家具有相同的性质和偏好等，但这确实是今后解决公平争论的一个研究方向。

另一种解决公平原则争论的方法是征收协调一致的碳税（Harmonized Carbon Taxes，HCT）。HCT是一种动态庇古税，征收国事先达成一致的税率，然后在国内征收。它随时间动态变化，但在空间上，即各征收国之间是相等的。著名经济学家Nordhaus（2006）极力支持HCT取代《京都议定书》下的碳排放权贸易。他认为HCT更合理也更易执行：首先HCT是有效率的，其次HCT避免了各国排放权分配、排放权贸易、基期排放水平等存在很多争论的问题。HCT没有强调所有国家都必须承担减排责任，因此避免了公平原则上的南北争论。另外HCT不考虑碳排放权分配问题，也就避免了在选择分配方法上的争论不休。更为重要的是，HCT不涉及权利和产权的概念，这样就不会牵扯权利平等这样玄奥的哲学问题。当然，HCT的征收也并非易事，它仍然需要各国进行谈判和协商，并会涉及关税、补贴等国际贸易领域的问题，但是相比碳排放权贸易来说，Nordhaus认为这个领域更为我们所熟悉，因为在关税等问题上很多国家已经积累了足够多的经验。

目前国际气候合作迟迟不能取得实质性成果，应当归咎于没有很好地处理各国分担责任的公平性问题。公平原则的内涵无疑是十分复杂的，也就必然出现分担责任的多个标准，那么为实现人类整体的利益，就必须在具体原则的选取上进行权衡，谋求一个妥协性的"基准"，进而实现有效的合作。当前气候合作领域关于公平原则的争论集中在两方面，一是发达国家与发展中国家的争论，二是公平的碳排放权分配与实现减排效率的争论。解决这些问题最终的落脚点还是找寻一种能被广泛接受的公平原则，即它能协调各国的利益分配而不受任何国家的强烈反对，这将是解决公平分担责任问题的突破点。

三、气候变化问题公平原则的基本属性

作为国际环境法而确立下来的、国际环境问题的基本公平原则是"共同但有区别的责任"原则。然而，在应对全球气候变化领域，对什么是"共同的责任""什么是有区别的责任"，发达国家与发展中国家存在认识和理解上的偏差。这种偏差不仅导致各方因坚持自己的立场而互不

相让,更拖延了应对气候变化的行动,使国际环境合作不能顺利达成。同时,在利用市场化手段进行温室气体减排方面,发达国家与发展中国家存在公平与效率的分歧,这本质上还是对环境公平和环境正义认识上的分歧。根据前述对环境公平与正义内涵的阐述,以及对当前气候合作中各方关于公平原则争论的分析,我们认为气候变化问题的公平原则应当具备以下几个基本属性。

(一)原则的"共同性"和结果的"有区别性"

对应对气候变化领域"共同但有区别责任"的理解不能简单地认识为只有发达国家承担强制减排责任。根据罗尔斯作为公平的正义理论,"共同的责任"体现的是权利、义务分担的"共同性",或者说是原则上的"共同性";而根据能力差别体现的"有区别"是一种结果上的区别。针对于全球碳减排责任分担,发达国家和发展中国家争论的原因之一在于错误地把结果的"有区别性"理解为原则上的"有区别性"。即在减排责任分担原则上面各国应当有一个统一的标准,而不是针对不同群体有不同的责任分担方法。在这一共同标准中,有关历史责任、消费责任、生产责任、随着各国发展而动态调整分担责任等因素,都应包括在其中。在实际责任分担中,用同一尺度去衡量出各自的分担责任,由此实现责任分担结果上的"有区别"。正是因为没有统一的分担责任标准,发达国家拥有了随意抨击发展中国家、逃避其责任分担的借口;也正是因为没有统一的分担责任标准,各国之间对责任分担结果没有统一认识,造成彼此的误解和曲解,影响国际气候合作的达成。

(二)促进合作广泛实现

应对全球气候变化不能单靠一个国家或某几个国家的力量来实现,公平原则的建立应当是促进国际气候合作的广泛达成。对公平原则不同认识的争论,使各个国家坚持自己的立场不肯让步,解决争论的方法是协调各方利益。责任分担结果上的"有区别",可以使发展中国家有动机参与到全球温室气体减排的行动中来,符合促进合作广泛实现的要求。在统一的责任分担标准中,使各方在平等的地位下选取合作的态度也是实现环境正义的应有之意。因此,要确保气候谈判各方平等地参与到应对气候变化的相关事务和行动中来，保证政策制定、信息获得等向所有国家敞开。促进合作的广泛实现还要求对环境受惠最小国利益的最大保护，这应当成为被法律所支持的正当，它优先于对全球气候环境资源的有效管理。

（三）不以效率实现作为首要的和唯一的目标

各国之间对气候问题的争议展现出对环境公平与环境正义不同的认识。发达国家目标取向的环境正义根源于主流经济学理论对正义的理解，因此它以效率的实现作为首要的和唯一的目标，认为利用市场化手段所带来的环境风险和环境收益的不均分配不再属于不公平的范畴。因此，发达国家多支持全球开展无限制的碳排放权交易，认为只要发展中国家获得合理的交易价格，则已经被公平地对待。根据潘家华（2002）关于人文发展的定义，以货币计量的财富的增加并不能完全反映社会福利的改进。发展中国家参与碳排放权交易获得货币收入的同时，丧失的是资源环境利用的权利。市场化手段关注于资源的有效配置，忽视资源在群体之间如何分配。虽然在一国以内利用税收和财政转移支付等机制可以起到调节资源分配的作用；然而扩大到国家之间，由于没有超主权的机构执行再分配的过程，以效率优先的目标将使得资源过度集中到发达国家手中。在世界经济秩序不公平的背景下，以效率作为实现气候问题公平性的首要目标，将不仅加剧世界环境资源分配的不公平，而且还会进一步加剧经济不公平，造成恶性循环。

综上所述，气候变化问题的公平原则是一种"共同但有区别的责任"原则，它强调责任分担标准的"共同性"，注重责任分担结果的"区别性"。它是各方在平等的状态下达成普遍合作的体系，而不是以效率实现作为首要的和唯一的目标。这种公平性原则应用到全球温室气体减排中，要求建立一个统一的、被广泛接受的、公平的责任认定和分担标准；同时在利用市场化的政策进行气候治理中，这种公平原则将指导发展中国家如何应对和参与其中，从而保证自身的发展权利不受侵害。

第三章 全球环境治理中的政策工具 ①

　　经济学把全球环境问题视为一种典型的全球公共品,与传统的公共品不同,全球公共品由于缺乏一个超主权机构,谈判成为解决全球公共品供给的主要方式。近些年来,国际环境协议已经成为学术上与实践上的热门课题,其研究采用的主要方法是博弈论,主要研究内容包括国际环境合作中的"搭便车"问题,以及博弈过程中的组织稳定性问题。

　　污染权交易是全球环境治理中最主要的市场化政策机制。关于它的机制设计,包括污染权的初始分配、参与交易的主体以及交易涉及范围等方面。其中,污染权的初始分配是交易机制的核心,尤其当这种机制在全球范围内进行时,分配问题变得更加复杂。美国是污染权交易的发源地,总结和分析其实践经验,对于探索全球污染权交易的机制设计有许多借鉴意义。

　　全球环境治理中的金融政策主要是对传统金融业务的改革与创新,包括金融风险管理与监督的创新、金融产品与服务的创新。税收机制,其核心思想来源于庇古税。这种机制实施的关键是最优税率的设定,它由于需要依赖于政策制定者掌握充足的信息,而必须进行巧妙的机制设计。财政补偿机制强调通过政府的财政转移支付作用,进行生态补偿或者环境补偿。从全球范围来看,虽然没有超主权的机构进行实施,但建立这种全球性财政补偿机制的努力和尝试却是必要的。

---

①　本章部分内容参见:钟茂初、史亚东、孔元:《全球可持续发展经济学》,经济科学出版社2011年版。

第一节　国际环境协议

全球环境问题在经济学视角下是一种典型的全球公共品问题。全球公共品与传统公共品的一个核心区别是国际性（跨境性）。传统公共品理论的适应范围，大多有一个地方权威或某一主权地域等隐含假设，存在一个拥有设定规则和监管的权力组织。传统的公共品严格意义上应该称为区域公共品（Local Public Goods）。而全球性公共品，显然不存在这样一个有权力负责的主体，谈判也就成为解决全球性公共品供给问题的主要方式。理论界基于这样的背景，对于国际环境合作有着丰富的讨论，尤其是20世纪以来，国际环境协议（International Environmental Agreement，IEA）成为一个学术上与实践上的热门课题，其研究采用的主要方法是博弈论，试图给谈判主题提供一个策略上的支持。

经济学对于国际环境等公共品问题的经典解释是市场缺陷，即缺乏确定性的产权分配和一个可供市场自发竞争达成社会帕累托有效的运行机制，因此，需要政府对这种不完备性进行干预和调整。与区域环境问题的区域公共品不同，国际环境问题恰恰缺乏这样一个超越主权的权威来执行有约束力的环境政策，因此IEA就不得不设计成一个具有自我执行能力（Self-enforcing）的组织。而设计这样的组织又面临两个问题的约束：

（1）组织的营利性约束，即加入组织应保证参与者是有利可得的，这样才能吸收尽可能多的参与者，但是在国家异质性假定下，这种盈利性假定会变得非常困难，因为他们在减少污染方面有不同的边际成本和边际收益，在分配上会牵涉到复杂的公平性问题。

（2）稳定性约束，即使某些国家加入组织是有利可得的，并且有意愿加入组织，但是仍不能避免有"搭便车"（Free Rider）的冲动，这种搭便车的冲动越大，组织就越容易崩溃，稳定性也越差，因此稳定性约束也是必须要考虑的。研究发现，在自我执行、盈利性、稳定性约束的条件下，稳定组织的规模非常小，这归因于即使不考虑异质性问题带来的影响，搭便车冲动亦成了限制组织规模的主要因素。理论界为了解决这个问题提出了很多扩展，包括：非物质激励，主要是社会外部性激励，例如声誉和国际其他问题的谈判地位；问题关联，主要是环境和贸易关联；转移支付，组织内国家向组织外的支付和组织内国家间的支付。

国际环境协议，作为一个理论分析问题，实质是一个博弈论问题，其分析因素也包括博弈参与者、博弈策略、参与者的支付函数、静态或动态、信息完备与否、博弈均衡等。

一、国际环境协议的主要研究内容

国际环境协议的主要研究内容包括在国际环境合作中的"搭便车"问题，以及国际环境协议博弈过程中的组织稳定性问题。

经济学对公共品问题有一个基本的结论，那就是"公有地悲剧"，即这种外部性问题在产权无法分清的条件下自发竞争达到的一种囚徒困境，国际环境问题只是全球性公共品问题的一种类型，当然也免不了这种公共品的诅咒。Finus(2000)的综述中把影响国际环境合作的主要障碍归因于"搭便车"问题(Free Rider)，但是这个问题由于其空泛性，对结论和建议的贡献可大可小，Finus又把它继续细分为两类搭便车，第一类搭便车，也可称为合同执行搭便车；第二类是合同虚假执行搭便车。其中，第一类搭便车是指一个组织内（签约）国家希望继续留在组织内部，享受签约国减排带来的好处。第二类搭便车是对于确定组织规模和确定减排计划的条件下，一个通常的结论是对于一个组织内国家违约的收益大于遵守合约的收益，换句话说即使一个国家加入了环境合作组织也可以选择不完全履约，因为搭便车国家违约可以减少大量的减排负担，但是仅仅带来一个边际的环境改善损失。

关于国际环境协议博弈过程中的组织稳定性问题，主要研究思路是：首先分析在完全合作和完全不合作情况下的各行为体的福利函数，然后加入组织构成假设，一是附加两个条件，即内部稳定性和外部稳定性，然后讨论组织的稳定条件和对稳定条件下的均衡结果进行比较静态分析。研究中扩展组织稳定性的研究主要包括：加入排放量惩罚条件下的组织的稳定条件，加入转移支付的组织稳定性，基于问题关联的组织稳定性，加入公平性考虑的组织稳定性，加入组织内正效用俱乐部商品的组织稳定性，加入贸易惩罚的组织稳定性等。

二、国际环境协议的履约困境

国际环境协议中的履约困境主要指的是逆向选择和道德风险问题。"逆向选择"是指信息不对称所造成的市场资源配置扭曲的现象，最知名的例子就是"二手车市场"，由于买卖双方对于车子的信息不对称会导致"劣币驱逐良币"的现象，买方由于担心买到劣等的车子而害怕付出高价，卖方在观察到买方的行为后也就不愿意出售价高质优的车子，最后市场上只会存在劣等的车子。这一现象在减排领域同样存在，由于减排度量的不确定性，认真履行减排的企业会遭受极大的成本压力，相比非减排企业就缺乏市场竞争力，有信誉的企业被驱逐了。

"道德风险"是指在"父爱主义"的庇护下，行为人会违背父爱的初衷，从而做出伤害他方利益的行为，最常见的例子来自保险，行为人对个人财产付了全额保险之后，就不会像原来那样认真履行看管义务，疏忽管理，最终导致财产损失，保险公司承担了更大的内生性风险。在减排领域的现实写照是，如果国家制定了一项减排规定，而企业知晓国家经济发展的迫切性，就会视环境规制为无物，大胆排放，如果在惩罚又不力的情况下，结果就会更糟，和保险市场一样，企业在国家"唯利"的保险下肆无忌惮地排放。

可见"逆向选择"主要来自"事前"信息的不对称性，而"道德风险"来自"事后"信息不对称性和制度本身的投机漏洞。疏通信息公开渠道，使个体信息充分展露是规避"逆向选择"的重要手段，而对事后的不诚信最后的办法就是减少个体的投机预期，强有力的惩罚和较少的市场干预是重要的手段。

第二节　污染权交易

起源于产权交易理论的总量式污染权交易，是满足既定环境目标下成本最小的环境政策机制。其本质是明晰和划分向环境排放污染的权利，并允许个体之间进行自由交易。关于它的机制设计，包括污染权的初始分配、参与交易的主体以及交易涉及范围等方面。其中，污染权的初始分配是交易机制的核心，尤其当这种机制在全球范围内进行时，分配问题变得更加复杂。美国是污染权交易的发源地，总结和分析其实践经验，对于探索全球污染权交易的机制设计有许多借鉴意义。

一、产权交易理论与污染权交易

污染权交易又称排污权交易、排放许可交易，尽管它在实践中仍然属于新兴的环境治理工具，但它隐含的经济学原理却可以追溯到20世纪60年代科斯定理及随后兴起的产权交易理论。著名经济学家、产权经济学奠基人罗纳德·科斯，在其著作《社会成本问题》一书中曾首次提出利用明晰产权的方式解决经济活动中外部性的问题。其认为只要产权是界定清楚的，那么双方讨价还价的过程将导致存在外部性的生产活动实现社会最优规模水平，也就是所谓的科斯定理的表述内容。经济活动中的外部性不仅可以产生在生产领域也可以产生在消费领域，它的直接后果是导致竞争均衡不再是帕累托有效的。例如在只有两个消费者的经济里，消费者1的活动 h 是给消费者2带来负外部性的经济活动，在效用函数为拟线性的假设下［间接效用函数为 $v_i(w_i,h)=\phi_i(h)+w_i$ 形式］，完全竞争均衡时的 h^* 会大于社会最优的 h^{**} 水平［ $\because \phi_1'(h^*)=0, \phi_1'(h^{**})+\phi_2'(h^{**})=0$ ，且 $\phi_1(\cdot)$ 为凹函数， $\phi_2'(h^{**})<0$ ］。而科斯定理表明，如果产权界定是明晰的，即规定1有权进行 h 活动或者2有权不受 h 影响，则双方讨价还价过程或者说进行产权交易的过程会使均衡时的 h^* 水平与社会最优的 h^{**} 相一致。在1有权进行 h 活动的产权配置下，消费者2可以向1支付 T_1 以使其减少外部性活动，此时在效用最大化目标下 T_1 满足 $T_1=\phi_1(h^{**})-\phi_1(h^*)$ 。而在2有权不受外部性影响的产权配置下，消费者1有动机向2支付一定水平的 T_2 以实现一定程度的外部性活动，此时的 $T_2=\phi_1(h^{**})-\phi_1(0)$ 。显然，不论是 T_1 还是 T_2 ，都代表了在一定产权配置下进行交易的产权价格， T_1 可以认为是消费者2向消费者1购买一定量的污染权，而 T_2 则代表消费者1向消费者2购买不受污染的权利。科斯定理向我们揭示了在产权清晰的条件下，参与者总有动机进行产权交易，这一交易活动弥补了市场对外部性活动无法定价的缺陷，使市场机制能够自动实现帕累托有效均衡。

污染权交易继承了产权交易理论的本质属性，即通过制度或法律手段明晰厂商对环境合理的污染权利，并赋予这种权利基本的商品属性，实现市场对环境污染外部性的定价功能。污染权交易实际是通过产权界定体现环境容量的稀缺性。污染权类似财产权，是一系列包含所有权、使用权、交易权和收益权的权利束体现。由于全球资源环境承载力是有限的，随着人口增加、经济增长，环境容量的稀缺性逐渐上升，需要进行排他性消费来保护有限的资源。污染权是较为完整的产权关系，它的排他性和可交易性保证了对环境容量的有限使用，从而能够实现控制环境污染的目的。对污染权的界定不仅体现了经济主体对环境资源的占有权，还反映出污染厂商与受污染公众、污染厂商之间的社会经济地位和关系。首先，对污染权界定是在污染满足合理水平的前提下的，这隐含着对污染总量的限制，使厂商排污行为需要负担社会成本而体现了对社会公众的保护。其次，污染权的可交易性，使环境资源能够在污染厂商之间进行优化配置，反映出污染厂商间获得环境资源的能力。

科斯定理虽然证明产权明晰的方式可以解决经济活动外部性问题，但这一定理的成立却有许多假设条件，当这些条件在现实社会遭遇挑战的时候，利用科斯定理解决外部性并非看似的有效。例如，多个污染厂商与多个受污染个体进行讨价还价的成本将相当高，同时交易达成无法避免掩饰个人真实偏好的"搭便车"行为，另外单个受污染个体也无法准确了解总体污染程度，这些使得依靠界定产权的方式无法确定性地满足环境保护的目标。然而，产权交易理论利用市场机制解决问题的思路却满足了成本效率的要求，因此，在科斯定理基础上，污染权交易有了总量交易的要求，即在满足一定环境目标约束下，对环境产权进行划分，使污染总量存在上限约束，同时允许污染权利在厂商之间交易，这样的交易机制又被称为总量交易机制（Cap-and-trade）。

总量式的污染权交易是满足既定环境目标下成本最小的环境政策机制。许多保护环境、限制污染排放的政策总是围绕如何设定社会最优污染目标而进行讨论，却较少关注这种政策目标应当如何达成。总量式的污染权交易不考虑政策目标是否是社会最优，只要这种目标一旦设定，产权的自由交易总会使资源得到优化配置，从而实现以最低的成本完成目标要求。

1968年，Dales在《污染、财富和价格》一书中首先提出了这种总量式的污染权交易思想。其主要内容是政府首先将污染权量化，将一定数量的污染权利（许可）E^*采取拍卖或其他方式分配给各个污染厂商，并允许其根据自身情况自由买卖这些权利（许可）。在总成本最小化的要求下，即

$$\min \sum_{i=1}^{n} c^i(e^i) + \lambda\left(E^* - \sum_{i=1}^{n} e^i\right)，假设成本函数二阶可导，且 \frac{\partial c^i}{\partial e^i} \leq 0, \frac{\partial^2 c^i}{\partial e^{i2}} \geq 0，其$$

一阶条件要求 $\lambda = -\dfrac{\partial c^i}{\partial e^i}$。其中，$e^i$ 为厂商 i 减少的污染排放水平，c^i 为厂商 i 减

少排放污染 e^i 时的成本，λ 反映了污染权交易的价格。成本最小化的一阶条件意味着各个厂商的边际减排成本都相等且等于污染权的市场交易价格。这样边际减排成本高的厂商会从边际减排成本低的厂商处购得污染权，从而实现总的减排成本最小化。总量式的污染权交易因为使排污权有了交易价格而在一定程度上与征收庇古税的原理相一致。

　　排污权交易不仅可以实现空间上的成本节约，即各边际减排成本不同的厂商通过交易实现总减排成本最小化，还可以通过储蓄、借贷政策实现时间上的成本节约。如果存在类似一般金融机构的排污权银行，厂商可以将分配到的配额进行借贷或储蓄，这样厂商就有选择在时间上分配污染量的自由。此时时间上总成本最小化的要求：$\min \int_0^T e^{-rt} \sum_{i=1}^{n} c^i[e^i(t)]\mathrm{d}t$；状态方

程为 $\dot{B} = \sum_{i=1}^{n} \left[S^i(t) - e^i(t) \right]$，其中，$B$ 为排污权银行储蓄（借贷）余额，S 为

政府分配给厂商的排污配额，$B(0)=0$，$B(T) \geq 0$。上述动态最优化的均衡解要求所有厂商边际减排成本的折现值（$e^{-rt}\dfrac{\partial c^i}{\partial e^i}$）等于单位排污权储蓄（借

贷）的影子价格。

　　Robin（1996）指出这种允许排污权交易、储蓄和借贷的政策能够通过市场均衡达到成本最小化的要求。Kwerel（1977），Benford（1998）认为，上述对污染权交易的扩展，没有考虑厂商的战略行为、信息不对称以及污染存量不确定性的影响，如果将这些考量加入最优化模型，那么排污权储蓄和借贷政策的有效性就会令人质疑，意味着使企业拥有更多自由决策权的行为激励政策在某些条件下可能不如政府设定硬性排污量指标的管制

政策更有效。

二、污染权交易的机制设计

污染权交易的本质是明晰和划分向环境排放污染的权利并允许个体之间将这种权利进行自由买卖,因此任何污染权交易机制的设计必须考虑污染权初始分配、参与交易主体、交易涉及范围等方面。

污染权的初始分配是交易机制设计的核心问题,它不仅影响交易机制的有效性,还会牵涉到个体之间收入分配等公平性问题。在科斯定理交易成本为零的前提下,初始污染权的分配状况并不会影响效率达成,市场机制会充分发挥资源配置作用,引导污染权向使用效率高的厂商流动。然而现实情况并不完美,在污染权交易市场,因信息不充分导致找寻合适对象的交易成本无处不在[①],这时污染权初始分配是影响市场均衡有效性的重要因素。另外,对环境容量进行明晰产权的过程相当于创造出一种新的资产,这种资产在经济主体之间的分配方式将改变现有的财富分配格局,引发社会公平等问题。

在机制设计中,污染权的初始分配有两种方式:一是采用免费分配的方法,二是采用拍卖机制,由厂商竞价获得。免费分配的方法又有多个标准,例如根据历史排污水平或产量水平,或根据企业生产表现、当前产量水平等。国内外文献对免费分配标准的划分并不统一,最常见的是将追溯制(Grandfathering)等同于污染权的免费分配,对免费分配的研究也常集中于对追溯制的分析。由于追溯制是依据企业历史上的数据来分配当前的污染权力,它的分配原理常常遭遇经济学家抨击。原因在于它没有考虑企业动态发展,不利于企业进行技术改造和创新,而且它的实施会给新进入厂商设置需要购买排污权的进入壁垒,从而利于在位企业,容易造成市场垄断。

Böhringer(2005)曾分析过污染权配额免费分配的最优机制选择问题。他们将追溯制分配方法置于动态环境下,即要求分配基准随时间不断更新,结果表明在封闭条件下,依据厂商前期排放水平的追溯制方式也可

---

① Stavins R.N:"Transaction Costsand Tradeable Permits","Journal of Environmental Economics and Management",1995(29):133–148.

以实现效率目标。依据之前关于成本函数二阶可导以及凸性的假定，定义厂商 i 的成本函数为 $c^{it}(q^{it}, e^{it})$，其中 q^{it} 为厂商产量水平，且 $c_q^{it} = \dfrac{\partial c^{it}}{\partial q^{it}} > 0$，

$c_e^{it} = \dfrac{\partial c^{it}}{\partial e^{it}} \le 0$，$c_{qq}^{it} \ge 0, c_{ee}^{it} \ge 0, -c_{eq}^{it} \ge 0$，$c_{qq}^{it} c_{ee}^{it} - (c_{eq}^{it})^2 > 0$。Böhringer 等人提出

污染权追溯制的分配方法可以按前 k 期历史产量和排污量水平的加权平均来确定，即 t 时期分配给厂商 i 的污染权 $\bar{e}^{it}$ 满足：

$$\bar{e}^{it} = g_0^{it} + \sum_{l=1,\cdots,k} \left[g_q^{it,t-l} q^{it-l} + g_e^{it,t-l} e^{it-l} \right]$$

$$\sum_i \bar{e}^{it} = E^{*t}$$

其中，g_0^{it} 只随当期时间变化而不依据于历史水平，相当于免费分配中一部分采取对企业一次性支付的形式；$g_q^{it,t-l}$，$g_e^{it,t-l}$ 代表了 t 时期依据于历史上产量和排放量决定分配基准的比例。在总减排成本最小化，即社会福利水平最大化目标下，社会最优目标函数形式为：

$$\max_{q^{it}, e^{it}} \sum_{t,i} [p^{it} q^{it} - c^{it}(q^{it}, e^{it})]$$

$$s.t. \sum_i e^{it} = E^{*t}$$

其一阶条件要求：$p^{it} = c_q^{it}$，$-c_e^{it} = -c_e^{jt} = \lambda^*$，即我们前述所要求的产品价格等于边际生产成本，以及各个厂商的边际减排成本相等且等于价格。厂商利润最大化目标函数为：

$$\max_{q^{it}, e^{it}} \sum_t [p^{it} q^{it} - c^{it}(q^{it}, e^{it})] - \lambda^t \left\{ e^{it} - \left[g_0^{it} + \sum_{l=1,\cdots,l} (g_q^{it,t-l} q^{it-l} + g_e^{it,t-l} e^{it-l}) \right] \right\}$$

其一阶条件解得：$p^{it} + \sum_{l=1,\cdots,k} \lambda^{t+l} g_q^{it+l,t} = c_q^{it}$，$\lambda^t - \sum_{l=1,\cdots,k} \lambda^{t+l} g_e^{it+l,t} = -c_e^{it}$。与

社会福利最大化一阶条件对比可见，当满足 $g_q^{it+l,t} = 0$，$g_e^{it+l,t} = g_e^{jt+l,t} = g_e^{t+l,t}$ 时，厂商的利润最大化行为能够实现社会福利最大化目标，此时免费排污权分配将按照 $\bar{e}^{it} = g_0^{it} + \sum_{l=1,\cdots,k} g_e^{t,t-l} e^{it-l}$ 的形式进行，即最优的免费分配方式是采取

一次性支付与历史排污量水平加权的线性组合形式。

　　Böhringer（2005）等人的研究虽然考虑了动态发展因素，但由于采取了局部均衡的分析方法，免费分配方式有效性的结论并不令人十分信服。在一般均衡框架下，如果考虑其他部门存在的税收扭曲，采用拍卖机制分配排污权配额将比免费分配方式更有效率。因为拍卖机制能够产生一笔额外收入用于消除业已存在的效率扭曲，类似庇古税的"双重红利效应"，能够实现更大范围的社会福利。拍卖本身也存在机制设计问题，为了更好地实现拍卖机制对标的物的价格发现功能，管制者需要保证竞价者能有效表达其对标的物的真实估价。一般来说，对于大量同质物品，拍卖可以采取密封和增价拍卖方式，这与以排污权为标的的拍卖环境基本相同（Cramton, Kerr, 2002）。其中密封拍卖又可以进一步分为单价拍卖（uniform pricing），第一价格拍卖（pay-your-bid）和第二价格拍卖（vickrey bid）；而增价拍卖亦区分为需求计划式拍卖和上行时针式拍卖。在密封拍卖中，第二价格拍卖理论上能够实现帕累托最优，因为在这一拍卖机制中，竞价胜出者支付的是投标价格中的第二高价，所以每个竞价者的占优战略是报出其对标的物的真实估价，这使得考虑对手估价信息的努力变得多余，从而节省了大量资源并有利于发现标的物的真实价值。第二价格拍卖依赖于投标者相互独立的估价函数的假定，在私人价值模型中能够实现效率最优。然而，具体到排污权拍卖，其究竟是适用于私人价值模型还是共同价值模型不能准确定义，因此第二价格拍卖在排污权交易实践中并非完全有效。相对于第二价格拍卖，第一价格拍卖和单价拍卖竞价者虽然有动机隐藏其真实估价，导致价格低于标的物的实际价值，但由于其拍卖规则简单易行，在实践中常常运用。其中，单价拍卖被认为是排污权拍卖的最佳方式（Holt等，2007，2008），在没有市场势力时，它近似于第二价格拍卖，能够产生竞争性均衡从而实现社会福利最大化。另外，增价拍卖中的上行时针式拍卖也被认为是排污权初始分配的较好机制（Cramton和Kerr，2002）。在这种机制下，拍卖者从较低价格起不断向上叫价直到竞价者需求总和不超过标的物的供给量。

　　免费分配式和拍卖式的排污权初始分配方法各有优劣。拍卖机制虽然在效率上略胜一筹，但免费分配方法在实践中更容易执行。因为它没有给企业造成额外负担，不会遭遇被管制企业的强烈反对，在政治上的可行性更高。相比之下，拍卖机制容易因被管制企业在政府间游说而流产，这样即使其能实现的效率再高，也不过是"空中楼阁"（见表3-1）。

表3-1 免费分配与拍卖式排污权分配方法的优劣比较

排污权初始分配方法	免费分配	拍卖
优势	减少对被管制厂商当前生产决策的干扰；使被管制厂商节约成本开支；对交易的政策扭曲较少；政治上易推行	能够产生用于转移再支付的收入；有利于排污权价格发现；使企业有动机进行技术创新；可以缩小收入分配差距
劣势	不能产生用于再支付的收入；不利于新进入企业，容易形成市场垄断；短期内不利于企业减少污染的技术进步和创新	容易遭受被管制企业反对而不易执行；影响被管制企业当前生产决策，可能造成价格上涨，加剧政策扭曲

表3-1对免费分配与排污权拍卖的优势劣势进行了总结和比较，在实践中应当选择什么样的分配方式要视具体的应用环境而定。如果经济部门业已存在的扭曲较高，厂商在管制下所受损失有限时，采用排污权拍卖的方式更加合理有效。需要注意的是，上述分析是在一国范围内进行环境治理的前提下进行的，当环境政策是在国际范围内进行时，情况将变得更加复杂。例如，致力于在全球控制温室气体排放的碳排放权交易机制，其排污权初始分配涉及至少三个层面的关系：一是国家间排放权的初始分配，二是作为子交易层面的国家内部排污权初始分配，三是国家间排放权分配方法的协调。

如果排污权交易是在国际范围内进行，国家间的排放权分配只可能采取免费分配的方式进行。因为排污权分配涉及各个国家的主权利益和发展权利，每个国家都应当被赋予这一基本权利，其大小不可以由市场或拍卖机制来决定。而且，为了使排污权交易在国际上顺利推行，需要取得大多数国家的广泛支持，这样免费的排污权分配需要做到尽量公平以符合大多数国家的利益。此时，排污权分配方法的关键是公平的分配原则，许多免费分配方法如按人口分配、按GDP分配以及按人均GDP分配等，在选择时应当考虑其背后的公平性含义，同时应避免那些造成国家间贫富差距加大的分配方法,以使更多国家参与交易。在国家间采取排污权免费分配的方法还可以弥补由于参与环境治理而造成的发展中国家的经济损失。国际环境治理顺利进行需要以发展中国家放弃部分发展权利为前提,如果国际上没有一种超主权机构来采取类似转移支付的形式弥补发展中国家的损失,将使发展中国家与发达国家的差距进一步拉大。初始排污权的免费分配可以起到对发展中国家一次性支付的作用,不像拍卖和税收机制那样需要进行收入再支付的超主权机构的存在,对发展中国家的经济补偿更易操作也更可靠。

排污权交易在国际范围内进行,也将改变作为子交易层面的一国内部的排污权分配。此时,国内的排污权交易类似于开放条件下的国际贸易,厂商分配的排污权不仅可以在国内买卖,也可在国际市场上进口和出口。Böhringer等人指出,在开放条件下,初始排污权的免费分配与封闭条件下不同,最优的情况是分配量独立于企业个体行为,采取一次性支付形式($\bar{e}^u = g_0^u$),而次优状态下分配原则应当综合考虑厂商历史的产量和污染量水平。

开放条件下,排污权初始分配还涉及国家间政策协调的问题。张忠祥(1999)以《京都议定书》及其涉及的碳排放权交易为例,指出如果签署《京都议定书》的附件B国家将分得的碳排放权配额继续在国内分配并允许其进行国际交易,那么各国政府应当有权利自行决定其在国内的排放权分配方法而不必完全统一。他给出的理由有如下几点:首先,各国碳排放权分配方法不同不会必然使企业在国际贸易中处于竞争劣势,因为即使一些企业需要通过拍卖购买配额(而竞争对手却通过免费分配获得),本国政府依然有办法(将拍卖收入用于削减扭曲)来保护其国际竞争优势。其次,如果各国实行统一分配方法,将导致对国家主权的强烈关注,从而在政治上遭遇严重困难,这也是欧盟推行各国统一碳税却遭遇成员国反对的原因。再次,鉴于各国情况的巨大差异,设定统一分配方法将限制各国政府进行最适合本国情况的政策选择。另外,允许各国政府自行选择分配方法使它们有权根据《京都议定书》的要求决定国内减排的政策和途径。如果国际碳排放权交易不规定统一的排放权分配方法,那么各国在政策选择时的战略行为也是需要考虑的对象。Viguier等(2004)在对欧盟碳交易的研究中发现,欧盟各成员国在选择分配方法上的战略行为较弱,因为不同战略行为对其最终支付的影响有限。这一结论可以解释为存在欧盟这一特殊机构,能够给予其成员国相关建议并以此为信号影响其他成员国对其行为的主观判断。可以试想,如果在国际社会没有像欧盟这样的超主权机构存在,各国的排污权分配方法应当存在一定的博弈行为。

三、污染权交易案例——美国《清洁空气法》与酸雨计划

(一)背景介绍

人类社会对环境问题的关注由来已久,但利用污染权交易机制来治理环境问题的理论和实践却是最近几十年才有的创新。自从20世纪60年代,科斯的产权交易理论开创了污染权交易的思想之后,经过经济学家Montgomery(1972)等人对这一交易机制的系统论述和数理证明,污染权交易开始引起各国政府关注并逐渐成为政府治理环境污染的政策选择之一。美国是污染权交易实践的发源地,迄今为止,较为成功的污染权交易案例也多集中在美国。历史上美国曾经经历过严重的大气污染,为了确保民众健康不受影响,美国采取立法形式规定空气质量标准并建立起达到该项标准的具体措施。从1955年起,美国陆续通过了《空气污染控制法》《空气质量法》等,但选择的政策措施以命令控制式的传统方式为主,即根据一定的控制技术制定排放标准并强制要求排放者遵守这些标准限制。由于命令控制式的强制措施剥夺了企业完成减排任务的自主权,同时使经济增长与环境保护的矛盾变得突出,这些法律的出台并没有取得明显成效。1970年,美国国会通过了具有划时代意义的《清洁空气法》,该法案经过多次修订后,在制度和法律上确立了国内排污权交易体系的建立,从此排污权交易制度不仅在大气污染治理领域发挥重大作用,还逐渐被推广到水污染及其他污染治理领域,同时它的实施也开始对其他国家的环境政策选择产生重大影响。

污染权交易在美国的实践历程可以分为两个阶段,第一阶段开始于20世纪70年代中期到90年代初。此时,污染权交易的思想刚刚萌芽,交易对象不是污染权许可或配额,而是所谓的排放减少信用(Emission Reduction Credit, ERC)。1976年,美国联邦环保局(US Environmental Protection

Agency, USEPA）首次提出适用于排放减少信用的补偿政策，开始缓解空气质量与经济增长之间的目标冲突并将两者在这一政策下统一起来。1979年，USEPA又开始推行一项新的政策——气泡政策，这是以总量控制的方法实现排放交易的雏形，它的实施使污染厂商对污染源的治理有了自主选择的权利。1986年，美国政府通过USEPA提出的《排污交易政策总结报告书》，它全面阐述了排污权交易政策的一般原则，提出建立以补偿政策、气泡政策、净得政策以及排污银行政策为核心的交易体系。它的颁布取代了原先的气泡政策，成为《清洁空气法》下削减大气污染物的主要依据。第一阶段确立了污染权交易作为大气治理机制的基本地位，但从实践结果看，这一阶段还属于政策机制的实验阶段，污染权交易的环境效果并不明显。

　　排污权交易的第二阶段开始于1990年美国国会对《清洁空气法》修正案的颁布。其中第四条规定拉开了SO_2排放交易的序幕，这也即历史上著名的"酸雨计划"。由于第一阶段对污染源管理的忽视，大量SO_2和氮氧化物排入大气形成酸性化合物并随雨雪降落下来，给水生生物及植物造成严重危害。20世纪70年代末，酸雨已经成为美国国内环境问题的焦点，为了控制SO_2排放总量，同时不影响经济的快速发展，"酸雨计划"提出以排放许可交易的方式使SO_2排放量在2010年比1980年基础上削减1 000万吨的目标，并设计分两个阶段来完成。由于电力企业是SO_2的主要污染源（1985年占总排放量的70%以上），"酸雨计划"给参与的电力企业设定了SO_2排放上限。每家电力厂商获得一定的排放配额（许可），每单位配额允许企业在年度内排放1吨SO_2，以年度为基线，厂商需要有足够的配额来完成USEPA对其排放的要求。如果不能按时完成，厂商将面临巨额罚款和进一步削减排放量的双重处罚。在美国，各家电厂技术和设备差异巨大，各州政府对SO_2的排放限额也有所不同，这导致电厂之间减排成本存在差异，因此USEPA鼓励企业进行SO_2配额的交易，这种交易既可以在私人市场上发生，也可以通过拍卖进行。"酸雨计划"是总量式污染权交易成功的典型案例，实施该计划后美国SO_2排放量呈现稳步下降态势（见图3–1），尤其在最初的几年，参与计划的电厂大幅超额完成减排任务，给污染权交易的推广做足铺垫。

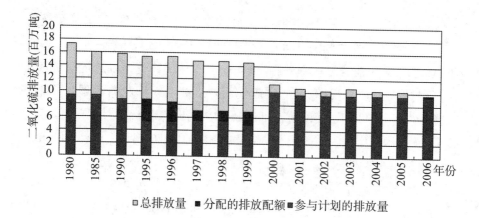

□总排放量 ■分配的排放配额 ■参与计划的排放量

图3-1 "酸雨计划"下SO₂排放量

资料来源：方灏、马中，《美国SO₂排污权交易的实践对我国的启示》。

（二）机制设计

美国污染权交易的机制设计在两个阶段各有不同。第一阶段以《排污交易政策总结报告书》为基础，确立了以"排放减少信用"为对象的交易机制。"排放减少信用"是指污染源实际排放量与政府法定限额之间的排放量差额，这部分差额经过政府认证后即成为"信用"额度，可以在市场上进行交易，是污染权交易的雏形阶段。"排放减少信用"交易体系由四个部分组成，分别称为补偿政策、气泡政策、净得政策以及排污银行政策。

1. 补偿政策（offset）

所谓补偿政策，是指用一处污染源排放量的减少来抵消另一处污染源排放量的增加或新污染源的排放量，或者允许新建、改建的污染厂商通过购买"排放减少信用"来抵消其增加的排放量。这项政策鼓励"未达标地区"已有的污染源排放水平减少到法律规定之下以获得经政府认证的"排放减少信用"，这些信用额度可以出售给新的污染源，只要该地的排放总量得到控制，新污染厂商就可以进入该地区。补偿政策缓解了以往利用命令控制式的管制措施导致的环境管理与经济增长之间的矛盾，通过新污染源购买足够的减排信用转移了环境治理的成本。

2. 气泡政策（bubble）

所谓气泡，指的是含有多个排污点的一个工厂或作为整体的污染源，它的大小不能由污染厂商自行决定，而是必须经过USEPA或由USEPA授权的州政府确定。该项政策规定在气泡的内部允许现有排污点利用排放减少信用增加排放水平,但其他排污点必须削减排放量以达到各州政府规定的治理要求。气泡政策的实质是赋予企业自由选择排污点治理的权利,即在治理成本较低的排污点削减更多的排放水平,而在治理成本较高的排污点适当放宽减排要求甚至增加污染物的排放量。1986年,USEPA在原来基础上扩展了气泡的适用范围,使不同工厂和企业可以捆在一起作为一个气泡,从而使得污染厂商的总减排成本可以继续降低。

3. 净得政策(netting)

净得政策又称容量结余政策,是指只要污染源的排污净增量(含排放减少信用)不超过最高限量,则改建、扩建的过程免于接受新污染源审查时的负担。该项政策允许污染源利用排放减少信用抵偿改建、扩建过程新增的污染排放量,如果总的净排放量超过最高限额,则必须接受相关审查才能进行。

4. 排污银行政策(banking)

由于排放减少信用在环境治理中起到类似货币的中介作用,1977年USEPA在《清洁空气法》修正案中允许将排放减少信用像货币一样存入银行,以备污染源未来在补偿、气泡和净得政策下使用。1980年以来,USEPA共批准了24家排污银行,这些银行通过提供登记服务和交易信息,帮助买卖双方互相找寻以促进交易发生。排污银行是排污权交易中储蓄政策的最早尝试,这一创新一方面使厂商在时间上可以有灵活性进行减排决策,另一方面,也是更为重要的,它为减排信用引入了金融机构这一中间媒介,从此拓展了金融机构在环境治理领域的作用。

伴随着"酸雨计划"开始的排污权交易的第二阶段,以"排放配额(许可)"为主要交易对象,此时的交易机制特点是由政府设定污染物排放量的上限,并据此颁发一定的排放配额给参与厂商,要求企业在配额限制内排放污染物,同时允许企业之间转让、交易排放配额。这种交易机制与理论上的污染权交易更为接近,被看作是总量控制式排污权交易的实践案例。以"酸雨计划"为代表的排污权交易机制包含如下几个方面:

排放配额的分配。"酸雨计划"中排放配额的分配采取了免费分配、公开拍卖和奖励这三种形式,其中,免费分配采取追溯制方式,是最主要的分配方法，占初始分配总量的97%以上。除免费分配外，USEPA会保留部分配额用于特殊目的，如对于采用清洁技术或新能源的开发利用的可以获得配额奖励。为了保证新进入企业也能获得配额，USEPA每年3月会定期举行拍卖活动，拍卖的配额除了可以当年运用外，还可以在未来使用的期货配额拍卖。参加拍卖活动的主要是电力企业，另外还有经纪机构、环境组织以及其他团体和个人等。

排放配额的交易。绝大部分电力企业通过内部交易完成"酸雨计划"的要求，即通过在企业内部交易使部分点源的配额正好弥补其他点源的排放，只有约25%的减排任务是通过外部市场和支取银行余额来完成。外部市场是配额交易的核心，市场的有效性决定了减排是否以最小的成本进行。外部市场除了私人市场外，还建立了双向的拍卖市场。拍卖采用第一价格（pay-your-bid）的方式，因此交易双方都有动机隐藏真实偏好，致使此交易机制的效率大打折扣。然而，采用拍卖机制的配额交易总量十分有限，而USEPA又对交易不做任何限制，因此总体上交易机制还是有效率的。

审核与监测。"酸雨计划"要求厂商拥有的排放配额覆盖其实际的排放量，因此USEPA需要对污染厂商拥有的配额量和实际排放量进行审核与监测。每年的1月31日，厂商都要向USEPA提交足够的排放配额，如果配额不足，厂商将面临巨额罚款和排放量进一步减少的双重惩罚。为了对排放配额交易情况进行监测，USEPA推出了配额追逐系统（ATS），这是一种有效监督"酸雨计划"执行情况的计算机控制系统，它除了记录下各厂商的配额分配、账户余额、配额转移外，还提供了配额的市场行情等相关信息。另外，参与计划的污染源还需要配备连续排放监测系统（Continuous Emission Monitoring System，CEM），用于监测和记录污染源的实际排放量，污染厂商需要定期向USEPA报告排放数据，以确定配额的分配和排放量的削减计划。

5. 灵活性

"酸雨计划"分为两个阶段进行，第一阶段只包含了21个州110个发电厂的263座燃煤装置，为了使这些被强制减排的单位有更多渠道获取配额，USEPA推出了基于自愿减排的"选择—进入"计划（Opt-in）。这使得进入后污染源减少的排放量抵消了尚未进入的污染源增加的排放量,从而体现了机制的灵活性,使未纳入计划但减排成本低的厂商有动力自愿减排。

(三)政策评价

美国《清洁空气法》和"酸雨计划"利用排污权交易来控制污染物排放的措施在总体上是成功的。尤其是"酸雨计划"实施后,一方面企业执行情况良好,另一方面二氧化硫排放总量得到了有效控制,这使得它成为世界各国争相学习的典型案例。除了在政策机制上,美国环保当局设计了较为全面的排污权交易细则,出台了一系列配套措施外,影响排污权交易最终取得成功的还有以下两个方面。

首先,美国排污权交易实践的最突出特点是:立法在前,政策机制在后。《清洁空气法》《空气污染控制法》《空气质量法》等,都先以法律的形式明确了企业在污染物排放量上的限制,并对排污权交易机制的建立给予了法律上的支持。这符合制度经济学的一般原理,只有在好的制度保证下,有效的机制设计才能发挥其应有的作用。

其次,美国排污权交易经历了两个阶段,第一阶段是基于排放减少信用的试验阶段,第二阶段才开始进行了真正的总量式排污权交易。这样阶段式的设计虽然使实践过程显得拖沓,却为排污权交易由理论走向实践做好了铺垫,同时测试了排污权交易的可行性和被接受的程度,是十分必要的。

当然,美国排污权交易的实践也有许多不足之处。例如,交易活跃度无论是在信用市场上还是在配额市场上都不高,体现为:交易规模不大、交易量少、市场显得萧条等。这一方面归结为市场还有过多限制,另一方面可以认为是中介机构不够活跃等原因所导致。另外,在"酸雨计划"中,交易导致排放量在一些区域过度集中,这是交易机制引导排放配额流向使用效率高的一方的必然结果,但是由于二氧化硫是一种区域污染物,即在有限范围内会对区域造成污染,减排区位的错误可能导致由酸雨造成的危害产生地域差别。

第三节　金融财税政策

　　污染权交易，通常被认为是满足既定总量目标下最优的环境政策机制，但是受制于现实条件的不完善，这种政策机制在实践中往往不能充分发挥作用。因此，控制有限的资源消耗、实现全球可持续发展，除了进行总量管理和效率配置外，还需要调控环境影响存量的累积。从全球范围来看，这种制约存量累积的机制包含金融机制、财政机制、税收机制等，它们通过市场化手段，激励和引导微观经济主体改变原有生活和生产方式，从而减少对资源的消耗和污染物排放。

一、全球环境治理中的金融工具

（一）金融机制制约资源消耗和环境影响存量累积的理论基础

　　金融机制对资源消耗和环境影响存量累积的调控来源于金融行业与资源环境和可持续发展之间的紧密联系。可持续发展理论一直关注于资源环境与经济增长之间的联系，致力于解决无限增长与有限资源、无限消费与有限供给之间的矛盾。作为调节经济运行，引导资源优化配置的重要部门，金融行业对实现社会可持续发展起着举足轻重的作用。关于金融制约机制的理论解释大体可以分为宏观、中观、微观三个层面。

　　从宏观层面看，金融行业在宏观调控中的特殊功能使其可以作为决策层制定环境政策的有力补充，促进市场化环境政策的有效发挥。市场化环境政策基于行为主体的动机激励，与命令控制式的政策措施相比，更有效率也更具灵活性。然而在现实世界中，经济主体行为的复杂性决定了单纯依靠一种环境政策可能导致调控效果不理想。例如广受推崇的排污权交易机制，在实践中却常常表现出交易规模较小、参与范围有限以及参与主体不够活跃等弊病。此时，如果金融机构能够广泛参与进来，提供与排污权交易相连的产品和服务，则能够提升交易各方的积极性，降低交易成本，并放大环境政策的作用范围。与此同时，决策者亦可将环境因素置于金融政策考虑之中，利用货币政策和利率政策等遏制资源粗放消耗并引导其流向环境友好型产业。从中观层面看，金融行业与资源环境的特殊关系根植于服务产业与资源环境的关系。Gradel, Allenby（2003）在其著作《产业生态学》中曾提及服务产业与环境保护的关系，并将金融业作为服务产业的一种归纳进来。一般而言，工业特别是重工业发展相比服务业对环境破坏的程度更大，因此优化产业结构，实现可持续发展的路径之一是大力推进服务业在国民经济中的比重。金融行业作为特殊的服务业，其自身就可以通过降低能耗、减少污染排放而实现对环境的保护。同时金融行业利用其产品和服务以及其在信息和风险管理方面的优势，又能发挥不同于一般服务业在可持续发展方面的作用，因此发展金融业对环境保护的意义是双重的。另外，从微观层面看，把资源和环境纳入金融业考虑的核心范围之内，是企业社会责任的应有之义。20世纪70年代之前，企业的公司治理目标关注于股东权益最大化，围绕的核心是如何通过激励和参与约束，降低代理人的道德风险。此时"股东至上"的单边治理结构决定了企业唯一的社会责任是公司利润最大化，因此企业在发展过程中无视对环境的破坏，造成资源的很大浪费。随着公司治理理论的发展，企业单边治理结构开始被多边共同治理结构所取代，除股东之外的消费者、供应商、债权人、雇员和社区居民等利益相关者也开始主张其基本权益，企业社会责任的内涵随之丰富起来，其中保护环境、生产和提供绿色无污染的产品和服务、重视管理环境风险等成为其中的主要内容。企业社会责任的浪潮同样洗礼了建立起现代企业制度的金融机构，在利益相关者的诉求和压力下，金融机构将实现自身和社会的可持续发展作为追求的目标，把环境因素纳入金融行业服务、资产管理和其他业务的全过程中去。这种自下而上的行为增强了金融行业实施可持续发展措施的主动性，也推进了其对其他行业环境保护的影响。

政府的有意引导、行业的特殊性以及来自企业内部的压力使金融系统能够在环境保护中发挥至关重要的作用，这不仅丰富了社会实现可持续发展的理论工具，还推动了金融学科自身的进步。关于金融与环境保护的研究也开始成为理论界追逐的热点，一些新的概念和名词，如环境金融、绿色金融、绿色信贷等随之出现。

环境金融（Environmental Finance）是在对金融与环境保护的研究中

新出现的概念，并随着研究的不断深入开始成为一门独立的学科。国外对环境金融的界定侧重于金融工具和金融创新方面，例如维基百科中对环境金融的定义是为了保护生物多样性而使用的各种金融工具；Sonia Labatt和Rodney White（2007）在其著作《环境金融：环境风险评估和金融产品导论》中认为环境金融是关于应对环境挑战和管理环境风险而设计的金融产品的研究和实践。国内对环境金融的概念接触的时间较晚，一些学者认为环境金融是一门新兴的交叉学科，它的研究对象是环境与金融结合的理论与实务，本质上是基于环境保护目的的创新型的金融模式（张伟，李培杰，2009；方灏，马中，2010）。除了环境金融以外，国内学者还提出绿色金融、绿色信贷、生态金融等概念，进一步丰富了环境金融的内容。

碳金融（Carbon Finance）起源于环境金融，是伴随着全球应对气候变暖的行动而产生的又一热点领域。当前全球环境的最大危机来自因大量温室气体排放而导致的气候变化，因此环境金融很大程度上是关于降低温室气体排放，实现低碳发展的金融创新活动的研究，碳金融成为环境金融领域的重要组成部分。除此之外，碳金融的概念与碳排放权交易紧密相关。《京都议定书》的灵活机制产生了碳排放权交易市场，在这一交易市场上金融机构得到了广泛参与，许多相关金融衍生产品和服务得以开发，因此碳金融市场又常指碳排放权交易市场。

无论是环境金融还是碳金融，它们的出现都是基于金融机制发挥制约环境影响存量累积的理论，是金融系统作用于环境的具体体现。当然这些概念和理论都是最近十几年才产生的，国内外相关的研究还很不丰富，需要随着时代的发展而不断更新和进步。

（二）实现环境影响制约的金融改革与创新

金融制约环境污染、实现环境保护的机制主要从两个方面展开：一是金融机构自身降低污染排放、节约资源、实现可持续发展；二是通过金融体制改革与业务创新，调整金融引导资源的流向和配置方法，发挥金融对其他经济部门实现可持续发展的中介作用。

作为服务产业的金融行业虽然是相对清洁的经济部门，但要实现对环境影响的调控和制约必须首先关注自身的环境表现，这是金融机构履行社会责任的必然要求，也是进行金融改革与创新、实现绿色金融的先决条件。金融机构要实现特定的环境目标，在公众面前树立良好的环境形象，需要通过建立内部环境审核机制来完成。具体来说就是从普通员工到决策者，在业务操作和经营管理过程中，都必须把降低污染排放、节约资源使用视为其工作的中心环节。金融机构应当建立评价其环境表现的管理部门，适时发布企业对环境保护、实现可持续发展的贡献报告，同时组织员工与管理人员进行培训，提高个人环境意识，并通过他们的服务达到教育客户的目的。在日常运行中，金融机构应当制定实现环境目标的具体途径和措施，例如实现电子化办公节省纸张，利用视频电话会议代替差旅活动，对经营住所进行节能改造和使用可再生能源等。

金融机构自身的环境表现虽然是首要环节，但金融机制发挥功能的关键还是对传统金融业务的改革与创新。传统金融理论的假设前提是资源的无限供给，因此在其业务发展和产品设计过程中一般不会考虑环境问题。在日益趋紧的政府环境管制和资源约束下，金融机构面临来自客户和产品的双重环境风险，因此必须通过改革和创新才能保证自身盈利能力的提高，同时实现可持续发展和对其他部门的环境影响。具体来说这种改革和创新主要指以下两个方面。

一是金融风险管理与监督的创新。考虑环境管制和资源约束后，传统的金融风险管理必须加入环境风险的识别与评估。由于高污染、高耗能企业可能因违反环境法规而遭遇处罚，以这些企业为客户的银行等金融机构必须对潜在的环境风险进行衡量和控制，在贷款业务中注重对环境风险的评价与评级，以保证借贷资金安全。另外，金融机构的产品价格应当反映和揭示相关的环境表现，金融机构在防范资产价格波动时应当建立与环境因素相关的预警机制。环境风险的出现也意味着金融系统监管机制的改革，除了对资产价格、贷款信用等方面增加环境因素的监测外，金融机构内外部监管部门还应当建立与环境风险相关的信息披露制度和加强透明度建设，同时建立环境约束的自律组织，进一步预防和监管环境风险。

二是金融产品与服务的创新。环境管制和资源约束不仅给金融行业带来风险，同时也给金融行业带来巨大的利润和发展空间，而这种机遇的获得正是通过金融产品和服务的不断创新来完成的。

首先，对于商业银行来说，能效贷款、挂钩于环境资产（如二氧化碳排放权）的个人理财产品以及中间服务将是其业务利润的新增长点。节能减排和开发利用新能源项目都需要较大的资金支持，在环境规制下，这部分项目未来的盈利能力看涨。在环境意识不断增强和环境资源稀缺条件下，基于环境资产的个人理财产品一方面能够满足公众参与环境保护的意愿，另一方面能够使公众规避风险，实现资产增值。除此之外，商业银行还可以利用其信息优势，提供给客户发展环境友好产业、投资环境资产的咨询服务，并在清洁产业融资过程中提供保理或担保业务等。

其次，对于基金、证券和投资银行等金融机构来说，开发与环境资产相关的金融工具并参与市场交易和进行投资活动将是其环境金融业务的主要方向。市场化环境政策的实施确立了排污权交易机制，但由于市场分割、政策变动以及交易成本等原因，交易主体的参与动机往往不强。基金、证券等金融投资机构通过开发与排污权相关的金融衍生产品，如排污权期货、期权、掉期等，能够提供给交易主体规避风险的工具，并通过杠杆效应扩大交易规模和交易范围。同时金融机构参与排污权资产交易和投机，将优化自身的资产组合，进一步给绿色产业和节能减排项目以资金支持。

再次，环境风险以及项目开发的不确定性也给保险公司和担保机构带来了商机。环境危机的频繁爆发迫切需要保险公司开发出应对巨额损失、转移环境风险的保险产品，例如基于自然灾害损失的保险产品和基于环境污染责任的险种等，当然这需要保险公司在费率厘定、风险评估方面具备更多的环境知识。另外，清洁项目的开发往往周期长、成本高，面临较多不确定性，担保机构和保险公司可以承担项目开发商或使用用户的损失担保以及赔付工作，以促进能源改造和新能源的利用。基于环境资产交易的市场机制的发展也使保险公司拥有了更多转移风险的渠道，保险公司可以开发相应的保险衍生产品并将一定的保费收入或年金投资于环境资产中，以实现价值增值。

金融机构对于环境风险的管理和监督以及研究和开发相应的金融产品和服务是金融机制发挥制约全球资源消耗和环境影响累积的关键。Labatt等人（2007）在其著作《碳金融》一书中曾对不同金融机构面临的气候变化的风险与机遇进行了总结（见表3-2）。政府决策者、监管部门还有金融机构应当充分认识这些机遇与挑战，适时调整政策和措施，以适应环境变化,发挥金融机制的调节作用,最终实现全球可持续发展路径的形成。

表3-2　金融服务业面临气候变化的风险与机遇

业务分类	风险	机遇
银行业		
零售银行	由于自然风险如洪涝、干旱导致的直接损失；政策变动,如新能源补贴的取消；受影响客户增加的信用风险	提供新的减缓气候变化的产品；气候友好活动的微观金融服务；小型再生能源项目贷款额咨询服务
公司银行和项目融资机构	对于消费者来说更高的能源成本；碳交易市场上的价格波动；投资于有争议的能源项目的声誉风险	清洁技术的投资
保险业		
财产、人寿等保险机构和保险商	天气和极端事件带来的损失；经营中断的赔付；对人类健康的不利影响	对转移风险选择的更多需求；新的保险产品；碳交易的对手信贷；碳中性的保险；CDM项目的碳交付担保；排放贸易保险；以碳作为保险的资产
投资业		
投资银行和资产管理公司	对于不成熟技术的投资；由于气候变化导致的额外成本,例如在公用事业领域；财产损失	投资于与气候变化相关的产品；提供天气衍生品；建立碳基金；在欧盟排放交易体系下提供贸易服务、绿色技术

资料来源：Sonia Labatt, Rodeny White. "Carbon finance: The financial implications of climate change", John Wiley&Sons, New Jersey, 2007: 22.

（三）金融机制发挥功能的实践与案例分析

1. 全球范围内的环境金融实践

将金融行业与可持续发展紧密联系起来,在全球范围内利用金融机制制约环境影响的实践主要是在联合国环境规划署、世界银行、国际金融公司、各国政府及其环境部门以及世界主要金融机构的倡导下推广起来的。其中,联合国环境规划署是全球行动的主要推动者,在发挥金融机制的过程中起着关键作用。

1992年,联合国环境规划署成立了包含银行业、保险业、投资业等金融机构在内的金融行业自律组织——联合国环境规划署金融行动(UN Environment Program Financial Initiative, UNEP FI)。该组织是联合国环境规划署与全球金融业的一个公私部门合作项目,旨在推广金融行业与可持续发展的紧密联系,并在金融运营全过程中贯彻可持续发展的金融实践。1992年,在联合国环境与发展大会上,该组织提出了《银行业关于环境和可持续发展的声明》,得到与会者的积极响应。随后,在1995年和1997年又推出了《保险业环境举措》和《金融机构关于环境和可持续发展的声明》,这些成为在全球开展环境金融实践的标志。截至目前,已有200家金融机构签署了上述声明并成为该组织成员。他们承诺采用最好的环境管理方法,并将配合其他经济部门作为可持续发展的重要捐助者。

2002年10月,在世界银行下属国际金融公司①(International Finance Corporation, IFC)的倡议下,九家著名的国际银行在伦敦召开会议,商讨建立一个全球性银行业框架用以评估融资项目的环境和社会风险,最终采纳了IFC在新兴市场上环境与社会政策框架,以其可持续发展绩效标准为基础,建立了银行业评估和管理融资项目环境风险的自愿原则——赤道原则(the Equator Principles, EPs)。2003年6月赤道原则在华盛顿正式发布,2006年7月根据IFC更新标准又推出了新的版本EPⅡ。新的赤道原则适用于各行业总投资在1 000万美元及以上的项目,其内容包含序言、原则声明及权利放弃声明等四个部分。其中原则声明是其核心内容,列举了赤道银行在做出融资决策时依据的特别条款和条件,主要以IFC的社会与环境可持续发展绩效标准以及环境、健康与安全指南为参考。虽然该原则为金融机构自愿采纳,而且最初接受的只有包括荷兰银行、花旗银行在内的十家金融机构,但是随着环境保护运动的发展,金融机构在履行社会责任的压

---

① 国际金融公司创立于1956年,是世界银行集团的私营部门机构,其使命是促进发展中国家可持续的私营部门投资,帮助减少贫困和改善人民生活。

力下越来越认同和接受该原则,截至2010年11月,已有69家金融机构采纳了赤道原则,而且它们大多处于各国金融系统的领导地位,其融资总额已占全球项目融资总额的85%以上。可见,赤道原则的发布和实施确立了项目融资领域的环境标准,是金融机构通过信贷渠道发挥制约环境影响的典型实践。

2005年年初,时任联合国秘书长安南邀请了来自12个国家的20个机构投资者来商讨如何建立一套有效的框架,将环境、社会和企业管理等因素包含到投资决策考虑之中,以提升对受益人的长期回报。在联合国环境规划署金融行动和联合国全球契约①(Global Compact, GC)的协调下,2006年一项全球性的倡议——负责任的投资原则(Principles for Responsible Investment, PRI)正式发布。该原则分为六大原则和三十五个可能采取的行动建议,主要由投资机构签署,承诺在投资分析和决策过程中纳入环境考虑,并要求所投资的实体适当公布环境相关问题等。

除了上述投融资领域的环境金融实践以外,金融机构还建立了行业内履行环境责任的行为标准和规范,如全球报告倡议组织②(Global Reporting Initiative, GRI)发布的《可持续发展报告》(G3)关于金融服务行业的补充协议等。这些实践极大地丰富了环境金融的理论,是金融机制实现调控环境影响的有力证据。在这些全球性行动的推动下,金融机构逐步建立起一套以环境为核心的业务操作体系和行为准则,相关的金融服务与产品创新也日益丰富起来(见表3-3)。

---

① 全球契约是由联合国秘书长安南于1995年提出,2000年正式实施的一项计划,旨在号召各公司遵守在人权、劳工标准、环境及反贪污方面的十项基本原则,以推进全球化朝积极方向发展。

② 全球报告倡议组织是由美国非政府组织"对环境负责的经济体联盟"和联合国环境规划署共同发起的,主要工作是为可持续发展的信息披露提供一个基本框架。其于2000年、2002年和2006年陆续发布了三代的《可持续发展报告》,分别称为G1、G2,G3,至今已被全球1 000多家企业和机构采纳,成为它们发布相关信息的标准。

表3-3 全球范围内主要的环境金融实践一览表

名称	发起机构	面向的参与者	与环境相关的内容
《金融机构关于环境与可持续发展的声明》	联合国环境规划署金融行动	所有金融机构	承诺履行金融机构支持环境可持续发展的行动
赤道原则	国际金融公司和9家大型国际银行	银行业，主要是跨国银行	承诺在项目融资中考虑环境风险
负责任的投资原则	联合国环境规划署和联合国全球契约	投资机构	承诺在投资决策中考虑环境因素
《可持续发展报告》金融服务业补充协议	全球报告倡议组织	所有金融机构	针对金融机构的可持续发展报告指南

2. 环境金融实践的典型案例——美国银行①

美国银行（Bank of America Corporation, BAC）又称为美国美洲银行，是以资产计美国第一大商业银行，同时是全球金融行业的领先机构。在2010年英国《银行家》杂志公布的全球1 000家银行机构排名中，美国银行因其核心资本增加33%至1 600亿美元而雄踞排名榜首位，成为全球资本实力最强劲的银行。其2009年总资产达到22 232亿美元，比上年增长22%，净收入更是达到62.76亿美元，增长57%。在资本规模、盈利能力不断上升的同时，美国银行一直关注环境与社会的可持续发展，并致力于通过自身的经营业务发挥金融调控机制，改变客户、消费者和雇员的环境影响。美国银行是最早签署《金融机构关于环境与可持续发展的声明》的银行之一，同时承诺履行赤道原则，并定期发布GRI可持续发展报告和企业社会责任报告。鉴于其自身的环境表现及其对可持续发展事业的关注，美国银行多次荣获绿色建筑设计、气候保护捍卫者、自然资源保护等奖项。

---

① 本部分涉及数据及事实均来自美国银行Annual Report 2009, Environmental Progress Report 2010, 及其网站http://www.bankofamerica.com的相关内容。

　　美国银行履行企业社会责任、进行环境金融的实践主要是通过信贷投资业务、产品和服务的创新以及自身的节能减排行动来完成的,他们认为其对环境的关注已经融入公司经营的各个层面之中。作为一家在40多个国家经营业务、雇员超过30万人的大型跨国金融机构,美国银行很注重自身的生态足迹和环境表现,力图通过多种综合性措施减少经营机构的能源消耗和温室气体排放。这些措施通常包含日常经营、雇员和供应商三个层面。从日常经营来看,早在2004年美国银行就已经加入了美国环境保护部门气候领导者计划,承诺在2009年年底将温室气体排放减少9%(实际完成的减少是18%)。为了实现节能减排,银行在三年间投入1.5亿美元用于能源项目改造,这不仅帮助银行减少了温室气体排放,更为银行节省了大约1亿美元的成本支出。美国银行现有超过1 000万平方英尺的经营机构得到绿色建筑委员会LEED标准的认证,其位于纽约市布莱恩特公园1号(One Bryant Park)的美国银行大厦是美国历史上首次得到最高级别LEED标准认证的摩天大楼,堪称美国最环保的建筑。除了提高建筑的能源使用效率之外,银行还致力于减少经营场地。除此之外,在雇员和供应商层面,美国银行还推出多个项目计划,鼓励雇员减少自身二氧化碳排放,并督促供应商揭示相关产品的碳足迹和能源消耗。

　　美国银行意识到作为一家金融机构,其可以在引导客户实现可持续发展方面发挥重大作用,因此特别注意将环境因素与金融业务相结合。首先,美国银行制定了一系列与环境相关的政策,作为其进行产品和业务创新活动的标准和指南。这些环境政策包括森林政策、能源政策、气候变化政策等,本质是在银行信贷投资和风险评估等过程中充分考虑这些环境因素,从而尽量减少所有客户对环境的负面影响。以森林政策为例,美国银行积极推行可持续的森林投资行动,在该政策下银行将采取一切可行的措施来避免借贷资金流入那些对原始森林进行破坏或通过非法砍伐获取木材、提取能源的公司和项目。再如气候变化政策,美国银行承诺实施一项长达10年、涉及200亿美元的计划,用于在借贷、投资、产品和服务中关注和强调气候变暖问题。同时,他们于2008年宣布遵守碳原则①,从而在风险评估过程中充分考虑了碳排放成本。

其次,美国银行在提供金融产品和服务方面不断推陈出新,进行了一系列满足环境政策要求,同时为客户减少环境污染提供便利的金融创新活动。例如,作为一家零售银行,美国银行推出了奖励消费者环境友好行为的金融产品——关注碳中和的信用卡和借记卡。持卡用户每消费1美元都会获得相应的碳中和奖励,消费1 000美元将得到中和相当于开车行驶2 000英里所排放的二氧化碳的奖励。另外,美国银行还推出使消费者可以支持其喜爱的环保组织的金融产品——认同信用卡(Affinity Credit Card),消费者每进行一次刷卡消费,银行将自动向其所选择的环保组织进行小额捐赠。目前,与美国银行合作的环保组织已达15家,包括世界自然基金会等许多知名机构。

另外,美国银行认为金融机构的信贷融资行为是影响客户环境表现的关键因素,因此致力于减少因为贷款而导致的环境污染现象,并积极投资于利用新能源和可再生能源的项目建设。2007年,美国银行与雪佛龙能源公司合作,为加州圣荷西联合校区太阳能计划提供融资租赁服务,成为该银行利用借贷行为影响环境的经典案例。加州地区太阳能资源丰富,但是由于购买和安装太阳能设备的前期投资巨大,这种优质的替代能源很少得到利用。美国银行利用其资本优势出资购买了太阳能设备,同时提供给校区一项长达20年可以以低于市场价格购买能源的银行服务合同,使该地区在不改变资本预算的条件下实现了环境保护。该项计划使联合校区节省能源开支2 500万美元以上,同时将减少25%的公共能源需求,减少二氧化碳排放大约37 500吨。

除此之外,美国银行在其气候变化政策的指导下,充分利用所掌握的资本和经验,对抵抗气候变暖的事业和技术进行战略性投资。2007年,美国银行宣布成为芝加哥气候交易所(CCX)和欧洲气候交易所(ECX)

---

① 碳原则(The Carbon Principles)是由华尔街三大借贷银行花旗银行、摩根大通和摩根斯坦利共同建立的一整套原则指南,用于评估电力能源项目融资过程中的碳风险。

成员,并以战略投资者身份入股上述两家公司的控股股东气候交易公司(CLE),此举一方面为该公司补充了发展资本,另一方面也为美国银行投资于碳交易市场提供了平台。近年来,国际碳交易市场发展迅速,开发出与碳排放权相关的一系列金融衍生品,在这些产品交易过程中时常可以看到美国银行的身影。例如2010年3月18日,美国银行执行了ECX下2013年12月到期的EUA①期权交易,成为该类期权的首笔交易。由于2012年是《京都议定书》第一阶段和欧盟排放权交易第二阶段结束期,开展2013年到期的EUA交易意义重大,这意味着美国银行对未来碳交易市场的前景充满信心,更预示着在今后防止气候变暖的舞台上美国银行将发挥更大作用。

二、全球环境治理中的税收工具

(一)环境税收机制

与总量式的排污权交易相比,环境税收机制虽然没有设定污染排放的上限,却由于为资源和污染制定了价格而能够改变微观经济主体的行为并制约环境污染存量的增加。这种基于市场机制的环境政策又被称为价格政策,它与总量政策一道,从不同角度对环境施加影响,从而实现全球性的可持续发展。

1. 环境税的经济学分析

利用税收机制改变微观主体对环境的影响是经济学家用以解决环境污染等外部性问题的重要工具之一。在这个领域,许多经济学家做出了卓越的贡献,奠定了环境税实施的理论基础,其中最重要的人物当推庇古。外部性的存在源于市场价格体系的不完善,微观主体在做出行为决策时不用考虑其对他人施加的影响,因此往往造成资源的过度消耗,引发"公共地"悲剧。庇古(1938)开创性地提出利用税收机制制定公共品价格,从而改变经济主体行为决策的方法。例如,对于制造污染产品的厂商征收税率等于污染的边际社会成本的产品税$t=s'(x)$的从量税,此时的$s(\cdot)$为生产污染产品造成的社会成本函数。在这种税收机制下,厂商为了实现利润最大化,即$\max_{x}\pi=px-c(x)-tx$,必然会在$p=c'(x)+s'(x)$处生产。这样污染品x的价格

---

① 　EUA(European Union Allowances),指欧盟碳排放配额。

既反映了边际生产成本$c'(x)$，又包含了边际社会成本$s'(x)$，社会资源配置达到了最优，而污染品的产量也比征税前有所下降（见图3-2），实现了对环境污染存量的制约。

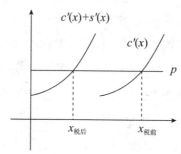

图3-2 庇古税制约环境影响存量图解

环境税的核心思想即来源于庇古税，由上述分析可见，实施这种庇古税的关键是最优税率的设定。为了达到资源配置的帕累托最优，政府必须准确知道某种污染行为的社会边际成本，但这由于需要极大的信息量而成为在现实生活中制约环境税发挥功能的障碍。因此，不少学者在庇古思想的基础上，致力于机制设计的研究，试图通过激励措施让行为主体进行自我揭示，从而使政策制定者掌握必要的信息。

一种方法是由范里安提出的补偿机制[①]，它由两个阶段组成：在阶段一（宣布阶段）由两家厂商$i=1,2$各自宣布一个庇古税税率t_i，它可以是最优税率也可以不是。在阶段二（选择阶段），厂商1生产x单位污染品，将支付t_2x的税，同时受影响的厂商2获得t_1x的补偿。选择阶段的关键是除了收税和补偿以外，还设计了一份罚金，它以两家厂商宣布的税率之差的形式出现，如$(t_1-t_2)^2$。这种机制最终将导致厂商准确地进行自我揭示：厂商1总有动机选择与厂商2一样的税率，同时，清楚这一点的厂商2在利润最大化的目标下会把自身宣布的庇古税税率恰巧设定在弥补其外部成本的那一点上。由此，尽管政策制定者难以通过实际调查掌握准确信息，机制设计却可以通过行为激励把个人利益最大化目标与社会福利最大化目标协调一致，为现

---

① 范里安：《微观经济学高级教程》（第三版），经济科学出版社1997年版，第464-466页。

实中庇古税的实施拓宽了道路。

　　庇古税是环境税收机制的核心,但庇古的研究仅停留在局部均衡的分析框架内,后面的学者在其基础上拓宽了研究范围,主要是引入一般均衡的分析框架和经济增长理论,但此时却出现了最优税率的设定远离庇古税的情况,由此引发了一场关于环境税真实效用的争论。其中最主要的争论之一就是关于环境税双重红利效应(Double Dividend Effect)是否存在的问题。Tullock(1967)是最早发现环境税双重红利效应的学者,他当时称之为额外的收益(Excess Benefit)。他发现政府可以将环境税收收入用于替代其他税种(称之为环境税的收入循环效应,Revenue-Recycling Effect),从而消除其他税负带来的社会无谓损失,产生环境效益和效率提升的双重红利。在这种情况下,最优税率的制定高于边际社会成本的水平,将比庇古税产生更强的环境约束。此后,Kneese和Bower(1968),Pearce(1992),Shiro Takeda(2007)等人又对双重红利效应做出了详细论述,甚至利用模型和实证检验证实了该效应的存在性。然而,引入一般均衡的分析框架后,Bovenberg等(1994,1996),Goulder等(1995),Parry等(1997)提出了税负交互作用(Tax Interaction Effect),认为次优情景下,环境税的实施可能扰乱其他课税产品的市场均衡,从而使最优税率的制定远远低于庇古税水平,使该机制制约环境影响的功效大打折扣。Bovenberg等人对于税负交互作用的论述和证明主要基于劳动力市场,认为环境税的征收将导致一般商品价格的上升,使真实工资下降,进而降低劳动力供给,造成社会效率损失。虽然税负交互作用确实可能存在,但也有很多学者指出其并不一定造成最优税率的严重偏离,相反可能还会加剧双重红利效应,因为决定税负交互作用的因素是不确定的。例如,我们可以把环境税的最优税率设定为 $\tau_x = \tau_p + \tau_r - \tau_i$ 的形式,其中 τ_p 是庇古税率,τ_r、τ_i 代表收入循环效应和税负交互效应。Schwartz,Repetto(1998)指出,在税收收入中性条件下,环境质量可以影响劳动力供给,如果这种关系是正的,则 τ_i 的值将减小甚至改变符号,如此环境税的双重红利效应并不会遭到削弱。同样,Westand William(2004)的研究也指出,如果污染品和闲暇是互补关系或者弱替代关系,则 $\tau_r - \tau_i > 0$,此时最优税率将高于庇古税率水平,能够实现较好的环境制约。

除了一般均衡的分析方法外,对于环境税最优税率的研究还被引入经济增长的框架中,利用新古典增长理论和内生增长模型,同时借助于动态最优化的方法,可以得出许多有价值的结论。这样的研究大多是把环境因素作为一种变量加入生产函数或者效用函数之中,模型的改进在于变量进入函数的形式,或者将环境因素区分为环境质量、资源使用和污染排放等。

2. 示例:碳税机制

随着温室气体排放量的不断增加,气候变暖已经成为人类社会最为关注的全球性环境问题,其导致的冰川融化、海平面上升、极端天气灾害的增加等已经构成全球可持续发展的严重阻碍。在这一背景下,作为环境税一种的碳税机制成为人们治理气候变化可以选择的政策之一。碳税,顾名思义是指对人类活动排放的二氧化碳征税,以期达到减少这种主要温室气体排放量的目的。由于二氧化碳多是由化石燃料的消耗所导致,因此实际中碳税往往针对煤炭和石油的下游产品,如天然气、汽油、燃油等生产和消耗时排放的二氧化碳比例来征税。为了应对全球变暖,碳税的实施层面有三个,一是国家层面,二是区域层面,三是全球层面。

从国家层面来看,碳税的实施与其他环境税几乎无异,并且在许多国家的税收制度中早已可见它的身影。例如,很多OECD国家开征了能源税,它虽然与碳税有一定区别(其征收依据是能源的消费量,因此税基也包括核能和可再生能源等),但是也起到限制能源使用和温室气体排放的作用。所以尽管有些税种在开征之初只是为了满足财政收入需要,却一样是防止气候变暖的环境税收政策。这些所谓的隐含碳税(Implicit Carbon Tax),在国家层面的实施是非常常见的现象,世界上几乎所有国家都实施了各种不同类型的隐含碳税。当然,从全球范围来看,明确以二氧化碳排放为征税对象的国家还为数不多,其中北欧一些国家是较早的尝试者。挪威是最早开征碳税的国家之一,早在1991年就对汽油、柴油、矿物油和北海用气等所含的二氧化碳征收高额的庇古税,当时的平均税率为每吨21美元。然而,尽管执行了如此高的碳税税率,挪威温室气体的排放量却不降反升。从1991年到2008年,排放增长了15%，并且挪威国内的汽车保有量和开车里程都有所上升。有学者认为，考虑到挪威GDP大幅增长的因素，温室气体的单位GDP排放量是下降的，但同时他们利用一般均衡模型（Applied General Equilibrium Model）进行模拟分析后也指出，即便如此碳税的作用也是微弱的，仅对减少量贡献了2%（Bruvoll和Larsen，2004）。碳税有限的实践经验使得对其控制温室气体排放真实效果的评价变得困难，另外在各种隐含碳税已经存在的条件下，开征一种新的税种将遇到各种利益集团的阻碍。除此之外，碳税可能产生的税负交互作用以及对收入分配的影响也是征收前要考虑的因素之一。不过，相对于在区域层面和在全球层面来征收碳税来说，国家层面的征收是最简单的，许多困难和可能造成的效率扭曲、分配不公等都较容易解决，而且即使没有开征碳税，隐含碳税的存在也起到了一定作用。

从区域层面看，经济和社会发展高度一体化的欧盟是统一碳税最有可能实施的地区，而欧盟委员会也正是这一政策的积极推进者。1992年在里约热内卢通过《联合国气候变化框架公约》后，欧盟承诺了以1990年为基准控制温室气体排放量。此后，欧盟委员会一直致力于在各成员国推进气候变化政策，其中包括在欧盟范围内征收统一碳税。然而，这一政策的推进过程并不顺利，除了有限的几个国家（荷兰、德国、丹麦、比利时、意大利、卢森堡）支持统一碳税的实施外，大部分欧盟成员国拒绝了这一政策建议。主要理由是担心碳税征收会影响国内支柱产业，削弱国家竞争力（西班牙、葡萄牙、希腊和爱尔兰等）；或者认为统一碳税的实施威胁了国家主权（英国）。2004年欧盟东扩以后，新加入的成员国因为自身经济发展水平与其他国家的差异，也担心统一碳税的实施所带来的不公平后果。所以，虽然早在20世纪90年代初欧盟就已经萌生了征收碳税的想法，但该政策的实施却依然停留在讨论阶段。由于欧洲一些国家在国内开征了碳税或能源税，而一些国家没有，导致了一种可能后果的出现——碳泄漏（Carbon Leakage）。碳泄漏是欧洲关注气候变化的学者最近研究的重点，它是指由于一国（或者一个区域）实施了严格的气候政策（如碳税、碳排放权交易等）而导致的污染产业向国外的转移，表现为国内温室气体排放量下降，而国外却上升。从欧盟内部来看，很多研究发现碳泄漏的比例较低

（Babiker，2005；Barker等，2007），但是如果从世界范围内考虑，这一现象可能显著存在。

从全球层面来说，全球范围内统一碳税的征收面临与区域范围内一样甚至更为困难的阻碍。首先，世界各国经济发展水平差异显著，制定统一的税率将给一些发展中国家带来额外的负担。其次，在全球层面税收的转移支付作用无法发挥，因为没有一个超主权机构有足够的能力来征收、监管全球碳税收入。再次，统一碳税的执行依然需要各国广泛的合作，谈判与博弈在所难免，政策执行的难度可想而知。著名经济学家Nordhaus，是全球碳税政策的积极推进者，他将其定义为是一种动态的、协调一致的庇古税（Harmonized Carbon Tax，HCT）。HCT是在诸多学者对《京都议定书》执行效果不满的情况下产生的。《京都议定书》灵活机制里规定的碳交易机制没有在全球范围内展开，而且引发了各国关于如何分配初始碳排放权的争论而备受争议。Nordhaus认为《京都议定书》关于减少排放量基期的设定是缺乏科学依据的，同时现实数据也表明《京都议定书》实施后全球温室气体排放量并没有显著下降。据此，他认为HCT的实施可以改变这种现状，但他同时也承认这需要世界各国的协商和合作，而且可能会带来国际贸易领域的问题。

（二）环境关税机制

环境关税（Environmental Tariff）通常是指实施环境约束的国家对从未实施约束的国家或环境标准低的国家进口的产品或污染品征收特别关税的一种制度。世界经济一体化和国际贸易自由化的发展使越来越多的学者关心国际贸易与环境污染的关系。从经济增长理论看，国际贸易自由化可以增进收入，进而增加当地居民对环境质量的需求，因而可以通过收入效应（Income Effect）改善当地的生态环境。但也有学者指出国际贸易的扩大将增加更多的工业生产，从而在全球范围内扩大环境污染（规模效应，Scale Effect）。另外，根据国际贸易的比较优势理论，环境管制相对宽松的国家在生产污染产品上有比较优势，因此环境约束强的国家会选择进口这些国家的污染品，同时国内的污染产业也会选择在这些国家进行生产，出现所谓的污染产业转移的现象。1979年，Walter和Ugelow首次提出了"污染天堂假说"（Pollution Heaven Hypothesis），认为发展中国家通过将环境标准设定为低于社会有效水平可以实现吸引外商直接投资和促进本国出口，成为承接污染密集型产业转移的污染天堂。国际贸易自由化是否会导致全球环境恶化和影响污染的国际分布在学术界尚存在很多争议，但一些发达国家已经开始担心由此可能导致的本国竞争力下降和就业问题。因此，面对中国、印度、巴西等依靠出口拉动经济增长的新兴市场国家，发达国家提出应当考虑这些国家较低的环境标准，对从这些国家进口的污染产品征收环境关税。

由此可见，环境关税与国际贸易、世界经济和国际关系等问题都密切相关，并非单纯的环境问题，因此这种国际间的制约机制很可能成为一些国家逐利的工具，比如通过针对国别征收环境关税可以实现对某些国家的打压和制裁等。但是，应当指出，如果仅是针对污染密集型行业或污染品征收关税，客观上则有利于引导出口国的产业结构调整，淘汰其高耗能、高污染产业，促进低碳经济发展并改善当地环境。同时，开征环境关税的国家由于其本身生产污染品的成本较高，进口也已经没有了价格优势，则很可能改变本国居民的消费习惯，减少对污染品的需求和消耗，有助于在全球范围内抑制环境影响存量的累积。

当然环境关税的实施也并非易事，现实中存在很多障碍。首先是对环境关税合法性的质疑。由关贸总协定（GATT）和世界贸易组织（WTO）确立的多边贸易体制强调在贸易中消除歧视性待遇，削减关税和其他贸易壁垒，最终实现全球贸易自由化。环境关税的实施将违反GATT和WTO的基本原则，如可能对不同国家设定不同的税率而违反最惠国待遇的原则等，因而难以说是合法的。其次，环境关税容易招致发展中国家不满，可能迫使这些国家实施报复性关税从而引发贸易大战。因此考虑可能造成的后果，发达国家也不敢轻易尝试。所以，虽然环境关税作为一种环境政策已经提出多年，但真正的国际实践尚没有进行。

随着全球对气候变暖问题的日益关注，环境关税的一种——碳关税，开始引起人们的注意。发达国家看到《京都议定书》没有规定发展中国家的强制减排义务，因此怀疑碳密集型行业已经开始转移到发展中国家。碳关税，最初由法国总统希拉克提出，他建议欧盟针对未履行强制减排责任国家的产品征收进口关税。美国虽然未签署《京都议定书》，但在2009年出台的《美国清洁能源安全法案》却授权其在2020年可以对未实施减排的国家征收碳关税。由此发达国家已经普遍把碳关税的实施提上日程，发展中国家未来面临这种减排制约的压力也越来越大。碳关税之所以使发展中国家特别是一些新兴市场国家深感不安，是因为这些国家尚处于工业化进程之中，出口的产品以劳动密集型和污染密集型为主，碳关税的实施无疑将打击这些以出口为支撑的国家的经济增长，拉大他们与发达国家的差距。事实上，一国宣布实施碳关税背后合理化的理由是其温室气体排放量低，而其他国家的排放量高。然而，如何制定排放量标准却是一件充满争议的事情。中国、印度等国内的温室气体排放量最近几年出现大幅上升，如果以生产者责任的角度认定，则它们显然属于排放大国。但是应当看到，这些国家生产的产品大部分是提供给外国消费者消费，或者说这些国家的二氧化碳排放主要是为了满足美国、欧盟等发达国家而产生的。因此，如果按照消费者责任的原则，这些排放量应当归咎于进行消费的国家。在这种标准下，中、印等国将成为低排放国家，它们也可以宣布实施碳关税，并且其税收收入还可以用于技术改造和改善环境。

按照"共同但有区别的责任"的原则，发展中国家的发展是第一位的，但是在发展中注意保护和改善环境也是发展中国家应有的责任。因此，如果发达国家一意孤行地实施碳关税，发展中国家应当积极面对，未雨绸缪地开始产业结构调整，引导经济向低碳化发展，同时在国内开展积极的环境政策，利用各种市场化机制引导经济主体减少资源消耗和对环境的负面影响。

三、全球环境治理的财政补偿工具

环境补偿（Environmental Compensation）又称为生态补偿（Ecological Compensation），在定义上存在经济学角度和生态学角度两种解释。从经济学角度看，环境补偿的概念接近于"生态服务付费"（Payment for Ecosystem

Service, PES），是基于自然资源与环境保护中"谁污染，谁付费"或"谁受益，谁付费"的原则，使外部成本内部化的一种制度安排。而生态学角度对环境补偿的定义侧重于解释原因，认为生态系统能够为人类生存和发展提供多种有形的和无形的服务，基于保护原有生态系统服务功能的原则，需要对生态系统服务价值进行评估，进而做出生态补偿或环境补偿。无论从何种角度出发，环境补偿的目的都是保护和发挥生态系统的正常功能，对破坏生态环境的活动和行为进行惩罚，而对因为保护环境受到的损失进行补偿。经济学家提出的由污染者向受害者付费、建立起相应的资源使用价格机制是以环境补偿为目的的一种市场化政策安排。然而现实中的环境补偿更强调政府的作用，机制发挥主要是通过政府的财政转移支付作用来完成的。

　　政府通常是环境补偿机制的实施者，承担着组织收入来源、确定补偿对象和补偿金额，以及制定相关政策和法律规范的工作。之所以政府的作用如此举足轻重，是因为现实中环境污染的实施者与受害者高度分散，污染者不好直接衡量其行为对每个受影响者的直接损失。例如，由于砍伐活动导致的水土流失，责任人难以准确估计出其对每户居民的影响，从而无法也没有激励进行相应补偿。再如，禁止狩猎活动来保护生物多样性，要求个人计算出从生物多样性中得到多少收益也是困难的。因此，环境补偿的实施如果通过政府直接向受损者补偿将避免交易成本和履行成本。并且政府作为权威机构，可以从大局和长期出发，利用行政命令直接确定补偿对象和补偿金额。当然这需要政府综合考虑各方面利益关系，包括从代际公平角度协调当代人与后代人的利益等。这种强调政府财政作用的环境补偿机制最关键的一点是要决定支持什么样的环境服务和确定何种补偿标准。世界银行的一份报告和意大利FEEM基金会的研究[①]将生态环境服务划分为几个主要类型，包括流域、生物多样性、气候、土壤、景观和文化（见图3-3）。因此，政府进行补偿项目决策时应当

---

① 世界银行政策报告，《生态有偿服务在中国：以市场机制促进生态补偿》，2007年12月，第9页。

基于这些生态服务类型而展开。对于生态补偿标准的确定,国内学者谭秋成(2009)指出,生态补偿的成本是生态补偿项目中损失者的保留效用,它大体上可划分为直接成本、机会成本和发展成本。直接成本包括直接投入和直接损失,机会成本则是由于资源选择不同的用途而产生,至于发展成本主要是生态保护区为保护生态环境、放弃部分发展权而导致的损失①。

环境补偿机制在许多国家都有丰富的实践经验,但各国的机制设计和政府作用的程度各有不同。西方国家强调市场机制的作用,重视建立污染者与受损者的直接联系,而中国等大多数发展中国家主要依靠政府财政资金的直接投入,这也是国内环境补偿的内涵与国外"生态服务付费"的主要区别。中国环境补偿的实践很早就已展开,其中最为著名、影响最为广泛、资金投入最多的要数早在1999年就开展的退耕还林政策。退耕还林是在西北地区沙漠化和水土流失严重的情况下提出的,为了改善这些地区的生态环境,国家提出有步骤地停止耕种,改以植树造林和恢复森林植被,同时对土地经营者提供粮食补助、种苗造林补助和生活补助的一项工程。自1999年首先在四川、陕西、甘肃试点以来,到2009年工程范围已涉及25个省、自治区、直辖市和新疆建设兵团的3 200万农户、1.24亿农民,中央累计投入已达2 332亿元,计划总投入将达到4 300多亿元②。在这项环境补偿机制中,政府发挥作用的方式是:①确立相关政策和法规。如国务院在2000年和2002年分别发布了《关于进一步做好退耕还林还草试点工作的若干意见》《退耕还林条例》等。②中央财政安排专项资金,由地方提出现金申请,审核后下拨省级部门。按照财政部出台的《退耕还林工程现金补助资金管理办法》,中央财政安排专项资金用于农户退耕后的医疗、教育、日常生活等必要支出。现金补助标准为每亩退耕地每年补助20元,补助年限为:还生态林补助8年,还经济林补助5年,还草补助2年。③中央

---

① 谭秋成:《关于生态补偿标准和机制》,《中国人口资源与环境》2009年第6期,第1—6页。

② 新华网:《退耕还林中央总投入将达4 300多亿元》,http://news.xinhuanet.com/environment/2010-08/19/c_12462951.htm,2010年8月19日。

政府负责制定总的退耕还林目标,地方政府制定和落实具体任务,并承担资金管理、监督和阶段性验收等工作。在政府的主导下,退耕还林工程加快了国土绿化,减少了水土流失和沙漠化危害,改善了生态环境。但是,从各地媒体不断曝光的材料看,这项政策机制在实施过程中存在着一定程度的补偿资金被挪用、截留、挤占和虚假套取的现象,造成了效率损失和当地政策效果不理想。

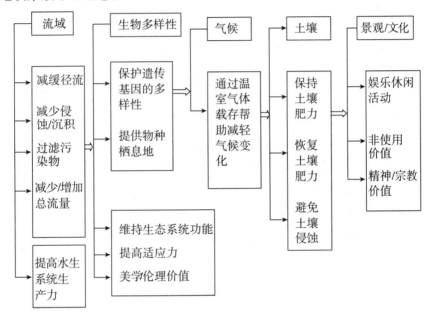

图3-3　主要的生态环境服务类型

资源来源:世界银行政策报告,《生态有偿服务在中国:以市场机制促进生态补偿》,第9页。

第四章 全球环境治理的典型案例
——全球气候治理机制

全球气候治理机制是在以《联合国气候变化框架公约》和《京都议定书》为代表的国际气候协议框架下，以联合国为主导建立起来的。虽然应对气候变化的行动历程已经经历了二十多年，但全球控制温室气体排放的效果却不尽如人意，由于当前减排机制中缺乏一个统一的责任分担标准，国际气候合作充斥着无休止的争论。全球气候治理的困境，正折射出当前全球环境治理机制存在的诸多问题。

碳排放权交易机制是全球气候治理中主要运用的市场化工具。在《京都议定书》框架下，欧盟碳排放权交易体系得以建立。但该体系运行至今，在效率目标的达成、环境影响效应以及公平性等方面依然存在不少问题。

对当前全球气候治理机制的改进有三个主要方向：一是改变属地责任的碳排放记账原则，通过同时考虑生产者责任和消费者责任，构建新的碳排放责任认定标准，作为静态减排责任分担机制的基础；二是在历史数据缺失的情况下，坚持"发达国家率先减排"的原则，以体现历史责任的要求；三是通过设立以人均消费作为减排门限的方法，建立起考虑各国未来发展情况的动态减排责任分担机制。

第一节 全球气候治理机制的建立

国际社会应对气候变化的行动已经过去了二十多年，然而全球控制温室气体排放的效果却并不理想。本节通过回顾全球应对气候变化的行动历程，详解构成当前全球气候治理机制的核心要素，以便后续有针对性地进行机制上的改进。

一、全球应对气候变化的行动历程①

在南极洲上空的臭氧空洞日益扩大、全球冰川消融、全球海平面不断上升威胁到太平洋小岛的全球变暖背景下，20世纪80年代科学家们提供的证据促使世界气象组织（World Meteorological Organization, WMO）、联合联合国环境计划署（United Nations Environment Program, UNEP），创建了一个由全球气象学家组成的政府间气候变化委员会（Intergovernmental Panelon Climate Change, IPCC），在世界范围内共同研究气候问题。IPCC成立两年后，发表了第一份评估报告，并于两年后催生了《联合国气候变化框架公约》（United Nations Framework Convention on Climate Change, UNFCCC）。《联合国气候变化框架公约》是世界上第一个为全面控制二氧化碳等温室气体排放，以应对全球气候变暖给人类经济和社会带来不利影响的国际公约，也是国际社会在对付全球气候变化问题上进行国际合作的一个基本框架。公约由序言及26条正文组成。这是一个有法律约束力的公约，旨在控制大气中二氧化碳、甲烷和其他造成"温室效应"的气体的排放，将温室气体的浓度稳定在使气候系统免遭破坏的水平上。公约对发达国家和发展中国家规定的义务以及履行义务的程序有所区别。公约要求发达国家作为温室气体的排放大户，采取具体措施限制温室气体的排放，并向发展中国家提供资金以支付他们履行公约义务所需的费用。而发展中国家只承担提供温室气体源与温室气体汇的国家清单的义务，制订并执行含有关于温室气体源与汇方面措施的方案，不承担有法律约束力的限控义务。公约建立了一个向发展中国家提供资金和技术，使其能够履行公约义务的资金机制。

《联合国气候变化框架公约》的签署标志着全球应对气候变化的行动正式启动。据统计，目前已有190多个国家批准了该公约。该公约规定每年举行一次缔约方大会，自1995年3月28日首次缔约方大会在柏林举行以

---

① 本部分内容参见：钟茂初、史亚东、孔元：《全球可持续发展经济学》，经济科学出版社2011年版。

来,缔约方已经召开了20次会议(历次会议见表4-1)。

表4-1 《联合国气候变化框架公约》历次缔约会议一览表

会议名称	举办地点	主要内容或成果
1995年第1次缔约方大会	德国柏林	会议通过了《柏林授权书》等文件
1996年第2次缔约方大会	瑞士日内瓦	就"柏林授权"所涉及的"议定书"起草问题进行讨论,未获一致意见
1997年第3次缔约方大会	日本京都	签署《京都议定书》
1998年第4次缔约方大会	阿根廷布宜诺斯艾利斯	一直以整体出现的发展中国家集团分化为三个集团
1999年第5次缔约方大会	德国波恩	
2000年第6次缔约方大会	荷兰海牙	美国坚持要大幅度折扣它的减排指标,使会议陷入僵局
2001年第7次缔约方大会	摩洛哥马拉喀什	马拉喀什协议文件,讨论《京都议定书》履约问题
2002年第8次缔约方大会	印度新德里	《德里宣言》强调抑制气候变化必须在可持续发展的框架内进行
2003年第9次缔约方大会	意大利米兰	
2004年第10次缔约方大会	阿根廷布宜诺斯艾利斯	
2005年第11次缔约方大会	加拿大蒙特尔	启动《京都议定书》新二阶段温室气体减排谈判,蒙特尔路线图
2006年第12次缔约方大会	肯尼亚内罗毕	
2007年第13次缔约方大会	印度尼西亚巴厘岛	讨论"后京都"问题,提出巴厘岛路线图

续表

会议名称	举办地点	主要内容或成果
2008 年第 14 次缔约方大会	波兰波兹南	
2009 年第 15 次缔约方大会	丹麦哥本哈根	并未对第二承诺期达成强制减排协议
2010 年第 16 次缔约方大会	墨西哥坎昆	
2011 年第 17 次缔约方大会	南非德班	发达国家在《京都议定书》第二承诺期进一步减排，启动绿色气候基金
2012 年第 18 次缔约方大会	卡塔尔多哈	
2013 年第 19 次缔约方大会	波兰华沙	
2014 年第 20 次缔约方大会	秘鲁利马	为 2015 年巴黎协议产生草案

二、全球气候治理机制的核心要素

　　全球气候治理的核心是控制人为温室气体排放，而其中最主要的温室气体是化石燃料消耗所产生的二氧化碳。在当前的全球气候治理框架中，如何在全球分担二氧化碳减排任务，主要是通过一系列国际性会议和谈判所达成的协议来规范的。这其中，最主要的国际气候协议是《京都议定书》。首先，《京都议定书》是目前唯一一份具有法律约束力的国际环境协议，它的生效具有强制性，对全球控制温室气体排放具有严格约束。其次，《京都议定书》对应对气候变化行动进行了明确落实，不仅是行动的纲领和方向，更是指导各国减排活动的具体说明。因此，当前建立起来的全球气候治理机制可以称为《京都议定书》框架下的碳减排责任分担机制。当然，除《京都议定书》之外其他气候协议的签订也对完善当前机制有重要作用。

（一）《京都议定书》

1997年在日本京都举行的第三次缔约方大会上通过了《联合国气候变化框架公约》的重要补充协议——《京都议定书》。该协议在UNFCCC要求发达国家控制温室气体排放的基础上提出了具有法律约束力的强制减排责任：规定到2010年，所有发达国家二氧化碳等六种温室气体的排放量在1990年的基础上下降5.2%，具体来说是欧盟削减8%，美国削减7%，加拿大削减6%，东欧各国削减5%至8%等。《京都议定书》对于全球应对气候变化行动的重要性在于它将"共同但有区别的责任"原则落到实处，提出发达国家（协议中称为附件一国家）的强制减排责任，同时规定发展中国家可以不承担具有法律约束力的绝对减排义务。为了帮助发达国家顺利完成减排任务，《京都议定书》提出了三种灵活机制，即清洁发展机制、排放贸易机制和联合履约机制，认为它一方面可以通过碳排放权的转移降低发达国家的减排成本，另一方面又可以给予发展中国家必要的资金和技术支持。

《京都议定书》中规定，在不少于55个参与国签署该条约并且温室气体排放量达到附件一中规定国家在1990年总排放量的55%后的第90天开始生效，因此协议虽然在1997年签署但满足上述两个条件正式生效却是在2005年2月16日。美国作为全球最发达国家一开始支持协议签署，但在2002年却因布什政府担心国内经济因此遭受影响而退出了协议。2011年，加拿大也退出了协议，并且随后俄罗斯、日本和新西兰也宣布退出《京都议定书》第二承诺期。

《京都议定书》签署之后引起广泛争论，发展中国家普遍支持该协议，而发达国家如美国等则认为其承担的减排压力过大，同时希望新兴经济体和发展中大国加入减排行列。另外，在条约规定的气候治理政策上，学术界也掀起了有关效率与公平的争论。

（二）巴厘岛路线图

2007年12月3日，来自世界190个国家的谈判代表、非政府组织代表聚会巴厘岛，商讨全球如何减少温室气体排放。IPCC发表了第四次评估报告，把"人类活动造成气候变化"的可能性从以前的"可能""很可能"变成了"几乎可以肯定"。大会最后通过决议，设立"适应基金"，并委托世界银行负责管理。由于《京都议定书》效力到2012年,为了保证2012年年底以前完成一份新的"议定书",UNFCCC认为必须在这次谈判后制定一份进程明确的时间表,即"巴厘岛路线图"。2007年12月15日,联合国气候大会通过了一份"巴厘岛路线图",为2012年之后的"后《京都议定书》"谈判定下了明确的时间表。此次大会讨论得最激烈的当属"技术转让"议题。发展中国家急需发达国家提供先进技术用于提高能效,以及开发可再生能源,但是以美国为首的几个发达国家却坚持认为,技术属于专利,不能随便转让。按照IPCC的建议,为了把地球平均气温的升幅控制在2 ℃之内,发达国家就必须在2020年把排放量减少25%~40%(以1990年为基准)。而且全球温室气体排放必须在10~15年后达到顶峰,并在2050年时减少至2000年排放量的一半以下。欧盟极力争取把以上三条写入"路线图"中,却遭到美国的强烈反对。发展中国家也不愿意把这些数字列入其中,因为这很可能意味着它们也将很快被强加上一个具有法律效力的减排指标。

最后的"巴厘岛路线图"是一份妥协的结果。IPCC为减排制定的三项硬性指标被删掉,只是以一个注脚的形式出现。美国要求在发展中国家施行可衡量的、可报告的和可印证的减排要求也被去掉,发展中国家可以继续在没有压力的情况下自愿减排。欧盟做出了最大程度的让步,它甚至愿意在其他国家不参与的情况下独自承担IPCC给出的硬性指标。这份路线图为今后两年的谈判设定了一个明确的目标,确定了今后加强落实《联合国气候变化框架公约》的领域。"巴厘岛路线图"共有13项内容和1个附录,重点内容包括:①强调了国际合作。"巴厘岛路线图"在第一项的第一款指出,依照《联合国气候变化框架公约》原则,特别是"共同但有区别的责任"原则,考虑社会、经济条件以及其他相关因素,与会各方同意长期合作、共同行动,行动包括一个关于减排温室气体的全球长期目标,以实现《联合国气候变化框架公约》的最终目标。②"巴厘岛路线图"明确规定,《联合国气候变化框架公约》的所有发达国家缔约方都要履行可测量、可报告、可核实的温室气体减排责任。由于美国拒绝签署《京都议定书》,美国如何履行发达国家应尽义务一直存在疑问。这把美国纳入其中。③除减缓气候变化问题外,还强调了另外三个在以前国际谈判中曾不同程度受到忽视的问题：适应气候变化问题、技术开发和转让问题以及资金问题。这三个问题是广大发展中国家在应对气候变化过程中极为关心的问题。④为下一步落实《联合国气候变化框架公约》设定了时间表。"巴厘岛路线图"要求有关的特别工作组在2009年完成工作，并向《联合国气候变化框架公约》第十五次缔约方会议递交工作报告，这与《京都议定书》第二承诺期的完成谈判时间一致，实现了"双轨"并进。

（三）国际气候协议的新进展

2007年的"巴厘岛路线图"确认了UNFCCC和《京都议定书》下的双轨谈判进程，并决定于2009年在丹麦首都哥本哈根举行的《联合国气候变化框架公约》第15次缔约方会议和《京都议定书》第5次缔约方会议上完成谈判，因此哥本哈根气候峰会在召开之前就被寄予厚望，引起全世界的高度重视。2009年12月7日，备受瞩目的哥本哈根会议开幕，这次会议除了有192个缔约方环境部长和其他官员参加外，还吸引了多达110个国家和地区的元首或政府首脑，使得会议的规模和重要性都史无前例。

虽然哥本哈根会议的召开使得气候变化问题成为全球关注的焦点，然而在会议的进程中，各国的激烈争论不断，最终在美国、中国、印度、南非、巴西五国的协商下，只达成了一份没有法律约束力的协议。这份哥本哈根协议篇幅很短，其主要内容可以概况为几个方面。首先，关于减排目标：哥本哈根协议提出基于科学研究全球气温升幅应当不超过2 ℃，并要求发达国家在2010年1月31日前向秘书处提交经济层面量化的2020年排放目标。其次，关于资金和技术支持：协议里关于资金最有分量的话语是"发达国家在2010年至2012年期间提供300亿美元"，并要求发达国家"承诺在2020年以前每年筹集1 000亿美元资金用于解决发展中国家的减排需求"，这部分资金很大一部分将通过哥本哈根绿色气候基金来发放。而关于技术开发与转让，协议只模糊地提到"决定建立技术机制"等只言片语。另外，关于发展中国家的减排：协议提到发展中国家"在可持续发展的情况下实行延缓气候变化举措"，"最不发达国家及小岛屿发展中国家可以在得到扶持的情况下，自愿采取行动"。同时关于谈判中争论较多的发展中国家减排行动透明度问题，协议规定"需要对每两年通过国家间沟通进行的报告结果在国内进行衡量、报告和审核"，但"得到扶持的合适的国家减排措施将根据缔约大会采纳的方针进行国际衡量、报告和审核"。

哥本哈根协议最大的缺陷是没有法律的强制约束力，因此也没有与承诺相符的惩罚措施，这使得这份会议成果显得软弱无力，相比环境方面"气候变化"的紧迫程度，达成这样一份协议确实让环境保护者们失望。对于发展中国家来说，气候变化对其危害影响更大，发展中国家一直寄希望于发达国家明确而负责任的减排目标和资金支持计划，显然这份协议在这一方面也不能令广大发展中国家满意。

2010年11月29日，《联合国气候变化框架公约》第16次缔约方会议暨《京都议定书》第6次缔约方会议在墨西哥海滨城市坎昆举行。这次会议肩负了哥本哈根会议未完成的使命，然而鉴于上次会议的曲折程度，各方对会议成果的达成依然持悲观态度。最终，坎昆会议通过了两份不具有法律约束力的协议。其主要内容包括坚持谈判的双轨制，提高了对所有国家关于减排透明度的要求，承认发达国家应在2020年联合募集1 000亿美元用于发展中国家等。定位于"平衡"基调的坎昆会议获得的只是一个"过渡性"成果，坎昆会议体现了"承上启下"的作用。一方面，上届仓促出台的哥本哈根协议非常简短，许多问题没有进行细致说明。这次坎昆会议部分落实了哥本哈根协议的内容（如提出建立在联合国框架下由世行托管的绿色气候基金等），在资金技术支持、适应能力建设、森林保护等一些争论小的问题上达成了广泛的共识，体现了平衡的一揽子成果。另一方面，与哥本哈根协议一样，坎昆协议也没有解决国际社会应对气候变化的关键性问题。例如，对于减排目标和发达国家减排承诺，协议依然没有具有约束力和量化的规定。在《京都议定书》存废问题上，协议基本支持了双轨制，但措辞却又十分模糊，关于第二阶段承诺期没有给出落实的时间表。另外，在资金和技术方面，协议虽然取得重要进展，但对于最关键的资金来源问题却没有说明。

2011年11月28日，在临近《京都议定书》第一承诺期到期日，南非德班召开了UNFCCC第17次缔约方会议暨《京都议定书》第6次缔约方会议。此时，关于《京都议定书》第二阶段承诺期存废的问题，成为会议最受关注的焦点。由于在哥本哈根以及坎昆会议上，与会各方都没有取得实质性成果,在德班会议召开之前,很多舆论悲观地认为这次会议将可能是《京都议定书》的"葬身之地"。从现实的情况看,谈判依然围绕发达国家与发展中国家在减排责任分担问题上的争论而展开。艰苦而分歧巨大的谈判使得会议不断推迟闭幕时间。最终,在比原定时间推迟30多个小时后,德班会议达成了包含四项内容的系列协议。这四项内容包含《京都议定书》第二承诺期、长期合作行动工作组、绿色气候基金,以及2020年以后的减排问题。从积极的方面看,德班会议保住了《京都议定书》第二承诺期,从形式上避免了该协议的"死亡";另外,会议决定启动绿色气候基金,建立的框架等技术性问题进一步明朗;同时,中国等发展中国家做出让步和妥协,例如中国首次提出2020年以后其承担强制减排责任的问题可以商谈等。然而,与哥本哈根和坎昆所达成的协议性质一样,德班系列协议依然不具有法律约束力;同时关于减排承诺、时间期限、资金的长期来源等问题,德班会议也没有取得实质性进展;另外,会议不久,加拿大就退出了《京都议定书》,这使得第二承诺期未来实质性的执行成为悬念。

德班会议之后,又相继在多哈、华沙、利马、巴黎举行了第18次、第19次、第20次、第21次缔约方会议。这四次会议本质上依然没有弥合发达国家和发展中国家巨大的分歧。继加拿大之后,新西兰、日本和俄罗斯也明确宣布要退出《京都议定书》第二承诺期,在《京都议定书》框架下建立起来的全球气候治理机制岌岌可危。在利马会议上,大部分国家就2015年巴黎大会协议草案的基本要素达成了一致。2015年年底的巴黎会议确定了各国通过递交"国家自主贡献减排方案"的自下而上的减排机制。因为是由各国先行决定自身减排计划,协议的"强制性"已失去了原本意义。虽然巴黎协议开启了全球气候治理的新模式,但落实巴黎协定的道路依然充满荆棘,各国能否落定自主贡献有很大不确定性。

三、对当前全球气候治理框架下减排责任分担机制的评价

在《京都议定书》下建立起来的全球气候治理机制,其减排责任分担总体概括起来就是发达国家承担强制减排责任,要求在规定时间内完成二氧化碳绝对排放量的下降,而发展中国家不承担具法律约束力的减排

任务。这样的减排责任分担机制虽然在结果上符合国际环境问题的基本公平原则——"共同但有区别的责任"，然而在体现应对气候变化公平原则的其他基本属性上，却缺乏以下一些内容。

（一）当前全球气候治理机制并没有建立一个统一的责任分担标准

减排责任分担结果的有区别性应当在统一的责任分担标准的衡量下得出。这个标准应当涵盖历史责任、消费责任、生产责任以及根据各国发展动态调整责任等因素。当前全球碳减排责任分担机制过分强调结果的"有区别性"，而忽视这种"有区别性"的来源。以至于发达国家和发展中国家各自依据自身标准，争论这种结果的有区别性是否正当。发展中国家自己的标准通常是历史的责任，认为发达国家工业化过程中排放了大量二氧化碳，这种温室气体的历史累积是造成当前气候变化的主要原因，因此本着"谁污染、谁负责"原则，发达国家应当率先进行强制性减排。而发达国家自身的标准却是从生产者责任和根据未来发展动态调整的责任出发。例如，发达国家指出一些发展中国家二氧化碳排放量增长迅速，已经成为全球超级排放大国，只要求发达国家减排而放任这些国家的做法，不利于全球对温室气体排放的控制。

（二）当前全球气候治理机制并没有很好地实现国际气候合作

回顾全球气候治理框架建立的过程，充满了各国激烈的争论。从哥本哈根会议、坎昆会议到利马会议，达成的成果也不令人满意。二十年应对气候变化的历程，只达成了一份具有法律约束力的《京都议定书》，其还没有覆盖全球经济最发达的国家，甚至其能否继续作为一项基本的气候协议存在下来也遭遇威胁。因此，当前全球碳减排责任分担机制没有很好地实现各国之间的气候合作。相反，由于争论过多反而拖延了谈判进程，使全球控制温室气体排放的努力大打折扣。追究困扰合作的原因，除了缺少一个统一的责任分担标准外，减排责任分担机制缺乏协调各方利益的机制也是主要原因。发达国家要求发展中国家减排，却没有使发展中国家进行减排的必要动机，或者说在法律上缺乏发达国家对发展中国家资金和技术补偿的强制义务规定。发展中国家要求发达国家进一步提高减排程度，却因为没有明确自身减排的日程表，而没有给予发达国家合理预期，反而成了其推迟减排行动的借口。

（三）当前全球气候治理机制实现碳排放控制的影响有限

根据全球碳项目（Global Carbon Project, GCP）机构出具的分析报告《碳预算2009》（Carbon Budget 2009），全球化石能源消耗产生的二氧化碳排放2000—2008年一直保持增长态势。虽然2009年受国际金融危机影响，其二氧化碳排放量比前一年有所下降，但是与《京都议定书》设置的1990年的基期相比，增长量达37%（见图4-1）。由图4-2可见，全球化石能源消耗二氧化碳实际排放量越来越接近IPCC最差情景的假设，这说明大气中温室气体浓度距离2020年控制气温上升2 ℃的要求越来越接近。由此可见，当前减排责任分担机制并没有很好地实现控制全球二氧化碳排放的目标。

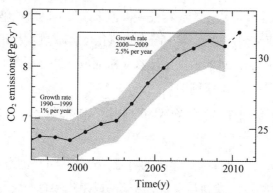

图4-1 全球化石能源二氧化碳排放量

资料来源：《碳预算2009》，http://www.globalcarbonproject.org/carbon budget/index. htm。

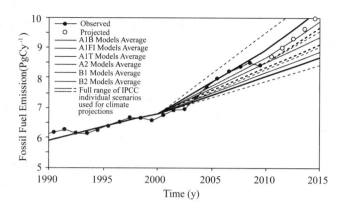

图4-2 化石能源二氧化碳排放实际情况与IPCC情景下比较①

资料来源：《碳预算2009》，http://www.globalcarbonproject.org/carbonbudget/index.htm。

　　造成当前治理机制下环境效果不理想的一个主要原因在于碳泄漏的发生。碳泄漏问题是一种污染跨境转移问题，有关碳泄漏问题的研究最早可以追溯到20世纪90年代初。由于各国在应对气候变化行动中没有达成一致的减排意见，Pezzey（1991），Winters（1992）等学者认为这种非统一的行动可能会削弱某些国家的竞争优势而造成福利损失。1992年，Oliveira-Matins等学者将这种不统一行动或政策引发的变化明确表述为碳泄漏问题，认为只有有限的国家实施减排计划，将会导致不实施减排国家的碳排放量上升②。他们认为碳泄漏会通过改变能源密集型产品的相对生产成本和改变化石能源的国际价格水平，以及使污染产业在全球重新选址三种途径而产生。在此基础上，后来的学者利用可计算一般均衡模型（CGE Model），模拟和估算了各种情景下的碳泄漏率③情况（Felder，Rutherford，1992；Babiker等，1997；IPCC，1996，2001）。随着国际气候协议《京都议定书》的签署和生效，"共同但有区别的责任"得到了具体的落

---

① 图中IPCC假设的各种情景由字母和数字组合来表示，如A1B、B1等。其中，A1F1为IPCC最差情景的假设。

② Joaquim O："Trade and the Effectiveness of Unilateral CO_2—Abatement Policies：Evidence from Green"，"OECD Economic Studies"，1992（19）：123–139.

③ 碳泄漏率表述为实施减排国家单位减少的碳排放所造成的他国上升的排放量。

实,于是,针对《京都议定书》实施可能导致的全球碳泄漏问题也成为关注的重点。在学术界,Babiker(2005)等人依据一年的静态数据,通过模型对《京都议定书》执行可能带来的碳泄漏情况进行了预先的估计,发现全球的碳泄漏率可能超过100%,意味着发达国家碳减排的成果可能被发展中国家上升的碳排放量所抵消。从真实情况来看,全球碳项目机构以及国际能源机构的报告①指出,《京都议定书》签署以来,附件一国家的二氧化碳排放下降幅度小于非附件一国家碳排放的上升幅度。因此,《京都议定书》所带来的碳泄漏问题严重影响了其控制全球温室气体排放的目的。许多学者就此认定碳泄漏与各国有区别的减排责任相关,如果让发展中国家承担与发达国家一样的减排责任,就不会出现该问题。因此,对《京都议定书》框架下碳泄漏的指责使"共同但有区别的责任"原则遭遇极大挑战。

另一方面,由于碳泄漏问题的直接表象是一些没有参与减排约束的国家污染排放量的上升,这与20世纪70年代Walter和Ugelow提出的"污染天堂假说"不谋而合②。因此,从研究进出口贸易或外商直接投资与污染排放的关系出发,一些学者对发展中国家是否是"污染天堂"进行了实证检验(Eskeland和Harrison,2003;Cole,2004)。然而,这种实证分析虽然是基于对现实情况的检验,但由于没有考虑污染转移的内在原因,也没有与国外的减排行为相联系,而只是从一个侧面证实了碳排放转移(或者说是污染产业转移)现象的存在性,因此不易得出有价值的解决方法,相反还可能产生反对自由贸易和全球化的结论。

由上述分析可见,造成碳泄漏发生的原因似乎有两点:一是各国实行了不同的减排行动,或者说各国碳减排责任分担不同;二是经济贸易的全球化,亦即国际自由贸易的发展。前者给予了碳泄漏产生的动机,而后者给予了其具体实施的渠道。然而,如果对碳泄漏的认识仅限于此,为消除碳泄漏发生,必然要求全球开展统一的减排活动,或者会反对自由贸易的进行。这一方面违反了应对气候变化领域的公平原则,具体来说是结果上的"有区别"原则;另一方面与WTO等国际贸易法则相悖。

---

① 见《碳预算2009》和《世界能源展望2010》。

② Metz B:"International Equity in Climate Change Policy","Integrate Dassessment",2000,1(2):111–126.

　　产生于20世纪90年代初的生态足迹理论把人类对自然环境的负面影响归咎于人类为维持自身生存和发展对自然资源的消费。因此，从这个角度来说，消费是产生环境污染的最终驱动力，如果要追究环境污染的责任必然要考虑消费者的责任。从现实情况来看，通常对某一主体环境污染程度的评价来源于其行为过程中直接产生的污染量，如其二氧化碳直接排放量、二氧化硫直接排放量等。这种对环境影响程度的认定方法忽视了通过经济联系而产生的间接环境责任。由于污染主体通常是生产者，这种方法更没有考虑引致污染的最终驱动力——消费者的责任。如果将污染主体从某一生产者扩大到某一区域或某一国家，这种环境责任的认定方法又被称为属地责任原则（Territorial Responsibility）。它产生的最大缺陷就是污染转移！以应对气候变化领域为例，无论是《联合国气候变化框架公约》还是《京都议定书》，其认定各国对气候变化的贡献都是指各国的温室气体直接排放量。它以一国边界为限，指的是一国领土之内某段时间产生的直接环境污染。当依据这一认定方法要求区域或国家为自身排放负责时，区域和国家有动力将二氧化碳等温室气体通过上下游的经济联系转移到境外排放。根据应对气候变化领域"共同但有区别的责任"原则，当前的减排责任分担机制要求发达国家减排。但是在这种碳排放责任认定方法下，发达国家可以选择把产生二氧化碳排放的生产过程移至国外，并进口相应产品，在不减少对自然资源最终消耗的情况下，却完成了全球对其要求的减排任务。与此同时，被转移的国家产生了大量二氧化碳排放，但自身消耗的却很少，如要求其对境内全部排放负责显然有失公平。气候变化产生的根本原因是人类对自然资源的消耗超过了地球系统的承载能力。根据公平原则要求某一方控制其二氧化碳排放，本质上是要求其减少对化石能源的需求和消耗。而如果被控制一方向国外转移排放却不追究其责任，实际没有达到要求其减排的目的，也没有实现公平的减排责任分担。

　　由此可见，碳泄漏产生的真正原因是当前的碳排放责任认定方法。只关注生产者责任、忽视消费者责任，只减少境内排放、忽视引致的境外排放，致使一旦各国面临的减排任务不同，碳泄漏就会通过国际贸易而产生。如果不能清楚地认识到这点，对碳泄漏的批判将演变成对"共同但有区别的责任"的批判,对碳泄漏的反对将延伸为对开展国际自由贸易的反对。因此,杜绝碳泄漏的产生、维护应对气候变化领域的公平原则,关键是需要改变当前的碳排放责任认定方法,否则越是公平而严格的国际气候协议,可能越会加强碳泄漏的发生。在当前碳排放责任认定方法下,学界对《京都议定书》减排效果的批判之声正是上述判断的有力佐证。

第二节　全球气候治理的政策工具

基于对微观主体激励的市场化环境政策主要是排污权交易和环境税政策。在全球气候治理中,碳排放权交易是最主要的政策工具。在《京都议定书》框架下建立起来的欧盟碳排放权交易机制,是目前最大的国际碳交易市场,其建立和运行给其他地区和全球范围内环境政策的设计和建立提供了宝贵经验。

一、国际碳排放权交易的提出

碳排放权交易作为应对气候变化的一项重要环境政策,正式提出是在1992年签署的《京都议定书》中。这份重要的法律文件除了明确量化了发达国家的强制减排责任外,还引入了三种"灵活机制"政策,用于帮助发达国家完成其规定的减排义务。这三种灵活机制被称为:清洁发展机制、排放贸易机制和联合履约机制。

清洁发展机制(Clean Development Mechanism, CDM),是发达国家与发展中国家基于项目的一种合作减排模式。其核心是发达国家给发展中国家的减排项目提供资金和技术援助,获得的温室气体减排量经过第三方认证合格后,可以抵消发达国家在《京都议定书》下的强制减排责任,亦即发达国家拿"资金和技术"交换发展中国家的排放份额。2001年,UNFCCC第7次缔约国会议通过了《马拉喀什协议》,该协议对CDM实施的具体规则和程序进行了规定。发展中国家的新能源和可再生能源行业,包括风能、水能、生物质能、沼气发电等,以及在钢铁、水泥、化工等传统工业进行的节能技术改进,均可作为CDM项目的实施领域。CDM规定减排的温室气体包括：二氧化碳（CO_2）、甲烷（CH_4）、一氧化氮（N_2O）、氢氟碳化物（HFCs）、全氟碳化物（PFCs）以及六氟化硫（SF6），除二氧化碳外，其他五种温室气体都被折算为相当于二氧化碳排放的量，亦被称为二氧化碳当量，来计算具体的减排水平。减少的温室气体量经过核准、认证后被称为"核证减排量"（Certified Emission Reductions，CERs），是发展中国家用以获得发达国家资金和技术的交易对象。每个CDM项目都会有一个项目实施周期，它由UNFCCC和CDM执行理事会（EB）共同设定。在整个项目的实施中需要有不同专业机构的参与和协助。首先是专业的咨询服务机构，他们为企业提供项目的可行性研究。其次，在UNFCCC的预注册阶段，需要具有资质的第三方（OE）对所有项目的申报资料加以核实，并出具结论性报告。这些申报资料和文件包括项目设计文件、监测方案和基准线研究等[1]。

排放贸易机制（Emissions Trade，ET），是承担强制减排责任的发达国家之间进行排放配额交易的形式。它允许温室气体排放量超过许可的发达国家从排放量富裕的发达国家那里购买排放配额，这种配额由于是在《京都议定书》之下分配的，又被称为分配的数量单位（Assigned Amount Units，AAU）。排放贸易通常采取总量交易的方式，即在总的排放限额下分配可交易的AAU。排放贸易是在全球背景下实施的，主要采取跨国交易的形式，类似一般商品的进口与出口，国内的碳排放权交易只是其中的子交易形式。

联合履约机制（Joint Implementation，JI），本质上与清洁发展机制一样，都是基于项目的碳排放权交易形式。只不过此时项目的发生地不是发展中国家，而是同样履行强制减排义务的经济转轨国家。此时产生的经过核准的减排量称为排放减少单位（Emission Reduction Units，ERU）。与CDM相比，目前JI机制下的交易量和交易规模都不大。

以上三种机制中产生的核证减排量（Certified Emission Reductions，CERs）、分配的数量单位（AAU）以及排放减少单位（ERU），可以被统称为碳排放权。一个碳排放权规定了个体向大气排放一吨二氧化碳当量温室气体的权利，它在《京都议定书》要求下成为稀缺的商品，具有一定价

---

[1] 《什么是清洁发展机制项目》，中国新能源网，http://www.newenergy.org.cn/html/0064/2006429_9917.html。

格,可以进行交易。三种灵活机制的实施确立了当前碳排放权交易的形式有两种:基于项目的交易和基于配额的交易。基于项目的交易由于实施的周期较长,通常采取远期交易的形式,此时的碳排放权也可以认为是一种碳信用额度。而基于配额的交易通常采取总量交易形式,一般是进行现货交易。

二、欧盟碳排放权交易体系

(一)欧盟碳排放权交易体系的建立

欧盟碳排放权交易市场是真正在《京都议定书》框架下建立起来并且已经形成一定规模的交易体制。2001年,美国宣布退出《京都议定书》后,欧盟成为全球气候变化行动的领导者和主要推动力量。除了认可《京都议定书》对附件一国家设定的强制减排责任外,欧盟积极推进《京都议定书》框架下的清洁发展机制(CDM)、联合履约机制(JL)和排放贸易机制(ET),并按照2008—2012年比1990年基础上减排8%的温室气体的规定,对其内部约12 000家能源消耗行业的工业企业设定排放上限、分配排放配额,以帮助其成员国顺利完成《京都议定书》的要求。2005年1月1日,欧盟排放交易体系(European Union Emissions Trading Scheme, EU ETS)正式建立,并经历了2005—2007年的试运行阶段(或称为第一阶段)以及2008—2012年的第二阶段,这与《京都议定书》承诺减排的第一履行阶段相符。目前正处在第三阶段,从2013年开始持续到至少2020年,这对应于后京都时代。

EU ETS设立之初是服务于排放贸易(ET)机制的。ET允许附件一国家之间进行分配的数量单位(Assigned Amount Units, AAU)的交易,以使AAU从富余的国家向匮乏的国家流动。因此,EU ETS本质上是基于配额的总量控制交易(cap-and-trade)。不过,EU ETS打破了国家间进行交易的方式,借助于一体化内部高度的一致性和流动性,EU ETS将排放配额(European Union Allowances, EUA)分配到企业层面,以鼓励企业减少碳排放、促进低碳技术发展和能源效率提高。EU ETS是目前发展最迅速也是规模最大的碳排放配额交易市场,占全球交易总量的90%以上,接近欧盟一半的二氧化碳排放量和40%的温室气体排放量。2008年,EU ETS又推出了基于CDM和JI机制产生的核证减排量（Certified Emission Reductions, CER）和减排单位（Emissions Reduction Units, ERU）的交易，但是受制于《京都议定书》规定的进口限制，基于项目的交易量和交易金额远远小于EUA的交易。

　　配额的分配是排放权交易机制设计的核心。EU ETS中配额的产生基于各成员国向欧盟委员会申报的二氧化碳减排量或减排目标。各成员国通过与企业协商自主确定可以交易的排放配额，经过欧盟委员会的审核批准形成国家分配计划（National Allocations Plans, NAP）。NAP的总和确定了最终在EU ETS下向企业分配的配额量，也就是EUA。EUA这种新生资产赋予企业向大气排放1吨二氧化碳的权利，即1 EUA=1 t CO_2。在第一阶段（2005—2007年），欧盟委员会批准了每年22.98亿吨的EUA。在第二阶段（2008—2012年），伴随着《京都议定书》承诺期的到来，欧盟采取了较上一阶段更为严格的减排措施，减少了分配的EUA数量，为每年20.98亿吨。德国、波兰、意大利、英国和西班牙是主要的配额分配国，占到总量的三分之二左右（Chevallier, 2010）。在第三阶段，欧盟碳排放总量每年以1.74%的速度下降，以确保2020年温室气体排放量比1990年至少降低20%。

　　碳排放权初始分配方法是困扰排放权交易在全球开展的主要障碍之一。与全球范围内激烈的分配方法之争不同，欧盟在推行EU ETS时并没有遇到排放权分配方法上的阻力，这主要是由于欧盟内部国家间差异不大和一体化进程的发展。EU ETS在前两个阶段采取了免费分配的方式，分配标准是追溯制（Grandfathering），即基于企业历史的排放量按其比例获得排放配额。由于在第一阶段，欧盟的环境政策宽松，分配给企业的EUA大多成为交易的对象，亦即企业拥有的配额过多，通过交易能够获得净资产收益，因此追溯制的分配方式更有利于先进入市场的企业，这也为EU ETS的市场结构埋下伏笔。在第三阶段，欧盟增加了有偿拍卖配额的比例，并逐年增加这一比例直至取代免费分配。

　　EU ETS的交易主体有两类：一是排放量大的工业企业，主要指能源密集型行业如电力企业；二是新兴的碳投资机构，即各种碳基金、投资银行和投资咨询中介机构等。电力企业由于碳排放量大且相对减排成本较低，所以是目前EU ETS中最主要的企业参与者。投资机构近年来在EU ETS交易中表现越来越活跃，特别是推出基于项目的CER交易和各种碳衍生产品后，投资机构成为保证市场活跃度的中坚力量，同时也给市场带来一定程度的投机风险。碳投资机构在CER二级市场交易中占有重要地位，目前的碳需求企业一般都是通过投资机构购买在发展中国家产生的CER，即受托投资机构与CER的供给方进行谈判并签订项目合同。在第三阶段，欧盟扩大了排放配额的适用领域，更多的行业被纳入其中。

EU ETS下的配额交易在国家注册平台上进行电子记录，并最终汇总到由欧盟委员会建立的注册平台——欧盟交易日志（Community Independent Transaction Log, CITL）上。CITL记录了企业层面上二氧化碳排放和EUA交易、存储的数据，因为每年减排企业需要向注册平台归还上一年度允许的二氧化碳排放配额，因此CITL成为监督企业履约减排责任的平台。如果减排责任没有按时履行，欧盟设定了相应的惩罚机制：第一阶段为40欧元/吨，第二阶段为100欧元/吨，并且规定下一年度依然要归还相应的排放配额。

EU ETS下的交易产品主要为配额交易即EUA交易，但是随着发展中国家清洁项目的迅速发展，2008年1月17日，欧盟在布达佩斯的Vertis交易市场第一次进行了CER的现货交换交易。CER交易通过瑞士注册平台与国际交易日志（International Transaction Log, ITL）链接，从而可以在全球范围内监督CER交易概况。碳基金等投资机构的进入使EU ETS下的交易产品实现多样化，目前拥有基于EUA、CER的现货、期货、期权及互换等交易产品。碳交易衍生品的出现给企业提供了规避风险的工具，从而使企业更有动力参与交易，保持了交易市场的活跃性。

在EU ETS下的交易市场主要有：欧洲气候交易所（European Climate Exchange, ECX），北欧电力交易所（NordPool）[①]，欧洲能源交易所（European Energy Exchange, EEX），奥地利能源交易所（Energy Exchange Austria, EXAA），Bluenext交易所（前身为法国电力交易所Powernext），阿姆斯特丹气候交易所（Climex Amsterdam）和伦敦气候现货交易所（Climate Spot Exchange）。其中，Bluenext和NordPool是主要的EUA和CER的现货

---

① ECX和NordPool两家交易所在2010年分别被美国洲际交易所和纳斯达克公司收购。

交易市场，2007年两者占到现货交易总量的90%以上。ECX是最大的碳期货交易市场，2007年占到市场总量的43%，其次是NordPool，占到37%（Daskalakis等，2009）。ECX中的期货合约以每年的12月为到期日，合约品种从2005年到2012年。NordPool还推出了每年3月到期的期货合约。2006年7月ECX推出了基于月度的期货合约，2009年3月，ECX又推出了基于交易日的EUA和CER的期货合约（相当于现货交易）。

（二）对欧盟碳排放权交易体系的评价

第一，效率目标分析。排放权交易之所以被誉为有效的治理环境污染的市场化方式，原因在于其在控制污染总量的基础上，能充分发挥价格的引导作用，使资源流向使用效率更高的一方并最终实现减排成本的最小化。因此，价格因素是决定市场效率实现程度的关键。在完美情况下，判断市场是否有效率的依据是均衡时的碳排放权的价格是否等于交易主体的边际减排成本。然而，现实中的市场往往并不完美，而且为了保证交易者参与积极性以及规避风险和不确定性的需要，市场中还会出现各种金融衍生产品，从而使碳排放权价格的决定因素变得更加复杂。本部分，笔者将通过分析EU ETS从建立到现在，碳排放权现货市场和期货市场的价格走势，对该市场的有效性进行分析。

图4-3和图4-4是第一阶段时EUA现货价格和期货价格走势图①。由此可见，在第一阶段（2005—2007年）碳排放配额的价格波动非常剧烈，无论是现货还是期货，价格最高从30欧元左右降至近0欧元。另外，现货价格和期货价格走势接近，2005年6月上扬后走势较平稳，但在2006年4月出现迅速下降，之后到第一阶段结束前价格缓慢降为0。第一阶段是EU ETS的试运行阶段，许多政策性因素影响了排放权的价格。例如，EU ETS成立之初，企业分配到较多的EUA，市场上的投机因素较重，因此价格呈一路上扬的态势。但是到2006年4月，当企业核报实际排放量时，市场上一度传出了第一阶段配额分配过多的消息，EUA价格出现大幅下跌。2007年年底，EUA的现货和期货价格一路降至0，原因也是受政策影响。因为，EU ETS对碳排放配额有"储蓄限制"（Banking

---

① EUA期货以2007年12月到期的Dec-07产品为例。

Restriction）政策，它允许多余的配额可以在阶段内进行交易，但不允许在阶段间进行，即第一阶段用不完的配额不能在第二阶段继续使用。所以，在第一阶段结束前的2007年年底，EUA由于不能"储蓄"到下一年，所以其价格降为0。

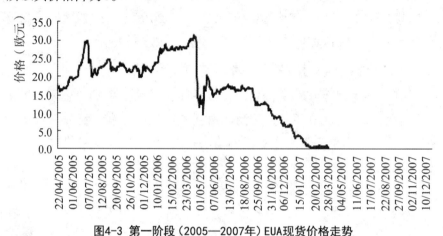

图4-3 第一阶段（2005—2007年）EUA现货价格走势

资料来源：Bluenext交易所网站。

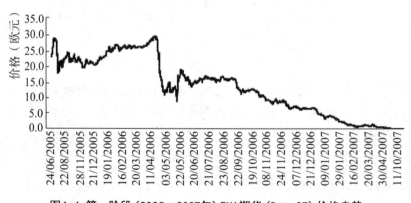

图4-4 第一阶段（2005—2007年）EUA期货（Dec-07）价格走势

资料来源：ECX交易所网站①。

第一阶段关于"配额分配过多"的传言和"储蓄限制"政策是EUA价格波动的主要原因。配额分配过多使企业降低了参与交易的动机，一定程

---

① 此数据于2010年前在ECX交易所网站（www.ecx.eu）搜集，此网站现已纳入美国洲际交易所网站。

度上减少了现货和期货市场的交易量,并降低了碳排放配额的实际价值。

"储蓄限制"政策导致期末EUA价格降为0,使价格失去信号作用,同时提高了企业的履约成本,即使节约的成本不能在各期进行分配,造成了效率的损失。因此,总体来说,第一阶段的价格远离了边际减排成本的真实反映,此时碳交易市场的有效性是大打折扣的。

由图4-5和图4-6可见,在第二阶段从2008年到2012年①,碳排放配额的价格走势较上一阶段表现平稳。特别是从2009年开始到2011年上半年,EUA的现货价格波动在10欧元到16欧元。与此同时,EUA期货价格走势也呈现较平稳的态势,但是由于期货产品承担了更多的风险和不确定性,因此波动范围略高于现货价格。2008年10月到2009年年初,EUA的现货和期货价格都经历了下降趋势,这主要是受全球金融危机从爆发到扩散至实体经济的影响。2009年中后期,全球经济开始缓慢复苏,EUA的价格也逐渐趋于平稳,但仍然低于金融危机发生前的价格。2011年下半年,受欧债危机扩散的影响,欧洲经济出现停滞迹象,碳排放配额的价格也出现走低趋向。

总体而言,第二阶段碳排放配额的价格较上一阶段受政策性干扰因素的影响较小,价格信号功能的作用得以展现,能够反映企业实际碳排放量的变化,这一阶段的效率损失也较小。

图4-5　第二阶段(2008—2012年)EUA现货价格走势

资料来源:Bluenext交易所网站。

---

① 数据截至2012年1月6日。

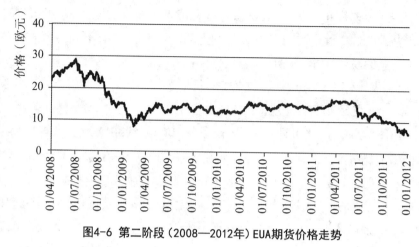

图4-6 第二阶段（2008—2012年）EUA期货价格走势

资料来源：美国洲际交易所网站。

到第三阶段，受欧洲债务危机和全球气候谈判进程缓慢等因素影响，欧盟签发EUA配额量呈现供大于求状态，EU ETS交易体系陷入低迷，配额价格和交易额都比上一年有大幅下降。由图4-7可见，EUA期货价格在2013年波动较大。为了挽救萎靡的市场，欧盟在2013年年中采取了折量拍卖政策（Backloading），宣布冻结接近9亿欧元的EUA拍卖，此举使得EUA价格在2014年以后有小幅回升，但也同时暴露出当前全球气候治理机制下EU ETS交易体系的诸多弊端。很多学者认为，EU ETS的折量拍卖政策很可能导致全球更大程度的碳泄漏问题。

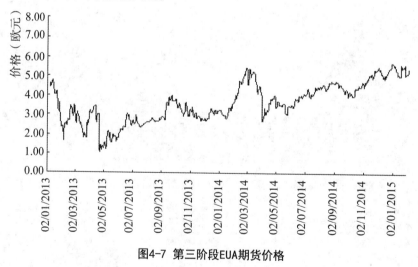

图4-7 第三阶段EUA期货价格

资料来源：wind咨询数据库。

第二，环境效应分析。总量控制的排放权交易是在满足环境约束的前提下实现减排成本最小化的方式，因此只要总量控制合理，一般来说环境目标作为外生条件不会受交易市场影响，并最终能够得以满足。EU ETS的第一阶段实行了宽松的环境约束政策，在排放权配额分配上，比企业核证排放量高出3%①，即出现配额过多分配的状况。这一方面导致碳价格的大幅下降，另一方面也使温室气体排放没有得到很好控制。第二阶段，欧盟制定了更加严格的环境约束目标，减少了配额的分配，同时提高了惩罚标准，碳排放权交易的环境效应初步显现。根据欧盟委员会每年发布的公告，2006年欧盟27国温室气体排放量比上年下降0.3%，2007年下降1.4%，2008年下降1.5%，当然这里有欧盟整体经济衰退和全球金融危机的影响，但是欧盟距离《京都议定书》承诺的8%的减排目标已经不远②。到第三阶段，虽然欧盟签发的配额继续减少，但受累于欧洲债务危机和碳泄漏的影响，配额依然供大于求，碳排放权交易的环境效应从全球来看并不理想。

总体来说，EU ETS从实施至今，在完成《京都议定书》所规定的减排目标上还是显著的，但是针对其在控制气候变化的贡献方面，还是存在三点争论。一是从企业层面看，EU ETS的实施是否真正提高了企业的减排动力，并使企业乐于投资于先进减排技术和设备，受到了不同程度的质疑。日本京都大学一份针对德国企业的调查显示，在EU ETS第一阶段，企业行为并没有受到太多影响，并且企业由于不能准确预测EUA价格而没有动机进行减排技术的创新和投资③。Schleich（2006）等人的研究也表明，第

---

① Enders W: "Applied Econometric Time Series（2edition）". NewYork: Sons, John Wiley, 2004.

② 欧盟扩大前原15国2008年的温室气体排放量比基期（1990年）下降了6.2%，接近2008—2012年减排8%的目标。报道见http://news.xinhuanet.com/world/2009-09/01/content_11977211.htm。根据路透社报道，欧盟27国温室气体排放量2009年继续下降7.2%，距离欧盟设定的2020年减排25%的目标越来越近，报道见http://www.reuters.com/article/2011/04/20/us-climate-emissions-idUSTRE73J3UE20110420。

③ Hansen B.E: "Threshold Effectsin Non-dynamic Panels: Estimation, Testing, and Inference", "Journal of Econometrics", 1999, 93: 345-368.

一阶段"储蓄限制"的政策削减了企业在未来进行减排投资的计划。二是从不同国家和行业看，减排的效果并不一致。欧盟内部净减排量最大的国家是德国，2007年温室气体排放减少2.4%，约2 390万吨。而英国的温室气体排放量2006年却上涨3.6%，约880万吨，虽然2007年这一数字有所下降，但下降幅度并不大。从行业部门看，农业、废品业和制造业的温室气体排放量有所下降，而能源行业和交通运输业的排放量却有所上升。另外，2008年中期爆发的金融危机使实体经济受到冲击，工业、能源行业及交通运输业规模下降导致了矿物燃料使用的下降，从而代替EU ETS实现了部分减排效果。三是对完成减排目标与控制气候变化之间联系的质疑，这种质疑是评价排放权交易的环境效应的关键。Nordhaus（2006）曾指出《京都议定书》下相对基期减排目标的规定与最终的环境效用目标没有直接联系，与其规定一国相对于历史上的排放量，不如设定例如"控制全球温度上升在2 ℃以内"这样的目标更有效。因此，按照Nordhaus的观点推论，即便EU ETS的实施帮助成员国完成了《京都议定书》下的减排任务，其对环境效用的贡献可能也是有限的。

第三，公平性分析。碳排放权交易中有关公平性的争论集中于初始排放权分配方式的选择，而这也是阻碍全球推广总量式排放权交易的主要因素。EU ETS得以顺利建立并运行，归功于欧盟内部在碳排放权分配原则及方法上达成了一致。目前，EUA的分配以免费分配为主，这一分配原则在全球推行碳排放权交易时曾经遭到发展中国家的猛烈抨击。因为发达国家在工业化进程中排放了大量温室气体，如果按照追溯制，发达国家仍然会获得更多的碳排放权，而正处于工业化进程中的发展中国家却因为历史排放量低而获得较少碳排放权，从而在发展中处于更加不利的地位。因此，这种分配原则显失公平，不可能在全球范围内推行。追溯分配制之所以能在欧盟内部顺利通过，原因在于其成员国发展水平差异不大和欧盟一体化进程的发展。国际环境合作理论表明，当参与方为均质国家，即国家间差异不大时，环境合作较容易达成。因此，碳排放权的分配问题并没有成为EU ETS建立并实施的阻挠。

然而，虽然EU ETS建立时并没有遭遇公平分配方法的争论，它的实施却客观地带来了分配不公的问题，而且随着实施阶段的深入，此类问题开始逐渐显现。从企业层面看,追溯制的分配方式有利于现存企业,使新进入的企业在排放权分配上处于不利地位。如果新进入企业通过技术创新而减少碳排放,这种分配方法则导致了对排放量少的企业的变相惩罚。从行业层面看,参与EU ETS交易的主要是电力企业,免费的分配方式和第一阶段过多的配额分配,使电力行业无偿获得一笔新增资产,导致行业间的收入分配不公。另外,从国家层面看,欧盟成员国在确定各自减排目标上出现了争论。例如,在审核第二阶段NAP时,欧盟委员会大幅削减了捷克、波兰、葡萄牙的年度排放配额,引起这些国家不满,它们认为自身正处于快速发展阶段,相对其他国家需要更多碳排放配额。另外,新加入欧盟的国家在发展水平上确实落后于老成员国,这也使这些国家开始争取更加公平的分配方式。

三、国际碳排放权交易的公平性分析①

自《联合国气候变化框架公约》签署以来二十多年的时间里,全球合作减缓气候变化的努力一直难以取得实质性进展,如何公平地分担责任是困扰各国进行合作减排的最大障碍之一。除了在发展中国家是否应当承担绝对减排义务上各国分歧巨大外,发达国家所推行的市场化减排机制也受到公平性质疑。以碳排放权交易为主的市场化机制能够有效地减少温室气体排放,但是这种机制以效率为前提,在实现效率的基础上可以通过转移支付等措施改善收益分配的不公。因此,这种交易机制在一国国内实施更为顺畅和有效,而一旦涉及国家之间,由于没有一个超主权机构来执行或监督利益再分配机制,国际碳排放权交易的广泛开展很可能加剧国家间的贫富差距。发展中国家在参与国际碳排放权交易时不仅要考虑其经济上的最优性,更要解决随之而来的公平性问题,以避免在交易中处于不利地位,被不公平对待,甚至因交易而加大与发达国家的差距,丧失发展权利。本部分以下内容将国际碳排放权交易区分为基于项目类型和基于配额类型,分别阐述发展中国家在参与其中时应当谨慎对待并解决的公平性问题。

---

① 本部分内容已发表在《天津社会科学》2010年4月。

（一）基于CDM项目交易的公平性分析

作为《京都议定书》三种灵活机制之一的清洁发展机制（Clean Development Mechanism, CDM）项目，允许发达国家向发展中国家进行资金、技术援助，帮助发展中国家减排以抵消其国内减排压力。这种措施能大幅降低发达国家的减排成本，同时给发展中国家带来先进技术和资金支持，而被认为是"双赢的"。然而，事实上CDM项目的设立主要基于发达国家利益的考虑，是在减排责任上发展中国家对发达国家的一种妥协，因此，随着CDM的广泛实施，许多不利于发展中国家的因素开始显现。具体来说，基于CDM项目的碳排放权交易在以下几个方面存在影响公平性的问题。

首先，在CDM项目参与机制上体现为发达国家主导，发展中国家没有话语权的现象。中国、印度、巴西等碳资源丰富的国家虽然占CDM项目很大的市场份额，但是由于市场、人力和资本等落后于发达国家，几乎没有CDM项目的定价权。欧盟等国家金融市场发达，具备大量专业人才和机构，垄断了项目的评估权和定价权。因此，发达国家轻易就可以压低发展中国家通过实体经济产生的碳排放权价格，到二级市场上借助金融工具打包出售，而处于产业链最低端的发展中国家，由于供给旺盛，却还不断盲目竞争，致使价格进一步降低。

其次，发展中国家在引进技术、选择发展项目上没有决定权。发展中国家廉价的碳资源价格吸引了国际市场众多投机机构进入，这些机构并不是技术的拥有者，因此发展中国家实施CDM项目很难引进先进减排技术和管理经验。在发展项目上，发展中国家应当鼓励符合自身发展需求的项目，例如新能源和可再生能源项目等，然而由于排放权价格低廉，企业为追求利润，开发的项目往往追求低成本，导致质量低下，与国家鼓励的发展方向不符。

另外，CDM项目的实施把发展中国家纳入国际碳排放权交易体制，在当前来看，实际是掩盖了发达国家的减排任务，为减少其责任找到借口。基于历史累积排放量的考虑，发达国家应当率先承担减排责任，把碳排放空间留给发展中国家使用以提高其本国福利。然而CDM项目的实施在一定程度上抵消了发达国家的实质性减排，是发展中国家在碳排放空间上的一种让步。在当前发展中国家不承担绝对减排责任条件下，实施CDM项目似乎是一种纯收益,但是像中国这样的发展中大国,未来必然也要进行强制性减排,现在实施CDM项目相当于消耗廉价减排资源。如果不控制发展速度,不仅导致价格进一步降低,也是一种透支未来的行为。等到减排任务严峻时,廉价减排资源枯竭,发展中国家不得不承担高昂的减排成本。因此,如果CDM实施是一项长期计划,发展中国家应当考虑未来可能付出更高成本的问题。

(二)基于总量配额交易的公平性分析

碳排放权交易的主要形式是基于配额的交易,或者称为总量配额交易。它与一般的排放权交易性质一样,都是基于科斯关于交易成本理论所提出的能有效率地治理环境污染的市场化措施。然而科斯定理的内在缺陷是"绕开公平论产权安排的效率"[①],因此,许多支持开展国际碳排放权交易的研究大多忽略了碳排放权初始分配问题。实际上,碳排放权是一种发展权利,一国拥有多少排放权不仅影响其减排成本,也会改变其发展路径。初始分配有利的国家会在发展中处于更强势的地位,在国际谈判中就能为自身争取更大利益,因此碳排放权初始界定直接影响公平和国家间的财富分配。如果公平性问题得不到解决,国际上又没有一种利益再分配机制,国际合作减排将因为巨大的谈判分歧而变得艰难,而谈判成本的上升无疑也降低了效率的实现。因此,对于发展中国家来说,参与基于配额的国际碳排放权交易,意味着必须争取公平的碳排放权初始分配方法。在不以交易为目的的前提下,这种碳排放权的初始分配实际是全球碳减排责任分担机制的具体量化。

碳排放权交易产生了一种特殊资产,同CDM项目一样,这是一种战略资源,发展中国家参与其中时也会面临相似的公平性问题。在当前以美元为主导的货币体系中,发展中国家通常无法主导这一宝贵资源的实际价值,并且货币收入的变化也无法替代发展中国家各方面的福利要求。因此,发展中国家在参与国际碳排放权交易时,应尽可能地从公平性视角维护自己的长远利益,切忌单纯追求货币收入的"经济增长",谨防国际碳排放权交易短期利益的陷阱。

---

① 黄少安:《产权经济学导论》,经济科学出版社2004年版,第300页。

四、市场化气候政策的比较分析①

经济学理论通常视环境为一种公共品，将环境污染的出现归咎于外部性和某些环境资源价格的缺失。因此，改变经济主体的行为动机，使其外部成本内部化，是环境政策关注的焦点。一种方法是对资源定价，征收污染税或排污费，即通常所说的庇古税政策。制定的税率如果等于污染的边际社会成本，则能够在限制排污行为的同时实现帕累托效率。1960年，科斯提出在交易成本为零和不存在战略行为的市场中，参与者间的讨价还价交易可以解决外部性问题。随后，科斯建立的产权经济学奠定了利用排污权交易解决环境问题的理论基础。20世纪70年代后，环境政策逐渐由理论分析演变为实际应用，例如美国的清洁空气法和酸雨计划等，在几种环境政策中如何选择也成为困扰决策者的难题。

（一）市场化气候政策概述

在气候领域，应对气候变化的环境政策也可以由解决一般环境问题的政策引申而来，即庇古税和排污权交易在气候保护领域仍然适用。《京都议定书》中的环境政策一定程度上采纳了排污权交易的原则，不过它尚没有允许全球无限制的碳排放权交易，而只是允许发达国家之间可以进行配额贸易，因此碳排放权交易机制更符合关于排污权交易的一般理论。碳排放权交易是一种总量机制的环境政策，这种环境政策的原理是在设定温室气体排放上限的基础上，将这种限额进行划分，产生碳排放的许可，分配给不同的国家和微观经济主体，允许它们进行碳排放配额的自由交易以实现资源有效配置和帕累托改进。

与京都议定书不同，庇古税的征收是一种基于价格机制的环境政策。它事先确定了碳资源的价格，将企业碳排放产生的外部成本内部化，从而使其自动选择降低排放以实现利润最大化。同庇古税一样，碳税的征收应当在源头进行，即征收对象越是靠近上游行业，碳漏出的可能性就越小。一般来说，碳税的征收通常针对能源行业进行。当前碳税政策在国际范围内并没有大规模使用，但许多学者提出用碳税替代《京都议定书》的建

---

① 本部分内容参见：钟茂初、史亚东、孔元：《全球可持续发展经济学》，经济科学出版社2011年版。

议，并给出了其具体的应用方案（Cooper, 1998, 2001; Kahn, Franceschi, 2006; Nordhaus, 2006）。

总量政策和价格政策是基于市场机制，通过改变微观主体行为动机的两种基本环境政策。除此之外，还有结合这两种政策特点，也能实现市场化调节作用的混合机制政策（Hybridpolicy）。混合政策从广义上讲，指在实施排放权交易的同时向经济主体征收碳税。而从狭义角度来说，混合政策是以排放权交易为主体，是在实现交易基础上对价格的管制。亦即，为了防止交易造成价格上涨幅度太大，一国政府或超主权机构承诺在价格达到一定水平时向社会分配更多的碳排放权配额，以使其价格存在安全阀值（Safety-Valve）或上限。混合政策也是替代《京都议定书》应对全球气候变暖的政策选择之一（Aldy, Orszag, Stiglitz, 2001; Mckibbin等, 1997, 2000; Jacoby, 2002; Pizer, 2002），并且从广义角度看，其政策实施在部分区域已经进行①。

Aldy, Barrett, Stavins（2003）曾经总结并比较了13种替代《京都议定书》的全球气候政策机制；Bodansky（2004）在此基础上进一步拓展，总结出40余种。然而，除去强制命令和一些没有强约束力的政策外②，从激励经济主体行为角度并考虑成本效率的气候政策主要就是上述三种，即基于总量机制、价格机制和混合机制的政策。这三种政策间的对比研究构成气候环境政策争论的主要内容，而后两种政策也是学术界力推替代当前《京都议定书》灵活机制的主要机制。

（二）气候政策的评价标准

选择哪种政策进行全球气候变化管理需要一定的评价标准和指标。Nordhaus（2007）指出气候变化是一种经济公共品（Economic Public Goods），它的提供标准很难确定和获得广泛认同。因为强制人类社会进行零温室气体排放显然是不合理而且也不现实的，所以减排的程度必须要考虑成本和收益的权衡。因此，对于气候变化来说，满足成本效率要求是在实

---

① 在已经建立排放权交易体系的欧盟，由于其成员国如德国、奥地利等，在国内已经针对能源行业征收碳税，则实际上形成了排放权贸易与碳税并存的状况。

② 一些政策机制如Barrett（2001, 2003）提出的"研发协议"，其没有强调全球减排的目标和时间表，因此没有对减排的强约束力。

现环境保护目标过程中必须要考虑的。除此之外，由于温室气体排放的外部性实现了跨区域和跨国家，气候变化作为一种全球公共品，其政策选择与普通公共品还有不同。它涉及的不再仅仅是微观经济主体，还包括国家间、国家和全球间的关系与合作。政策涉及范围的上升使政策制定必须考虑其对人与人、当代人与后代人以及人类群体和整体的影响，即政策的福利和公平后果变得更加重要，也是必须考虑的评价标准之一。

Kolstad和Toman（2005），Aldy，Barret和Stavin（2003）以及Bodansky（2004）曾对气候政策的评价标准给予过详细描述。由表4-2可知，虽然各自表述的标准体系有所不同，却都涵盖了成本效率和分配公平这两项内容。而且Kolstad等关于创新动力的标准也已解释为对环境效果的影响，因此本节在考虑环境政策的评价时主要选取这三个指标：环境效果、成本效率和分配公平，进行比较研究。①

表4-2 气候变化环境政策的评价标准

评价标准	Kolstad 和 Toman（2005）	Aldy，Barrett 和 Stavins（2003）	Bodansky（2004）①
环境效果		√	
成本效率	√	√	√
分配公平	√	√	√
其他标准	不确定性下的表现，创新动力，交易和管理成本，监督执行能力，分配和透明度	信息灵活性，参与执行动机	动态灵活性，政策互补性

（三）三种政策的比较

1. 环境效果分析

价格机制、总量机制和混合机制中，只有总量机制涉及对排放量上限的管制，因此从理论上说，总量机制对于实现环境目标有最直接和确定的

---

① Bodansky（2004）在分析评价标准时进行了具体分类，将其分为政策标准和政治标准。其中政治标准包括可协商的责任、与UNFCCC和《京都议定书》的连贯性、经济预测性、与发展目标兼容性等。这里我们仅列出了其政策标准进行比较。

作用。Weitzman（1974）在比较价格政策和总量政策时指出，税收政策能够固定价格，但会使污染排放水平波动，从而使该政策的环境效果产生一定的不确定性。相反，排放权交易能够使排放水平固定，却使价格进行波动，从而在未来价格不确定的情况下使企业的履约成本也面临不确定性。混合机制本质上接近于价格机制，它由于承诺分配更多的排放配额以规定价格波动上限，因此在环境效果上也存在不确定性。有学者指出，虽然总量机制规定了污染排放量的上限，但这种上限也可以理解为减排量的上限，而在价格机制下，只要企业节省的税收大于其减排成本，企业就会执行减排，因此价格机制相比之下可能实现更大程度的减排（Wittneben，2009）。可见，总量机制与价格机制和混合机制相比能够确定性地实现减排，但其减排潜力不如后两者，价格机制下通过税率的制定可以实现比总量机制更大程度的减排规模。

税率是影响价格机制环境效果的关键。庇古税之所以能够实现环境目标约束，在于其将税率制定在与污染的边际社会成本，或者说边际环境损失（Marginal Environmental Damage）相等之处，从而使排放产生的外部成本内部化。因此，污染税与边际环境损失之间的比较在决定效率的同时也决定了环境目标约束的实现。Tullock（1967）曾指出最优税率会高于边际环境损失从而产生"双重红利效应"（Double-Dividend Effect）。这一假说如果成立，则税收政策将比预期产生更强的环境约束。然而，进入20世纪90年代后，关于庇古税"双重红利效应"出现很多争论，由于庇古税的征收可能扭曲劳动力市场供给，因此最优税率事实上远远低于边际环境损失（Bovenberg等，1994，1996；Goulder等，1995；Parry，1995，1999）。

在气候保护领域，碳税的制定一般由各国政府、政府间协商或超主权机构来执行。由于碳税价格决定二氧化碳减排水平，因此税率是实现环境效果的调控工具。通过建立模型进行数值模拟的方法，许多学者比较了碳税高低与减排水平之间的关系（Cline，1989；Manne，Richels，1991；Nordhaus，1991），但是由于模型设定和选取参数的不同，各模型得出的结论很不一致，且相互间很难进行比较。Pearce（1991）认为碳税政策能否实现减排目标取决于是否确切地知道各种相关的需求弹性。显然，弹性数据特别是涉及各区域的情况并非容易准确地获知，因此利用模型得出的一定环境目标约束下的最优税率也并非完全可靠。

从三种政策在应对全球气候变化的实际应用来看，目前价格政策和混合政策还停留在理论分析层面，只有总量政策作为《京都议定书》的"灵活机制"已经开始运行。欧盟碳排放权交易体系（EU ETS）是总量机制环境政策的典型代表，它从2005年建立到现在经历了三个阶段。第一阶段由于制定了宽松的环境目标，EU ETS的环境效果并不理想。但从第二阶段开始，这种总量政策的环境效果开始显现，欧盟国家温室气体排放量实现了2006年以来连续5年的下降，并且距《京都议定书》承诺的8%的减排目标也已经不远[①]。

总体来说，三种环境政策在温室气体减排上各有优劣。总量政策能够实现确定性的减排，但存在一定的减排上限，而价格政策和混合政策在减排潜力和灵活性方面更具优势，但根据模型得出的最优税率却存在可靠性问题。在实际运用中，总量政策在欧盟的执行表现良好，价格政策和混合政策则存在许多执行上的问题，例如企业、消费者对新税种的反对、一致性税率需要在各国进行协商等。

2. 成本效率分析

考虑气候变化的经济公共品属性，不顾成本地实现环境效应显然不是环境政策应当追求的目标。作为基于行为动机激励的环境政策，不管是总量机制、价格机制还是混合机制，它们都给予了经济主体充分的灵活性来选择最低成本的减排方法，因而相对于古板的"命令—控制式"的行政管制措施，都是能够实现成本效率的政策机制。然而，受市场不完全性、成本—收益不确定性、实际执行可行性等因素影响，总量机制、价格机制和混合机制在成本效率实现程度方面有所不同。一般而言，价格机制和混合机制比较接近，能够实现较高的成本效率，而总量机制下需要考虑不同的排放权分配方法，拍卖式的分配方法更接近于价格机制，也因此更有效（Parry, 1997; Pizer, 1999; Cramtonand Kerr, 1999; Klingand Zhao, 2000）。

---

① 当然也有质疑欧盟排放量的下降归因于其整体经济衰退和全球金融危机的影响，特别是2008年中期爆发的金融危机导致工业、能源行业及交通运输业使用矿物燃料的下降，从而代替EU ETS实现了部分减排成果。

评价气候变化环境政策的成本效率标准需要区分政策应用环境，即是在一国范围内控制温室气体排放，还是考虑全球实现排放量控制。当环境政策针对一国实施时，成本效率的评价较为简单，所得结论也比较统一。然而，当环境政策适用于全球，即在多国实施时，成本效率标准的内涵比一国情形时有所扩大，评价变得更加复杂，许多现实因素将导致环境政策不像理论上那么有效，实际的执行成本也会相当巨大。

一国情形下，比较价格机制和总量机制的成本效率可以在一般均衡理论框架下进行讨论。价格机制——碳税，通常认为具有双重红利效应：一方面，它能够使企业外部成本内部化；另一方面，通过税收收入的转移支付作用，能够消除经济中业已存在的税收扭曲（例如将碳税收入用于弥补所得税或公司税等产生的无谓损失），从而提高社会整体福利水平，实现帕累托改进。从这个角度来说，价格政策不仅能够实现环境保护而且能够节约社会成本，是最有效率的政策机制。总量政策如果实行排放权的公开拍卖，则也能产生类似的税收收入，从而在成本效率方面接近于价格政策。然而，如果将碳税"双重红利效应"的研究置于一般均衡框架下，价格机制实现的成本效率可能被夸大，即存在税负交互作用（Tax Interaction Effect）[①]，抵消了第二份红利的出现。在这种条件下，价格机制能否实现效率改进存在很多不确定性[②]，"命令—控制"式的管制措施反而能体现出相对的效率优势。如果经济中税负交互作用被证实，免费分配式的排放权交易可能是成本最大的环境政策。因为配额的免费分配意味着对资本所有者的一次性支付，不能产生削减劳动力税负扭曲的收益，只会加重产品价格上升和就业率的下降。当然，这种一般均衡的分析停留在静态方面，没有考虑政策机制实施后带来的技术进步等收益。考虑动态的长期影

---

①　税负交互作用指碳税的征收首先使能源行业的产出价格上升，导致社会消费品一般价格的上涨和实际工资的下降，从而减少劳动力供给，加重劳动力市场的扭曲成本。

②　许多学者如Goulder等（1995），Bovenberg等（1996）利用一般均衡模型证实税负交互作用起主导，从而价格政策实施带来较高的效率损失；而Schwartz，Repetto（2000），West（2002）等学者却指出了污染产品与闲暇的互补性和环境质量对劳动力供给的影响，得出最优碳税实际高于庇古税水平的结论，使价格政策的效率改进产生不确定性。

响,免费分配式的总量机制能够使企业累积更多财富进行长期投资,加快技术进步和经济增长,从而比价格政策更有效。值得注意的是,上述分析是在完美市场假设条件下得出的结论,当被管制企业是具有市场势力的垄断企业时,价格机制将使垄断企业的产量下降,导致社会福利损失;而总量机制下,排放权的初始分配对效率的实现也将产生影响(Buchanan,1969;Hahn,1984)。

上述一般均衡理论的分析注重比较价格机制和总量机制的成本效率,当研究重心放在成本收益的不确定性时,混合机制的效率优势开始显现,这也是诸多学者提出用混合机制代替《京都议定书》实施的主要原因。在不确定性条件下,Weitzman–Roberts–Spence[1]的分析指出,当污染治理的边际收益曲线相对平坦时,价格政策的福利收益相对更多;而当其边际成本曲线更加平坦时,总量政策的福利收益显著。因此,有效的环境政策选择依赖于边际收益曲线和边际成本曲线斜率的差异性。当这种差异不确定时,混合政策既能够实现在排放权价格上限下排放水平的固定,又能够在达到价格上限时实现减排成本的固定,可以克服价格机制和总量机制在特殊情形下的缺陷,取得至少与单一政策一样好的福利收益。Hoel和Karp(2001)指出控制温室气体排放的收益与大气中温室气体存量相关,而成本来自排放流量,因此减排的边际成本对减排量更加敏感,边际成本曲线更加陡峭,有效应对气候变化的环境政策来自价格政策或混合政策。

一国情形下,环境政策有效性的判断可以通过一般均衡分析和成本收益不确定性分析来讨论。然而解决气候变化这样的国际公共品,需要国际社会协调一致的共同努力,因此,像《京都议定书》一样,应对气候变化的环境政策针对于全球国家才更有意义。此时,环境政策适用范围的扩大导致所考察的成本效率内涵的延伸,评价各种政策效率的实现将变得更加复杂。在国际情形下,对效率实现的判断应当包含空间有效性和代际有效性这两个标准,即从全球范围看各经济主体(或国家)是否实现了边际减排成本相等以及其能否在时间跨度上灵活地选择最有效的减排手段。理论上讲,三种环境政策机制都可以实现空间有效性和代际有效性,只不

---

① 见Weitzman(1974,1978),Roberts,Spence(1976)的相关文献。

过需要对政策实施附加额外的约定。例如，总量机制政策应当实现全球无限制的排放权贸易，并且允许交易主体进行排放配额自由"借贷"和"储蓄"；而价格机制则要求在全球制定协调一致的碳税，并且这种税率随着实际碳利率的增长而上升①。然而，在现实中，无论是总量机制还是价格机制都无法顺利实现这两种有效性。灵活机制中规定的排放权贸易只限制在发达国家中进行，而且《马拉喀什协议》（Marrakesh Accords）等又对排放配额的储蓄和借贷进行了限制。价格机制虽然被Nordhaus等学者极力推荐代替现在的总量交易，但在实际运用中也很难做到保持各国税率一致性，比如发展中国家必然反对执行与发达国家一致的税率，即使同意执行其也可能利用隐性补贴政策来混淆真实税率。除此之外，国际情形下环境政策的效率评价还需要考虑达成合作的谈判成本、交易成本和执行成本等方面，虽然目前的总量政策在这几方面的表现并不理想，但没有证据表明其他环境政策更能实现这些成本的节约。

基于行为动机激励的环境政策机制在理论上都是有效率的，但在实际中，它们实现的效率往往被夸大。究其原因，环境政策效率目标的实现往往与收入分配的公平性产生冲突，导致考虑政治上和操作上的可行性，现实中的环境政策必须协调公平与效率的关系，从而不得不损失一定效率来获得经济主体的广泛认同。因此，三种政策机制在实际运用中的效率比较有很大的不确定性。

3. 分配公平分析

任何经济政策的实施都绕不开处理公平与效率的关系问题，环境政策也不例外。绕开公平谈效率的环境政策有可能在理论上实现效率最大化，但这种政策往往违背基本的伦理道德，容易遭受公众反对而在实际运用中难以执行，或不得不修改以放弃部分效率为代价获取广泛的认可与合作。需要说明的是，此处笔者虽然选取分配公平作为评价环境政策的一个指标，但政策机制的公平性绝不仅仅指的是分配公平，它还包含政策本身是否与公平原则的含义相冲突这个层面的内容。前者通常是经济学家考虑的重点；而后者会影响环境政策的实际执行，是导致现实中的环境政策与

---

① Nordhaus将这种机制称为协调一致的动态庇古税（HCT），他指出实际碳利率等于实际利率减去二氧化碳减少率。

理论上有差距的原因之一。

正如成本效率的内容分为国内与国际的区别一样，收入分配的公平性在国内与国际分别考察时也有不同。从国内层面看，收入分配主要涉及个人（家庭）之间、厂商之间和部门之间的差距。其中，个人或家庭之间的收入差距是影响国内收入差距最根本的因素，很多文献表明碳税等环境政策的实施都会进一步加大现有的收入分配差距（Poterba, 1989, 1991; Metcalff, 1999; Parry, 2004），导致针对穷人的累退效应（Regressive）出现。总量机制、价格机制和混合机制对不同收入阶层分配后果的影响可以从两方面考虑：首先，这些政策机制的实施都会带来能源密集型部门产出价格的上涨，穷人由于收入中消费这些产品的比例更高因而将遭受比富人更大的损失。其次，三种政策机制都产生出一笔额外收入或资产①，它们如何在不同收入阶层中分配也将在前者基础上缩小或扩大收入差距。由此可见，第二方面，即额外收入或资产的分配决定了三种政策机制最终不同的收入分配后果。一般而言，免费分配式的总量机制导致的累退效应最为严重。因为，排放权配额在国内的免费分配通常按照追溯式进行，在位企业免费获得有价值的配额资产相当于给予富人阶层一笔横财（因为企业会将收益转移给其所有者，通常是富有阶层），这样总量机制的实施在上述两个方面都会恶化收入分配状况，导致低收入者承担相对更多的成本。而价格机制通过税收收入的转移支付作用能够在第二方面改善收入差距，然而这需要以损失一定的效率为代价。例如，将收入作为红利一次性分配给所有收入群体要比将收入用于削减所得税或公司税等税收扭曲在收入分配上更公平，但显然后者实现的效率更高（Dinan, Rogers, 2002）。

从国际层面上看，三种环境政策机制的实施会对不同发展阶段的国家造成不同的收入分配结果。总量机制和混合机制对国家间收入分配的影响体现在初始排放权分配和贸易条件的变化上。当排放配额在国内进行分配时，政府作为权威机构能够强制采取一种分配措施（如最简单的追溯制方法）进行分配。然而，当涉及多个国家进行环境合作时，排放权的分

---

① 这里收入指的是通过环境税收产生的收入。资产指的是分配的排放权配额，它因为被赋予了商品属性而成为有价值的资产。

配方法却充满争论,许多不同的分配方法,如按人口分配、按GDP分配还有按人均GDP分配等,虽然都满足公平原则的部分内涵,却将导致国家间巨大的收入分配差距[1]。除此之外,Copeland,Taylor(2005)认为开放条件下排放权的自由贸易将改变世界产品价格,从而恶化至少一国的贸易条件,引起该国的福利损失。价格机制虽然不涉及富有争议的排放权分配方法,但如果进行全球环境合作,必然要求统一各国税率以实现效率目标。然而,统一的税率意味着不同收入和能源使用类型的国家将要承担不同的成本(通常发展中国家将要承担更多成本),如果不进行国家间的转移支付或再分配,将引起全球国家间的收入差距扩大。从这个层面看,总量机制和混合机制中的排放权分配作为一种收入再分配机制在实践中比国家间转移碳税收入更具操作性,因为不像在国内的实践,国际上缺乏强有力的超主权机构来执行和监督这种税收转移。

应对气候变化的环境政策规定了为防止气候变暖各经济主体需要承担的责任分担标准,为了促进国际环境合作和有效协议的达成,这种责任分担标准应当尽量公平和公正。因此,评价环境政策公平性不仅仅指其对收入分配的影响,还包含这种环境政策下责任的分担标准是否与公平的原则相冲突。其中,前者的公平是一种实现效率后的公平,而后者的内容隐含了公平优先兼顾效率的价值判断。从本质上说,基于行为动机激励的环境政策都是效率优先的政策机制(这也是大部分关于环境政策的研究只关注其分配公平的原因)。例如,总量机制理论上需要进行全球无限制的排放权贸易并允许排放配额可以自由"储蓄"和"借贷",虽然这样可以实现效率最大化,却违反了前述应对气候变化的公平原则,即"不以效率实现作为首要的和唯一的目标",在实际操作中也难以执行。无限制的排放权贸易意味着穷国要放弃基本的发展权利承担同富国一样的减排责任,而允许排放配额自由"借贷"将使后代承担更多气候变暖责任导致代际的不公平。经济学家在比较环境政策公平性时常常只关注其在收入分配上的公平,这种偏倚将影响有效环境政策的选择,或者对正在执行中的环境政策做出错误的判断。

---

① Lange A. 等(2009)的研究指出,按人均分配排放量将有利于大部分发展中国家,而按GDP分配有利于发达国家。

综上所述，基于行为动机激励的三种环境政策机制没有一种能完全满足环境约束、成本效率和分配公平的所有要求。从环境效果上看，总量机制能够实现确定性的减排，短期效果优于其他政策；但是这种机制在国内实施限于可行性和操作性，通常采取追溯制免费分配的方式，这一会损失成本效率，二会带来低收入者负担加剧。碳税政策和混合政策虽然面临减排的不确定性，但由于相对陡峭的边际减排成本曲线，两者在效率上更具优势。同时，碳税政策通过对税收收入的处置能够在成本效率和分配公平之间进行权衡，从而在调节收入分配时更具吸引力。需要说明的是，碳税的收入转移功能在国内的实施较为可行，而在国际层面看却缺乏强有力的超主权机构监督和执行这一机制，这使得因实行碳税而受损失的国家（主要是发展中国家）会反对这一政策，尤其将抵制执行与其他国家一致的税率，从而使价格机制的效率降低或者加剧国家间贫富差距。基于此，碳税如果作为控制全球温室气体排放的工具其成本节约和分配公平并没有理论上那么有效。

第三节　对全球气候治理机制的改进

本节从全球气候治理的公平原则出发，讨论综合考虑生产者责任和消费者责任的静态碳减排责任分担机制，并建立考虑各国发展水平的动态减排责任分担机制。

一、解决当前公平性争论的全球碳排放责任认定标准[①]

在《京都议定书》框架下建立起来的全球碳减排责任分担机制，认定各国对气候变化的"贡献"——二氧化碳排放量，是基于一种属地责任的标准。这容易促使面对强制减排规定的国家通过国际贸易向管制宽松的国家转移碳排放。因此，本部分对《京都议定书》框架下碳减排责任分担机制的改进将首先从建立新的碳排放责任认定标准出发，按照前述应对

[①]　本部分内容已发表在《统计研究》2012年第7期。

气候变化的公平原则,建立起静态的减排责任分担机制。

(一)同时考虑生产者责任与消费者责任

由前述分析可见,当前基于属地责任原则以直接排放量来记录各国碳排放责任的方法,一方面忽视了引致环境污染的最终驱动因素——消费者责任,另一方面也使公平而严格的气候协议因为碳泄漏的发生而失去效力。因此,当前全球气候治理机制的重要改革之一是重新认定全球各国的二氧化碳排放责任。

在列昂惕夫投入产出理论上发展起来的环境投入产出模型,可以用于计算产品从生产到投入和消费各个环节所造成的环境污染,这使得从消费者责任角度认定各国的二氧化碳排放责任成为可能。根据出口隐含碳的模型,可以看出,当以消费者责任认定碳排放量时,一国的二氧化碳排放应当分为两个部分:一是为满足国内消费而产生的碳排放;二是由于进口而导致在他国产生的排放量。另外,根据MRIO模型,可以把多边贸易中的进出口细分为满足中间投入的进出口和满足最终消费的进出口。这样,更为准确地计算消费者责任下目标国家二氧化碳排放量的方法是:计算所有国家(包括目标国家自身)为满足目标国家最终消费而导致的二氧化碳排放。区别于属地责任原则下直接排放量的方法,计算消费者责任下的碳排放量考虑了因为经济联系而导致的间接排放,实际就是把上游生产环节的排放归咎于下游的消耗需求。因此,考虑间接排放时的生产者责任,也有相应的排放量计算方法:生产者责任下目标国家的二氧化碳排放等于目标国家总产出过程中直接的和间接的碳排放,它包括因为国内消费所导致的直接和间接排放,还包括出口所导致的直接和间接排放。这种方法实际是把下游排放归咎于上游生产环节。

由上述分析可见,在生产者责任和消费者责任下,计算二氧化碳排放量的结果差别很大,这导致了使用不同的责任认定标准将出现差别巨大的责任分担量。如此一来,各国必然争取更符合自身利益的责任认定方法。例如,当前中国的二氧化碳直接排放量巨大,但其中有很大部分为满足国外需求而产生,因此利用消费者责任认定碳排放量的方法将更符合中国的利益。而欧盟等国近年来二氧化碳直接排放量有所下降,但其进口隐含碳排放却居高不下,所以以生产者责任来认定的方法将更符合这些国家的利益。虽然,生态足迹理论强调了导致环境污染的最终驱动因素,似乎以消费者责任来认定二氧化碳排放量是符合公平原则的。但是,由于生产者有采取先进技术和选择所需投入原料的能力,即生产者有选择减少对环境污染途径的能力,因此,完全不考虑在环境污染中生产者的责任也不能说是合理的。既然如此,在碳排放责任认定中综合考虑消费者责任和生产者责任将一方面符合责任分担的公平原则,另一方面也避免了使某一方面临的环境责任压力过大而导致争论不断,从而能够促进国际气候合作的实现。

环境投入产出模型的发展,使许多学者投身于利用该方法开发综合考虑生产者责任和消费者责任的环境指标当中。Ferng(2003)根据受益原则,指出了在生产—受益原则和消费—受益原则下二氧化碳排放量的计算方法,指出综合考虑生产者责任和消费者责任是在这两个原则中进行加权。然而,Ferng在两种原则下的计算方法存在重复计算的缺陷;更为严重的是,其所提出的权数不是明确的,而是需要通过各国的谈判来确定,这无疑仍然没有解决有关责任分担的公平性争论。除此之外,Bastianoni等人(2004)提出了一种利用碳排放增加(Carbon Emission Added, CEA)的方法,在生产者和消费者之间分担责任。但是这种指标却随着产业链的变化而并不唯一,同时难以在实际操作中进行应用。Lenzen等人(2007)在总结了前人研究的基础上,提出了一种考虑部分转移间接排放的环境指标。他们认为在经济流过程中,一个部门上游隐含排放会保留一部分在这个部门,因此被保留下来的总的上游排放可以视为"生产者责任",而被最终消费部分保留下来的上游隐含排放可以视为"消费者责任",被保留部分的比例以该生产环节增加值占产业外部投入的比重来表示。

与上述学者的研究有所不同,2006年,Rodrigues等人提出一种同时具备四个基本属性的环境责任指标,这种指标本质上依然是采取加权的方式分担生产者责任和消费者责任。然而与Ferng的研究不同,他们所提出的指标既考虑了责任分担的公平性原则,同时权重又是唯一的,避免了参与各方在权重等问题上的争论,同时也以折中的方式调和了各国所承担的碳排放责任,有利于促进国际气候合作的实现。Rodrigues等人的指标与Lenzen等人的研究也有所区别。虽然同样是基于环境投入产出模型考虑间接排放,但Lenzen等人没有考虑全部间接排放,同时也没有顾及下游间接排放。这使得利用Lenzen等人的指标只能促使通过选择上游投入来减少上游间接排放,而Rodrigues等人的指标却能够不仅通过选择投入,也能通过选择产出来减少间接排放。鉴于Rodrigues等人所提出的指标的优良性质,以下部分将以他们的研究为基础,建立可以用于实际测算的碳排放责任指标。

(二)碳排放责任指标的建立

Rodrigues等人(2006)认为合理分担国际环境责任的指标应当同时具备四个基本属性:一是可加性,要求衡量一国的环境责任等价于衡量其内部所有产业部门的环境责任之和;二是反映由于经济联系导致的间接影响,即要求因破坏环境而在经济上受益的一方应当付出相应代价;三是关于直接环境影响的单调性,意味着如果直接环境影响上升,则在该指标下的环境责任至少不应下降;四是对称性,指的是在考虑环境责任时将生产者责任和消费者责任原则互换,则该主体所承担的责任量不变。进一步,Rodrigues等人提出并证明了满足上述四个基本属性的环境责任指标存在且唯一,由此认为这一指标可以作为分担各国国际环境责任的标准。Rodrigues等人提出的四个基本属性兼顾了环境责任分担的公平性和达成合作的可能性,但在现实中其所提出的指标很难直接应用。在Rodrigues等人的模型基础之上,笔者放松了基本属性一的要求,将全球所有国家划分为目标国家和其余国家两个部分,建立起可以进行实际测算的碳排放责任指标。

在指标模型中,首先将全球所有国家划分为两个区域:目标国家(Country1)和其余国家(Rest of World, ROW)。目标国家的产出用于本国投入、出口和最终消费,其余国家的产出用于出口到目标国家、自身的生产投入和最终消费。由此,可以建立目标国家和其余国家的投入产出矩阵(见表4-3)。

表4-3　国家间投入产出矩阵

	Country1	ROW	Finaldemand
Country1	a_{11}	a_{12}	a_{10}
ROW	a_{21}	a_{22}	a_{20}
Primary inputs	a_{01}	a_{02}	

与Rodrigues等人的研究不同，笔者在这里没有将一国的产出细分为各产业部门，原因在于笔者的目的是在国际环境问题中评价国家层面上的环境责任，国家内部各产业部门的责任细分可以忽略，或在确定一国责任基础之上再利用其他方法进行分担，毕竟进行国内责任分担相对简单，所需考虑的因素也相对较少。由表4-3可见，a_{11}、a_{22}代表目标国家和其余国家将自身产出投入本区域生产，a_{12}、a_{21}代表目标国家的出口和进口用于投入再生产的部分，a_{10}、a_{20}代表目标国家和其余国家的产出用于本国和国外的最终消费，a_{01}、a_{02}代表初级生产要素在目标国家和其余国家区域内的投入。

定义各区域的总产出为$a_i, i = 1, 2$，则根据国家间的投入产出矩阵有以下等式成立：

$$a_i = \sum_{j=0}^{2} a_{ij} = \sum_{j=0}^{2} a_{ji} = \sum_{j=1}^{2} a_{ij} + a_{i0} = \sum_{j=1}^{2} a_{ji} + a_{0i} \tag{4.1}$$

定义全球的碳排放责任指标为I，全球二氧化碳直接排放量为E，可知$I = E$。在Rodrigues等人提出的可加性条件里，要求一国的环境责任等于国内各部门环境责任之和。这里，笔者放松了该要求，将可加性定义为全球的碳排放责任等于各国碳排放责任之和，即要求：

$$I = I_1 + I_2 = E \tag{4.2}$$

其中，I_1、I_2分别代表目标国家和其余国家的碳排放责任，由此可得目标国家的相对碳排放责任为$i_1 = \dfrac{I_1}{I_2}$。

定义在由i到j经济活动影响下产生的上下游的环境影响责任p_{ij}、p^*_{ji}，满足：

$$p_i = \sum_{j=0}^{2} p_{ij} = g_i + \sum_{j=1}^{2} p_{ji}，\quad p_i^* = \sum_{j=0}^{2} p_{ji}^* = g_i + \sum_{j=1}^{2} p_{ij}^* \tag{4.3}$$

其中，p、p^*代表国家（产业）的上游环境责任和下游环境责任，g代表目标国家或其余国家二氧化碳的直接排放量。

根据基本属性二，为了使环境责任指标反映在经济活动下的间接影响，目标国家和其余国家的碳排放责任指标是关于上下游环境影响责任的函数，即：

$$I_i = I_i(\{p_{ij}\}_{j=0,1,2}, \{p^*_{ji}\}_{j=0,1,2}) \tag{4.4}$$

利用碳排放强度（单位产出的碳排放量）e，将投入产出流与上下游环境影响责任联系起来，有：

$$p_{ij}=e_i a_{ij}, \quad p_{ij}^*=e_j^* a_{ij} \tag{4.5}$$

其中，e_i、e_j^*分别为上游和下游碳排放强度。

根据基本属性三单调性的要求，当直接环境影响上升使上游或者下游的环境影响责任上升时，该指标反映的一国环境责任至少不应下降，因此有：

$$\frac{\partial I_i}{\partial p_{ij}} \geqslant 0, \quad \frac{\partial I_i}{\partial p_{ji}^*} \geqslant 0 \tag{4.6}$$

基本属性四要求对称性，意味着将一国上下游的环境责任互换，该国的环境责任不变。具体来说，就是将p_{ij}和p_{ji}^*在指标函数I_i中互换后，I_i的数值不变。满足对称性要求是为了使各国的碳排放责任无论是在生产者责任原则下，还是在消费者责任原则下都是一样的。这避免了不同责任分担原则所造成的在认定国家碳排放责任时差距过大的缺陷，使谈判各方容易就统一标准达成共识，同时兼顾了碳排放的生产者责任和消费者责任，符合责任分担的公平性要求。

在上述基本框架和定义下，从最终消费角度，全球二氧化碳直接排放量等价于对全球总产出的最终消耗产生的二氧化碳排放量，因此可以写为：

$$E = \sum_{i=1}^{2} p_{i0} = p_{10} + p_{20} \tag{4.7}$$

同样，从初级生产要素投入角度，全球二氧化碳直接排放量等价于初级生产要素投入过程中产生的二氧化碳排放量，即：

$$E = \sum_{i=1}^{2} p_{0i}^* = p_{01}^* + p_{02}^* \tag{4.8}$$

根据式（4.2）和式（4.4），我们可以将全球二氧化碳直接排放量写为：

$$E = I_1 + I_2 = I_1(\{p_{1j}\}_{j=0,1,2}, \{p_{j1}^*\}_{j=0,1,2}) + I_2(\{p_{2j}\}_{j=0,1,2}, \{p_{j2}^*\}_{j=0,1,2}) \tag{4.9}$$

对式（4.7）（4.8）式（4.9）进行全微分，可得：

$$dE = \frac{\partial I_1}{\partial p_{1j}} dp_{1j} + \frac{\partial I_1}{\partial p_{j1}^*} dp_{j1}^* + \frac{\partial I_2}{\partial p_{2j}} dp_{2j} + \frac{\partial I_2}{\partial p_{j2}^*} dp_{j2}^*, \quad j=0,1,2 \tag{4.10}$$

$$dE = dp_{10} + dp_{20} \tag{4.11}$$

$$dE = dp_{01}^* + dp_{02}^* \tag{4.12}$$

由式（4.11）（4.12），可得：

$$dp_{10} = dp_{01}^* + dp_{02}^* - dp_{20}^* \tag{4.13}$$

将式（4.12）（4.13）代入式（4.10）中，整理得到：

$$\left(\frac{\partial I_2}{\partial p_{20}} - \frac{\partial I_1}{\partial p_{10}} \right) dp_{20} + \sum_{i=1}^{2} \left(\frac{\partial I_i}{\partial p_{i0}} + \frac{\partial I_i}{\partial p_{0i}^*} - 1 \right) dp_{0i}^* + \sum_{j=1}^{2} \frac{\partial I_i}{\partial p_{1j}} dp_{1j} + \sum_{j=1}^{2} \frac{\partial I_1}{\partial p_{j1}^*}$$

$$dp_{j1}^* + \sum_{j=1}^{2} \frac{\partial I_2}{\partial p_{2j}} dp_{2j} + \sum_{j=1}^{2} \frac{\partial I_2}{\partial p_{j2}^*} dp_{j2}^* = 0 \tag{4.14}$$

式（4.14）中由于所有微分都是独立的，为了保持等式成立，必然有：

$$\frac{\partial I_2}{\partial p_{20}} = \frac{\partial I_1}{\partial p_{10}} \tag{4.15}$$

$$\frac{\partial I_i}{\partial p_{i0}} + \frac{\partial I_i}{\partial p_{0i}^*} = 1 \tag{4.16}$$

$$\frac{\partial I_i}{\partial p_{ij}} = 0 , \quad j = 1,2 \tag{4.17}$$

$$\frac{\partial I_i}{\partial p_{ji}^*} = 0 , \quad j = 1,2 \tag{4.18}$$

由式（4.15）（4.16）可知，I_i 对 p_{i0} 的偏导数为常数，假设 $\dfrac{\partial I_i}{\partial p_{i0}} = C$，则

$\dfrac{\partial I_i}{\partial p_{0i}^*} = 1 - C$。因此，碳排放责任指标可以写为：

$$I_i = Cp_{i0} + (1-C) p_{0i}^* + C^* , \text{其中 } C 、 C^* \text{ 为常数} \tag{4.19}$$

将式（4.19）（4.7）（4.8）代入式（4.2）中，得到：

$$E = I_1 + I_2 = p_{01}^* + p_{02}^* + C^* = E + C^* \tag{4.20}$$

因此，常数 $C^* = 0$。

根据基本属性四，即对称性的要求：

$$Cp_{i0} + (1-C)p_{0i}^* = Cp_{0i}^* + (1-C)p_{i0}$$

得到，$C = \dfrac{1}{2}$。

因此，目标国家的碳排放责任指标为：$I_1 = \dfrac{1}{2}p_{10} + \dfrac{1}{2}p_{01}^*$，而目标国家

相对其他国家的碳排放责任指标 $i = (\dfrac{1}{2}p_{10} + \dfrac{1}{2}p_{01}^*)/(\dfrac{1}{2}p_{20} + \dfrac{1}{2}p_{02}^*)$。等式

（4.17）（4.18）的成立满足了基本属性中单调性的要求。因此可以发现，满足四个基本属性的碳排放责任指标是上游碳排放责任和下游碳排放责任的算术平均数。

进一步，回顾式（4.5），可以得到：

$$p_{i0} = e_i a_{i0}, \quad p_{0i}^* = e_i^* a_{0i} \tag{4.21}$$

其中，根据式（4.3）关于上下游环境责任的定义，上下游的碳排放强度可以利用下面式子得到：

$$e_i = \frac{p_i}{a_i} = \frac{g_i}{a_i} + \sum_{j=1}^{2} e_j \frac{a_{ji}}{a_i} \tag{4.22}$$

$$e_i^* = \frac{p_i^*}{a_i} = \frac{g_i}{a_i} + \sum_{j=1}^{2} e_j^* \frac{a_{ij}}{a_i} \tag{4.23}$$

式（4.22）（4.23）表明，只要确定二氧化碳直接排放量 g，以及国家间的投入产出流 a_{ij}，就可以确定任一目标国家和其余国家的二氧化碳排放责任。

（三）全球主要国家碳排放责任的具体计算

为了将上述指标进行实际运用，测算各国相对于其他国家的二氧化碳排放量，首先需要建立如表4-3所示的国家间投入产出矩阵。由于该矩阵是全球其他国家与目标国家相联系的投入产出矩阵，单纯使用某一国或某几国的投入产出表显然不可能满足测算时对数据的要求。此时，我们需要利用全球贸易分析项目（Global Trade Analysis Poject, GTAP）中提供的基础年份数据信息，并进行相应的处理，然后建立起国家间的投入产出矩阵。

GTAP是在美国普渡大学Thomas W. Hertel教授领导下建立起来的多国多部门的可计算一般均衡模型（Computable General Equilibrium,

CGE），主要用于进行国际贸易政策的定量分析。目前已经成为全球研究者和政策制定者进行政策模拟时主要应用的工具之一。GTAP旨在提高全球经济问题定量分析的质量，同时为了减少研究者搜集数据资料的时间，GTAP数据库提供了模拟时基础年份的全球对外贸易信息、全球投入产出表信息以及能源消费信息等。区别于将搜集到的各个国家的数据进行罗列，GTAP提供的数据是将其用户自愿提供的数据整合到统一的框架下。就投入产出表来说，这包括产业部门的整合、计价货币的统一和进出口贸易数据的对应等。

GTAP数据库在利用MRIO模型进行消费者责任下碳排放责任的认定方面具有很广的应用，它提供了MRIO建立时所需用的全部数据。例如，Wiling, Vringer（2007）利用GTAP6所提供的2001年基础年份数据，建立了包含12个区域的MRIO模型；Peters（2008）也利用该数据库建立了57个部门、87个区域的全MRIO模型，实际测算了消费者责任下各区域的碳排放量。

GTAP的建立自1993年开始已经陆续出台了7个版本。最近的版本是于2008年推出的GTAP7，它提供了以2004年为基期的包括57个部门、113个国家和区域的投入产出等经济数据。本节的研究即以2004年为基础，利用该数据库建立2个区域（目标国家和其余国家）的投入产出矩阵。

为了将GTAP7数据库中57个部门、113个国家的数据整合为笔者所需要的2个区域、1个部门，首先需要利用项目所提供的整合工具软件——GTAPAgg，将区域和部门进行合并。例如，如果我们利用前述指标计算中国相对于其他国家的碳排放责任，则整合后的区域显示为中国（China）和其余国家（ROW）。

利用Viewhar工具可以查看中国和划分为其余国家的基础数据。在测算中，笔者所需的原始数据指标可见表4-4。

表4-4 测算所需的GTAP数据

GTAP 数据名称	数据描述
VDFM	国内生产投入量
VXMD	双边出口贸易量
VIMS	双边进口贸易量

续表

GTAP 数据名称	数据描述
VST	国际运输服务出口量
VDPM	私人家户对国内产品的消费量
VDGM	政府对国内产品的消费量
VDFM（CGDS）	国内产出用于总资本的形成
VIFM（CGDS）	进口产品用于总资本的形成
VIFM	进口的生产投入量
VIPM	私人家户对进口产品的消费量
VIGM	政府对进口产品的消费量
VOM	区域的总产出

注：上述数据均以市场价格（marketprices）来计算。

回顾表4-3建立的国家间投入产出矩阵的结构，a_{11}代表中国国内的生产投入量，因此有：$a_{11}=\text{VDFM}_{china}$。$a_{12}$代表中国对其他国家产出的投入，$a_{10}$代表对中国产出的消费，因此，如果把$a_{10}$写为国内消费和国外消费的形式，即$a_{10}=a_{10China}+a_{10ROW}$，则意味着可以把中国对国外的出口总量写为：$a_{12}+a_{11ROW}=\text{VXMD}_{China}^{ROW}+\text{VST}_{China}$。对于国内产出的国内消费部分（按照投入产出表编制方法，总资本形成放置在最终使用部分，因此将其视为最终消费），显然有：$a_{10China}=\text{VDPM}_{China}+\text{VDGM}_{China}+\text{VDFM(CGDS)}_{China}$。

较为复杂的是计算矩阵的第二行。a_{21}代表国外中间产品对中国生产的投入，但是这一数据不能直接使用GTAP数据库中的VIFM指标。原因在于查看基础数据可以发现，双边贸易中的出口贸易量并不等于进口，即$\text{VIMS}_{China}^{ROW} \neq \text{VXMD}_{ROW}^{China}$。它们的区别在于出口的产品经过征收相应税费以及加上国际贸易运输利润之后才等于进口国的进口额。因此在计算矩阵第二行时应当使用出口额指标计算国外的实际产出。按照上述的方法，我们把对国外产出的消费亦写为两部分，即$a_{20}=a_{20China}+a_{20ROW}$。可见，$a_{21}+a_{20China}=\text{VXMD}_{ROW}^{China}+\text{VST}_{ROW}^{China}$。其中，其余国家对中国运输服务出口

$\text{VST}_{\text{ROW}}^{\text{China}}$ 在GTAP数据库中没有具体的数据。笔者利用其余国家向中国出口额占其总出口额的比重作为划分比例，将其乘其余国家运输服务总出口额来得到这一数据，即 $\text{VST}_{\text{ROW}}^{\text{China}} = \text{VST}_{\text{ROW}} \times (\text{VXMD}_{\text{ROW}}^{\text{China}} / \text{VXMD}_{\text{ROW}})$。由于GTAP数据库中提供了中国进口的中间投入和进口消费的数据，因此笔者可以利用该数据按比例地将国外对中国的出口量 $\text{VXMD}_{\text{ROW}}^{\text{China}}$ 划分为生产投入和消费部分。亦即，国外对中国的投入 $a_{21} = \text{VXMD}_{\text{ROW}}^{\text{China}} \times (\text{VIFM}_{\text{China}} / \text{VIMS}_{\text{China}}^{\text{ROW}})$，相应地，可以得出中国对国外产品的消费量 $a_{20\text{China}}$。

在矩阵中，a_{22} 代表其余国家自身的中间投入，由于其余国家是许多国家个体的集合，在利用软件GTAPAgg进行整合时，这些国家个体的进口投入和进口消费都进行了简单的相加处理。因此计算 a_{22} 时，不仅包含了数据 VDFM_{ROW}，还包含在其余国家区域内各个国家相互之间的进口投入，因为这应当属于在区域内自身的生产投入。同样，反映其余国家对自身产出的消费也不仅包括 VDPM_{ROW}、VDGM_{ROW} 和 $\text{VDFM}(\text{CGDS})_{\text{ROW}}$，也包含在其余国家区域内各个国家相互之间的进口消费。根据其余国家的进口投入 VIFM_{ROW} 和进口消费 $\text{VIPM}_{\text{ROW}} + \text{VIGM}_{\text{ROW}} + \text{VIFM}(\text{CGDS})_{\text{ROW}}$ 之间的比例关系，笔者将其余国家相互之间的出口乘这一比例关系，可以得到相互之间的进口投入量为：$\text{VXMD}_{\text{ROW}}^{\text{ROW}} \times (\text{VIFM}_{\text{ROW}} / \text{VIMS}_{\text{ROW}})$，并由此可以得到相互之间的进口消费部分。按照同样的比例，笔者把前述中国对国外的出口进行同样的划分，得到中国投入到国外生产的产出量为：$a_{12} = (\text{VXMD}_{\text{China}}^{\text{ROW}} + \text{VST}_{\text{China}}) \times (\text{VIFM}_{\text{ROW}} / \text{VIMS}_{\text{ROW}})$，由此，亦可计算中国产出用于国外消费的部分 $a_{10\text{ROW}}$。

经过上述数据处理后，笔者分别得到了数据 a_{i1}、a_{i2}、$a_{i0\text{China}}$、$a_{i0\text{ROW}}$，进一步可以得到各区域的总产出 $a_i = a_{i1} + a_{i2} + a_{i0\text{China}} + a_{i0\text{ROW}}$，将其与GTAP数据库中的VOM数据相比较，可以验证构造的投入产出矩阵是否平衡。此时，得到总产出之后，a_{i0} 数据也可获得，由此便可以建立完整的国家间投入产出矩阵。

利用GTAP-E数据库[①]，笔者可以获得以2004年为基期的全球各国的二氧化碳排放量，将其划分为两个区域，即中国和其余国家之后，可以相应地获得指标中所需数据g_i和e_i。

按照前述所构造的指标模型，以及相应的数据处理方法，笔者依次计算了以中国、美国、日本等十个主要国家作为目标国家时，其2004年经过调整后的二氧化碳排放量，其与GTAP统计上的直接排放量的比较见表4-5。

表4-5　主要国家2004年的二氧化碳排放量

国家	直接排放量（Gg）	指标下的二氧化碳排放量（Gg）	差额（Gg）	差额比重（%）	相对排放责任（%）
美国	6 069 542.5	6 229 298.893	−159 756	−2.63	31.51
中国	4 414 122	3 696 697.115	717 424.9	16.25	16.58
俄罗斯	1 552 469.75	1 369 729.233	182 740.5	11.77	5.56
日本	1 095 640.25	1 263 780.488	−168 140	−15.35	5.11
印度	1 061 473.625	990 141.6569	71 331.97	6.72	3.96
德国	794 094.5	954 368.4559	−160 274	−20.18	3.81
英国	594 610.813	689 965.1668	−95 354.4	−16.04	2.73
意大利	442 766.75	536 732.5367	−93 965.8	−21.22	2.11
法国	375 559.438	503 230.3129	−127 671	−33.99	1.97
巴西	298 045.969	306 387.1212	−8 341.15	−2.80	1.19

由表4-5可见，在本部分所建立的碳排放责任指标下，中国、俄罗斯、印度的二氧化碳排放量比各自的直接排放量有所下降，说明在充分考虑生产者责任和消费者责任下，这些国家的碳排放责任减少了，或者说现有的以直接排放量认定责任的方法高估了这些国家对气候的影响。与此同时，美国、日本、德国、英国、意大利、法国和巴西的二氧化碳排放量比其直接排放量有所上升，说明现有的排放量认定方法低估了这些国家的气候影响

---

①　GTAP-E，是GTAP专门用于分析能源和环境的CGE模型，其数据库会随GTAP版本的不同不断更新，这里为使研究时间统一，使用了与GTAP7相应的GTAP-E数据。

责任。显然,在全球碳减排责任分担时,这些国家应当比按直接排放量分担责任承担更大的比重。从直接排放量与经过调整后的排放量之间的差额可见,中国的绝对差额最大,其次是俄罗斯和日本,说明这些国家在碳排放责任方面被错误估计的绝对量最大。而从绝对差额占直接排放量的比重来看,法国、意大利、德国、中国、英国的比重较大,说明在碳排放责任认定方面这些国家被错误估计的程度较高。从相对排放责任——重新认定的碳排放量占当年全球总排放量的比重来看,美国、中国的相对碳排放责任较大,其中,美国的相对碳排放责任接近中国的两倍;而意大利、法国、巴西的相对碳排放责任较少。

表4-5还揭示了其他一些值得注意的现象。美国作为碳排放量最大的国家,经过指标调整后,其增加的碳排放责任相对其排放总额来说并不大;而欧洲一些排放量较小的发达国家,经过指标调整后,尽管其增加的绝对排放量不大,但相对量却较高。从推进国际气候合作的角度,依据该指标进行碳排放责任的认定,在兼顾责任分担的公平性基础上,能相对地协调各方利益,避免因为某一方需要承担过大责任而拒绝合作,甚至导致整个谈判的失败。

本部分在综合考虑生产者责任和消费者责任的基础上,根据Rodrigues等人提出的指标模型,实际测算了2004年全球十个主要国家二氧化碳排放量问题。发现中国、俄罗斯和印度经过指标调整后的碳排放量比统计中的直接碳排放量有所下降,而美国、日本、德国等发达国家的这一指标比直接碳排放量有所上升。这表明,如果不考虑造成气候变暖的历史原因,按照直接排放量认定各国的环境责任时,中国等国的碳排放责任会被高估,而美国等国的碳排放责任会被低估。因此,面对中国日益增长的二氧化碳排放,即使不考虑历史因素,按照责任分担的公平原则,中国也不应为其全部的二氧化碳排放负责;同时,美国等发达国家在责任分担时应当承担比直接碳排放量更多的环境责任。

本部分所有数据均来自GTAP7数据库,该数据库只提供了基础年份(2004年)全球经济相关数据。因此,笔者的研究没有考虑各国历史累积的二氧化碳排放。理论上说,如果可以获得历史上所有年份的相关数据,则可以测算出综合考虑生产者责任和消费者责任时,各个国家的二氧化碳排放量,经过累积之后可以作为全球碳减排责任分担的基础。从这个角度来说,依据该指标进行的测算可以作为重新认定各国碳排放责任的基础。本部分研究的另一缺憾在于数据相对陈旧,GTAP最新版本的数据只提供到2004年,2009年及以后的情况如何不得而知。笔者大胆地猜想,由于中国加入世贸组织之后出口量大增,2009年以后该指标下的二氧化碳排放量与直接排放量之间的差额可能会继续扩大。

二、静态减排责任分担机制

如果可以获知某一年份各国的二氧化碳排放量,则可以根据这一环境责任比例具体地量化各国此年份的减排责任。因此,依据前述指标建立的各国碳排放认定标准可以作为全球静态减排责任分担机制的基础。该静态减排责任分担机制符合应对气候变化的公平原则,但限于本研究的缺陷,单独依赖它尚不能完全代替当前的碳减排责任分担机制。

利用Rodrigues等人的指标,综合考虑二氧化碳排放中生产者责任和消费者责任的方法可以作为静态减排责任分担机制的基础。这种静态减排责任分担机制可以从两方面理解:一是只考虑当年责任,不考虑历史责任;二是在数据可得性允许的条件下,将静态责任叠加就可以得到累积的历史责任。这两方面表明,尽管是静态的减排责任分担机制,但它的建立对全球碳减排责任分担依然有重要意义。回顾前述对气候变化的公平原则的论述,以及该责任认定指标建立的过程,可以看出,这种静态的减排责任分担机制在下述几个方面符合应对气候变化的公平原则。

(一)统一的责任分担标准

这种静态的减排责任分担机制体现了全球环境问题的基本公平原则——“共同但有区别的责任”。更为确切地说,它体现了责任分担标准的统一性和责任分担结果的有区别性。在应对气候变化领域,“有区别的责任”经常被误解为责任分担标准的有区别性。这导致了各国都坚持符合自身利益的责任分担标准,造成争论不断、谈判难以达成。而对“共同但有区别的责任”的正确理解首先应当基于一个统一的责任分担标准,利用达成共识的这把“尺子”去衡量各个国家的责任分担量,从而得到结果上的

"有区别"。利用该指标去静态地认定各国的二氧化碳排放责任正是这一把"尺子",它体现了责任分担中的生产者责任和消费者责任,符合责任分担的公平原则;同时,这把"尺子"又被证明是存在的且唯一的,因此是责任分担中的一个统一标准。

(二)促进合作达成

由于应对气候变化不能依靠单个国家的努力而实现,所以顺利实现国际气候合作是应对气候变化行动的出发点和落脚点。根据罗尔斯作为公平的正义原则,应对气候变化领域的公平和正义也应当体现出促进各国在平等地位下合作的达成。利用综合考虑生产者责任和消费者责任的二氧化碳排放指标,可以避免在责任认定上生产者责任与消费者责任之争;同时综合考虑两者能够起到协调各国利益的作用,避免出现因某一方承担压力过大而选择拒绝合作的困境。因此,该指标下的静态减排责任分担机制体现了促进国际气候合作这个关键点,是解决各国公平性争论的一个有效途径。

(三)减少碳泄漏发生

由前述分析可见,如果采用直接排放量作为静态减排责任分担的基础,将会使公平而严格的国际气候协议失去其应有的效力。采用间接排放量标准,同时考虑生产者责任和消费者责任,将使得不仅是生产者有动力采取清洁技术或节约能源消耗来减少二氧化碳排放,消费者也有动力减少高污染、高耗能产品的消费。这样,从国家层面来看,由于必须同时要承担消费者责任和生产者责任,国家通过进口代替国内排放的做法不再被机制所鼓励,因此能够减少碳排放的跨国转移。同时,高排放的国家也要承担部分的生产者责任,不能因为出口隐含的碳排放量较高而无所顾忌,这样就实现了抑制双方二氧化碳排放的目的。

(四)研究缺陷

如前所述,本书建立起来的静态减排责任分担机制对全球碳减排责任分担具有重要意义,但该静态责任分担方法不能完全代替当前的减排责任分担机制。最关键的原因是该静态减排责任分担机制在现实数据不可得的条件下无法实现对历史责任的衡量,因此不好利用某一年份的各国二氧化碳排放量来具体地分担各国的碳减排责任。IPCC等权威机构曾指出,大气中人为排放的温室气体的不断累积是造成气候变化的主要原因,因此,历史上累积的排放必须考虑在责任分担机制当中。本研究的缺陷是没有具体量化各国历史的二氧化碳排放量,也因此无法给予各国碳减排责任量的具体意见。然而,可以肯定的是全球因化石能源消耗而产生的大量二氧化碳排放源自19世纪中叶工业革命时期(见图4-8),此时的排放责任主要是处于工业化进程中的发达国家。因此,在无法确切衡量在该指标下各国历史累积排放的背景下,强调发达国家率先履行减排责任符合责任分担的公平原则。从这个角度说,本节对《京都议定书》框架下全球气候治理机制的改进,贡献在于更改当前责任的认定方法,并没有因此而改变发达国家先于发展中国家履行责任的规定。

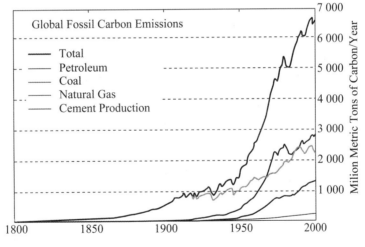

图4-8　全球1800—2000年化石能源产生的碳排放量

资料来源:Carbon Dioxide Information Analysis Center(http://cdiac.ornl.gov/)。

三、动态减排责任分担机制

考虑造成气候变暖的历史责任,《京都议定书》只规定了发达国家的强制减排责任。然而,发展中国家的状态并非一成不变,随着经济的发展,其也有成为发达国家的可能。那么，在当前定义下的发展中国家是否永远不承担强制减排责任呢？按照应对气候变化的公平原则，答案显然是否定的。本部分通过考察能源消费对经济增长溢出效应的国家差异，建立起动态减排责任分担机制，使发展中国家和发达国家一起，按照相同的责任分担标准，承担起"有区别"的减排责任。

（一）根据各国发展而动态调整的责任分担原则

当前气候治理机制下各国碳减排责任的分担表现为发达国家承担强制减排责任，而发展中国家可以进行自愿性碳减排。如前所述，这一责任分担机制对碳排放责任的认定基于一种属地责任原则，这不仅容易导致碳泄漏的发生，而且不符合责任分担的公平性要求。前面笔者已经在综合考虑生产者责任和消费者责任的基础上，重新认定了各国的二氧化碳排放责任。然而，受限于数据可得性，本研究无法具体测算历史上所有年份各个国家在这一指标下的二氧化碳排放量。因此，考虑造成气候变暖的历史责任，当前治理框架下发达国家先于发展中国家承担责任是符合应对气候变化的公平原则的。

然而，面对发展中国家日益剧增的二氧化碳排放量，当前减排责任分担机制并没有规定发展中国家未来是否应当进行强制减排，以及在何时、达到什么条件下应当减排。这使得许多学者在分析《京都议定书》的执行效果之时，都将《京都议定书》假设为永远执行的状态，即假设发展中国家永远不承担强制减排责任。他们的研究结果表明，在这种情景下无论是在减排的成本效率方面，还是在实现对温室气体的控制方面，效果都不理想。如此一来，西方学者特别是主流经济学家，对《京都议定书》单边的减排政策更加剧了批判，发达国家也更加坚持发展中国家也要承担强制减排责任的主张。

回顾前述应对气候变化的公平原则，其具备的基本属性包括统一的责任分担标准，以及在这一标准下得到的"有区别"的责任分担结果。这个统一的责任分担标准应当涵盖历史的责任、消费的责任、生产的责任以及根据各国发展而动态调整的责任。如果说当前治理机制下只有发达国家承担强制减排责任的规定是基于历史的责任，重新制定的碳排放责任指标是基于消费者责任和生产者责任的话，那么，在碳减排责任分担机制中还欠缺另一项重要因素——根据各国发展而动态调整的责任。

国内学者潘家华[①]曾经提出"人文发展"的概念，根据这一概念，各国二氧化碳排放存在着"权"和"限"的要求。其中，"限"的定义明确指出了发展中国家二氧化碳排放也存在着"上限"。即当发展中国家达到一定水平时，其也要承担强制减排责任，也要减少绝对排放量。因此，建立根据各国发展而动态调整的责任原则符合"人文发展"的要求，也是责任分担方面公平原则的应有之义。同时，规定发展中国家何时承担减排责任，也打消了发达国家对未来的担忧和顾虑，消除了其不履行自身义务的借口，有助于发达国家和发展中国家基于同样的标准建立起沟通和协商的基础，促进国际气候合作的达成。

（二）理论基础[②]

所谓动态减排责任分担机制，指的是在各国的动态发展过程中存在一个"减排门限"或者"触发机制"，当某个国家的某项指标达到或超过这一门限水平或触发值时，这个国家就应当承担起强制减排责任。动态减排责任分担机制体现了根据各国发展而动态调整的责任分担原则，给那些暂时不用承担减排责任的国家提供了一个进入机制，符合应对气候变化的公平原则，同时促进了国际气候合作的达成。

然而，动态减排责任分担机制建立的关键，首先是要确定各国因何而必须要承担减排责任，即明确其建立的理论基础是什么。从国际气候合作的争论来看，各国之所以不愿轻易承担起碳减排责任，主要源于二氧化碳这一温室气体的特殊性。人为排放的二氧化碳大量产生于化石能源的消耗，减少二氧化碳排放意味着减少一国经济发展对化石能源的依赖。然而，能源作为一种重要的生产投入，与经济增长之间可能存在紧密联系。因此，各国担心减少能源消耗可能会降低经济增长速度而大多对碳减排持谨慎甚至反对态度。从这个角度看，如果减少能源消耗对经济增长的负面影响较大，则一国必然有理由拒绝进行碳减排。但是，如果减少能源

---

① 潘家华：《人文发展分析的概念构架与经验数据》，《中国社会科学》2002年第6期，第15–25页。

② 本部分内容已发表在《经济评论》2011年第6期。

消耗对经济增长没有负面影响，则此时该国就没有反对碳减排的动机。因此，研究能源消费对经济增长溢出效应的国家差异，将是建立动态减排责任分担机制的基础。具体来说，如果能源消费与经济增长之间存在一种非线性转换关系，则只要找到这种转换点，或者称为"拐点"，那么就可以明确一国何时、达到什么标准下，应当承担起强制减排责任。

近年来，学术界涌现了大量关于能源消费与经济增长关系的实证研究。这些研究基本上可以归为三类：一类是对Grossman和Krueger（1991）提出的环境库兹涅茨曲线（EKC）假设的实证检验，即考察环境污染与经济发展或收入水平之间是否存在倒U形关系。一些针对个别污染物的检验证实，污染排放量会随着收入水平的提高出现先上升后下降的趋势（Carson等，1997；Panayotou，1997，包群、彭水军，2006；林伯强、蒋竺均，2009）。这种由经济发展对环境污染单向影响的研究受到了一些学者的批判，随着计量技术的发展，另一类围绕能源消费与经济增长因果关系的研究得以出现。这类研究利用格兰杰因果关系检验和协整分析，建立了二元或多元模型，侧重于揭示能源与经济之间是否存在双向因果关系以及它们在短期和长期的影响（Stern，2003；Paul等，2004；Soytas等，2007；Apergis等，2009）。在最近发展的第三类研究中，学者们突破了上述线性关系假设的局限，开始利用多种计量方法，如门限回归方法、平滑转换模型以及非线性格兰杰因果关系检验等，证实了能源消费与经济增长非线性关系的存在性（Huang等，2008；Chiou-Wei等，2008；Aslanidis等，2009；赵进文等，2007；杨子晖，2010）。

（三）动态减排责任分担机制与综合考虑生产者责任和消费者责任

动态减排责任分担机制建立的理论基础是考虑不同国家能源消费对经济增长溢出效应的不同，是从消除各国反对减排的动机入手而展开的。然而，动态减排责任分担机制作为碳减排责任分担机制的重要组成部分，必须要符合应对气候变化的公平原则。回顾前述关于生产者责任和消费者责任之争，笔者认为公平而促进合作达成的责任认定原则是综合考虑生产者责任和消费者责任。为了与这一责任认定原则相一致，本章动态减排责任分担机制的建立也需要综合考虑两者的责任。

在本部分研究中,所考察的基本变量是各国的能源消费与经济增长。能源消费量代表了二氧化碳直接排放量,这只反映了生产者责任。另外一个关键变量是减排门限的选择,即能源消费与经济增长关系的转变因何变量而区别。为了考察消费者责任,关于门限变量笔者选择了人均消费水平。这意味着本部分将考察当以人均消费作为门限变量时,能源消费与经济增长之间是否存在非线性转换关系。如果这一关系存在,并且当人均消费水平超过某一门限值时能源消费对经济增长溢出效应不再显著,那么,这些超过门限水平的国家就应当承担起强制减排责任。这样,从动态的角度看各国就拥有了一个进入减排国家队伍的机制。当前不承担责任的国家并非永远不承担责任,当其人均消费水平超过某一上限时,它就应该进行强制减排。而以人均消费作为减排门限、以能源消费作为基本考察变量的做法体现了综合考虑生产者责任和消费者责任的原则,与前述的责任认定标准相统一。

(四)以人均消费作为减排门限的实证研究

虽然关于能源消费与经济增长关系的实证研究众多,然而,比较相关结论却可以发现:这些计量分析的结果常呈现很大差异,尤其是关于EKC的检验和格兰杰因果关系的研究。究其原因,除了研究对象,如针对的时段和国家的不同外,对于模型中变量选取的随意性也造成了结论可信度的下降。因此,对能源消费与经济增长关系的检验,应当首先从理论模型出发,建立起实证检验的理论基础。

本部分对能源消费溢出效应的检验借鉴了国际贸易理论关于出口贸易技术外溢的研究方法,利用Feder(1983)提出的一个两部门生产函数,构造能源消费溢出效应的计量检验模型。

假设经济中包含能源 E 与非能源 G 两个生产部门,它们都需要资本 K 和劳动力 L 作为生产投入。同时,能源作为一种非能源部门的投入要素,对经济中总产出 Y 存在溢出效应①。E 和 G 的生产函数形式以及关于总产出的表达如下:

$$E = E(K_1, L_1) \tag{4.24}$$

$$G = G(K_2, L_2, E) \tag{4.25}$$

---

① 能源部门对总产出的溢出效应指的是能源部门产出变化所带来的对经济总产出的影响。

$$Y = E + G \tag{4.26}$$

同时满足：$K_1 + K_2 = K$, $L_1 + L_2 = L$ \tag{4.27}

为了便于分析，按照Feder（1983）的做法，假设要素的边际产出满足：

$$\frac{E'_{K_1}}{G'_{K_2}} = \frac{E'_{L_1}}{G'_{L_2}} = 1 + \delta \tag{4.28}$$

式（4.28）的成立实际是假设资本和劳动力的边际产出在两部门间存在一个固定的差异。这种差异显示了哪个部门拥有更高的要素边际产出。即当$\delta > 0$时，能源部门的要素边际产出大于非能源部门，而当$\delta < 0$时则意味着非能源部门的要素边际产出大于能源部门。式（4.28）中$\delta \neq 0$，表明经济增长有通过资源重新配置而实现的可能。对式（4.26）进行全微分，同时将式（4.28）的结果代入，得到：

$$dY = G'_{K2} (dK_1 + dK_2) + G'_{L2} (dL_1 + dL_2) + G'_E dE + \delta G_{K2} dK_1 + \delta GL_2 dL_1 \tag{4.29}$$

在不考虑折旧的情况下，定义资本的变动等价于投资，即$I = dK_1 + dK_2$，因此上式又可进一步写为：

$$dY = G'_{K2} I + G'_{L2} dL + G'_E dE + \frac{\delta}{1+\delta} dE \tag{4.30}$$

对式（4.30）两边同时除以Y，并分离出表示能源部门对非能源部门产出弹性[①]的θ（$\theta = G'_E \dfrac{E}{G}$），得到：

$$\frac{dY}{Y} = G'_{K2} \frac{I}{Y} + \frac{G'_{L2} L}{Y} \frac{dL}{L} + (\frac{\delta}{1+\delta} - \theta) \frac{E}{Y} \frac{dE}{E} + \theta \frac{dE}{E} \tag{4.31}$$

将式（4.31）改写为人均的形式，即令$y = \dfrac{Y}{L}$，$e = \dfrac{E}{L}$，公式两边同时减去$\dfrac{dL}{L}$，可得：

$$\frac{dy}{y} = G'_{K2} \frac{I}{Y} + (\frac{\delta}{1+\delta} - \theta) \frac{E}{Y} \frac{de}{e} + \theta \frac{de}{e} + [(\frac{\delta}{1+\delta} - \theta) \frac{E}{Y} + \frac{G'_{L2} L}{Y} + \theta - 1] \frac{dL}{L}$$

$$\tag{4.32}$$

---

① 按照弹性的定义，这里能源部门对非能源部门产出弹性指的是能源部门产出变化1/100所带来的非能源部门产出变化的百分比。

上式进一步整理可以写为:

$$\frac{dy}{y}=\alpha\frac{I}{Y}+\beta\frac{dL}{L}+\gamma\frac{de}{e} \tag{4.33}$$

其中,　$\alpha=G'_{K_2}$,　$\beta=[(\frac{\delta}{1+\delta}-\theta)\frac{E}{Y}+\frac{G'_{L_2}L}{Y}+\theta-1]$,　$\gamma=[(\frac{\delta}{1+\delta}-\theta)\frac{E}{Y}+\theta]$。

α、β、γ是模型中的被估计参数。

对式(4.33)引入常数项c和随机扰动项ε_t,并把增长率写为对数一阶差分的形式,同时令irate代表投资—产出比($\frac{I}{Y}$),则可以得到用于检验能源消费溢出效应的实证模型:

$$\Delta\ln y_t=c+\alpha\mathrm{irate}_t+\beta\Delta\ln L_t+\gamma\Delta\ln e_t+\varepsilon_t \tag{4.34}$$

式(4.34)表明了人均GDP增长率受投资—产出比、劳动力增长率以及人均能源消费增长率的影响。通过考察γ值的大小和方向,可以分析能源消费对经济增长的溢出效应。

现实中的宏观经济变量无论是在时序中还是在变量之间常呈现一种非线性转换的特征,例如产出和就业的下降相对于上升更加迅速。为了捕捉这种非线性行为,计量经济学中的门限回归模型(Threshold Regression Model)得到了广泛的应用。门限回归方法力图找寻发生突变的临界点,其本质是将某一观测值作为门限变量,根据其大小将其他样本值进行归类,分别回归后比较回归系数的不同。当这一门限值为已知时,门限回归的技术变得简单易行。然而大多数情况下,门限值是未知的,需要和模型中的其他参数一同估计。此时,确定门限值的方法是将该门限变量从小到大排序,依次作为门限值进行回归。如果得到的模型的残差平方和最小,则认为该方程是含有门限的一致估计(Enders,2004)。

Hansen(1999)将上述门限回归模型应用到非动态平衡面板数据中,并利用自举方法(Bootstrap Method)建立对门限效应显著性的假设检验。本部分将根据Hansen所提供的方法,以人均消费水平作为门限变量,建立起45个国家能源消费对经济增长溢出效应的非线性模型。

对于门限效应的估计和检验计量上可以区分为单门限模型和多门限模型。本部分的检验首先从最基本的单门限模型开始,形式设定如下:

$$\Delta\ln y_{it}=c_i+\alpha\mathrm{irate}_{it}+\beta\Delta\ln L_{it}+\gamma_1\Delta\ln e_{it}I(\mathrm{con}_{it}\leq\tau)+\gamma_2\Delta\ln e_{it}I(\mathrm{con}_{it}>\tau)+\varepsilon_{it}$$
$$\tag{4.35}$$

其中，i代表国家，t代表时间。$I(\cdot)$代表指示性函数，con表示对数后的人均消费水平，τ是门限值。模型含义为能源消费与经济增长之间存在"人均消费水平"的门限效应，即当con超过某一临界值τ时，代表溢出效应大小的γ可能发生突变，以此来揭示能源消费溢出效应的地区差异。

对上述模型的估计可以采取消除个体效应后最小二乘的估计方法[①]。由于τ值越接近真实的门限水平，回归模型的残差平方和$S_1(\tau)$越小，因此确定门限值的大小是使$\hat{\tau} = \operatorname*{argmin}_{\tau} S_1(\tau)$。为了使门限两边留有适当数量的观测值，通常对门限值排序后，剔除最大和最小各$n\%$（如15%）的值来进行搜索。在本部分的研究中，笔者采取了与其类似的格点搜寻法（Grid Search），从con变量的0.01分位数开始搜寻，对第三门限效应的检验从0.05的分位数开始搜寻，共搜寻400个分位数。

对于门限模型的假设检验包括两个方面：一是检验门限效应是否显著，二是检验得到的门限估计值是否是真实值。对于第一个检验通常构造F统计量$\{F1=[S_0-S_1(\hat{\tau})]/\sigma^2\}$来实现，$S_0$为不存在门限效应的残差平方和，$\sigma^2$为残差方差。对于单门限回归模型来说，原假设$H_0$：没有门限效应；备择假设$H_1$：有一个门限。Hansen（1999）用自举法得到了F统计量的渐进分布，并得到了基于似然比检验的P值。当P值足够小时，则拒绝原假设，证明模型至少存在一个门限效应。

其次是检验门限估计值是否足够接近真实值，即构造门限值的置信区间。它的原假设是$H_0: \tau = \hat{\tau}$，相应的似然比函数为

$$LR(\tau) = \left[S_1(\tau) - S_1(\hat{\tau})\right]/\sigma^2$$

如果在单门限模型的第一个检验中拒绝了原假设，则意味着变量之间存在至少一个非线性转换的临界值。由于在实际中确实可能发生临界值不止一个的结构突变，因此就需要引入多门限的回归模型及其相应的假

① Soytas U, Sari R, Ewing B.T, et.al: "Energy Consumption, Income, and Carbon Emissions in the United States", "Ecological Economics", 2007（62）：482–489. Apergis N, Payne J: "Energy Consumtion and Economic Growth in Central America: Evidence from a Panel Cointegration and Error Correction Model", "Energy Economics", 2009（31）：211–216.

设检验。根据式（4.35）扩展而来的双门限的模型设定形式如下：

$$\Delta \ln y_{it}=c_i+\alpha \mathrm{irate}_{it}+\beta \Delta \ln L_{it}++\gamma_1 \Delta \ln e_{it}I(\mathrm{con}_{it}\leqslant \tau_2)+\gamma_2 \Delta \ln e_{it}I\tau_2$$

$$(\mathrm{con}_{it}\leqslant \tau_1)+\gamma_3 \Delta \ln e_{it}I(\mathrm{con}_{it}>\tau_1)+\varepsilon_{it} \tag{4.36}$$

对上述模型估计采取的方法是：先固定第一步得到的门限值$\hat{\tau}_1$，然后搜寻第二个门限值$\hat{\tau}^r_2$，使残差平方和$S^r_2(\tau_2)$最小，然后将这一门限值固定，再修正第一步得到的门限值，得到使第一个残差平方和$S^r_1(\tau_1)$最小的第一个门限值$\hat{\tau}^r_1$。

如果在单门限模型第一个检验中拒绝了原假设，则对于双门限模型的第一个假设检验是，原假设H_0：只有一个门限值；备择假设H_1：有两个以上门限值。构造类似的F统计量并得到相应的P值后，如果依然拒绝原假设，为了确定最终门限的个数，需要再进行三门限的回归估计，估计方法同上。

本研究所用数据来自世界银行发展指数数据库（WDI）。该数据库包含了从1960年开始，213个国家和地区的854个宏观经济指标。由于许多国家在某些年份数据缺失，为了尽量扩大研究国家的范围，同时考虑数据可得性，本研究选取了经济总量较大的45个国家和地区的数据作为研究对象（具体的国家和地区名单见表4-6）。数据选取时期为1980—2007年。其中，人均产出数据选取按购买力平价折算为2005年美元不变价的人均GDP水平[1]（单位为美元），投资—产出比数据选取总的固定资产投资占GDP的比重，能源消费数据选取人均一次能源使用量（单位为千克石油当量），消费数据选取按购买力平价折算为2005年美元不变价的居民最终消费支出（单位为美元）[2]，劳动力和人口数据分别来自该数据库相应统计（详细描述见表4-7）。为获得增长率，对相应变量进行对数差分处理，各变量的统计性描述见表4-8。

---

[1]　按购买力平价折算GDP的方法是进行国家间收入比较的常用方法，例如在世界银行组织下开展的国际比较项目（ICP）就是以此方法作为基础。此处之所以没有使用市场汇率方法折算GDP，原因在于进行国家间收入比较时该方法存在真实收入水平会受汇率波动影响的缺陷。例如，如果一国汇率贬值50%而其他经济情况不变，则利用市场汇率折算出的收入水平为真实水平的一半，从而产生较大误差。

[2]　人均消费水平的获得通过居民最终消费支出除以人口得到。

表4-6 选取的45个国家和地区名单

阿尔及利亚	中国	法国	约旦	南非
澳大利亚	哥伦比亚	德国	肯尼亚	西班牙
奥地利	哥斯达黎加	中国香港	韩国	苏丹
孟加拉国	塞浦路斯	匈牙利	马来西亚	瑞典
比利时	丹麦	冰岛	墨西哥	瑞士
玻利维亚	厄瓜多尔	印度	荷兰	泰国
巴西	埃及	印度尼西亚	新西兰	英国
加拿大	萨尔瓦多	意大利	秘鲁	美国
智力	芬兰	日本	葡萄牙	委内瑞拉

表4-7 各变量的数据来源说明

变量名称	所用数据库指标	单位	计算方法或来源
人均产出	GDP per capita, PPP（constant 2005 international $）	美元	直接来自WDI
投资—产出比	Gross fixe capital formation（% of GDP）	—	利用WDI指标除以100
人均能源消费	Energy use（kg of oil equivalent per capita）	千克石油当量	直接来自WDI
人均消费	Household final consumption expenditure, PPP（constant 2005 international $）; Population, total	美元	利用WDI数据库中居民最终消费支出与人口总数相除得到
劳动力	Labor force, total	人	直接来自WDI

表4-8　各变量的统计性描述

统计量	$\Delta\ln y_{it}$	irate_{it}	$\Delta\ln L_{it}$	$\Delta\ln e_{it}$	con_{it}
中值	0.022 737	0.211 935	0.025 684	0.012 106	8.845 237
最小值	−0.180 45	0.055 392	−0.064 04	−0.195 29	5.496 353
最大值	0.150 45	0.435 862	0.119 24	0.230 385	10.334 84
标准误	0.033 997	0.053 61	0.015 048	0.045 121	1.031 012
25% 分位数	0.006 397	0.186 09	0.017 281	−0.010 22	7.962 464
75% 分位数	0.037 241	0.246 152	0.031 525	0.036 618	9.496 713

注：con_{it}为人均消费支出的对数。

　　为了确定能源消费溢出效应是否存在非线性转换行为，笔者进行了原假设为没有门限、单个门限、双门限以及三门限的实证检验。表4-9列出了在各假设检验中的F值，通过自举法得到的P值，以及相应10%、5%、1%显著水平下对应的临界值。从中可见，在单门限检验中P值很小，说明在1%显著水平下拒绝了没有门限的原假设，模型存在显著的门限效应。而在双门限和三门限的检验中，P值分别为0.053和0.25，这说明在5%的显著水平下应当接受原假设。因此可以断定这种非线性行为的存在性，同时可以确定模型只有一个门限值。

表4-9　门限效应检验

单门限检验	F_1	31.28
	P 值	0.000
	（10%，5%，1% 对应临界值）	（12.40，16.21，21.05）
双门限检验	F_2	17.42
	P 值	0.053
	（10%，5%，1% 对应临界值）	（13.80，17.52，24.80）

续表

三门限检验	F_3	7.49
	P 值	0.25
	（10%，5%，1%对应临界值）	（10.26，11.90，16.81）

图4-9给出了单门限模型中置信区间的构造。使似然比函数等于0的对数人均消费水平即是门限值。相应的95%置信区间是似然比函数位于虚线以下的部分。表4-10给出了在单门限模型中估计的门限值，括号内是相应的95%和99%下的置信区间。

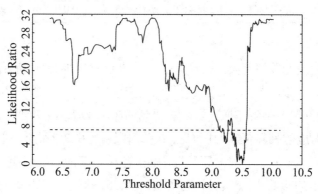

图4-9 单门限模型中的置信区间

表4-10 门限估计值

门限	估计值	95% 置信区间	99% 置信区间
$\hat{\tau}$	9.513 7	（9.146 3，9.574 3）	（9.071 9，9.585 8）

表4-11 能源消费溢出效应模型回归估计结果

解释变量	线性回归个体固定效应模型	非线性单门限模型
常数项	−0.007 3（−1.17）	
irate_{it}	0.114 3*（4.14）	0.101*（3.89）
$\Delta \ln L_{it}$	0.008 4（0.10）	0.002 9（0.04）
$\Delta \ln e_{it}$	0.213 4*（10.72）	
$\Delta \ln e_{it}(\mathrm{con}_{it} \leqslant 9.513 7)$		0.261 1*（12.04）

解释变量	线性回归个体固定效应模型	非线性单门限模型
$\Delta\ln e_{it}(\,con_{it}\leqslant 9.5137\,)$		−0.033 8（−0.68）

表4-11是能源消费溢出效应模型在线性个体固定效应模型下和非线性单门限模型下的回归结果。在普通线性回归模型下可以看出，投资—产出比、劳动力增长率和人均能源使用增长率都对人均产出有正向影响。然而，其中的劳动力增长率回归系数并不显著。在门限回归模型中，解释变量分为区间独立（regime independent）变量和区间依存（regime dependent）变量，分别指回归系数随着因门限隔离的区间不变和变化的变量。在非线性单门限回归模型下，区间独立的解释变量，其回归系数的符号依然为正，说明投资—产出比和劳动力增长率依然正向拉动了人均产出的增长。笔者考察的重点在于能源消费溢出效应在门限前和门限后的变化。由单门限模型的回归结果可以发现，在对数人均消费水平达到9.513 7之前，能源消费对经济增长的溢出弹性是0.261 1；而当超过这一门限水平时，溢出弹性的符号发生了改变，并且回归系数也不再显著。这一估计结果说明能源消费对经济增长的溢出效应存在典型的"人均消费水平的门限效应"，即当人均消费水平达到一定程度之后，人均能源消费的增长对经济增长的拉动作用不再明显。这一实证结果暗示了如果考虑降低节能减排对经济负面影响的因素，这些能源消费溢出效应不显著的国家，相对那些溢出效应明显的国家，更应当实施严格的能源和环境政策。

上述实证检验的结果表明，能源消费对经济增长的溢出作用存在以人均消费水平为门限的非线性转换行为。当对数化的人均消费水平超过9.513 7（按购买力平价折算为2005年不变价，约135 44美元）时，能源消费对经济增长的溢出作用不再显著，这意味着超过此门限的国家相对于其他国家，无论在道义上还是出于经济利益考虑都更应当减少能源消费，并降低由此带来的温室气体排放。表4-12列出了超过第一门限9.513 7的国家和地区名单及其超过时的相应年份。从中可以发现，应当减少能源消费的国家和地区在本部分的研究中共有20个，它们都是相对发达的国家和地区，此结论与应对气候变化的公平原则——"共同但有区别责任"的要求相一致。从超过门限的时点看，瑞士、美国、加拿大、奥地利、德国、冰岛、英国先后在20世纪80年代超过了人均消费水平的门限值，意味着这些国家从动态角度看应当率先实施严格的能源和环境政策，或者说在减少温室气体排放方面应当率先履行责任。2007年第一门限内国家名单及相应人均消费水平见表4-13。

表4-12 超过第一门限的国家和地区名单及相应年份

国家和地区	年份	国家和地区	年份	国家和地区	年份	国家和地区	年份
澳大利亚	1996—2007	丹麦	1997—2007	冰岛	1987—2007	西班牙	2000—2007
奥地利	1987—2007	芬兰	2003—2007	意大利	1991—1992，1994—2007	瑞典	2000—2007
比利时	1991—2007	法国	1990—2007	日本	1991—2007	瑞士	1980—2007
加拿大	1986—2007	德国	1987—2007	荷兰	1995—2007	英国	1988—2007
塞浦路斯	2006—2007	中国香港	1992—2007	新西兰	2003—2007	美国	1980—2007

表4-13 2007年第一门限内国家名单及相应人均消费水平

国家	人均消费	国家	人均消费	国家	人均消费
葡萄牙	9.495 3	马来西亚	8.502 0	阿尔及利亚	7.633 1
韩国	9.394 2	巴西	8.499 5	印度尼西亚	7.627 4

续表

国家	人均消费	国家	人均消费	国家	人均消费
匈牙利	9.298 0	哥伦比亚	8.481 9	中国	7.391 3
墨西哥	9.032 9	秘鲁	8.350 8	印度	7.284 2
智力	8.945 8	厄瓜多尔	8.321 0	苏丹	6.938 0
哥斯达黎加	8.676 7	泰国	8.200 6	肯尼亚	6.909 0
委内瑞拉	8.663 4	约旦	8.095 7	孟加拉国	6.630 5
萨尔瓦多	8.602 7	埃及	7.904 2		
南非	8.543 5	玻利维亚	7.654 0		

本部分利用Feder（1983）的两部门生产函数，建立了用于检验能源消费对经济增长溢出效应的计量模型，对能源消费增长与经济增长之间是否存在"人均消费水平的门限效应"进行了实证检验。得到的主要结论是：①能源消费增长与经济增长之间存在显著的非线性转换关系，通过对单门限效应和多门限效应的检验，可以确定它们之间只存在一个门限效应。②通过对比门限前后变量系数的变化可以发现，当人均消费水平不超过13 544美元时，能源消费增长对经济增长具有显著的正向拉动作用，而当人均消费水平超过这一门限值时，这种作用的方向改变并且不再显著。

上述结论的得出对建立全球动态减排责任分担机制提供了经验上的支持。人均消费水平可以成为各国是否承担强制减排责任的衡量标准，各国在这一统一的标准下能够得出当前是否应当承担责任，以及在未来何时应当承担责任等结论。同时，这一动态减排责任分担机制综合考察了生产者责任和消费者责任，符合责任认定的公平原则。

第五章 中国的资源安全与环境安全

在内涵分析方面，笔者认为资源安全包括了经济含义、物质含义和环境含义三种内涵。其中，经济含义是资源安全最重要的方面，它侧重于关注资源配置和利用的有效性，以及资源的价格风险及其影响等。现阶段，我们常常为了安全谈安全，往往忽视了资源安全一定是建立在经济效率基础上的安全。资源之所以重要，在于其对人类生存发展的支持，脱离了这一点，或者说脱离了使人类整体福利最大化，资源安全的意义就不存在了。

国家环境安全同国家资源安全一样，是国家非传统安全的新生概念和重要领域。国家环境安全具有如下独特属性：一是影响国家环境安全的因素可以在一国国界内，亦可以是跨国界、跨区域的；二是国家环境安全虽然强调的是本国利益，但该利益出发点必须与人类整体利益相协调；三是国家环境安全问题对绝对主权观带来极大挑战。

总体上，我国资源安全的现实基础呈现出比较脆弱的特征，环境质量总体上保持稳定，但污染问题依然严重。归纳来看，不合理的自然资源产权结构和被忽视掉的环境成本，是造成我国资源环境问题突出的主要制度性因素。通过建立我国资源环境承载力指标体系，本章研究发现从2004年到2013年，资源环境支撑系统保持较稳定，资源环境经济系统和资源环境保育系统呈上升趋势，资源环境耗散系统则呈下降趋势。

第一节 资源安全与环境安全的理论内涵

本节将详细阐述资源安全与环境安全的理论内涵，并就资源安全与环境安全的关系进行分析。

一、资源安全的理论内涵

（一）资源不安全问题的由来

学术界对资源安全理论的研究首先是从现实中切身感受到资源不安全的威胁而产生的。资源，广义上指一切可被开发和利用的物质、能量和信息的总称。在经济学看来，资源是作为一种要素投入而存在的，因此资源对于人类生存和发展起着至关重要的作用。在工业革命之前，人类社会活动还远未触及改造大自然的地步，此时经济发展对资源的依赖性主要体现在如何利用技术进步扩大资源使用范围和提高资源利用效率等问题上。19世纪中期工业革命之后，随着全球人口规模的迅速膨胀和工业化生产的快速发展，经济增长的资源瓶颈约束作用越来越凸显。此时，伴随着热力学第二定律[①]等自然科学知识上的进步，人类认识到很多重要的生产性投入资源在总量上看是有限的。面对人口爆炸和经济活动增加，人类越来越担忧和恐惧由此而产生的资源枯竭和不可持续发展问题，马尔萨斯的《人口论》、罗马俱乐部的《增长的极限》生动展现了人类对于这种资源威胁的担忧。

在整个人类社会对资源安全忧心忡忡之时，国家层面的资源安全威胁也开始展现。20世纪70年代的两次石油危机，使西方各国第一次领略到石油供给中断带来的致命性打击。1973年的第一次石油危机，国际油价暴涨2倍多，触发了发达国家"二战"以后最严重的经济衰退。为了应对贸易禁运导致的石油供给中断，美国等国纷纷建立了石油战略储备制度，发达国家也联合起来成立了国际能源机构（IEA），通过跨政府调节建立起集体应对能源安全机制。此时，国家层面的资源安全威胁与国际关系和地缘政治紧密相关，资源的对外依存程度成为衡量资源是否安全的一个重要指标。

进入20世纪90年代以来，资源安全的威胁又有了新的表现。一方面，可持续发展理论的不断发展深入推动了对资源利用可持续性、可更新性和可恢复性的关注；另一方面，频发的生态环境问题，使得资源利用中的

[①]　热力学第二定律又称为熵定律，熵是不能用于做功的能量总数，该定律指出任何一个封闭的系统都是熵增的过程，亦即对于一个封闭的系统它最终一定会耗尽它能获得的能量。

环境约束或者说资源使用中带来的环境威胁,成为资源领域新的不安全因素。例如,矿产资源的开发常常伴随对土壤、水资源、植被等其他资源的破坏;化石能源的燃烧会产生大量温室气体和其他空气污染物;很多非常规能源和可再生能源的开采业会造成水资源、动植物资源的破坏等。由此可见,在新时期下,资源安全与环境安全有了更加紧密的关系,后文中我们会更加深入地探讨这种关系。

由上述分析可见,资源不安全问题的产生是多层次的。总体上,人类对资源安全的担忧来源于其有限的总量难以支持无限的增长;国家层面上,国家资源安全的威胁来自地缘政治和国际关系导致的资源供给中断;在环境约束上,资源安全的威胁体现在资源利用过程中产生的诸多导致生态环境不可持续发展问题。由现实中这些具体的资源问题,我们逐渐形成了对资源安全理论内涵的初步认识。

(二)国家资源安全的相关研究回顾

现实中资源安全领域的相关问题促使了资源安全理论的发展,近些年来,国内外学者针对资源安全的内涵、资源安全的评价指标等问题展开了广泛研究。其中,国外学者的研究更加重视某种具体的战略性资源,例如能源、水资源、粮食资源等,而国内学者则关注对资源安全的整体性认识,并构建了多种评价指标用于衡量国内的资源安全程度。

关于资源安全的定义和内涵方面,国外学者通常针对某些特定资源来展开研究,比较成体系的研究可见能源安全、粮食安全等。以能源安全为例,一些学者和机构倾向于把资源安全定义为供给安全,强调资源安全是为确保供给的连续性(Wright, 2005; Department of Energy & Climate Change, 2009)。此外,国际能源组织(IEA)把价格因素也纳入其中,提出能源安全是以可接受的价格获得对需求持续满足的供应。IEA对能源安全着重强调两个方面,一是不能出现持续的供应短缺,即供应短缺要小于上一年度进口量的7%,二是不能出现持续的难以接受的高油价[①]。Deese (1981), Maull (1984)等人认为能源供给安全和价格安全都归属于经济安全,除此之外,能源安全还应当包括生态环境安全,能源安全是上述两

---

① IEA: "Towards a Sustainable Energy Future", Paris.

者的统一。其中，经济安全是国家能源安全的基本目标，是"量"的概念，而生态环境安全是国家能源安全的更高要求，体现了"质"的内涵。进一步，亚太能源研究中心（APERC）提出了能源安全的"4A"概念，即存在性（Availability）——由地质因素决定；可获得性（Accessibility）——受地缘政治因素影响；可负担性（Affordability）——经济因素；以及可接受性（Acceptability）——环境和社会因素。

在对资源安全整体内涵的认识上面，国内学者做了更多系统性的分析。张雷、刘慧（2002）认为国家资源安全的概念古已有之，其基本含义是国家资源环境的有效管理和合理使用。王礼茂、郎一环（2002）认为资源安全的核心内容应当包括三个方面：一是资源的数量；二是供应的稳定性；三是价格的合理性。谷树忠、成升魁等（2010）认为，资源安全有五种基本含义：一是数量含义，包括总量充裕和人均量充裕；二是质量含义，要求质量有最低保证；三是结构含义，要求供给多样，建立供给渠道的多样性，保证供给稳定；四是均衡含义，包括地区均衡和人群均衡两个方面；五是经济含义，指一个国家或地区可以从国际市场上以较小经济代价获取所需资源的能力或状态。进一步，他们指出了资源安全的基本属性，包括主体性、目的性、动态性、层次性以及互动性。

在给出资源安全内涵的定性分析之后，更多的研究关注于如何定量地评价资源安全的状态。这些研究大体可以归纳为三类：一类是构建评价指标体系，建立资源安全指数。例如，谷树忠、成升魁等（2010）利用联合国可持续发展指标模型（PSR），建立起综合的资源安全评价指标体系，并利用专家打分的方法为各指标加权赋值。应用类似的方法，还可以具体地评价能源安全、粮食安全、水资源安全等。由于此类方法多需要对权重赋值，因此不论是专家打分法抑或是其他加总方法，权重的选取难以克服主观化和任意化的缺点。另一类是建立资源安全的多样性指数，这一类研究主要针对能源安全。由于供应途径的多样化可以有效化解资源供应风险，因此多样化程度被视为资源安全的重要指标。常用的多样化指数主要有Shannon-Wiener指数（SWI）和Herfindahl-Hirschman指数（HHI）。其中，前者主要运用于能源供应投资决策之中，以此为基础，Jansen等（2004）采用属性叠加法设计了长期能源供应安全指数①。国际能源组织（IEA）利用HHI指数定义了能源安全市场集中度ESMC，利用某种能源占一国能源总供应的比重，构建了能源安全指数，为各成员国构建可持续的能源政策提供了依据。其他进行资源安全的评价方法还有供应中断的概率风险和福利损失分析（Makarov等，1999；Winzer，2011）。

在人类认识到很多重要且具有战略意义的资源在总量上是有限的之后，如何最优化地开采利用这些资源，以实现收益最大化，逐渐形成一门新的学科——资源经济学的主要研究内容。1931年，Harod Hotelling发表了《可耗竭资源经济学》，提出了关于可耗竭资源的动态模型，从而得到了为使资源利用效用达到最大化，资源价格的增长率应当等于社会贴现率的结论，亦即著名的"霍特林法则"（Hotelling Rule）。此后，国外学者对资源安全问题的分析也开始沿着经济学研究的范式展开，即把资源安全问题归结为如何最大化地获得资源利用效益，或者如何最优地实现资源可持续利用。在这一指导思想下，资源安全问题被细化为许多具体的某种资源，例如能源、水资源、土地、森林、农业等最优配置与价格影响等问题，并逐渐形成了独立的研究体系。以能源为例，由于西方各国深受20世纪70年代石油危机的影响，关于能源安全的研究最多，影响力也较大。这些研究一方面关注不同的市场结构对资源最优配置的影响，另一方面关注不确定性导致的资源安全危机。例如，Dasgupta，Heal（1974）论证了在需求方出现不确定时，即存在大量可再生替代资源，使不可再生资源需求在未来突然降低时，供给者会加快开采，以保证在需求降低前以较高的价位出售该种资源。Kemp（1976）从供给不确定的角度得到，如果知道化石能源储量的分布函数，那么即使不清楚该能源的确切储量，供给方都会放慢开采速度的结论。由于价格异常波动亦被视为资源安全问题之一，这种资源价格波动会带来多大程度的负面影响也是资源经济学家关注的焦点。以能源为例，众多文献研究了能源价格之间的传导作用，以及能源价格对总体价格水平的传导作用，结论发现各种能源价格可以通过生产成本、运输成本和替代产品的途径实现相互作用（Apra等，2006），另一些研究也发现一

---

① JansenJ.C，vanArkelW.G，Boots M.G，et al："Designing indicators of long-term energy supply security"，2004-01.

些主要能源价格的上涨将引发CPI上涨（Stuber，2001）。

（三）本书对资源安全的认识

根据上述分析，结合国内外机构和学者对资源安全的定义，我们认为资源安全应当包含经济含义、物质含义和环境含义三方面。

一是经济含义。资源安全同经济安全一样，是国家非传统安全的重要方面。资源经济学的产生和发展，使得资源环境问题可以利用经济学的研究范式来展开。与此同时，资源安全问题也成为经济学关注的重点。资源安全的经济含义侧重于如何有效地管理和利用资源，同时把资源价格波动作为资源安全的重要指标，分析资源价格波动的社会福利效应。虽然，经济含义在资源安全内涵中占有重要地位，但是在研究中很多学者常常忽视该含义，往往为了安全而谈安全。以资源对外依存度为例，该指标常被看作资源供给安全的重要指标，然而，如果单纯追求供给安全，我们会以降低对外依存度，实现资源"自给自足"为目标，这就是典型的为了安全而追求安全，忽视了资源安全的经济效率。因为，对于可耗竭资源而言，虽然"自给自足"短期内满足了资源供给安全性，但是从长远来看，当前国内开采量的增加，必然削减后代的可使用量，从而不利于整体的福利最大化。因此，我们认为资源安全一定是建立在经济效率基础上的安全。资源之所以重要，在于其对人类生存发展的支持，脱离了这一点，或者说脱离了使人类整体福利最大化，资源安全的意义就不存在了。

二是物质含义。这里指的是资源的数量、质量、结构、状态等能够维持人类社会长远可持续发展，因此，强调保护资源在一定程度上不受人类行为破坏。对资源的保护一定是有限度的，因为只要有人类活动存在，就必须有对资源的使用，根据热力学第一定律，这一过程必然伴随着资源副产品或者污染。因此，资源问题或者说环境问题本质上都是人类经济活动所导致的。在实践中，我们既不能过"守着青山饿肚子"的怪生活，也不能从事只注重经济增长而忽视资源保护的短期行为。在满足人类社会可持续发展的前提下，资源安全要保证资源的物质属性，避免人为过度使用和破坏。

三是环境含义。资源与生态环境紧密相关，许多资源的使用，例如矿产资源开采、化石能源燃烧，都伴随着严重的环境污染。在环境问题日益严峻的当下，资源安全的内涵必须考虑资源使用过程中的环境影响。在这一点上，资源安全与环境安全有着共同的意义（详见后面小节分析）。确保国家资源安全，要考虑资源利用中的环境约束问题，而本书考察的重点——全球环境治理，也正是基于资源安全中的环境含义，来分析全球环境治理对国家资源安全和环境安全之影响的。

值得注意的是，上述资源安全内涵中的三种含义并不是相互孤立的。经济含义、物质含义和环境含义可以相互影响、相互转化。其中，经济含义是资源安全中的重点，资源安全是在实现效率基础上的安全，对资源物质上的保护也是基于人类的可持续发展。同时，环境约束是确保资源安全的应有之义，环境约束也会作用于资源安全的经济方面，从而使得资源安全的各内涵联系起来形成统一的整体。

根据王礼茂、郎一环（2002）对资源安全的分类（见表5-1），本书所要讨论的资源安全是国家资源安全，研究的重点是能源安全、矿产资源安全、水资源安全和粮食安全等。

表5-1 资源安全的类型

划分依据	安全类型	特征或说明
按区域划分	全球资源安全	全球尺度或跨越国界
	国家资源安全	国家尺度的资源安全问题
	地方资源安全	国家内部的资源安全
按资源划分	能源安全	主要是石油安全问题
	水资源安全	水资源短缺和水污染
	矿产资源安全	战略性矿产资源安全
	粮食安全	粮食本身不是资源，这里作为水土资源的载体
按诱因划分	内生型资源安全	主要由国内因素造成
	外生型资源安全	主要由外部因素造成
	内外结合型资源安全	由内外因素结合造成

资料来源：王礼茂、郎一环：《中国资源安全研究的进展及问题》，《地理科学进展》2002年第4期。

二、环境安全的理论内涵

　　环境安全，同资源安全一样，归属于与政治、军事相对应的非传统安全领域，是近些年来新生的概念。最早将环境安全概念引入国家安全领域的是美国环境学家莱斯特·布朗（Lester R.Brown）。1977年，其在《重新定义国家安全》的报告中，对国家安全的实践提出质疑，指出"在这样的一个世界上，不仅在生态方面相互依赖，而且在经济和政治方面也相互依赖，即'国家'安全的概念是不够的……个人的安全和国家的安全都不能被有意识地隔离"[1]。在1981年的一本专著中，布朗进一步阐明了国家安全的新定义，提到"自第二次世界大战以来，'国家安全'几乎完全是属于军事性质的。国家安全的定义就是假定对安全的主要威胁来自其他国家。可是，目前对安全的威胁，来自国与国间关系的较少，而来自人与自然间关系的可能较多。……土壤侵蚀，地球基本生物系统的退化和石油储量的枯竭，目前正在威胁着每个国家的安全"[2]。在此以后，又涌现出许多将环境问题明确引入到国家安全概念的研究，例如，Ullman（1983）将人口增长、环境问题和资源问题囊括在国家安全的概念中[3]，Myers（1986）提出环境退化会引起暴力冲突，安全思维应该把环境问题整合进来。这些安全学领域的研究，多是立足于美国国家安全的现状，因此许多分析并不全面。1987年，在世界环境与发展委员会报告《我们共同的未来》中，可持续发展与安全问题联系在了一起，指出"和平和安全问题的某些方面与持续发展的概念是直接有关的。实际上，它们是持续发展的核心。……环境压力既是政治紧张局势和武装冲突的起因，也是它们的结果"[4]。进一步，该报告还指出"经济、环境和安全领域的相互依赖性，从根本上改变了国家主权

---

① Lester R.Brown: "Redefining National Security", "Worldwatch Paper", 1997（14）: 40–41.

② 莱斯特·R.布朗：《建设一个持续发展的社会》（中译本），科学技术文献出版社1984年版，第289页。

③ R.Ullman: "Redefining Security", "International Security", 1983, 8（1）: 142.

④ 世界环境与发展委员会：《我们共同的未来》（中译本），世界知识出版社1989年版，第276页。

的含义，全球的公共资源不能由任何一个国家单独管理，任何一个国家都没有足够的力量对付整个生态系统受到的威胁，对环境安全的威胁只能由共同的管理及多边的方式和机制来对付"①。

环境安全已经成为国家安全领域的重要方面，然而关于其内涵，各方认识并不统一。Barnett（1997）将环境安全威胁归纳为三类：一是环境退化对国家安全产生的威胁，表现为国民健康水平下降，经济活动所依赖的自然资源减少，环境移民出现，以及经济增长下降和资源稀缺导致的国内动荡和国家间的资源争夺战；二是人类活动对生物圈的循环能力和自我平衡能力的破坏，亦即"生态安全"问题；三是环境恶化对人类安全构成的威胁。国内学者邝杨（1997）认为对环境安全的理解可以包括两个方面：一是环境安全是免于因环境恶化而造成的对人类生存的威胁，二是免于因环境争端或冲突而形成的人类群际关系上的威胁②。文军（2001）认为国家环境安全就是指一个国家赖以生存和发展的宇宙空间以及存在于这个空间的全部物质要素的整体发展不受或少受破坏和威胁的状态，它是一种国家生存安全，不仅可能包含对外的内容，还可能同时包括国内事务和国际事务两方面的内容③。谷树忠、成升魁等（2010）指出，环境安全是人类社会赖以生存的自然环境免于环境灾害的危险与威胁的前提下，各环境要素的最大可用于服务功能水平的综合度量。

综上所述，环境安全进入国家安全领域已在各国达成广泛的共识。但就其内涵而言，各方对环境安全的认识并不统一。在此，我们不想过多地纠结环境安全的定义，仅就其特有属性方面，做以下分析。

首先，同资源安全一样，环境安全也有一定的主体或区域性，即环境安全可以区分为区域环境安全、国家环境安全以及全球环境安全等。虽然可以如此划分，但影响环境安全的各因素却可以不局限于主体内。以国家

---

① 世界环境与发展委员会：《我们共同的未来》（中译本），世界知识出版社1989年版，第287页。

② 邝杨：《环境安全与国际关系》，《欧洲》1997年第3期，第29页。

③ 文军：《国家环境安全及其对中国的启示——中国环境安全问题的社会学分析》，《社会科学战线》2001年第1期，第200页。

环境安全为例,影响国家环境安全的因素可以在一国国界内,亦可以是跨国界、跨区域的。像气候变化、臭氧层破坏、海洋污染等全球性环境问题,国家之间的环境安全状况可以相互影响。除此之外,国家环境安全的对外联系还表现在其深受全球化和其他国家经济政策和环境政策的影响。表现为一国的环境污染可以通过贸易、产业、对外投资等渠道转移到他国,从而短期内可以转嫁本国的环境安全问题。

其次,环境安全的本质决定了环境安全不像传统安全那样各国依靠军事竞争、零和博弈来获得,无论是区域性的、国家层面的还是全球环境安全都必须依赖各地区、各个国家的广泛合作来实现。环境安全的对外联系性、环境问题的跨区域性和全球环境问题的出现,使得任何一个国家都无法单独应对和处理本国的环境安全问题。即使短期内国内的环境问题可以转移至他国,但长期来看,国外的环境问题最终会作用于人类整体的生存环境,从而导致本国环境受到威胁。因此,国家环境安全虽然强调的是本国利益,但该利益出发点必须与人类整体利益相协调。国家环境安全是国家间的合作共赢,处理本国的环境安全威胁也必须考虑其与其他国家的相互联系。

最后,国家环境安全问题对传统的绝对主权观形成极大挑战。国家主权是一国独立自主处理本国对内、对外事务的最高权力,传统的绝对主权观奉行国家对内事务管理的排他性和对外事务决定权上的绝对独立自主性。然而,在环境问题上,国家的绝对主权却日益受到公民群体、民间组织、国际环境组织等非主权行为体的监督和干预。生态环境的整体性与国家的边界分割和主权的独立性形成矛盾,环境安全所秉承的人类整体利益也与国家主权下"个体"利益最大化相悖。环境安全要求的是"集体理性",显然,保证国家的绝对主权容易陷入"公共地悲剧"的境地。全球环境治理的兴起也预示着国家主权在处理环境问题时趋于弱化,这是全球环境治理的必然要求。当然,国家主权在干预全球环境治理一致行动的同时,也可能成为部分霸权国家举着生态环境保护的旗号实施践踏的对象,这对于发展中国家来说尤其需要进行区分。

三、资源安全与环境安全的联系

通过上述分析，我们可以看出资源安全与环境安全有着紧密的联系。谷树忠、成升魁等（2010）在分析资源安全与环境安全关系时指出，环境安全是资源安全的源和汇，因为只有自然环境的汇地功能是健康的、持续的，它才能健康、持续地提供人类赖以生存与发展的各种可更新自然资源和水资源；同时，矿产资源走向稀缺的过程也是人类社会从环境"进口"物质与能量，结果导致自然环境"汇地功能"变得越来越小的过程，在这种情况下，资源安全是环境安全的源和汇；因此，资源安全与环境安全是互为因果，互为源汇的交织问题。张雷、刘慧（2002）在针对中国的分析中，直接提出了资源环境安全的说法，认为现代国家资源环境安全概念等同于系统稳定加上利益协调，并且把现代资源环境要素组成表达成土地、水、矿产和生态环境的组合。

就资源与环境的关系来说，资源本身就组成了生态环境的一部分，我们所关心的环境问题也大多通过对资源的影响而表现出来。就内涵而言，资源安全内涵中包含着资源利用的环境影响方面，环境安全的内涵中也包含着资源破坏和稀缺性等问题。因此，探讨国家安全的自然基础时，单独讨论资源安全或是环境安全都是不全面的，资源安全问题必须与环境安全同时应对和处理。当然，在分析具体问题时，资源安全与环境安全的研究视角并不完全相同，资源安全侧重于资源本身的供给和利用以及经济影响方面，而环境安全侧重于环境污染与环境威胁方面。

第二节　我国的资源环境安全问题

针对上节我们总结的资源安全与环境安全的定义，本节概述了当前我国资源环境安全的总体现状，并就造成我国资源环境问题的主要原因进行简要分析。

一、我国资源环境的总体特征

（一）我国资源安全问题的现实基础

关键性、战略性资源是我国资源安全关注的重点，这些资源对我国国民经济生活和发展具有重要影响。常见的战略性资源主要包括水资源、土地资源、粮食资源和矿产资源等。总体上看，我国资源呈现总量可观、结构质量下降、人均拥有量不足、环境影响突出等问题。由表5-2可见，对比我国国土面积和GDP比重而言，我国可耕地资源和矿产资源在世界占比较高，总量可观；与此同时，水资源和森林资源总量相对匮乏；二氧化碳排放量很高；整体上显示了我国资源拥有结构不均衡，大气环境劣势明显。从人均资源拥有量上看，我国人口基数大，各资源要素的人均拥有量明显不足（见表5-3）。

表5-2 中国资源环境及相关要素占世界比重

项目	资源环境指标 /%						相关指标 /%		
	可耕地	水资源	矿产资源	能源矿产	森林	CO_2	国土	人口	GDP
中国	9.00	6.83	10.00	8.18	2.89	14.71	7.14	21.29	3.20

资料来源：张雷、刘慧，2002。

表5-3 中国人均资源拥有量

项目	人口密度 /（人/km²）	可耕地 /（hm²/人）	水资源 /（m³/人）	矿产 /（美元/人）	能源矿产 /（t/人）	森林面积 /（hm²/人）
中国	131	0.1	2 229.8	546.3	49.4	0.087
世界	44	0.23	6 956.4	1 163.4	128.8	0.643
中国占世界比重 /%	297	50	32	47	39	14

资料来源：张雷、刘慧，2002。

从资源分类上看,首先,耕地资源人均拥有量出现逐年下降的势头,农田污染形势严峻。我国耕地资源从总量上看位居世界前列,但人均拥有量严重不足。据世界银行统计,2012年我国人均耕地面积已不足0.08公顷(见图5-1),一些省市如北京、广东、福建等地的人均耕地面积甚至已经低于国际534平方米的警戒线,耕地资源相当贫乏。在耕地数量不断减少的同时,耕地质量差、后备耕地资源少、污染严重的问题也非常突出。国土资源部2014年发布的《关于发布全国耕地质量等别调查与评定主要数据成果的公告》显示,全国耕地平均质量等别为9.96等,等别总体偏低。与平均质量等别相比,高于平均质量等别的1~9等地占全国耕地评定总面积的39.8%,低于平均质量等别的10~15等地占60.2%。虽然开发后备耕地资源是扩大耕地面积的主要途径,但我国后备耕地面积不仅总量少,而且多位于生态环境敏感区,开发难度大。另外,随着我国经济增长和城市化进程加快,我国耕地资源还出现了一些新问题:一是随着年轻农民进城务工,耕地闲置和荒芜的面积不断加大;二是国家建设用地、城市建设用地等存在很多违规问题,造成耕地资源严重浪费;三是地力衰退,受化肥和农药污染的耕地面积不断扩大;四是农田生态环境恶化,受工业"三废"影响严重。

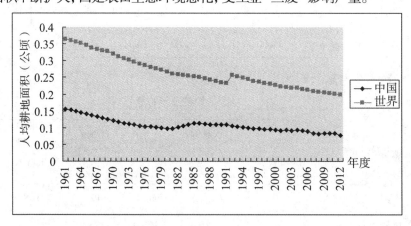

图5-1 中国和世界的人均耕地面积对比

资料来源:世界银行。

其次,与耕地资源密切联系的是粮食资源和粮食安全问题。根据1974年联合国粮农组织通过的《世界粮食安全国际约定》,粮食安全被认为是"保证任何人在任何时候都能得到为了生存和健康所需要的足够食物"。

此约定要求各国采取措施，保证世界谷物年末最低安全系数，即当年年末谷物库存量至少相当于次年谷物消费量的17%~18%。一个国家的谷物库存若低于17%则为不安全；若低于14%，则为紧急状态。由图5-2可见，我国粮食总产量和人均粮食产量在2000—2003年有过一段时间双双下跌的趋势，但最近几年，该趋势已经遏止，并出现上涨势头。虽然我国粮食生产走出低谷，暂无近忧，但长远来看，我国粮食安全问题并不容乐观。第一，我国粮食生产虽持续十年上涨，但仍然出现供不及需的现象。从2009年开始，我国粮食供求关系开始变得紧张，粮食缺口逐渐加大。虽然国务院发布《中国的粮食安全问题》白皮书，承诺我国粮食自给率达到95%以上；但也有学者指出，近几年，我国小麦、玉米、水稻、大豆等谷物均为净进口，粮食自给率正在下降[①]。当然，也有学者（例如茅于轼）提出粮食自给率不足以反映粮食安全问题，即国家粮食安全依靠"市场""科技进步"就可以解决，但是我们认为粮食安全内涵中不仅包括"任何人吃得饱"，而且包括"吃得好"的问题，而后者完全依靠"市场"和"科技"恐怕难以保证。第二，也就是"吃得好"的问题：近些年来，我国农田污染严重，粮食生产依靠大量农药和化肥的投入增加亩产，粮食污染问题非常突出。另外，在全球气候变化的挑战下，由于农作物和畜产品大约贡献了全球温室气体排放的13%，我国在保证粮食增产的前提下，还要进一步减少二氧化碳排放，这对于我国粮食安全是新的挑战。

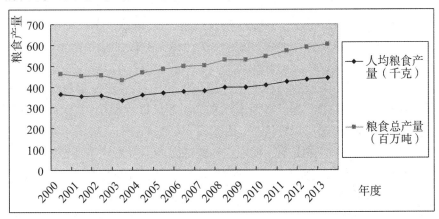

图5-2　我国粮食总产量和人均产量变化

资料来源：《2014中国统计年鉴》，国家统计局。

---

① 韩俊：《14亿人的粮食安全战略》，学习出版社2012年版。

再次，我国水资源安全形势也不容乐观，表现为人均水资源量匮乏，浪费与污染问题严重。我国是全球十二个严重贫水的国家之一，2013年全国水资源总量约有2.8万亿立方米，但人均水资源占有量只有2 059立方米，约为世界人均水量的四分之一，已经接近人均2 000立方米的严重缺水的国际标准。与此同时，我国用水量逐步增加，已经成为世界上用水最多的国家。在用水分布上，农业用水占据六成以上，但由于我国农田灌溉设施落后、管理粗放等问题，用水效率普遍低下，浪费严重。除此以外，水资源的另外一个突出问题是污染严重。2013年水利部发布的《中国水资源公报》显示，全国河流水质低于Ⅱ类以下标准的水河长占全部水河长的52.7%。其中，黄河区、辽河区、淮河区水质为差，海河区水质为劣。对全国开发利用较大的湖泊进行营养状态评价，发现大部分湖泊处于富营养状态，占评价总数的69.8%。在地下水质方面，水质适用于各种用途的Ⅰ~Ⅱ类监测井，占评价监测井总数的2.4%；适合集中式生活饮用水水源及工农业用水的Ⅲ类监测井占20.5%；适合除饮用外其他用途的Ⅳ~Ⅴ类监测井占77.1%。水资源作为重要的战略资源，是国家资源安全的基础，可以预想水资源的短缺和污染将严重威胁一国的生存和发展。

另外，就矿产资源来看，我国是世界矿业大国之一，矿产资源总量比较丰富，但人均量少。已探明的矿产资源约占世界总量的12%，位居世界第三位，人均占有量只占世界人均水平的58%。目前我国已发现171种矿产，有探明储量的156种，探明有储量的矿产地18 000多处。我国45种主要矿产资源中有25种位居世界前列，其中，稀土、石膏、钒、钽、钨、锑等12种矿产位居世界第一位。就矿产品来看，我国一次能源生产最近几年稳定增长（见图5-3），自给率从2001年开始出现下降，当前稳定在92%左右；金属矿产品供应稳步上升，生产的10种有色金属包括铁矿石、粗钢、钢材等产量均居世界第一位。随着我国经济高速增长和工业化进程加快，我国矿产资源消费量逐渐显现"透支"的状态。根据国土资源部统计，2012年我国精炼铜、精炼铝、精炼铅、精炼锌、精炼镍和精炼锡的消费量均居世界第一位；能源矿产品消费在2000年之后出现大幅增长（见图5-4），其中，煤炭消费占比66%，其次是石油，占比18%，天然气和非化石能源消费有所上升，但占比依然较小。在应对气候变化的当下，国内能源结构的弊端带给我国巨大的减排压力。总体上看，我国矿产资源供求关系形势严峻，关键性矿产资源和矿产品进口量攀升。其中，石油、铁矿石的对外依存度从2000年的30%左右上升到2012年的接近60%（见图5-5）。而其他短期矿产如铜、铝和钾盐的对外依存度也已高达75%、63%和83%。

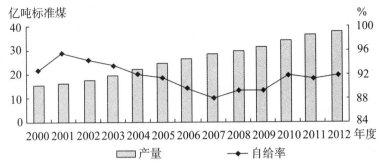

图5-3　一次能源生产情况

资料来源：国土资源部：《2013中国矿产资源报告》，地质出版社2013年版。

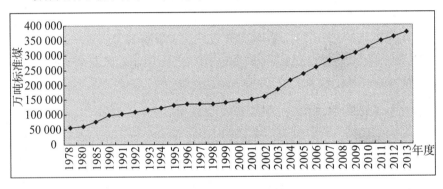

图5-4　我国能源消费量增长

资料来源：《中国统计年鉴》，国家统计局。

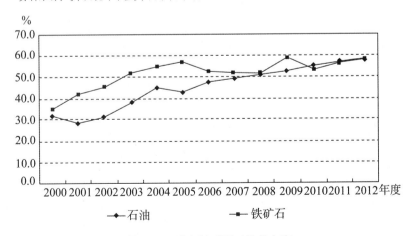

图5-5　石油和铁矿石对外依存度

资料来源：《中国统计年鉴》，国家统计局。

总体上看，我国资源安全的现实基础呈现出比较脆弱的特征，但随着国内发展和国际形势变化，国内资源安全又展露出一些新的变化。这些变化表现为：随着技术进步和资源勘探水平提高，一些原有开发难度大、开采成本高、难以有效利用的潜在资源变得在技术上和经济上可行（例如一些非常规的油气资源和可再生能源等），这些资源一旦成为某些关键资源的替代品，不仅将改变这些资源的供求关系，甚至可以动摇其战略资源的地位。另外，在全球应对气候变化和对其他环境问题的关注下，资源的开发和利用受到了极大的约束，这使得资源安全不仅要考虑资源本身的问题，还要考虑资源使用所带来的环境效应，以及相应的环境治理政策对资源使用的影响等。最后，我国某些资源的对外依存度虽然持续上升，但该指标在多大程度上可以充分反映安全性问题值得商榷，虽然实现自给自足能够确保供给的充分安全，但考虑未来使用者成本和经济效率，我们不能为了追求这种以牺牲后代人利益为代价的安全，因此资源安全不能完全靠对外依存度一个指标来勾画。

（二）我国日益突出的环境安全威胁

　　与资源安全的分类相似，环境安全如果按诱因划分可以分为自然诱因导致的环境安全威胁（主要是指自然灾害），和人为诱因导致的环境安全威胁（指的是人为造成的环境污染）。由于我国历史上一直都是自然灾害频发的国家，因而在此我们主要探讨和分析我国当前日益突出的环境污染状况。

　　由图5-6可见，近十几年来，我国环境质量总体稳定，主要的废水、废气和工业固体废物排放量的增长趋势得到一定遏制，但是整体上污染形势依然严峻。

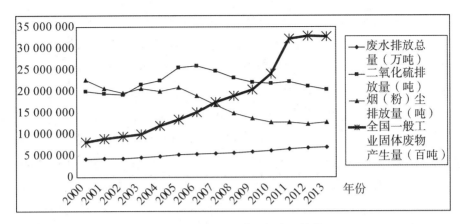

图5-6　我国主要环境指标变化趋势

资料来源：根据相关年份《中国统计年鉴》，国家统计局。

就具体的环境污染类型来看，我国的水资源污染、大气污染和固体废物污染问题最为严重。首先，我国地表水持续污染严重，七大水系总体呈现轻度污染状况，部分城市河段污染严重，湖泊富营养化问题突出。《中国环境公报》显示，2013年我国长江、黄河等十大流域的国控断面中，Ⅰ~Ⅱ类、Ⅳ~Ⅴ类和劣Ⅴ类水质断面比例分别为71.7%、19.3%和9.0%，主要污染指标为化学需氧量、高锰酸盐指数和五日生化需氧量。在对全国4 778个地下水环境治理监测中，水质较差的监测点比例达43.9%，极差的监测点比例为15.7%，主要超标指标为总硬度、铁、锰、溶解性总固体、"三氮"、硫酸盐、氟化物和氯化物等。另外，全国湖泊富营养问题依然严峻，富营养、中营养和贫营养的湖泊比例分别为27.8%、57.4%和14.8%。

其次，全国大气污染问题越来越突出，特别是城市空气质量问题，已经成为举国上下最为关心的环境污染事件之一。2012年，国家环保部新修订的《环境空气质量标准》在京津冀、长三角、珠三角等重点区域以及直辖市和省会城市实施，新标准相较之前增加了臭氧和细颗粒物（PM2.5）两项污染物的控制标准，另外加严了可吸入颗粒物（PM10）、二氧化氮等污染物的限值要求。2013年《中国环境状况公报》显示，按照新标准，在74个监测城市中仅海口、舟山和拉萨三个城市空气质量达标，占比4.1%，超标城市比例为95.6%。74个城市平均达标天数比例为60.5%，平均超标天数比例为39.5%。在三大重点区域中，京津冀和珠三角区域所有城市污染物均未达标,长三角区域仅舟山6项污染物全部达标。2013年,京津冀区域13个地级及以上城市超标天数中,重度及以上污染天数比例为20.7%;有10个城市达标天数比例低于50%;超标天数中以PM2.5为首要污染物的天数最多,占66.6%,其次是PM10和臭氧,分别占比25.2%和7.6%。另根据中国气象局基于能见度的观测结果表明,2013年全国平均霾日数为35.9天,比上年增加18.3天,为1961年以来最多。在酸雨方面,全国范围虽然整体上稳定,但污染程度依然比较严重。2013年,在473个监测降水的城市中,出现酸雨的城市比例为44.4%,酸雨频率在25%以上的城市比例为27.5%;在降水酸度方面,降水pH年均值低于5.6,低于5.0和低于4.5的城市比例分别为29.6%、15.4%和2.5%。

关于大气污染的另一个焦点是温室气体排放和气候变化问题。由图5-7可见,从20世纪70年代开始,我国二氧化碳排放量开始逐年增加,2000年以后呈现加速增长的趋势。目前,我国已经成为全球二氧化碳排放量最大的国家,在全球应对气候变化的当下,国内面临的减排压力巨大。对比图5-4,可以看出国内二氧化碳排放量的增长背后是我国能源消费的剧增,这也是我国以煤炭为主的能源消费结构所必然导致的。

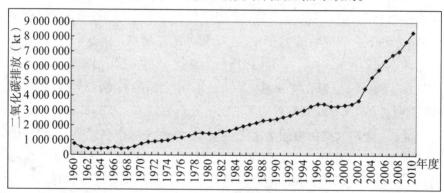

图5-7 我国二氧化碳排放量

资料来源:世界银行,笔者绘制。

另外,2009年开始,我国工业固体废弃物增长迅速,2013年虽然上涨速度开始下降,但固体废弃物年产生量已经超过了32亿吨,比2000年增加了24亿多吨,增长了3倍多。这些固体废弃物主要以尾矿、煤炭燃烧和金属冶炼产生的废弃物为主,这与我国能源以煤为主、矿物开采量大且利用效率低有关。与此同时，我国工业固体废弃物的综合利用率偏低，大多以筑路、回填、农用和生产建材等低技术方式为主[1]。在我国城市化进程加速的背景下，我国城市生活垃圾产生量逐年增加，2013年全国生活垃圾清运量已超过1.7亿吨，全国大中城市约有三分之二的城市被垃圾包围，四分之一的城市已经把垃圾处理延伸到乡村。由于我国垃圾处理能力和技术水平较低，城市垃圾的二次污染问题突出，导致了非常严重的土壤、大气和水资源污染。

二、我国资源环境安全问题的成因分析

（一）不合理的自然资源产权结构

在经济学理论中，著名的科斯（Coase）定理告诉我们：只要产权界定是明晰的，在交易成本可以忽略不计的情况下，市场均衡的结果就是资源配置最优的结果。在这一思想下，产权交易理论迅速发展起来，延伸到自然环境领域，产权交易的思想使得看似短视的市场变得更有效率。在有效的产权结构下，自然资源的使用和管理具有了排他性、可转让性和强制性。这使得产权所有者有动机去有效使用这些资源。对自然资源的所有者而言，自然资源有两种潜在价值：一是资源出售时的使用价值；二是资源留存于地下未开发时的资产价值。当资源价格持续上升时，未开采资源的资产价值就会升高。因此，如果自然资源的产权界定是明晰的、结构是有效的，那么产权所有者会有效权衡当前和未来资源使用效益，追求动态的资源最优配置，从而避免自然资源的过度开发和不可持续利用。这样，那种认为市场必然导致资源过度使用的想法就变得不再可信。只要资源的未来价格持续上升，产权所有者就有动机把资源留在地下，避免现在的开采行为，因为这样更符合其利润最大化的目标，也同时实现了对该种资源的保护。

经济学上的产权交易理论对我国资源环境安全问题的成因给予了很好的解释。我国从新中国成立之初就明确了自然资源所有权归国家所有。1954年宪法第六条规定，"矿藏、水流，由法律规定为国有的森林、荒地

---

[1]　谷树忠、成升魁等：《中国资源报告——新时期中国资源安全透视》，商务印书馆2010年版，第343页。

和其他资源，都属于全民所有”，1982年宪法第九条规定"矿藏、水流、森林、山岭、草原、荒地、滩涂等自然资源，都属于国家所有，即全民所有；由法律规定属于集体所有的森林和山岭、草原、荒地、滩涂除外。"自然资源的国家所有只是名义所有，实际所有权归属于代表国家的行政机构——政府。我国法律明确规定了政府是自然资源管理的主体，例如《矿产资源法》中明确规定"由国务院行使国家对矿产资源的所有权"，但是国务院也不是自然资源的所有者，其也是代理人，为了进行有效管理，其要把自然资源的控制权层级下放给各级政府，再由政府利用审批的方式将控制权转让给企业，由此形成了自然资源所有权的"国家—上级政府—地方政府—企业"的层级"委托—代理"关系。在政府层级转让自然资源控制权的过程中，除了与企业直接接触的地方政府获得很少一部分资源税收收益之外，国家和上级政府都没有获得资源所有权收益和控制权收益，因此政府有效监督的动力不足，自然资源容易陷入"公共地的悲剧"。另外，面对巨额的资源所有权和控制权收益，企业有动机贿赂地方政府，而掌握审批权的地方政府也有动机进行"寻租"，企业与地方政府之间由此形成一种长期而隐秘的稳定的契约关系，企业向政府缴纳某种形式的保护费，而地方政府则提供某种保护，例如降低审批标准，或者默认、允许和包庇企业的非法行为等①。正是由于这种不合理的产权制度结构以及缺乏有效的产权交易市场，我国自然资源使用粗放、浪费严重，甚至常常出现严重的非法使用现象。

（二）被忽视的外部性——环境成本

自然资源的使用常会带来对生态环境的负面影响，例如矿山开采导致的风景破坏、化石能源燃烧排放的温室气体、采矿作业导致的水资源污染和健康风险等。这些资源使用的环境成本，如果不能正确反映到生产者的内部成本中，资源的定价就会低于社会有效水平，最终导致对资源的过度需求、过度使用和过度开采。

在明确资源使用中产生的环境成本后，解决这一问题的方法是把环境

---

① 代吉林：《我国的自然资源产权、政府行为与制度演进》，《当代财经》2004年第7期。

外部成本内部化,对资源开采和利用中产生的污染物收费(环境税)或者使用总量交易(排污权交易)的政策都是有效的方法。但在我国,上述两种形式的环境政策尚未成熟,在设计或执行中都处于试运行阶段。就环境税来说,我国目前还没有一种专门针对环境的税种,与环境保护相关的消费税、资源税、车船税等都是间接涉及环境保护,它们之间互不衔接,缺乏系统性,难以整体呈现对环境的保护。另外,就排污权交易来看,我国该种环境政策起步较晚,仅限于个别案例,尚未在全国形成有规模的影响。以碳排放权交易为例,这是我国为了应对气候变化而设立的环境政策机制,但目前只是在北京、天津、上海、重庆等七省市尝试建立交易机制,并且从实际运行来看,效果并不理想。突出的问题一是交易量少、规模不大,二是参与主体不积极、交易冷淡,另外相关立法也非常滞后。

第三节　我国资源环境安全的总体评价——资源环境承载力研究

　　资源环境承载力是指在一定的时期和区域范围内,在维持区域资源符合可持续发展需要,区域环境功能仍具有维持其稳态效应能力的条件下,区域资源环境系统所能承受人类各种社会经济活动的能力。资源系统和环境系统是人类所依存的两个系统,资源环境承载力是这两个系统的复合承载力。对我国资源环境承载力的研究,实质也揭示了可持续发展目标下我国资源环境安全的总体状况。

一、相关文献回顾

　　国外对资源环境承载力的研究可追溯到1949年美国学者Gugate所著的《生存之路》,书中首次提出生态失衡的概念。20世纪六七十年代,罗马俱乐部构建了"世界模型",对世界范围内的土地、水、食物、矿产等资源进行了系统评价,深入分析了人口增长、经济发展同资源过度消耗、环境恶化和粮食减产之间的相互关系,并预测全球经济将在21世纪达到最大阈值。1980年Slesser提出了一种计算承载力的ECCO模型,模拟不同发展情景下,人口、资源、环境承载力大小与发展之间的弹性关系,进而确定最优发展方案。

20世纪90年代，我国学者开始逐步关注资源环境承载力问题。1991年，北京大学环境科学中心主持的一项研究将综合性环境承载力作为研究核心，并界定环境承载力的含义是在特定的时空范畴内、特定区域内能承受的人类对环境作用的最大限度值。叶文虎（1992）从自然资源支持力、环境生产支持力和社会经济技术水平支持力三个方面设计指标体系，评价资源环境承载力。李岩（2010）构建了反映资源与环境综合承载力的土地面积、人口密度、地区生产总值、单位GDP能耗、播种面积、客运量、货物周转量、废水排放总量、工业废气排放总量以及工业固体废物产生量10项统计指标，采用主成分分析法评价资源环境承载力。顾晨洁等（2010）将资源环境承载力评价、情景分析、强度因子估算、资源环境压力评价和HSY算法集成为一个完整的定量研究方法框架。

赵鑫霈（2011）对长江三角洲的资源环境承载力进行研究，发现上海的资源环境承载力状况最好，其次是南京和苏杭等地。陈修谦等（2011）对中部六省的资源环境承载力动态评价比较后发现，江西省得分最高，主要得益于资源使用效率和环境治理水平，山西省排名最末，湖北、安徽和湖南居中。吴振良（2010）对环渤海三省两市的资源环境承载力进行定量评价发现，区域资源环境承载力禀赋存在结构性及功能性不均，区域资源环境开发和污染强度受经济结构影响明显，水资源短缺成为区域发展的瓶颈；北京、山东资源环境承载力禀赋与发展保障度不协调，老工业基地资源环境潜力巨大；天津资源环境禀赋是环渤海五省市中最差的；河北、辽宁资源环境的经济消耗率有待降低。毕明（2011）通过主成分分析法得出京津冀城市群中资源环境承载力相差悬殊，而人口与社会经济发展压力却没有相差太多。董文等（2011）从空气、水、土地、能源和生态五个维度考察省级主体功能区资源环境承载力。刘向东（2010）分析了山西省的资源环境承载力。康虎彪等（2010）以内蒙古锡林郭勒盟能源产业基地为研究对象。邬彬（2010）采用主成分分析方法对深圳市资源环境承载力进行了综合评价，发现深圳社会经济发展状况对区域企业环境承载力的支持强度处于下降趋势，尤其在2003年后，情况更为严重，原因主要是城市急剧扩张，人口与经济高速增长，资源快速消耗。王志伟（2010）利用状态空间模型从资源、环境、社会经济角度对青岛经济开发区资源环境承载力进行评价，发现该地区资源环境承载力状况为略微超载。类淑霞等（2010）研究发现大同市煤炭的开采导致资源环境承载力值不断下降，对生态系统造成了破坏，不利于区域可持续发展。陈明曦等（2011）利用层次分析法测算了矿产资源开采规划、开发利用调控、矿山环境保护和恢复治理、近远期规划等对资源环境承载力的影响。吴珠（2011）利用状态空间模型，对长株潭城市群内不同区域（县市）的资源环境承载力进行评价发现，各区县的承载力出现超载趋势。

在资源环境承载力评价指标选取上，不同学者侧重点不同，但基本都包括资源规模、环境影响因素和经济社会三方面内容。从分析方法上来看，主要有主成分分析法、层次分析法、综合分析法、状态空间模型法等。从研究范围来看，有针对全国的研究，有长江三角洲、中部六省、环渤海地区、京津冀地区等区域层面的研究，也有省级、市级、县级甚至乡镇层面的研究。目前，资源环境承载力已经成为综合衡量人口、资源与环境是否协调，经济是否可持续发展的评价标准。

二、资源环境承载力的评价指标体系

对资源环境承载力的评价是通过一系列指标来描述的，指标体系的建立应遵循科学性、综合性、区域性、系统协调性、层次性、动态性与稳定性、可操作性的原则。建立资源环境承载力评价指标体系的目的在于反映资源、环境、经济、社会系统间的协调程度，寻求一组具有典型代表意义，能全面反映承载力的特征指标。为能够准确反映我国资源环境状态，在综合比较多种资源评价方法与体系的基础上，构建包括资源环境支撑系统、资源环境保育系统、资源环境经济系统和资源环境耗散系统四个方面的评价指标体系，共涉及35个具体指标。

资源环境支撑系统是决定资源环境承载力大小的基础要素，应从资源环境供给条件与能力和人口社会聚集发展程度的角度考察资源环境支撑能力。因此选取的指标包括年末人口总数、农作物播种面积、水资源总量、建成区面积、矿产储量等。

资源环境保育系统是保护、修复和改善资源环境状况的体系。应从生态保育和污染控制循环利用两方面评价资源环境保育能力和修复力度。选取的指标包含森林覆盖率、建成区绿化率、城市污水日处理能力、生活垃圾无害化处理率、造林总面积等。

资源环境经济系统是保护和提升资源环境承载力的必要措施。应从经济社会发展与资源环境的匹配程度和为保护、修复资源环境进行的投资活动等方面对资源环境经济系统进行评价。选取的指标主要有国内生产总值、人均国内生产总值、城市环境基础设施建设投资额、城市园林绿化建设投资、工业污染治理完成投资、治理废气项目完成投资、治理废水项目完成投资、治理固体废物项目完成投资等。

资源耗散指标，反映资源消耗与环境污染的状况，是决定资源环境承载力大小的决定性要素。应从工业和生活资源消耗和污染排放的角度进行评价，选取的指标有煤炭消费量、石油消费量、天然气消费量、废水排放量、工业二氧化硫排放量、生活用水量、工业废水排放量、固体垃圾排放量等。详细评价指标体系见表5-4。

表5-4 资源环境承载力评价指标体系

子系统	指标名称	指标单位	指标属性
资源环境支撑系统权重：0.250 5	建成区面积	平方千米	正向
	煤炭储量	亿吨	正向
	年末总人口	万人	正向
	石油储量	万吨	正向
	天然气储量	亿立方米	正向
	铁矿储量	亿吨	正向
	水资源总量	亿立方米	正向
	农作物总播种面积	千公顷	正向
	铜矿储量	万吨	负向
资源环境保育系统权重：0.208 7	城市绿地面积	万公顷	正向
	城市污水日处理能力	万立方米	正向
	建成区绿化覆盖率	百分比	正向
	森林覆盖率	百分比	正向
	生活垃圾无害化处理率	百分比	正向
	造林总面积	千公顷	正向
	自然保护区占辖区面积比重	百分比	正向

续表

子系统	指标名称	指标单位	指标属性
资源环境 经济系统 权重：0.264	城市环境基础设施建设投资额	亿元	正向
	城市园林绿化建设投资额	亿元	正向
	工业污染治理完成投资	万元	正向
	环境污染治理投资总额	亿元	正向
	治理废气项目完成投资	万元	正向
	治理废水项目完成投资	万元	正向
	治理固体废物项目完成投资	万元	正向
	国内生产总值	亿元	正向
	人均国内生产总值	元	正向
资源环境 耗散系统 权重：0.276 6	生活垃圾清运量	万吨	负向
	煤炭消费总量	万吨标准煤	负向
	能源消费总量	万吨标准煤	负向
	石油消费总量	万吨标准煤	负向
	天然气消费总量	万吨标准煤	负向
	二氧化硫排放量	吨	负向
	废水排放总量	万吨	负向
	工业用水总量	亿立方米	负向
	农业用水总量	亿立方米	负向
	生活用水总量	亿立方米	负向

注：指标属性中正向指标值越高，承载力越高；负向指标值越高，承载力越低。

三、资源环境承载力的评价方法

依据资源环境承载力评价体系及评价目的，选用基于熵值权重的 GRA-TOPSIS评价方法。该方法根据样本数据的信息量，客观确定评价指标的权重，先运用灰色关联分析，比较样本数据的相似程度，判断其联系是否紧密，确定各个评价单元之间的关联程度，然后采用TOPSIS分析方法, 确定各项指标的正理想值与负理想值, 得出各个评价单元与最优方案的接近程度。该评价方法完全利用评价单元的样本数据, 依据评价单元之间的灰色关联度和Euclid距离进行TOPSIS排序, 不需要客观权重信息, 减少人为影响, 使评价结果更加合理。

假设资源环境承载力评价期间为n年, 评价体系中共包含m个指标。设样本数据记为$X=(x_{ij})_{m \times n}$, 其中x_{ij}为第i个评价年度在第j个指标下的观测值, 其中$i \in n$、$j \in m$。GRA-TOPSIS主要计算步骤如下:

(1) 数据标准化处理。采用极差法对数据进行标准化处理, 处理后的数据记为$Y=(y_{ij})_{m \times n}$。正向指标的处理方法为: $y_{ij}=\dfrac{x_{ij}-\min\limits_{i}(x_{ij})}{\max\limits_{i}(x_{ij})-\min\limits_{i}(x_{ij})}$;

逆向指标的处理方法为: $y_{ij}=\dfrac{\max\limits_{i}(x_{ij})-x_{ij}}{\max\limits_{i}(x_{ij})-\min\limits_{i}(x_{ij})}$ 。

(2) 根据熵值法确定各个评价指标权重。第j项指标的熵值计算公式为:

$$e_j=-k\sum_{i=1}^{n}p_{ij}\ln(p_{ij}) \text{, 其中 } p_{ij}=\dfrac{y_{ij}}{\sum\limits_{i=1}^{n}y_{ij}} ,(i=1,2,\cdots,n)$$

计算第j项指标的差异系数。对第j项指标, 指标值的差异越大, 其熵值就越小, 差异系数的计算公式为:

$$g_j=\dfrac{1-e_j}{m-E_e} \text{, 其中 } E_e=\sum_{j=1}^{m}e_j , 0 \le g_j \le 1,$$

第j项指标权重计算公式为:

$$w_j=\dfrac{g_j}{\sum\limits_{i=1}^{n}g_j} \ (0 \le i \le n) \qquad w_j=\dfrac{g_j}{\sum\limits_{j=1}^{m}g_j} \ (j=1,2,\cdots,m).$$

确定加权规范化矩阵$Z=(z_{ij})$, 式中$z_{ij}=w_i y_{ij}$。加权规范化矩阵正理想值$Z^+=(Z_1^+,Z_2^+,\cdots,Z_n^+)=w$, 负理想值$Z^-=(Z_1^-,Z_2^-,\cdots,Z_n^-)=0$, 其中$z_j^{+}=\max\limits_{i}z_{ij}=w_j$, $z_j^{-}=\min\limits_{i}z_{ij}=0$。在现有基础上, 计算各评价单元正理想值$Z^+$和负理想值$Z^-$间的Euclid距离$d_i^+$和$d_i^-$:

$$d_i^{+}=\sqrt{\sum_{j=1}^{n}(z_{ij}-z_j^{+})^2} , \quad d_i^{-}=\sqrt{\sum_{j=1}^{n}(z_{ij}-z_j^{-})^2} , i \in n$$

各评价单元与正理想值 Z^+ 和负理想值 Z^- 的灰色关联系数矩阵 R^+ 和 R^-：

$$R^+ = (r_{ij}^+)_{m \times n}, \quad R^- = (r_{ij}^-)_{m \times n}$$

$$r_{ij}^+ = \frac{\min\limits_i \min\limits_j |z_j^+ - z_{ij}| + \rho \max\limits_i \max\limits_j |z_j^+ - z_{ij}|}{|z_j^+ - z_{ij}| + \rho \max\limits_i \max\limits_j |z_j^+ - z_{ij}|} = \frac{\rho w_j}{w_j - z_{ij} + \rho w_j}$$

$$r_{ij}^- = \frac{\min\limits_i \min\limits_j |z_j^- - z_{ij}| + \rho \max\limits_i \max\limits_j |z_j^- - z_{ij}|}{|z_j^- - z_{ij}| + \rho \max\limits_i \max\limits_j |z_j^- - z_{ij}|} = \frac{\rho w_j}{z_{ij} + \rho w_j}$$

其中 $\rho \in (0, +\infty)$，称为分辨系数，ρ 越小，分辨力越大，一般 ρ 的取值区间为 $(0, 1)$，参照李悦等（2014）[1]的做法，取 $\rho = 0.5$。

计算评价单元与正理想值和负理想值的灰色关联度 r_i^+ 和 r_i^-：

$$r_i^+ = \frac{1}{n} \sum_{j=1}^n r_{ij}^+, \quad r_i^- = \frac{1}{n} \sum_{j=1}^n r_{ij}^-$$

分别对距离 d_i^+、d_i^- 和关联度 r_i^+、r_i^- 进行无量纲化处理，得到 D_i^+、D_i^- 和 R_i^+、R_i^-：

$$D_i^+ = \frac{d_i^+}{\max\limits_i d_i^+}, \quad D_i^- = \frac{d_i^-}{\max\limits_i d_i^-}, \quad R_i^+ = \frac{r_i^+}{\max\limits_i r_i^+}, \quad R_i^- = \frac{r_i^-}{\max\limits_i r_i^-}, \quad i \in n$$

最后将确定的无量纲化距离和关联度合并。D_i^+ 和 R_i^+ 数值越大，评价年度越接近正理想值。假设 $S_i^+ = \alpha D_i^+ + \beta R_i^+$，$S_i^- = \alpha D_i^- + \beta R_i^-$，$i \in n$，其中 α、β（$\alpha, \beta \in [0,1]$）反映对评价年度的关注程度，此处取 $\alpha = \beta = 0.5$。S_i^+ 综合反映了评价年度与正理想值的接近程度，其值越大方案越优越；S_i^- 反映了评价年度与正理想值的远离距离，其值越大资源环境承载力越差。令 $C_i^+ = S_i^+ / (S_i^+ + S_i^-)$，表示评价年度的相对贴近程度，并按照其取值大小对评价年度进行排序。

四、全国资源环境承载力的测算

依据建立的指标体系和评价方法，采用2004—2013年的时间序列数

---

① 李悦、成金华、席皛：《基于GRA-TOPSIS的武汉市资源环境承载力评价分析》，《统计与决策》2014年第17期，第102–105页。

据,计算我国资源环境承载力。

(一)数据来源与统计描述

全国数据来源为历年统计年鉴,数据期间为2004—2013年,数据统计特征见表5-5,各指标单位同表5-4。

表5-5 2004—2013年全国各指标数据统计性描述

指标名称	最小值	中位数	均值	最大值	方差
建成区面积	30 406.2	37 201.3	38 354.1	47 855.3	5 817.5
煤炭储量	2 157.9	3 225.5	2 936.1	3 373.4	487.5
年末总人口	129 988.0	133 126.0	133 087.5	136 072.0	2 023.7
石油储量	248 972.1	291 981.4	295 253.8	336 732.8	32 167.4
天然气储量	25 292.6	35 561.9	3 5495.3	46 428.8	6 826.4
铁矿储量	192.8	216.8	212.7	226.4	12.5
水资源总量	23 256.7	26 382.2	26 603.0	30 906.4	2 545.6
农作物总播种面积	152 149.0	157 439.6	158 053.3	164 626.9	4 509.3
铜矿储量	2 734.4	2 880.9	2 879.8	3 069.9	99.6
城市绿地面积	132.1	187.0	187.3	242.7	42.0

指标 名称	最小值	中位数	均值	最大值	方差
城市污水日处理能力	7 387.0	11 678.5	11 384.8	14 653.0	2 488.6
建成区绿化覆盖率	34.9	37.8	37.3	39.7	2.0
森林覆盖率	18.2	19.9	19.9	21.6	1.8
生活垃圾无害化处理率	51.7	69.1	68.8	89.3	14.1
造林总面积	2 717.9	5 596.9	5 109.1	6 262.3	1 228.1
自然保护区占辖区面积比重	14.7	14.9	15.0	15.8	0.3
城市环境基础设施建设投资额	1 141.2	2 746.4	3 073.1	5 223.0	1 780.3
城市园林绿化建设投资额	359.5	980.8	1 296.4	2 670.6	924.0
工业污染治理完成投资	3 081 060.0	4 710 697.0	4 997 357.2	8 676 647.0	1 474 112.4
环境污染治理投资总额	1 909.8	5 097.7	5 294.3	9 516.5	2 715.8

续表

指标名称	最小值	中位数	均值	最大值	方差
治理废气项目完成投资	1 427 975.0	2 328 656.5	2 660 943.0	6 409 109.0	1 373 990.0
治理废水项目完成投资	1 055 868.0	1 449 027.0	1 483 074.5	1 960 722.0	289 146.3
治理固体废物项目完成投资	140 480.0	207 693.5	212 574.2	313 875.0	55 410.5
国内生产总值	160 714.4	331 190.5	350 983.5	588 018.8	149 116.9
人均国内生产总值	12 400.0	24 937.5	26 292.2	43 320.0	10 808.2
生活垃圾清运量	14 841.3	15 655.3	15 883.3	17 238.6	783.7
煤炭消费总量	148 351.9	210 383.7	206 697.0	247 500.0	32 750.4
能源消费总量	213 456.0	299 047.5	299 640.5	375 000.0	53 905.1
石油消费总量	45 466.1	54 112.4	56 655.1	69 000.0	8 633.3
天然气消费总量	5 336.4	11 371.4	12 323.1	21 750.0	5 606.2
二氧化硫排放量	20 439 217.9	22 364 040.9	22 961 401.9	25 888 000.0	1 832 681.9
废水排放总量	4 824 094.0	5 803 839.1	5 895 668.7	6 954 432.7	735 074.0

续表

指标名称	最小值	中位数	均值	最大值	方差
工业用水总量	1 228.9	1 400.1	1 378.8	1 461.8	73.0
农业用水总量	3 580.0	3 676.8	3 705.1	3 921.5	117.4
生活用水总量	651.2	729.0	724.3	789.9	42.4

（二）确定全国资源环境承载力评价体系指标权重

根据评价步骤，对数据进行标准处理，考虑到评价指标对资源环境承载力的作用方向，将自然资源、经济投入、环境净化和保护能力的指标定义为正向指标，其取值越大越好；将资源损耗、污染等指标定义为负向指标，其取值越小越好。先对数据进行标准化，然后采用熵值法确定各指标权重（见表5-6）。

表5-6 2004—2013年全国资源环境承载力评价体系指标权重

指标	权重	排序
资源环境支撑系统	0.250 5	
建成区面积	0.027 9	21
煤炭储量	0.027 4	26
年末总人口	0.027 5	24
石油储量	0.028 3	17
天然气储量	0.027 3	27
铁矿储量	0.027 5	24
水资源总量	0.028 4	16
农作物总播种面积	0.028 6	15
铜矿储量	0.027 6	22

续表

指标	权重	排序
资源环境保育系统	0.208 7	
城市绿地面积	0.029 2	9
城市污水日处理能力	0.027 1	29
建成区绿化覆盖率	0.030 6	4
森林覆盖率	0.035 5	1
生活垃圾无害化处理率	0.030 2	6
造林总面积	0.026	35
自然保护区占辖区面积比重	0.030 1	7
资源环境经济系统	0.264	
城市环境基础设施建设投资额	0.031 3	3
城市园林绿化建设投资额	0.032 1	2
工业污染治理完成投资	0.027 6	22
环境污染治理投资总额	0.029 2	9
治理废气项目完成投资	0.030 5	5
治理废水项目完成投资	0.027 1	29
治理固体废物项目完成投资	0.028 7	13
国内生产总值	0.028 8	12
人均国内生产总值	0.028 7	13
资源环境耗散系统	0.276 6	
生活垃圾清运量	0.026 8	32
煤炭消费总量	0.028 9	11
能源消费总量	0.028	19
石油消费总量	0.028 2	18
天然气消费总量	0.026 7	33

续表

指标	权重	排序
二氧化硫排放量	0.027 3	27
废水排放总量	0.028	19
工业用水总量	0.029 3	8
农业用水总量	0.026 4	34
生活用水总量	0.027	31

通过表5-6中的指标权重,可以发现资源环境耗散系统和资源环境经济系统对资源环境承载力的影响较大。从具体指标来看,对资源环境承载力影响程度居前五位的是:森林覆盖率、城市园林绿化建设投资额、城市环境基础设施建设投资额、建成区绿化覆盖率、治理废气项目完成投资。

(三)全国2004—2013年资源环境承载力

由指标权重得到加权规范化决策数据,根据正、负理想值的计算方法,得到各个指标的正、负理想值,计算各指标到正、负理想值的Euclid距离,d^+和d^-为各指标与正、负理想值距离。计算各指标与正理想值Z^+和负理想值Z^-的灰色关联系数矩阵R^+和R^-,各年度资源环境承载力与正理想值的灰色关联度r^+、各年度资源环境承载力与负理想值的灰色关联度r^-,对r^+和r^-进行无量纲化处理得D^+、D^-和R^+、R^-,最后合并Euclid距离和关联度,得S^+和S^-,最后根据贴近度公式得C^+,即资源环境承载力。C^+越大,资源环境承载力越高,2004—2013年我国资源环境承载力见图5-8。

从图5-8可知,2004—2013年,我国资源环境承载力先降后升,呈"U"型变动趋势。2010—2011年为下降阶段,2011年降至最低点0.492 2;2011—2013年为逐步上升阶段,2013年升至0.497 8,但仍低于10年间的平均值。

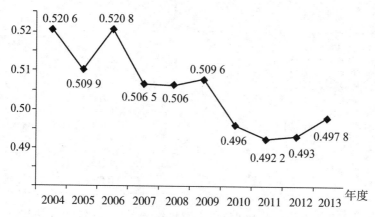

图5-8 2004—2013年我国资源环境承载力变动趋势

2004—2013年各系统资源环境承载力状况见表5-7。

表5-7 2004—2013年各系统资源环境承载力状况

年份	支撑系统	保育系统	经济系统	耗散系统
2004	0.503 9	0.473 2	0.545 8	0.547 3
2005	0.503 7	0.446 3	0.542 2	0.532 6
2006	0.503 1	0.487 7	0.559 3	0.525 2
2007	0.503 8	0.459 4	0.540 2	0.512 3
2008	0.497	0.478 2	0.532 7	0.509 5
2009	0.495 8	0.518 1	0.528 1	0.497 9
2010	0.480 3	0.531 4	0.497 8	0.481 9
2011	0.492 3	0.525 7	0.486 6	0.467 5
2012	0.497 9	0.530 5	0.482 3	0.470 4
2013	0.498 3	0.532	0.491 2	0.482 5

　　从各系统资源环境承载力状况来看，2004—2013年，资源环境支撑系统较稳定，维持在0.50~0.53；资源环境经济系统和资源环境保育系统呈上升趋势，表明我国治理和保护资源环境的努力取得了一定的成效；资源环境耗散系统呈下降趋势，表明目前我国资源消耗给资源环境承载力造成

了巨大压力,在经济发展过程中,应减少能源消耗,降低对环境的破坏,提供资源环境利用效率。

相关意见建议:

目前我国资源环境承载力虽仍不乐观,但总体呈改善趋势。依据前文分析结果,提出以下政策建议:第一,优化经济结构,转变经济发展方式,大力发展循环经济,提高资源利用效率,降低经济发展对资源环境的不利影响;第二,继续加大环境保护方面的投资,加大环境保护力度,提高森林覆盖率、绿化率,加强生态修复建设力度,加大污水、废气、废水、生活垃圾处理能力;第三,加大矿产资源、能源资源、土地资源的综合利用;第四,改进生产技术,降低能源消耗,降低废弃物的排放,强化资源环境保护宣传教育,使生态文明观念深入人心,养成节约资源保护环境的良好生活习惯。

五、各省份资源环境承载力测算

(一)数据来源于统计描述

分别采用2010年和2013年各省份的相关数据,测算各省份的资源环境承载力并进行分析。各省份数据来源为国家统计局网站[①],2010年和2013年数据统计描述见表5-8和表5-9,各指标单位如表5-4。

表5-8　2010年全国31省份各指标统计描述

指标名称	最小值	中位数	均值	最大值	方差
建成区面积	687.0	1 293.5	1 492.6	3 271.0	768.1
煤炭储量	3.0	46.6	202.5	844.0	344.0
年末总人口	1 299.0	3 160.5	3 762.8	7 869.0	2 190.7
石油储量	2 689.4	18 799.0	19 101.0	54 516.4	18 149.2
天然气储量	23.7	359.3	1 452.4	7 149.4	2 555.6
铁矿储量	0.4	7.2	17.8	75.5	26.4

---

① http://data.stats.gov.cn/workspace/index? m=fsnd.

续表

指标名称	最小值	中位数	均值	最大值	方差
水资源总量	9.2	261.2	321.8	853.5	309.1
农作物总播种面积	317.3	4 647.6	4 973.4	12 156.2	3 972.6
铜矿储量	0.0	18.3	94.8	365.9	133.0
城市绿地面积	1.9	6.6	7.7	22.8	6.1
城市污水日处理能力	155.5	343.7	483.7	1 590.0	427.4
建成区绿化覆盖率	32.1	38.1	38.3	47.7	4.9
森林覆盖率	9.9	22.2	25.6	43.2	12.7
生活垃圾无害化处理率	40.4	77.8	75.5	100.0	20.4
造林总面积	1.4	138.5	184.1	655.2	198.9
自然保护区占辖区面积比重	3.1	8.1	8.7	14.1	3.8
城市环境基础设施建设投资额	98.1	232.8	279.6	631.2	144.2
城市园林绿化建设投资额	30 323.0	418 762.5	480 711.7	1 058 455.0	333 233.1
工业污染治理完成投资	19 340.0	120 494.0	124 525.6	279 574.0	75 751.2
环境污染治理投资总额	27.1	79.9	81.9	139.9	33.3
治理废气项目完成投资	16 884.0	51 819.5	60 213.4	149 810.0	41 822.3
治理废水项目完成投资	1 762.0	36 558.0	35 476.2	74 386.0	22 513.7

续表

指标名称	最小值	中位数	均值	最大值	方差
治理固体废物项目完成投资	2.0	1 226.0	5 441.7	30 135.0	9 699.9
国内生产总值	8 667.6	12 892.8	16 069.0	41 425.5	9 849.0
人均国内生产总值	26 283.0	44 851.0	47 909.2	76 074.0	20 246.2
生活垃圾清运量	183.7	611.2	596.9	1 017.1	256.8
煤炭消费总量	2 634.6	14 563.8	15 946.2	29 865.1	10 316.6
能源消费总量	577.0	1 377.9	1 534.4	3 864.4	1 038.8
石油消费总量	166.6	344.7	365.8	749.8	183.7
天然气消费总量	19.0	29.7	38.9	74.8	20.1
二氧化硫排放量	115 050.0	756 185.5	750 455.0	1 394 100.0	483 829.8
废水排放总量	68 196.0	127 495.0	193 294.6	555 500.0	143 793.7
工业用水总量	5.5	17.0	20.6	52.9	12.9
农业用水总量	10.8	81.8	107.2	304.2	102.3
生活用水总量	5.5	17.0	20.6	52.9	12.9

表5-9 2013年全国31省份各指标统计描述

指标名称	最小值	中位数	均值	最大值	方差
建成区面积	747.0	1 325.0	1 638.4	3 810.0	897.9
煤炭储量	3.0	28.3	169.3	906.8	312.7
年末总人口	1 472.0	3 190.5	3 837.8	7 939.0	2 184.5
石油储量	3 023.4	16 411.2	17 601.8	47 311.3	15 680.6
天然气储量	24.3	325.9	1 564.6	8 042.5	2 891.5

续表

指标名称	最小值	中位数	均值	最大值	方差
铁矿储量	0.4	8.6	15.2	56.3	18.9
水资源总量	14.6	229.7	410.3	1 419.6	467.3
农作物总播种面积	242.5	4 810.9	5 034.2	12 200.8	4 010.5
铜矿储量	0.0	24.9	92.0	400.3	136.9
城市绿地面积	2.3	7.2	8.7	25.6	6.9
城市污水日处理能力	171.4	458.9	568.5	1 606.5	438.3
建成区绿化覆盖率	31.4	39.2	38.8	47.1	4.4
森林覆盖率	9.9	22.2	25.6	43.2	12.7
生活垃圾无害化处理率	54.4	89.3	85.2	99.3	15.4
造林总面积	0.9	118.3	201.5	805.2	241.3
自然保护区占辖区面积比重	3.7	8.0	8.9	15.0	4.1
城市环境基础设施建设投资额	144.7	290.6	375.5	859.4	204.3

续表

指标名称	最小值	中位数	均值	最大值	方差
城市园林绿化建设投资额	102 636.0	1 173 507.5	1 003 588.4	2 071 603.0	625 328.4
工业污染治理完成投资	42 768.0	241 948.0	310 873.8	626 746.0	236 743.0
环境污染治理投资总额	48.4	121.3	122.6	229.2	52.6
治理废气项目完成投资	19 056.0	210 991.5	241 957.6	477 779.0	189 209.2
治理废水项目完成投资	6 436.0	21 552.5	33 409.2	102 501.0	31 372.0
治理固体废物项目完成投资	216.0	1 309.5	8 859.1	27 484.0	11 418.8
国内生产总值	12 602.2	18 166.5	22 681.3	59 161.8	13 987.5
人均国内生产总值	34 813.0	64 592.0	64 493.2	99 607.0	24 506.7
生活垃圾清运量	200.0	583.6	613.4	1 202.7	292.5
煤炭消费总量	2 270.0	16 092.0	18 683.0	36 620.0	12 969.6
能源消费总量	653.9	1 621.5	1 882.8	4 956.6	1 350.2
石油消费总量	182.6	367.1	439.7	935.0	247.1

续表

指标名称	最小值	中位数	均值	最大值	方差
天然气消费总量	22.8	41.5	54.3	113.1	29.1
二氧化硫排放量	87 041.6	715 386.4	725 780.8	1 358 691.7	498 050.8
废水排放总量	84 210.0	148 834.8	210 728.4	594 359.1	151 417.7
工业用水总量	5.1	16.7	19.8	51.4	12.9
农业用水总量	9.1	89.8	114.1	308.3	111.1
生活用水总量	5.1	16.7	19.8	51.4	12.9

（二）各省份资源环境承载力及变动情况

采用相同的方法，可依次计算2010年和2013年各省份资源环境评价指标体系的指标权重和各省份的资源环境承载力。

根据熵值权重法确定指标权重，权重见表5-10，各省份资源环境承载力计算结果见表5-11。

表5-10 2010年和2013年各省份资源环境承载力评价体系指标权重

	2010 年		2013 年	
	权重	排序	权重	排序
资源环境支撑系统	0.447 1	—	0.454 7	—
建成区面积	0.022 8	20	0.023 0	20
煤炭储量	0.071 9	2	0.077 2	2
年末总人口	0.013 8	25	0.013 9	24
石油储量	0.069 9	4	0.069 4	3
天然气储量	0.086 8	1	0.090 4	1

续表

	2010 年		2013 年	
	权重	排序	权重	排序
铁矿储量	0.071 1	3	0.064 1	4
水资源总量	0.031 6	10	0.033 7	9
农作物总播种面积	0.024 7	17	0.024 5	15
铜矿储量	0.054 5	5	0.058 5	6
资源环境保育系统	0.182 3	—	0.166 6	—
城市绿地面积	0.044 1	7	0.036 9	8
城市污水日处理能力	0.035 1	9	0.031 6	10
建成区绿化覆盖率	0.011 2	29	0.009 7	34
森林覆盖率	0.024 9	15	0.025 4	14
生活垃圾无害化处理率	0.015 6	23	0.013 0	26
造林总面积	0.026 5	12	0.024 5	15
自然保护区占辖区面积比重	0.024 9	15	0.025 5	13
资源环境经济系统	0.259 8	—	0.265 2	—
城市环境基础设施建设投资额	0.021 2	21	0.018 8	22
城市园林绿化建设投资额	0.043 2	8	0.037 1	7
工业污染治理完成投资	0.025 2	14	0.023 6	17
环境污染治理投资总额	0.018 3	22	0.019 4	21
治理废气项目完成投资	0.026 0	13	0.023 6	17
治理废水项目完成投资	0.027 1	11	0.029 5	11
治理固体废物项目完成投资	0.050 4	6	0.063 7	5
国内生产总值	0.024 2	18	0.023 4	19
人均国内生产总值	0.024 2	18	0.026 1	12
资源环境耗散系统	0.110 9	—	0.113 5	—

续表

	2010 年		2013 年	
	权重	排序	权重	排序
生活垃圾清运量	0.009 6	33	0.009 8	31
煤炭消费总量	0.013 5	26	0.015 0	23
能源消费总量	0.012 3	28	0.012 7	29
石油消费总量	0.012 5	27	0.012 9	27
天然气消费总量	0.011 1	30	0.013 4	25
二氧化硫排放量	0.015 1	24	0.012 9	27
废水排放总量	0.010 4	31	0.010 2	30
工业用水总量	0.007 1	35	0.007 2	35
农业用水总量	0.009 7	32	0.009 7	33
生活用水总量	0.009 6	33	0.009 8	32

从2010年和2013年各省份资源环境承载力评价指标权重来看,资源环境支撑系统和资源环境经济系统对资源环境承载力的影响较大。

从具体指标来看,对资源环境承载力影响程度居前十位的是:天然气储量、煤炭储量、铁矿储量、石油储量、铜矿储量、治理固体废物项目完成投资、城市绿地面积、城市园林绿化建设投资额、城市污水日处理能力、水资源总量。

表5-11 2010年和2013年各省份资源环境承载力计算结果

省份	2010 年		2013 年	
	承载力	位次	承载力	位次
北京市	0.595 3	1	0.640 7	3
天津市	0.588 4	8	0.637 7	5
河北省	0.558 8	18	0.586 8	21
山西省	0.502 2	28	0.546 8	27
内蒙古自治区	0.476 1	30	0.512 1	30

续表

省份	2010 年		2013 年	
	承载力	位次	承载力	位次
辽宁省	0.538 5	26	0.560 4	26
吉林省	0.581 3	11	0.627 3	10
黑龙江省	0.539 3	24	0.560 6	25
上海市	0.582 2	10	0.631 9	8
江苏省	0.543 9	22	0.596 4	19
浙江省	0.576 2	14	0.624 0	13
安徽省	0.589 4	7	0.632 4	7
福建省	0.580 7	12	0.629 6	9
江西省	0.556 3	19	0.597 9	18
山东省	0.545 2	21	0.566 5	24
河南省	0.546 2	20	0.623 3	14
湖北省	0.589 7	6	0.623 3	14
湖南省	0.587 0	9	0.624 1	12
广东省	0.539 7	23	0.568 8	22
广西壮族自治区	0.573 8	15	0.594 7	20
海南省	0.593 1	3	0.641 2	2
重庆市	0.592 0	5	0.638 3	4
四川省	0.488 6	29	0.539 8	28
贵州省	0.594 5	2	0.634 4	6
云南省	0.571 4	16	0.621 3	16
西藏自治区	0.520 6	27	0.529 4	29
陕西省	0.538 8	25	0.568 3	23
甘肃省	0.565 3	17	0.611 4	17
青海省	0.579 7	13	0.625 4	11

续表

省份	2010 年		2013 年	
	承载力	位次	承载力	位次
宁夏回族自治区	0.593 0	4	0.646 2	1
新疆维吾尔自治区	0.474 8	31	0.505 8	31

由表5-11可知,2010年各省份资源环境承载力为0.47~0.60,其中北京市承载力最高,为0.595 3,居第二、第三位的是贵州省和海南省,承载力分别为0.594 5和0.593 1。2013年各省份资源环境承载力为0.50~0.65,其中宁夏回族自治区承载力最高,为0.646 2,居第二、第三位的是海南省和北京市,承载力分别为0.641 2和0.640 7。与2010年相比,各省份资源环境承载力均上升,其中河南省升幅最大,上升了0.077 1,升幅居第二、第三位的是宁夏回族自治区和江苏省,分别上升0.053 2和0.052 5。从排名变化情况看,湖北省、广西壮族自治区、贵州省、河北省、山东省、湖南省、北京市、西藏自治区和黑龙江省九省、市、自治区排名均下降,其中湖北省下降最多,下降了八个位次;内蒙古自治区、辽宁省、安徽省、云南省、甘肃省、新疆维吾尔自治区六省、市、自治区排名保持不变;山西省、吉林省、浙江省、江西省、广东省、海南省、重庆市、四川省、上海市、陕西省、青海省、天津市、江苏省、福建省、宁夏回族自治区和河南省16省、市、自治区排名上升,且河南省位次提升最明显,上升了六个位次。

第六章　全球环境治理对我国资源环境安全的影响：一个概述

我国通过参与国际环境会议和国际环境协议缔约方大会，签署缔结国际环境协议，参与国际环境合作项目等方式，积极投身到全球环境治理的进程中。然而，全球环境治理的必然趋势与未来改革方向又给我国带来极大的挑战和机遇。在治理进程中，我们要适当调整传统的国家主权观，秉承全球主义下的国家主义，不断增加在全球治理中的话语权。

通过建立一个两阶段的理论模型，笔者发现，在我国参与全球环境治理初期，由于环境成本上升，可能引发资源的价格安全风险和国内供应的数量安全风险；随着我国参与全球环境治理进程的深入，资源的对外依存风险加大。长期来看，随着治理进程的深入和治理主体的多元化，技术进步和创新将得到进一步的鼓励，可再生资源的开发和利用将得到更大程度的推广，资源配置和利用将更加有效，资源政策将更能体现出可持续发展的要求，因此总体上，参与全球环境治理对维护我国资源安全是有积极意义的。

全球环境治理对我国环境安全无疑是有积极作用的；然而，我们已经看到当前全球环境治理机制存在诸多弊端，根据我们和其他一些学者的研究可发现，当前全球环境治理机制对国内环境安全并非只是有利影响。一方面，实证检验发现，参与一些国际政府间组织对国内环境的影响并不如预期显著；另一方面，就我国经验来说，在当前全球气候治理机制下，发达国家正在加剧向我国输出碳排放。

第一节　中国参与全球环境治理的概况

改革开放后，中国以积极的姿态投身到全球环境治理的实践中去。然而，全球环境治理的理念毕竟来自西方治理理论，面对全球环境治理的当下和未来，中国等发展中国家出现"水土不服"也并非偶然。如何正视全球治理的趋势和改革方向，调整和适应其给国内带来的各方面挑战，抓住机遇，积极参与游戏规则的制定，将是我们在处理包括环境在内的全球性问题时要考虑的重点。

一、中国参与全球环境治理的历史进程

1971年中国恢复在联合国的合法地位以后，特别是1978年改革开放之后，中国积极投身到全球环境治理的实践当中，通过积极参与国际环境合作，对环境问题的处理和应对展现出负责任的大国态度，推进了全球环境治理的进程。回顾历史，中国参与全球环境治理的实践可以归纳为三个方面：一是积极参与国际环境会议和国际环境协议缔约方大会；二是签署和实施国际环境公约和协议；三是参与包括双边、多边和区域在内的国际环境合作项目。

（一）积极参与国际环境会议和国际环境协议缔约方大会

1972年，中国派团参与了由联合国主导，在瑞典首都斯德哥尔摩召开的第一次以环境为主题的大会，签署了《人类环境宣言》，承诺与其他国家合作解决环境问题。这次大会宣告了国际社会向环境治理迈出了历史性的一步，同时这次会议也成为中国参与全球环境治理的起点。虽然《人类环境宣言》不是具有法律约束的强制性协议，但中国却认真履行了协议内容。例如，该协议第十七条提出"必须委托适当的国家机关对国家的环境资源进行规划、管理或监督，以期提高环境质量"。根据此条建议，中国于会议召开后第二年召开了第一次全国环境保护会议，并于1978年，将环境保护的规定"国家保护环境和自然资源，防止污染和其他公害"写入了宪法，1984年国家环保局成为国务院独立的局级单位，2008年更是直接升级为国家环保部，成为国务院组成部门。另外，斯德哥尔摩大会对于中国的意义还在于，它形成和丰富了中国进行国际环境合作的对外认知，在此之后中国逐步建立起进行国际环境合作的基本立场和原则。鉴于很多发展中国家担心节约资源使用和对环境保护的要求会阻碍自身的经济发展，此次大会呼吁发达国家承担起环境保护的主要责任，同时利用资金援助和技术支持等形式，帮助发展中国家应对环境危机，这是全球环境治理中"共同但有区别责任"原则的雏形，也是中国今后一直坚持参与全球环境治理的基本原则。

此后，中国又参与了继斯德哥尔摩大会之后，在全球环境治理领域三项规模最大、范围最广、级别最高、影响力最强的会议，它们分别是1992年在巴西里约召开的联合国环境与发展会议，2002年在约翰内斯堡召开的可持续发展大会，以及2012年"里约+20"峰会。在1992年里约联合国环发会议上，中国签署了《里约宣言》《21世纪议程》《关于森林问题的原则声明》三个文件，以及《联合国气候变化框架公约》和《生物多样性公约》。其中《里约宣言》明确了各国享有发展权的规定，提出了国际社会和各个国家实现环境保护和可持续发展所应当采取的各项措施，强调对发展中国家的环境权益要进行特殊保护，并呼吁各国和人民诚意地推进国际环境合作。而关于《21世纪议程》，其是全球首份关于可持续发展的协议，虽然它不具备法律强制力，却为全球环境治理的各个主体，包括各国政府、国际政府间组织和非政府组织等描绘出一幅关于可持续发展的详细行动蓝图。在里约大会之后，中国展开了国内可持续发展的行动，制定了《中国21世纪议程》，并于1997年向联大提交了《中国可持续发展国家报告》，将国内环境保护行动纳入全球环境治理的框架下。同时，1992年之后，国际环境合作在越来越高要求的多边环境协议面前，出现越来越多的分歧。这些分歧的焦点主要是发达国家和发展中国家关于环境责任、权利与义务方面的争论。自此以后，全球环境治理的路途布满荆棘，一方面是气候变化、生物多样性脆弱、海洋污染等全球环境问题日益突出，另一方面国际合作在这些关键问题上却步履维艰。像气候变化问题，至今还没有达成实质性的协议和成果，国际社会弥漫着失望的情绪。在这一形势下，中国又参加了2002年约翰内斯堡可持续发展大会和2012年"里约+20"峰会，并且参会的规模越来越大、人数越来越多，这一方面体现了中国对环境保护、可持续发展和国际环境合作的高度重视；另一方面也体现出中国在不断变革的全球环境治理机制下，发挥的作用越来越大，同时遇到的挑战也越来越多，面临的压力越来越大。

除了参与这些具有影响力的国际环境大会，中国还积极参与了许多国际环境协议的缔约方大会，例如历年的气候变化大会等。通过这些实践，中国与国际社会就环境问题进行了广泛的交流和合作，逐步形成了立场鲜明的环境保护与合作的原则，同时在全球环境治理中发挥了越来越大的作用。

（二）签署和实施国际环境公约和协议

就具体的环境保护项目来说，中国缔结、实施的国际环境公约和协议，大部分都属于全球环境问题。这些问题主要包括五个方面：大气类、海洋环境类、生物资源类、海岸线公约和危险物质类。据统计，我国共计加入近30项环境保护方面的国际公约、议定书及其修正案，具体的目录见表6-1。

表6-1　我国加入的公约、议定书及其修正案目录

类型	名称	签署地点	签署/修订时间	中国签署/生效时间
大气	保护臭氧层维也纳公约	维也纳	1985年3月	1989年12月签署
	关于消耗臭氧层物质的蒙特利尔议定书	蒙特利尔	1987年签署，1990年、1991年修改	1992年8月签署
	联合国气候变化框架公约	纽约	1992年6月	1993年1月生效
	京都议定书	京都	1997年12月	2002年8月生效
	巴厘岛路线图	巴厘岛	2007年12月	2007年12月签署
	哥本哈根协定	哥本哈根	2009年12月	2009年12月签署
海岸线公约	大陆架公约	日内瓦	1958年	1964年6月生效

续表

类型	名称	签署地点	签署/修订时间	中国签署/生效时间
海洋环境	防止海洋石油污染国际公约	伦敦	1954年	1954年
	南极条约	华盛顿	1959年12月	1983年6月生效
	国际油污损害民事责任公约	布鲁塞尔	1969年11月	1980年4月生效
	国际油污损害民事责任公约议定书	伦敦	1976年11月	1986年12月生效
	联合国海洋法公约	蒙特哥湾	1982年12月	1996年5月生效
	防止倾倒废弃物及其他物质污染海洋公约	伦敦	1972年12月签署，1989年修订	1985年12月生效
	干预公海非油类物质污染议定书	伦敦	1973年	1990年5月生效
	防止船舶造成污染公约	伦敦	1973年签署，1978年、1990年修订	1973年
生物资源	国际捕鲸管制公约	华盛顿	1946年12月	1980年9月生效
	关于水禽栖息的国际重要湿地公约	拉姆萨	1971年2月	1992年1月生效
	保护世界文化和自然遗产公约	巴黎	1972年11月	1986年3月生效
	濒危野生动植物种国际贸易公约修正案	华盛顿	1973年3月	1981年4月生效
	生物多样性公约	里约热内卢	1992年6月	1993年12月生效
	中白令海峡鱼资源养护与管理公约	华盛顿	1994年2月	1995年9月生效

类型	名称	签署地点	签署 / 修订时间	中国签署 / 生效时间
生物资源	联合国关于在发生严重干旱或沙漠化的国家特别是在非洲防止荒漠化的公约	巴黎	1994 年 6 月	1994 年 10 月签署，1997 年 5 月生效
	国际热带木材协定（1983 年版）	日内瓦	1983 年 11 月签署，1994 年修订	1986 年 7 月 2 日生效
危险物质	关于持久性有机污染物的斯德哥尔摩公约	斯德哥尔摩	2001 年 5 月	2001 年 5 月签署，2004 年 6 月生效
	核材料实物保护公约	维也纳、纽约	1980 年 3 月	1989 年 1 月生效
	核事故或辐射事故紧急情况援助公约	维也纳	1986 年 9 月	1987 年 10 月生效
	核事故及早通报公约	维也纳	1986 年 9 月	1988 年 12 月生效
	核安全公约	维也纳	1994 年 6 月	1996 年 7 月生效
	控制危险废物越境转移及处置的巴塞尔公约	巴塞尔	1989 年	1992 年 8 月

（三）参与国际环境合作项目

除了积极参与国际环境会议和缔约重要的协议之外，中国还广泛地参与了包括多边、双边和区域在内的国际环境合作项目，建立起广阔的环境外交空间，加强了在全球环境治理中的地位。作为发展中国家，这些项目合作的方式以技术援助、资金支持、人才培养和政策研究为主，涵盖领域包括能力建设、环境监测、环境统计、生态保护、环境技术评估、大气污染防治、水环境管理和ISO14000管理体系等。在双边环境项目方面，中国已与美国、日本、俄罗斯等42个国家签署了双边环境保护合作协议或谅解备忘录，与欧盟、德国、加拿大等13个国家和地区在双边无偿项目援助下展开合作。以中国—意大利环保合作为例，自2000年双方启动环保合作项目后，联合成立了中意环保合作项目管理办公室，选聘长期专家和专职人员开展联合办公，围绕生态调查、自然资源保护、能源效率和可再生能源、环境监测、城市可持续发展和生态节能建筑、废物处置和回收、可持续交通、可持续农业、气候变化和清洁发展机制、防止沙漠化、水资源管理、培训以及论坛、交流和推广14个领域开展合作。截至当前，中意双方以示范项目建设、合作研究、环境保护能力建设等多种方式开展合作，已经成为合作领域最广、投资规模最大、成效最显著的双边合作典范。

就多边合作来看，从20世纪90年代开始，我国就与联合国环境署、联合国工业发展组织、联合国开发计划署、全球环境基金（GEF）、世界卫生组织、世界银行、亚洲开发银行等国际政府间组织，以及世界野生动物基金会、国际自然保护同盟等国际非政府组织，还有部分私人机构展开多领域、多渠道的合作。除了引入多边机构的常规资金、相关经验、先进技术和国际咨询服务等，直接为我国环境合作项目提供支持外，近几年，我国还加大了对上述多边国际组织的捐款。例如，2012年在"里约+20"峰会上，我国宣布向联合国环境规划署信托基金赠款600万美元，用于组建信托资金，支持发展中国家的环境保护能力建设；另外，在全球环境基金方面，我国也逐渐增加了捐款金额。

就区域合作来看，我国以周边国家为重点的区域环境合作框架已经初步形成。1999年1月在韩国首都首尔召开了第一届中日韩三国环境部长会议；2002年在老挝万象召开了第一东盟——中日韩环境部长会议；2003年中欧环境政策部长对话机制正式启动；2005年起又与柬埔寨、老挝、缅甸、越南、泰国五国建立起大湄公河次区域生物多样性保护走廊计划，2006年在迪拜召开了首次中国—阿拉伯国家环境合作会议。除此以外，2013年我国提出建设丝绸之路经济带和21世纪海上丝绸之路构想，在"一路一带"战略背景下，我国加速了南南环境合作的进程，特别是与作为海上丝绸之路重站的非洲的环境合作，取得了开创性的进展。

二、挑战、变革与机遇

环境问题是经济发展和全球治理进程的产物，全球环境治理同全球治理理论一样，其思想起源和兴盛于西方发达国家，因此其本质上反映的是西方发达国家在全球化进程中对如何处理全球环境问题的思考。正如全球治理理论关注于非领土政治和全球公民社会的定位问题一样，全球环境治理理论关注的焦点是如何建立起应对环境问题的全球层面和跨国层面的有效机制，强调治理主体的多元化和协同作用，特别强调在治理机制中发挥全球公民社会的主体地位。这一根深于西方全球治理思想的全球环境治理理论，与中国对全球环境治理的理解有很多不同，这导致在实践上中国参与全球环境治理和国际环境合作时遇到诸多限制与挑战。

首先，中国同其他发展中国家一样，近代历史上饱受西方霸权国家的压迫、剥削和侵略，维护国家主权和争取民族独立的过程十分艰辛。这一屈辱的历史使得中国和大多数发展中国家一样，对涉及国家主权和维护民族尊严的问题有着强烈的政治敏感性。同时，中国等发展中国家又切实感受到当前国际政治经济秩序的不公正，迫切期望强大起来，摆脱西方发达国家的控制，这使得发展中国家对挑战国家主权地位的非领土政治和全球公民社会持有戒心①。在实践中，发展中国家建立起与发达国家相对立的主权观。发展中国家对主权问题的敏感性和实质上的脆弱性，使得这些国家倾向于追求绝对主权观，即认为国家主权是在对内对外事务中最高的、绝对的、永久的、不可分割的、不可让与的和不受其他法律限制的权利。然而，全球环境问题的出现，以及相应的全球环境治理机制的建立，势必要在一定程度上削弱和制约国家主权。这是因为人类所生存的地球生态系统是一个整体，人类对某一局部生态环境施加的影响会通过空气、水、生物迁徙等途径传播到整个生态系统当中。因此，解决全球环境问题必然要以人类整体利益最大化为诉求。而在国家绝对主权下，国家只会考虑本国和本民族的利益最大化。由此，要解决政治分割性与生态环境整体性所产生的矛盾，必然要适度削弱国家主权，有些学者甚至建议建立类似全球政府的超主权机构来解决全球性问题。另外，国际环境合作的开展，也使得国家权威开始向国际组织、全球公民社会等非主权体让渡。这一切都意味着中国等发展中国家在全球治理的框架下要适度调整自身的主权观，增加更多的灵活性。

---

① 蔡拓：《全球治理的中国视角与实践》，《中国社会科学》2004年第1期。

其次，与其他发展中国家不同，国际社会对中国承担起更多责任抱有越来越多的期望，也给了中国来自国内外越来越大的压力。无论从经济规模来看，还是从中国污染物排放总量来看，中国都不太可能在全球环境治理格局中划为穷国或者说发展中国家一方，当然也不可能进入发达国家队列。从世界经济格局来看，中国的地位、作用以及国内情况，既不同于新兴市场国家，也不同于发展中国家。可以说，当前世界经济格局已经形成富国、穷国和中国三类国家[①]。改革开放以来，中国保持了经济高速增长，开创了所谓"中国模式"的经济奇迹。世界银行和IMF研究报告显示，如果按照购买力评价计算，2014年中国已经超越美国，成为全球第一大经济体[②]。央行数据显示，2014年中国的外汇储备高达3.85万亿美元，接近世界三分之一的水平。与此同时，中国的能源消费和二氧化碳排放量也居高不下，2009年就已经位居世界第一。面对这种形势，国际社会认为中国应当在全球事务，特别是解决类似气候变化这样的全球环境问题中，发挥更大作用，承担起更多责任。然而，中国无论是决策层还是普通居民，显然还没有适应或不愿面对这种转变。毕竟，我国人均GDP水平不高，2014年世界排名仅在第85位；国内还在进行与许多发展中国家所存在的问题一样的深层次改革；另外，我国重返国际舞台时间不久，对国际社会许多领域的规则和制度还不甚熟悉；这一切意味着，国内在对待如何定位我国在国际事务中的地位和作用问题时，持非常谨慎和保守的态度。同时，我国的环境外交也因此格局而受到制约。以气候变化为例，发达国家质疑我国发展中国家的地位，一方面要求中国进行更大程度的减排，另一方面又不情愿向中国这样的经济体提供资金援助；中国与77国集团的合作也开始变得松散，许多发展中国家认为中国的利益诉求与他们并不一致。

在西方全球环境治理理论下，中国要参与国际环境合作面临诸多挑战。但同时，当前的全球环境治理的架构亟待修正和重构，这又给了中国在今后实践中很多宝贵的机遇。虽然威胁整个人类生存的环境问题不断凸

---

① 李稻葵：《富国、穷国和中国——全球治理与中国的责任》，《国际经济评论》2011年第1期。

② 调整后GDP总量，IMF认为中国为17.6万亿美元，美国为17.4万亿美元。

显，但有效的治理制度框架迄今尚未建立起来。特别是在应对气候变化问题上，公民社会和职业参与者普遍对当前低效的全球气候治理机制感到悲观和失望。一方面，全球分歧日益阻碍着多边环境合作的进程；另一方面，治理机制存在众多功能重叠、目标模糊、指令冲突又相互竞争的国际组织和机构，不仅难以弥合分歧，更造成了稀缺资源的低效使用。由此可见，未来全球环境治理结构还有很大的改革空间，中国应当抓住机遇，适时调整战略，在适应的基础上对有效治理机制的建构做出更大贡献。

首先，我们对参与全球环境治理最为担忧的是怕遭受权力与责任的不公平对待，特别是担心由于承担环境责任而导致发展落后。诚然，环境不公平本质上来源于收入不公平或者说国家贫富差距，所以发展依然是我国的第一要务。然而，我们有权利发展，但没有权利以低效率发展。改革开放以来，我国经济增长虽然迅速，却是以资源的粗放利用、生态环境破坏为代价的，这样的发展方式显然并不具备可持续性，必须从根本上扭转。在此点上，参与全球环境治理与其说是利他，不如说是利我。中国在全球环境问题的应对中，应当做好自己，权衡经济发展与环境保护的关系，使经济增长在一定的环境容量和生态承载力之内。这样，国家利益就不能单纯以物质收入来衡量，确保发展可持续性，确保国民健康、富足、幸福的生活，确保生态环境底线不受破坏，也应当是国家利益应有之义。如此一来，我们在国家主权观下追求国家利益最大化的行为就与全球环境治理的利益目标相协调，也与考虑人类整体利益最大化的目标相融合。当然，在全球环境治理中，为了促进合作达成，一定程度的妥协和让步不可避免，这就需要进一步调整传统的国家主义，秉承全球主义下的国家主义，考虑各国合作利益的最大化。正如党的第十八次全国代表大会所表述的那样"合作共赢，就是要倡导人类命运共同体意识，在追求共同利益时兼顾他国合理关切，在谋求本国发展中促进各国共同发展，建立更加平等均衡的新型全球发展伙伴关系，同舟共济，权责共担，增进人类共同利益"[①]。由此可见，在全球环境治理中，我们秉承的理念应当是将国家利益与人类整体利益相协调，把国家利益最大化的导向转

---

① 胡锦涛：《坚定不移沿着中国特色社会主义道路前进，为全面建成小康社会而奋斗——在中国共产党第十八次全国代表大会上的报告》，第43页。

变为合作利益最大化。

其次，在全球化趋势和全球环境问题日益严峻的背景下，各国普遍认为全球环境治理已是国际社会应对的必然选择。然而，虽然全球治理理论已出现和流行了二十多年，实践中包括全球环境治理在内的全球治理成效却不大。以气候变化为代表，当前的全球环境治理机制效率低下，国际环境合作不仅停滞不前，甚至还出现了一些倒退。从治理主体来看，联合国体系的管理和执行力正受到质疑；欧盟受自身经济危机影响，对推进应对气候变化行动的领导力和积极性开始下降；美国虽然试图恢复其在全球环境治理中的领导地位，但其意在绕过多边环境机制，而仅跟少数重要国家建立合作。在这一背景下，全球环境治理机制必须进行改革，中国应当积极推动这种改革的发生，因为这对于中国而言是莫大的契机。我们看到，虽然当前全球的政治权利重心正发生转移，并且新型市场国家正在承担更加突出和重要的角色，然而在多边环境合作中，新型市场国家的力量还不足以主导合作的进程，在气候谈判中依然是靠北方国家促成一个修正后的策略。这使得我们需要思考中国如何在全球环境机制的重构期中增加话语权，即如何参与到国际机制和规则的制定中，变被动参与为主动引导。在理论支撑上，我们需要深化我国全球治理相关内容的研究，建立起本国的全球环境治理战略；在实践中，我们可以以国内环境治理和地区环境治理为切入点，以国内治理促进全球治理，不断提高自身的治理能力。

第二节　参与全球环境治理对我国资源安全影响的分析

全球环境治理是解决全球环境问题的必然选择。在这一背景下，中国一方面要积极参与国际环境合作，适应未来全球环境治理的改革方向；另一方面也要考虑参与全球环境治理给国内经济社会所带来的各方面影响，以便未雨绸缪地制定相关战略，应对新形势的变化。参与全球环境治理的最直接的冲击表现在对我国脆弱的资源环境安全影响方面。虽然国内已有诸多关于资源安全方面的研究，但是在全球环境治理的框架下对该领域进行分析的文献还十分少见。本节我们将对参与全球环境治理对我国资源安全的影响进行总体的概述，在后面章节中，我们将以全球气候变化问题为例，对全球气候治理对我国能源安全的影响等问题，进行更加详细的讨论。

一、环境成本上升对我国资源安全的影响

(一) 环境成本上升对我国资源安全影响的理论模型

资源利用与环境之间存在紧密联系，表现在资源的开采和使用过程大多伴随着废弃物和污染物的产生，不仅造成自然环境美观价值的损失，还会阻碍生态环境保障资源持续供应的汇地功能，甚至对人类健康造成不利影响。资源利用带来的环境负面影响，在经济学中被看作外部成本。无论是基于热力学定律，还是基于成本—收益原则，我们都不能也不应该把环境污染控制在零水平。这样，基于效率的原则，在考虑资源使用的环境影响下，最优的资源利用量应当在资源利用的边际收益与社会边际成本相等之处。这里，所谓的社会边际成本就是将资源利用的环境外部成本内部化，在理论上它应当等于资源利用的私人成本与环境成本之和。

在全球环境治理机制逐步建立和完善的背景下，资源利用的环境成本无疑是逐渐上升的。以气候变化为例，在20世纪90年代以前，国际社会很少考虑能源使用所带来的碳排放问题。然而，随着全球应对气候变化政策机制的展开，许多国家已开始对能源使用征收碳税的政策，国际层面的碳排放配额交易机制也已展开，这实际上都是对能源使用的私人成本附加了额外的气候影响成本。由于我国依然是发展中国家，我国参与全球环境治理的过程是一个不断深入的过程，因此资源利用的环境成本可能会经历两个转变：一是全球资源利用的环境成本上升，但中国因自身发展中国家的地位，承担"共同但有区别的责任"，因此国内资源使用的边际成本尚未包含这部分边际损失；二是随着环境治理进程加速，国内资源使用的边际成本上升，与国际水平保持一致。在气候变化领域，这种转变过程可能更为显著。根据《京都议定书》的规定，我国暂时还没有承担强制减排责任，但未来很有可能进行强制减排，由此国内化石能源燃烧增加碳排放成本是必然趋势。

　　上述两种环境成本的转变会对我国资源安全带来不同的影响。根据前述章节我们对资源安全的定义可知，资源安全内涵中包括经济含义、物质含义和环境含义等多层内容，其最核心的要素包括资源的数量充裕、价格合理和供应稳定等。因此，要研究我国参与全球环境治理的影响，环境成本上升对上述资源安全核心要素的影响是非常重要的切入点。

　　本节以下部分将建立一个简单的两阶段模型，用于分析在全球环境治理背景下，某种资源开采的环境成本上升对我国资源安全的影响。为了简化分析，我们做如下假设：

　　（1）假设存在两个阶段，在阶段1，全球环境治理处于初始状态，此时我国该种资源利用对全球环境产生的边际损害还未包括在资源的开采成本之内；在阶段2，全球环境治理机制已经成熟，国内该种资源的开采成本因为包括了全球环境成本而上升。

　　（2）假设国内该种资源的需求曲线和长期供给曲线为线性，分别满足形式 $p = a - bq_i$，$p = c_i + eq_i$，供给曲线向上倾斜意味着每个阶段有足够充裕的时间去开发这些资源。

　　（3）假设该种资源的全球供给曲线为一条水平的直线，即认为任何国家的进口行为都不会影响该种资源的世界价格水平 P_i。进一步，此价格包含两个组成部分，一是可以观察到的世界价格水平，二是该种资源使用所产生的边际损害成本。

　　（4）假设该种资源为可耗竭资源，国内可开采的资源总量为 Q，它等于两个阶段国内资源开采量之和。

　　（5）假设国内这种资源并不对外进行出口。

　　图6-1揭示了在阶段1全球环境治理机制初建时对国内资源安全各要素的影响。其中 D 为该种资源的国内需求曲线，S_1 为在阶段1，国内长期供给曲线。与坐标轴水平的直线 P 代表阶段1的世界价格水平。在全球环境治理机制初建时，世界价格水平因为要包含资源使用的环境成本而上升，P' 即为在 P 水平下加上单位资源使用的全球环境成本后而得到，由于我国尚未深入参与到治理进程中，因此国内供给曲线暂时不变。由图6-1可见，环境成本的上升会使国内该种资源的消费量由 Q_1 下降到 Q_1'，同时，伴

随着资源价格的上升，国内资源的最优开采量由 q_1 上升到 q_1'，资源的进口量 Q_{M1} 下降，下降幅度为 $Q_{M1} = (Q_1 - q_1) - (Q_1' - q_1')$。所以，在阶段1，即全球环境治理机制初建之时，全球环境治理会对我国资源安全产生三方面影响：首先是资源价格上升，如果该种资源是国民生产生活的重要投入，那么可能造成对国内一般价格水平的冲击，从而引发一系列经济风险。其次，在阶段1，国内最优的资源开采量上升，由于资源总量是有限的，因此留给后代的资源开采量下降，资源满足未来供给的风险上升。最后，在阶段1，国内该种资源的进口量减少，对外依存度下降，贸易禁运带来的资源安全风险降低。

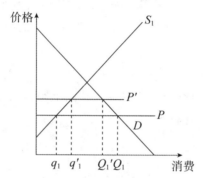

图6-1 阶段1国内的资源开采量

在阶段2（见图6-2），全球环境治理机制已经运行成熟，此时国内环境治理进程加速，国内该种资源的开采成本包含了环境成本，供给曲线由 S_{d1} 向左上方移动至 S_{d2}，移动幅度与在阶段1世界价格水平的变化一致，反映了我国已经充分融入到全球环境治理当中。因此，在阶段2，国内的资源开采量为 q_2'，国内的消费量为 Q_2，资源的进口量 $Q_{M2} = Q_2 - q_2'$。相比阶段1，阶段2的资源价格水平稳定；但国内资源开采量下降，减少到阶段1全球环境成本上升之前的水平；同时进口量增加，对外依存度上升；国内总的消费水平不变。

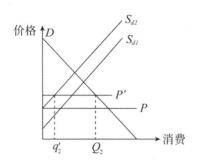

图6-2　阶段2国内的资源开采量

由上述分析可见，在全球环境治理下，随着我国治理进程的变化，我国资源安全核心要素中的资源数量、资源价格和供应的稳定性（或者说资源对外依存的风险）都会受到不同程度的影响。其中，资源价格上涨如何威胁我国经济安全，需要进一步利用计量经济模型、投入产出模型或者可计算一般均衡模型测定该种资源与我国宏观经济、一般价格水平、部门产业等之间的联系。供应的稳定性需要进一步研究贸易禁运发生的可能性、强度和持续性，以及相关应对措施（如建立国家储备）的可行性。在此，我们暂时忽略全球环境治理下的资源价格风险和供应风险，仅对资源数量安全，即国内可开采资源的充足性，做出进一步分析。

假设国内该种资源为可耗竭的稀缺资源，并且假定资源总量 $Q < q'_1 + q'_2$，即如果在阶段1全球环境成本上升之后，国内按照 q'_1 水平开采资源，则下一阶段就无法在国内环境成本上升之后按照 q'_2 水平开采，即留给后代可供充分开采的数量就不足。因此我们需要进一步从动态效率的角度，分析在全球环境治理下国内最优的资源开采量是多少。根据前述我们对资源安全内涵的分析，资源安全一定是实现了效率基础上的安全，因此我们会根据两阶段收益最大化的目标来确定最优的国内开采量，建立模型如下：

$$\max_{\hat{q}} \left[P'\hat{q}'_1 - \int_0^{\hat{q}'_1} (c_1 + eq)dq + \frac{P'\hat{q}'_2 - \int_0^{\hat{q}'_2}(c_2 + eq)dq}{1+r} \right] \tag{6.1}$$

$$s.t.\hat{q}'_1 + q'_2 = Q \tag{6.2}$$

其中，r 为折现率。并且假设环境成本为 σ，则 $P'=P+\sigma$，$c_2=c_1+\sigma$。

解上述模型，得到在全球环境治理下，阶段1最优的国内资源开采量

$\hat{q}'_1 = \dfrac{r(P-c_1) + \sigma + eQ}{(2+r)e}$。显然，相比 $q'_1 = \dfrac{P'-c_1}{e}$，$\hat{q}'_1 < q'_1$，即在动态效率下，

阶段1国内最优的资源开采量应当比环境成本上升时的国内上升后的资源开采量更少一些。并且，衡量环境成本的 σ 上升，会增加阶段1的国内开采量，相应减少阶段2国内资源的开采量。

进一步，如果该种资源存在可再生的替代资源，那么随着全球环境治理进程的发展和环境成本的上升，可再生资源对该种资源的替代时点将提前，即原先不具备经济可行性的可再生资源，随着该种资源价格的提高，而变得相对廉价，从而激励消费者转而消费可再生资源。因此，在全球环境治理机制下，可再生资源会加速对可耗竭资源的替代，在此意义上，全球环境治理对我国资源安全是有积极意义的。

（二）环境成本上升对我国资源利用效率的影响

社会经济系统对自然资源的索取量（I）和废弃污染物的排放量（Q）用要素分析法可表达为[①]：

$$I = \frac{E}{Y} \times \frac{Y}{P} \times P \tag{6.3}$$

$$Q = \frac{C}{E} \times \frac{E}{Y} \times \frac{Y}{P} \times P \tag{6.4}$$

其中，$\frac{E}{Y}$ 是单位GDP的资源投入量，代表资源利用效率；$\frac{Y}{P}$ 是人均GDP水平，表征富裕程度；$\frac{C}{E}$ 为单位资源消耗的污染物排放水平，代表环境技术效率；P 为总人口数。由上述两式可见，在人口规模和富裕程度保持不变的情况下，社会经济系统对自然资源的索取量和废弃污染物的排放量取决于资源利用效率和环境技术效率，而两者在我国总体上都偏低，这是导致我国资源环境安全脆弱的重要原因。

在开采环节上，以矿产资源为例，2010年我国矿产资源回采率仅为35%左右，比发达国家低15~20个百分点；共伴生矿综合利用率只有40%左右，而发达国家大部分在80%以上；我国70%左右的水泥是立窑生产，生产

---

① 谷树忠，成升魁：《中国资源报告——新时期中国资源安全透视》，商务印书馆2010年版，第348页。

企业规模小，采用外购民采石灰石，采矿率不足40%[1]；我国选矿尾矿利用率也较低，2010年我国金属尾矿的平均利用率不足10%。在生产流通环节上，2007年，我国每万美元GDP消费的铜、铝、铅、锌四种常用有色金属达到77.5千克，而发达国家的消费量都在10千克以下；2010年，我国工业固体废物综合利用率为69%，与80%的工业固体废弃物综合利用目标还有较大差距；我国煤炭运输耗能中有超过20%的动力花费在煤矸石、粉煤灰这样的无效资源上；粮食在收获、储藏、调运、加工、销售和消费中的总损失达18.7%，远超联合国5%的标准[2]。另外，"十一五"以来，我国工业能耗总量逐年增加，2010年达到24亿吨标准煤左右，占全社会总能耗的比重上升到73%；能源综合利用效率仅为33%，比世界平均水平还低；电力、钢铁、有色金属、建材、化工、石化、轻工、纺织八个行业主要产品的单位能耗平均比国际先进水平高出40%；机动车油耗比欧洲高出25%；单位建筑面积采暖能耗相当于气候条件相近发达国家的2~3倍。

　　我国资源利用效率低下也意味着我国在未来拥有提高效率的很大潜力。在全球环境治理下，环境成本的上升将迫使企业和消费者以更有效的方式利用资源，以节省成本和支出。图6-3是根据1995—2011年我国工业污染治理投资和单位GDP的能源使用（能源强度）数据而绘制出的散点图。由图可见，我国工业污染治理投资与表征能源效率的能源强度之间呈显著的负相关关系，表明随着我国环境治理的深入和环境成本的上升，能源效率有不断下降的趋势。在此意义上，我国积极参与全球环境治理，通过对资源使用者加大成本压力，迫使资源使用者提高利用效率，因而是有积极意义的。

---

① 刘连成：《论与资源、环境相协调的水泥工业》，《水泥工程》2005年第5期。
② 文启湘、韩松：《我国粮食流通中的利益损失的原因分析与均衡策略》，《经济经纬》2005年第2期。

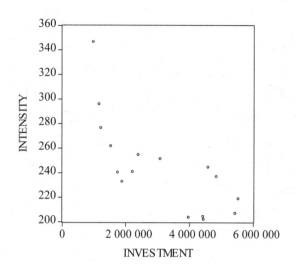

图6-3 工业污染治理投资与能源强度关系的散点图

资料来源：历年《中国统计年鉴》和世界银行数据库。

二、全球环境治理对我国资源安全影响的其他途径

（一）治理主体多元化对我国资源安全的影响

在全球环境治理机制下，治理主体除了各主权国家之外，还包括国际组织、公民社会组织和跨国集团等。在我国以国内环境治理促进全球环境治理的背景下，国内的治理主体亦将趋于多元化，尤其是环境非政府组织的发展，不管是在国际层面还是在国内，其作用和地位都有加强的趋势。在环境治理中以非政府组织为代表的公民社会组织的参与，对我国自然资源配置和利用效率提高等方面具有重要影响。

非政府组织的发展和治理主体的多元化有效弥补了市场失灵和政府失灵，使得国家自然资源的配置和使用更加有效。无论是在实践中还是在理论界，人们日益发现公对私、市场对科层等级两分法式的政策机制已经无法解决许多社会经济问题，特别是涉及全体人类共同利益的问题。市场缺陷中的公共品、外部性和信息不对称给予了政府进行干预的理论依据，然而政府在自然资源的管理中也暴露出自身的缺陷，同样会造成自然资源过度开采、低效使用和污染严重等问题。正如美国经济学家沃尔夫所言，政府作为非市场行为体，其非市场产出与生产它的成本是割裂的，这使得其对

资源的配置错误大大增加了①。并且，由于政府非市场组织的内在性，其机构成本常高于技术成本，导致政府管理资源的社会成本高昂。同时，政府对自然资源的管理涉及公共权力的再分配，一方面权力由于缺乏有效监督，滋生出严重的寻租行为；另一方面资源政策的执行往往不理想。

非政府组织一般来说具有非营利性、自愿性、公益性、正规性、民间性等特点，这样的特性使其可以涉足许多私人部门不愿涉及的领域，并且要比政府机构的运行更有效率，治理方式更加灵活、多样。其组织结构的网络化使其能够比政府和私人部门掌握更多信息，并且在资料收集、处理和科研分析等方面具有显著优势。非政府组织的兴盛建立在发达的公民社会基础上，同时非政府组织的发展也培养了公民的公共意识和民主素养，在资源环境方面，有利于监督政府行为，维护整体人类的利益。目前，我国公民社会组织还处于初创时期，无论在数量上还是在影响力上都远不及西方发达国家，未来随着我国深入参与到全球环境治理进程中，环境领域的公民社会组织会不断发展，环境非政府组织、社区、社团和公民个人都会广泛参与进来，对于我国资源环境安全是有积极意义的。

（二）政策重叠和相互影响

参与全球环境治理对我国资源安全的影响还表现在政策上的重叠和相互影响上。全球环境治理政策以解决全球环境问题、实现可持续发展为目标，在此点上，其与资源安全内涵中实现资源可持续利用的目标是一致的。我国在21世纪初就提出了转变经济增长方式，由粗放式增长向集约式增长方式转变的要求，在此指导下，国内出台的相关资源政策体现出环境治理要求。例如在西部大开发时推出的以"退耕还林、封山绿化、以粮代赈、个体承包"为原则的资源开发政策，强调资源利用的生态环境效应；2009年提出大力发展循环经济和清洁能源，落实节能减排指标体系、考核体系和监测体系政策；2010年强调抓好节能、节水、节地、节才工作，推进矿产资源综合利用、工业废物回收利用、余热余压发电和生活垃圾资源化

---

① 刘银喜：《非政府组织、资源配置领域的制度创新》，《内蒙古社会科学》2002年5月。

利用等政策①。随着我国更加深入地参与到全球环境治理中,我国资源安全政策将更加受到环境治理政策的影响,体现出资源可持续利用和生态环保的要求。并且,全球环境治理政策将影响消费者的消费习惯和消费倾向。以气候变化为例,未来消费者将趋向于使用更加清洁的能源产品,最终导致对含碳量高的化石能源消费需求的下降,促进可耗竭资源利用向可再生资源利用的转变,保障了资源安全。

总之,参与全球环境治理将在多个方面对我国的资源安全产生影响。在我国参与初期,全球环境治理可能造成资源价格冲击和国内资源过度开采,但长期来看,随着我国参与治理进程的深入和治理主体的多元化,技术进步和创新将得到进一步的鼓励,可再生资源的开发和利用将得到更大程度的推广,资源配置和利用将更加有效,资源政策将更能体现出可持续发展的要求。

第三节　参与全球环境治理对我国环境安全影响的分析

生态环境的整体性意味着全球环境问题的应对离不开各国对自身环境问题的解决,因此,全球环境治理必然根植于各国国内的环境治理基础上。结合我国自身特点来看,中国视野中的全球治理将会以国内层面的全球治理为突破点,全球环境问题由于具有真正的全球性、公共性和超意识形态性,将是促进我国全球治理实践、丰富治理经验的首选治理对象。国内环境治理将是我国参与全球环境治理的基础;同时国内环境治理中的跨国合作,也丰富了我国全球环境治理的经验。全球环境治理对我国环境安全无疑是有积极作用的;然而,我们已经看到当前全球环境治理机制存在诸多弊端,根据我们和其他一些学者的研究可发现,当前全球环境治理机制对国内环境安全并非只是有利影响。一方面,实证检验发现,参与一

---

① 谷树忠等:《中国自然资源政策演进历程与发展方向》,《中国人口资源与环境》2011年第10期。

些国际政府间组织对国内环境的影响并不如预期显著；另一方面，就我国经验来说，在当前全球气候治理机制下，发达国家正在加剧向我国输出碳排放。

一、国际政府间组织对国家环境影响的实证检验

全球环境治理的特征之一是治理主体的多元化，在当前治理机制下，以联合国为主导的国际政府间组织承担了全球治理的主要责任。联合国环境规划署（UNEP）、全球环境基金（GEF）等是专门处理全球环境问题的联合国机构，除此之外，其他主要的一些国际政府间组织，例如多边发展银行（MDBs）、国际货币基金组织（IMF）和世贸组织（WTO）等，也通过设立体现环保要求的借贷政策等，间接参与了全球环境治理。在当前的全球环境治理机制下，国际政府间组织对各国的生态环境究竟起到了什么样的作用，官方和民间机构的认识并不一致。一些环境NGO认为，大部分国际政府间组织还没有把维护环境置于其相关政策的首位，参与这些以促进经济发展、增长和贸易为首要任务的国际组织并接受其项目，可能已经恶化了本国环境。

为了从实证上验证国际组织对各国的环境效应，Dreher, Ramada-Sarasola（2006）利用各国面板数据，进行了开创性的研究。他们所研究的国际组织除了联合国环境规划署等专门的环境机构之外，还包括国际货币基金组织（IMF）、世贸组织（WTO）、世界银行（WB）、泛美开发银行（IADB）、亚洲开发银行（ADB）、非洲开发银行（AfDB）和欧洲复兴开发银行（EBRD）等。在实证检验中，他们以这些国际组织在各国实施的项目数量或者其成员国地位，作为某个国际组织在该国的影响力指标；环境效应指标则选取了二氧化碳排放量（CO_2）、二氧化硫排放量（SO_2）、化学需氧量（BOD）和圆木生产量，环境治理指标以一个综合性指数——环境可持续发展指数来反映。

关于国际货币基金组织的表现有两种假设：一种是该组织对环境保护和国内环境治理都有积极的影响；另一种假设则相反。虽然早在1991年，IMF执行委员会就决定要考虑影响一国宏观经济稳定的环境问题，但在其体系文件中却很少涉及环境相关政策。并且一些环境NGO认为，由于

IMF使命是增加出口和外汇储备，其实施的项目实际是助长自然资源过度开采和加剧环境污染。

关于世界银行，一种假设是世界银行项目促进了国内环境治理，并对国内环境保护有正向影响。因为与IMF相比，其贷款条件更直接地涉及了自然环境问题，并且其相关项目通过支持农产品价格和能源价格、减少农药和化肥使用，而间接地保护了土地、化石燃料等资源，减少了环境污染。世界银行项目多集中在能源、农业和交通运输等环境敏感领域，其一些项目计划也可能造成对环境的负面影响。例如，农产品价格上涨可能引发对土地过度耕作；另外，对出口、贸易和私有化的鼓励也可能造成对环境的不利影响。因此，对世界银行的另一假设是参与世界银行项目恶化了国内环境。

另外，关于多边发展银行，虽然其政策和运行体系都接近于世界银行，但最大的不同是其借贷政策更集中在某一具体领域，因而对借款国进行结构性和宏观经济调整的要求较小。在研究中，Dreher等学者对多边发展银行的假设，一是其促进了国内环境治理和环境表现，二是其不利于国内环境改善。

关于世贸组织的环境表现，学术界是争论最多的。地球之友、绿色和平等主要的国际环境NGO经常批评其政策忽视了对环境的影响。然而，也有学者指出WTO已经足够鼓励成员方来维护本国环境。例如，在马拉喀什会议上，可持续发展被明确地写入WTO的一般目标；WTO成员方在不歧视进口产品的基础上，亦被允许实施国内环境保护政策。当然，对WTO争论的实质是对自由贸易的环境影响的质疑。一方面，贸易自由化提高了自然资源使用和配置的效率，减少了贫困，促进了资源可持续开采，通过自由市场提供了环境友好型的产品和服务并为发展中国家带来了清洁技术；但另一方面，由于迫于竞争压力，贸易自由化阻碍了发展中国家环境成本的内部化，一些学者的实证分析也证实了在发展中国家，特别是一些产权界定不清晰的国家，贸易自由化鼓励了这些国家的自然资源过度开采。

最后，是关于全球环境基金、联合国环境规划署和联合国开发计划署的假设。鉴于这些都是专门处理全球环境问题的国际组织，Dreher等人假设这些组织能够促进一国环境治理和环境表现。

通过处理1970—2000年112个国家的相关数据，Dreher等学者发现所研究的上述国际组织对国内的环境影响，主要表现在对一国二氧化碳排放量的影响上。其中，参与世界银行、亚洲发展银行和联合国开发计划署的项目，以及成为WTO成员方，都会增加国内二氧化碳排放量；参与泛美开发银行项目则减少了排放量；其他所研究的国际组织，包括联合国环境规划署在内，对二氧化碳排放量的影响则不显著。另外，关于国内环境治理方面，文中研究的所有国际组织的影响都不显著。Dreher等人的实证研究揭示了，总体上，主要的国际政府间组织并没有对国内环境产生积极影响，展现了当前的全球环境治理机制对国内环境的改善作用十分有限，再一次证明了全球环境治理存在多重困境，亟须改革。

二、当前全球气候治理机制下我国碳泄漏问题的分析

碳泄漏问题是一种污染跨境转移问题，当前在《京都议定书》框架下建立起来的全球气候治理机制，其控制温室气体排放效果不显著的原因就在于碳泄漏的发生。要想彻底杜绝这种现象，使国际气候协议真正起作用，首先必须要分析碳泄漏问题产生的本质原因。当前学术界对碳泄漏问题的关注并没用深入到本质，这导致了对减排责任分担机制的争论，也造成舆论对《京都议定书》不恰当的批判。

改革开放以来，中国越来越深入地参与到国际分工当中，在投资和出口的拉动作用下经济取得迅速增长，而与此同时，国内的能源消耗和污染排放量也大幅上升。根据国际上几个主要的能源统计机构的数据[1]，2009年中国已经取代美国成为世界第一能源消费国和二氧化碳排放国，这使得在当前全球应对气候变化相当急迫的背景下，中国来自国际社会的减排压力与日俱增。然而，目前国际环境协议中对于各国排放量的认定基于一种属地责任（territorial responsibility）的原则，这使得许多面临严格环境规制的国家拥有了将污染排放跨境转移的动力。这种由于他国减少排放的行为而导致的增加本国排放量的现象，亦即碳泄漏，通过国际贸易表现为：为满足国外中间投入需求或最终消费而出口的产品，在由本国要素投入生产的过程中直接和间接排放的二氧化碳。因此，面对中国巨额的二氧化碳排放量，我

---

[1] 这里主要指IEA和BP的研究报告《世界能源展望2010》和《世界能源统计2010》。

们有必要研究这其中有多少是为满足外国需求而产生,即由外国的碳泄漏而来。特别是在具有严格法律约束力的环境协议——《京都议定书》出台之后,针对中国的碳泄漏现象是否加剧了,更加值得怀疑。如果这一猜测是肯定的,则当前以属地责任原则确定碳排放量、忽视碳排放跨境转移的做法,急待改进。否则越是严格而公平的环境协议越会增加碳排放的转移,因而越不利于控制全球温室气体排放和进行国际气候合作。

基于此,本部分利用环境投入产出模型和RAS等估算方法,得到了1991—2009年中国各部门出口隐含碳的连续时间序列数据,对《京都议定书》生效是否加剧了针对中国的碳泄漏现象进行了实证分析。

(一)计算出口隐含碳的基本模型

对出口隐含碳的定量分析通常利用投入产出法。20世纪30年代由列昂惕夫建立的标准的投入产出模型形式是:

$$x = Ax + y \tag{6.5}$$

其中,x为各部门的产出向量。A为直接消耗系数矩阵,其内部元素$a_{ij}=x_{ij}/x_j$,代表每生产一单位部门j的产出需要投入部门i的量。y是最终需求向量。公式意味着在一个划分为n个部门的经济中,各部门的产出等于中间投入和最终需求之和,即总产出等于总投入。

上式通常写为对x求解的形式,即:

$$x=(I-A)^{-1}y \tag{6.6}$$

其中,I是单位矩阵,$(I-A)^{-1}$被称为列昂惕夫逆矩阵。这是进一步扩展为环境投入产出模型(Environmental Input-output Model, EIO)的基础,即如果知道单位产出的环境影响系数,令其与总产出相乘,就可以定量分析为了取得总产出而直接和间接产生的环境影响。EIO模型的基本形式为:

$$f=F(I-A)^{-1}y \tag{6.7}$$

其中,F为单位产出的环境影响系数列向量,针对气候变化,可以特指为单位产出的碳排放系数,则此时f意味着国内生产所直接和间接排放的二氧化碳量。

上述EIO模型因为没有区分进出口份额而不能反映贸易隐含排放。所以,本节利用Peters(2008)的模型,将式(6.5)改写为:

$$x + m = Ax + y + e \tag{6.8}$$

其中，m、e分别为进出口向量。假设m是关于Ax和y的线性函数，使得：

$$m = M_1 Ax + M_2 y \tag{6.9}$$

这里需要说明的是关于进口m，对于中国来说，进口商品主要作为国内部门的中间投入和国内居民的最终消费，因此在假设m为关于Ax和y的线性函数的条件下，可以把m分解为用于中间投入的$M_1 Ax$和用于最终消费的$M_2 y$。因此总的中间投入Ax可以看为国内产出的中间投入$A^{rr}x^r$和进口商品的中间投入$M_1 Ax$两部分，而最终消费y也可以区分为消费国内商品y^{rr}和进口商品$M_2 y$两部分，分别写为：

$$Ax = A^{rr}x + M_1 Ax \tag{6.10}$$

$$y = y^{rr} + M_2 y \tag{6.11}$$

把式（6.9）（6.10）（6.11）代入式（6.8），可以消去m，得到

$$x = [I - A^{rr}]^{-1}(y^{rr} + e) \tag{6.12}$$

因此，计算国内直接和间接二氧化碳排放量的公式变为：

$$f = F[I - A^{rr}]^{-1}(y^{rr} + e) = F[I - A^{rr}]^{-1}y^{rr} + F[I - A^{rr}]^{-1}e \tag{6.13}$$

式（6.13）是由国内投入要素在生产的各个环节所排放的二氧化碳，由于它是国内需求y^{rr}和出口e的线性形式，因此可以把国内排放进行分解。即在国内总的碳排放当中，计算为满足国外需求而出口的隐含碳排放的公式是[①]：

$$EC = F[I - A^{rr}]^{-1}e \tag{6.14}$$

（二）获取出口隐含碳的连续时间序列数据

式（6.14）是计算出口隐含碳的基本模型，只要获得相关变量的年度数据则可以计算任意年份的出口隐含碳排放。由模型中的F、e可知，计算需要获得包括总产出、二氧化碳排放量、出口在内的年度数据。虽然这些数据并不容易查找，但依然有方法可以获取。比较困难的计算是A^{rr}。由于投入产出表的编制通常是非连续的，而且国内编制的投入产出表没有区分

---

① 式（6.14）也可以理解为双边贸易中的出口隐含碳，因此也可以处理中国对某些国家的出口隐含碳的计算。

中间投入的进出口份额,因此本节的研究需要启用OECD版本中国投入产出表的国内表部分,同时利用编制延长表的技术,获得连续时间序列的A^{rr}矩阵。

根据基年投入产出表编制延长表的方法常用的是RAS法,它最初由Stone,Brown在1962年提出。其基本原理是:假设直接消耗系数矩阵的变动由两方面的影响组成,一是替代影响,用正的对角矩阵R来表示,反映中间投入被其他产品替代的程度;二是制造影响,用正的对角矩阵S来表示,反映由于制造技术变化而引起的中间投入占总投入比重的变动。如果已知t年和T年直接消耗系数矩阵A_t和A_T,则可以通过调整A_t到A_T的方法求解R和S,即令RA_tS矩阵的行和和列和分别等于A_T矩阵的行和和列和,通过多次迭代的方法获得矩阵R和S。假设直接消耗系数矩阵的变化速率不变,则可以利用平均变化速率$\sqrt[T]{R}$、$\sqrt[T]{S}$,来获得任意年份的A,如:$A_{t+1} = \sqrt[T]{R}A_t\sqrt[T]{S}$。

这种简单的RAS方法又称为"双比例调整法",它的求解有存在性、唯一性和迭代的收敛性等特点(马向前、任若恩,2004)。由于这种简单的RAS方法假设直接消耗系数的变化速率不变,即假设扩展期间没有发生结构性变化[1],因此对于相隔时间较短的估计效果较好。而对于间隔时间相对较长的估计,直接应用简单的RAS方法可能造成对一些部门直接消耗系数的修正是错误的。因此,本部分在外推投入产出表时,参考了李斌、刘丽君(2002)对于直接消耗系数矩阵分块应用RAS的方法(首先对直接消耗系数矩阵按变化类型的不同分块,然后对于每块分别应用RAS方法),这样可以捕捉同一部门对不同部门投入或需求增减不一的结构性变化[2]。同时本部分还将A_t和A_T分别作为基期,对得到的两套R和S进行加

---

[1] 这种结构性变化通常指技术进步等原因带来的产业结构的变化,它一般由国内因素所主导而较少地受外界因素干扰。在这种假设下,各部门直接消耗系数矩阵是按一种平均速率来变动的,因此不能反映同一部门对不同部门投入有增有减或同一部门对不同部门需求有增有减的结构性变化。

[2] 李斌、刘丽君(2002)在生成1984—1990年吉林省的投入产出表时指出这种方法优于二阶段的RAS方法和简单RAS方法,具体计算方法和过程描述可见他们的文章。

权，以克服估计结果过分依赖于基年信息的缺陷。

（三）《京都议定书》生效后中国的碳泄漏现象是否加剧的实证检验

《京都议定书》是目前应对气候变化领域最有法律约束力也是最能落实"共同但有区别的责任"原则的国际环境协议，它于2005年正式生效。《京都议定书》的出台使全球应对气候变化由"口号"落实为"行动"，特别是对于协议规定的附件一国家，其面临的强制减排任务要求切实地减少本国的实际排放。然而，从《京都议定书》执行效果来看，虽然签署协议的附件一国家较好地完成了减排任务，但非附件一国家的排放量却有显著上升，因此从全球范围来看，协议对于控制全球温室气体排放的效果有限。本节认为造成这一现象的根本原因不在于协议没有规定发展中国家的强制减排任务，而是当前的碳排放责任认定原则规定了一国只对本区域的碳排放负责，即以"属地责任"原则作为确定一国碳排放量的标准。因此，面临减排压力的国家有动力将碳排放跨境转移，从消费者责任看，即通过进口而引起外国直接和间接碳排放量的上升。中国近年来的二氧化碳排放量增长迅速，已经成为世界第一大能源消费国和二氧化碳排放国。然而从直觉上判断，中国的能源消费和碳排放可能主要是为了满足国外需求，即由国外碳泄漏而来。而在全球面临具有严格法律约束力的环境协议《京都议定书》时，笔者猜测这对中国碳泄漏的程度可能有所加剧，基于如此猜想，本研究进行实证检验的命题如下：

命题：《京都议定书》生效后，针对中国的碳泄漏现象加剧了。即《京都议定书》的生效对中国国内碳排放中为满足国外需求而产生的直接和间接的碳排放量的变动有正向的冲击。

一般而言，对政策效果的实证分析有倍差法（difference-indifference）、回归模型中的断点检验（如Chowtest，Bai和Perrontest等），以及时间序列模型中的结构突变点分析等。利用式（6.14）可以获得各部门的出口隐含碳的连续时间序列数据，因此本书将以第三种分析方法为基础，以时间序列数据是否产生了结构性变化来表征《京都议定书》的影响，建立如下形式的面板自回归计量模型：

$$\ln ec_{it} = \beta_0 + \beta_1 \ln ec_{it-1} + \beta_2 dk_t + \beta_3 D_t + \varepsilon_{it} \tag{6.15}$$

其中，ec_{it}指i部门t时期出口隐含的二氧化碳排放量，对其取自然对数是为了避免异方差并使其平稳。dk_t代表《京都议定书》生效的虚拟变量（生效之前取0，生效以后取1）。D_t表征其他可能导致出口隐含碳发生结构突变的政策虚拟变量。由于上述模型存在被解释变量一阶滞后项，采用OLS方法可能导致估计的非一致性，因此本书采取Arellano, Bond（1991）的广义矩（GMM）估计方法，同时对模型设定正确性进行假设检验。

（四）数据处理

利用分块RAS方法外推投入产出表时首先要确定基年的直接消耗系数水平。OECD数据库[①]提供了中国1995年、2000年和2005年的投入产出表，包含区分进口商品中间投入的总表、国内表和进口表三部分，其中的国内表是本部分确定基年水平的基础。为了和其他数据的统计口径一致，同时简便运算，首先对OECD版本的投入产出表进行部门合并，在考虑国民经济行业分类标准的基础上，把按照国际标准产业分类（ISIC）的48个产业部门合并为20个（具体的部门参见表6-2）。按照公式$a_{ij}=x_{ij}/x_j$（其中，x_{ij}指部门合并后不包含进口品的中间投入），分别计算1995年、2000年和2005年国内产品的直接消耗系数矩阵：A_{1995}^{rr}、A_{2000}^{rr}和A_{2005}^{rr}。分别以上述年份的直接消耗系数矩阵作为基年水平，利用前述分块RAS方法，将其扩展到1991—2009年，最终获得连续时间序列的直接消耗系数矩阵[②]。

表6-2 合并后的部门一览表

序号	部门	序号	部门	序号	部门	序号	部门
1	农林牧渔业	6	石油炼焦及核燃料工业	11	机械设备制造业	16	其他制造业

---

① 该数据库位于http://stats.oecd.org/index.aspx。

② 笔者在实际推算中，对应用分块RAS和简单RAS方法得到的两套直接消耗系数矩阵序列进行了对比，发现它们的差异不大，而且没有造成各部门出口隐含碳时间序列数据特别明显的变化。实际上，虽然在简单RAS方法上发展起来的外推投入产出表的方法众多，但是利用这些方法得到的直接消耗系数矩阵总体差异并不大。例如马向前、任若恩（2004）外推国内投入产出表时发现日本学者黑田的方法比简单RAS方法总体精确度有所提高，但是从全部行业的平均结果看，两种方法相差不大。

续表

序号	部门	序号	部门	序号	部门	序号	部门
2	采矿业	7	化学及医药制造业	12	仪器仪表及办公通信业	17	建筑业
3	食品生产饮料和烟草业	8	橡胶塑料及非金属矿物业	13	电气机械及器材制造业	18	批发零售住宿餐饮
4	纺织皮革鞋制造业	9	金属冶炼加工业	14	交通运输设备制造业	19	交通运输仓储邮政业
5	木材及造纸印刷业	10	金属制品业	15	电力燃气水生产供应业	20	其他服务业

为获得历年单位产出的二氧化碳排放系数，首先需要计算各部门历年的二氧化碳排放量。由于二氧化碳排放主要来自化石能源的消耗，因此本部分以各部门终端消耗的各种化石能源乘各种能源的二氧化碳排放系数来获得这一数据。其中，历年工业行业的终端能源消费数据来自历年《中国能源统计年鉴》，而农业和服务业作为非能源转换部门，笔者以历年《中国统计年鉴》上的各部门能源消耗量数据来代替。基于数据计算可得性，同时考虑中国化石能源消耗主要以煤炭、石油和天然气为主，此处所指的各部门能源消耗主要指除电力、热力以外化石能源中的原煤、焦炭、焦炉煤气、原油、汽油、煤油、柴油、燃料油、液化石油气、天然气10种能源的消耗[①]。

《2006年IPCC国家温室气体清单指南》提供了计算各种能源二氧化碳排放系数的主要参数和方法。其计算公式为

$$\mathrm{CO_2} = \sum_i^n E_i \times \mathrm{NCV}_i \times \mathrm{CEF}_i \times \mathrm{COF}_i \times \frac{44}{12},$$

[①] 在统计年鉴中，各部门消耗的化石能源包含16种，但是除煤炭、石油和天然气以外，其他各种能源消费所占的比例较低。为了尽量包含所有的化石能源，同时考虑各种能源碳排放系数计算的准确性和可得性，本研究选取了上述10种能源作为研究对象。国内学者在研究各行业的碳排放量时也采用了类似的方法，例如陈诗一（2009）选取了原煤、原油、天然气3种一次能源，黄敏等（2010）则选取了8种。

其中E代表各种能源消耗量，NCV为各种能源的平均低位发热量（参数取自《中国能源统计年鉴》附录4），CEF为IPCC提供的各种能源单位热量的含碳水平，COF为碳氧化因子（缺省时为1），44和12分别为二氧化碳和碳的相对分子质量（具体的计算结果见表6-3）。

表6-3 各种能源的二氧化碳排放系数

能源	平均低位发热量/（千焦／千克）	CEF/（千克／1 000 000 千焦）	COF	能源折标煤参考系数/（千克标煤／千克）	二氧化碳排放系数/（千克／千克标煤）
原煤	20 908	26	1	0.714 3	2.790
焦炭	28 435	29.2	1	0.971 4	3.134
焦炉煤气	16 726	12.1	1	0.571 4	1.299
原油	41 816	20	1	1.428 6	2.147
汽油	43 070	18.9	1	1.471 4	2.029
煤油	43 070	19.6	1	1.471 4	2.104
柴油	42 652	20.2	1	1.457 1	2.168
燃料油	41 816	21.1	1	1.428 6	2.265
液化石油气	50 179	17.2	1	1.714 3	1.846
炼厂干气	45 998	15.7	1	1.571 4	1.685

注：IPCC中没有报告原煤的相关参数，本研究采取陈诗一（2009）将烟煤和无烟煤加权平均的做法得到相关数据。

其次是计算历年各部门的总产出。本部分可以利用国家统计局公布的1990年、1992年、1995年、1997年、2000年、2002年、2005年、2007年的投入产出表，获得相应年份各部门的总产出数据。对于缺失年份的数据，参照Wood（2010）的做法，利用已知的产出数据建立指数形式的计量模型进行估计。模型形式为：$x_i = \exp(a_i t)$，其中x_i指i部门的总产出。最后，按照生产者价格指数，将总产出折算为不变价，获得连续时间序列的单位总产出二氧化碳排放系数。

国际贸易的相关数据一般是按商品类别进行统计的，常用的统计标准有《国际贸易标准分类》（SITC）、《商品名称及编码协调制度》（HS）以及《按经济大类分类》（BEC）等。为了获得分部门的出口数据，本部分需要把国际贸易的通用统计标准与产业分类标准进行对照。许多学者和研究机构在这方面的贡献提供了笔者进行对照的基础。在集结农林牧渔业和工业分行业出口数据时，本部分参考了联合国统计处提供的转换表[①]以及盛斌（2002）和Muendler（2009）的转换方法。历年的出口数据来源为联合国贸易数据库（UN Comtrade）[②]。关于服务贸易出口，笔者根据WTO关于服务贸易的分类[③]与合并后的服务行业部门进行了对应。具体对应方法是：将服务贸易分类中的建筑工程服务对应于建筑业，将商业服务、经销服务、旅游服务对应于批发零售住宿餐饮业，将运输服务及通信服务对应于交通运输邮政仓储业，将剩余的其他分类对应于其他服务业。

历年服务业分项出口数据来源于联合国贸发会议统计数据库（UNCTAD）[④]。在获得分部门的年度出口数据后，笔者按照当年汇率进行了折算，同时还进行了不变价处理。

（五）计算结果与实证分析

图6-4给出了根据中国20个部门出口隐含碳排放连续时间序列数据所绘制的主要几个部门的出口隐含碳排放。从中可以发现，中国出口隐含碳排放量在研究期间总体呈一种上升趋势。2009年中国出口隐含二氧化碳总量为2 169 Mt，比1991年的371 Mt增加了近5倍，年均增长率达10.3%。分产业来看，第二产业的出口隐含碳排放量最高，其次是第三产业。对于第二产业来说，制造业是主要的出口隐含碳排放来源，其中又以金属冶炼加工业为最。这些排放量较高的产业在研究期间的增长趋势较为明显，而第一产业和第二产业的非制造业等排放量较低的部门，其在研究期间的变动相对平稳。从变动趋势来看，2002年之前，中国各部门的出口隐含碳排放量基本维持在较稳定的水平，而2001年之后出现显著上升，2005年这种上

---

① 见联合国统计处网站http: //unstats.un.org/unsd/cr/registry/regdnld.asp? Lg=1。

② 该数据库位于http: //comtrade.un.org/db/default.aspx。

③ WTO对于服务贸易分类是根据行业部门进行的，详见《服务贸易总协定》。

④ 该数据库位于http: //www.unctad.org。

升有加剧的趋势，到2008年之后又出现了明显的下降。之所以会出现这种趋势变化可能由于中国2001年加入了WTO，出口贸易得到迅速增加，因此出口隐含碳排放也随之增加；而2005年《京都议定书》正式生效，国外可能加剧对中国的碳泄漏；2008年受国际金融危机影响，出口有所下降，导致出口隐含碳也有下降的趋势。

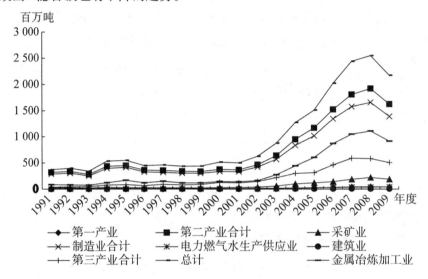

图6-4 1991—2009年中国主要产业部门出口隐含碳变化趋势

　　加入WTO和国际金融危机的影响可能从直观上会弱化《京都议定书》生效的政策效应。为了从数据的变动趋势获得直观的印象，本部分利用式（6.14）还计算了中国对签署《京都议定书》附件一国家出口的隐含碳排放量①。图6-5描述了按三次产业分中国对附件一国家出口隐含碳占总出口隐含碳之比的变化趋势。从中可以清楚地发现，在2005年之前，中国对附件一国家出口隐含碳排放占总出口隐含碳排放的比例维持在30%~40%；而2005年《京都议定书》生效后，这一比例迅速上升，在2009年接近了60%。分产业来看，各产业这一比例在2005年以后虽然都表现出增长的趋势，但是出口隐含碳排放量较低的第一产业变动不明显，而第二产业和第三产业

———————————

① 这里附件一国家指签署《京都议定书》受其强制减排责任规定的国家，具体来说指《京都议定书》附件一所列出的除美国、克罗地亚、立陶宛、斯洛文尼亚、乌克兰以外的国家。另，列支敦士登和摩纳哥因为相关数据缺失也予以排除。

向附件一国家出口隐含碳排放的比例都有显著上升。这一现象说明，针对中国的碳泄漏在协议生效之后可能更大程度地来自受协议强制减排责任规定的附件一国家，中国相对排放较高的污染品也在协议生效之后加剧了向受协议约束国家的出口。因此，这符合笔者关于在当前碳排放责任认定原则下，《京都议定书》生效会使面临强制减排责任的国家有动力通过进口减少本国碳排放的假定，从而从另一个角度反映了《京都议定书》生效对中国碳泄漏影响的政策效应。

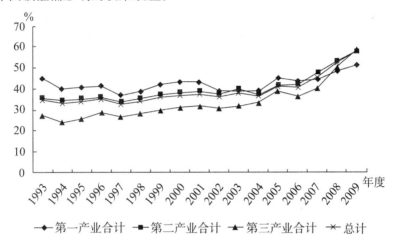

图6-5　按三次产业分中国对附件一国家出口隐含碳占总出口隐含碳之比重

本部分利用式（6.14）获得中国20个部门1991—2009年连续时间序列的出口隐含碳排放数据后，对模型（6.15）进行了实证检验，检验结果见表6-4。其中，模型1和模型2分别是只考虑《京都议定书》生效一个结构突变时的两步法的广义矩估计（GMM）和固定效应（FE）估计结果。从中可见，表征《京都议定书》生效的政策虚拟变量显著且为正，表明《京都议定书》生效使中国出口隐含碳排放的变动产生向上的均值式的突变。由图6-4可知，中国出口隐含碳在加入WTO后增长显著，且在2008年国际金融危机时有所下降，因此只考虑《京都议定书》的影响有可能夸大其政策效应。继而，本书在表6-4模型3~6中分别引入了表征加入WTO和发生国际金融危机的虚拟变量dw和df（发生之前取0，发生之后取1），然后利用广义矩和固定效应模型进行估计。结果显示利用广义矩估计时，加入WTO和国际金融危机的影响后，表征《京都议定书》生效的政策虚拟变量依然显著且为正,但是其影响程度有所下降。此时加入WTO的影响为正,而发生国际金融危机的影响为负,这与前述笔者对计算结果的分析一致,同时表明考虑其他政策影响后,《京都议定书》生效的政策效应在估计时依然具有稳健性。对模型的检验表明,模型通过了系数总显著性(waldchi2)和模型过度约束正确(sargan test)的假设检验,同时残差序列不存在二阶自相关,模型设定满足广义矩估计的基本假定。表6-4中的模型4和模型6是利用固定效应模型估计的结果,可以发现此时dk的系数虽然为正,但是估计结果不如GMM显著。

表6-4 《京都议定书》生效对中国出口隐含碳排放变动的影响

		模型 1	模型 2	模型 3	模型 4	模型 5	模型 6
		GMM	FE	GMM	FE	GMM	FE
解释变量	$\ln ec_{it-1}$	0.805 (49.05) **	0.817 (23.18) **	0.732 (39.21) **	0.779 (22.51) **	0.751 (41.86) **	0.790 (22.96) *
	dk	0.160 (14.84) **	0.151 (3.03) **	0.074 (6.37) **	0.034 (0.65)	0.100 (8.00) **	0.070 (1.31)
	dw			0.229 (25.02) **	0.222 (5.40) **	0.225 (17.79) **	0.220 (5.40) **
	df					−0.214 (−19.12) **	−0.223 (−2.99) **
	常数项	1.429 (11.37) **	1.356 (5.46) **	1.872 (12.64) **	1.557 (6.45) **	1.743 (12.82) **	1.481 (6.17) **
模型检验	waldchi2	22 795.83 (0.00)		40 495.38 (0.00)		14 354.17 (0.00)	
	F−stat		592.88 (0.00)		437.89 (0.00)		338.36 (0.00)
	sargan test	19.766 (1.00)		19.729 (1.00)		19.785 (1.00)	
	ar (1)	−3.19 (0.00)		−3.24 (0.00)		−3.25 (0.00)	
	ar (2)	0.97 (0.33)		0.98 (0.33)		0.96 (0.34)	

注：解释变量系数括号内为z值或t值，模型检验括号内为P值，**代表1%的显著水平，*代表5%的显著水平。

　　笔者对于《京都议定书》生效会加剧针对中国碳泄漏的先验性命题基于中国出口贸易对象主要是美、日、欧等发达国家，而协议生效主要是要求发达国家承担强制减排责任，因此，在当前碳排放记账原则下，中国的出口隐含碳排放有加剧的趋势。当然，不可否认，中国对一些发展中国家的出口贸易，如印度，以及向中国香港等地的转口贸易也占据一定比重。在此，笔者不能否认这些国家或地区在协议生效后是否也出于各种考虑有加剧向中国碳泄漏的趋势，但值得肯定的是，如果只研究受协议强制减排责任规定的国家是否在协议生效后加剧了对中国的碳泄漏，将更能证明笔者的结论，同时也更符合由于本国减排活动而导致他国排放量上升的碳泄漏的定义。

　　因此，本部分利用式（6.14）计算了中国对签署《京都议定书》附件一国家的出口隐含碳排放量，获得了20个部门1993—2009年连续时间序列的面板数据[①]，然后利用模型（6.15）对《京都议定书》生效的政策效应进行了实证检验，结果见表6-5。与表6-4类似，表6-5的模型1和模型2是只考虑协议生效一个均值式结构突变的GMM和FE估计结果。而模型3~6，是分别考虑加入WTO和国际金融危机影响后的估计结果。从中可以发现，《京都议定书》生效和加入WTO依然对向附件一国家出口隐含碳排放的变动有均值式的正向冲击，而国际金融危机的发生则会产生向下的变动。同时，不论模型是否考虑加入WTO和国际金融危机的影响，表征协议生效的虚拟变量符号不变，并且在GMM估计和固定效应模型估计下，统计上均显著，表明了对协议生效政策影响的估计具有良好的稳健性。对模型进行系数总显著性的检验、模型过度约束正确的检验，以及残差序列不存在二阶自相关的检验，也表明模型设定满足GMM估计的基本假定。

---

① 对这些国家的出口贸易数据来自联合国贸易数据库，基于数据可得性，研究时间从1993年开始。

表6-5 《京都议定书》生效对中国向附件一国家出口隐含碳变动的影响

		模型 1	模型 2	模型 3	模型 4	模型 5	模型 6
		GMM	FE	GMM	FE	GMM	FE
解释变量	$\ln ec_{it-1}$	0.840 （184.22） **	0.846 （22.00） **	0.743 （110.60） **	0.783 （20.44） **	0.747 （64.45） **	0.789 （19.50） **
	dk	0.208 （82.84） **	0.212 （3.41） **	0.166 （51.00） **	0.127 （2.07）*	0.167 （33.61） **	0.134 （2.13） *
	dw			0.259 （28.10） **	0.258 （5.63） **	0.257 （19.82） **	0.256 （5.55） **
	df					−0.012 （−2.43） **	−0.035 （−0.52）
	常数项	1.072 （27.36） **	1.038 （4.47） **	1.559 （28.10） **	1.324 （5.83） **	1.534 （17.79） **	1.285 （5.36） **
模型检验	waldchi2	78 835.82 （0.00）		47 560.17 （0.00）		48 520.96 （0.00）	
	F-stat		753.96 （0.00）		565.02 （0.00）		422.78 （0.00）
	sargan test	19.913 （1.00）		19.855 （1.00）		19.854 （1.00）	
	ar（1）	−2.65 （0.01）		−2.71 （0.01）		−2.71 （0.01）	
	ar（2）	0.22（0.82）		0.12（0.91）		0.13 （0.90）	

注：解释变量系数括号内为z值或t值，模型检验括号内为p值，**代表1%的显著水平，*代表5%的显著水平。

将表6-5的结果与表6-4相比较，可以发现《京都议定书》生效对中国向附件一国家出口隐含碳排放变动的影响比对总出口隐含碳变动的影响更大。这说明协议生效更加剧了附件一国家向中国的碳泄漏，也即意味着由于受到强制减排责任规定，附件一国家更有动力加强从中国的进口需求，转移本国的碳排放，从而完成基于"属地责任"的减排任务。同时，由表6-4和表6-5可以发现，与《京都议定书》生效相比，加入WTO对中国出口隐含碳排放的正向冲击更大。这是由于通过进出口贸易的碳泄漏的发生要以开放经济为前提，因此加入WTO对中国出口隐含碳排放的变动必然有相当大的影响。当然，由于出口隐含碳的计算严重依赖于出口贸易，针对中国碳泄漏的关注并非倡导限制贸易，而是强调面临严格环境约束时，如果不改变当前碳排放责任的认定原则，只让各国对本土内的环境污染负责而不从消费者责任角度加以抑制，那么严格而公平的环境协议只会加剧通过进出口贸易导致的碳泄漏的发生，从而使协议对控制全球温室气体排放的效果大打折扣。

另外，对最后估计结果的一点说明是：2005年在第十一个五年计划中，中国制定了节能减排规划，并在2006年提出了约束性措施，包括调整出口退税率，限制两高一资产品出口，这有可能使这些行业在正式文件出台前乘机加大出口力度。因此，在协议生效之时，中国出口隐含碳排放的变动是否可能不是由于协议生效而产生的呢？对此，笔者认为乘机行为的确有可能发生，但这种影响是短期的，不会使变量发生均值式的结构突变。而观察中国出口隐含碳的变动趋势可以发现，2008年之前，出口隐含碳排放并没有回落的现象。同时，像第三产业这种不受该出口政策影响的行业，由于其直接和间接产生的碳排放量较高，在协议生效之时，也产生了明显的结构性变化，表明《京都议定书》生效的确是产生这种变化的原因。

上述结论的得出对于改进当前全球气候治理机制有很多启示。首先，这在一定程度上解释了中国能源消耗和二氧化碳排放量近年来不断增长的原因，除了满足自身的需求外，通过满足外国需求而产生的碳泄漏也是主要缘由。如果考虑碳泄漏的因素，在国际气候合作中一些发达国家要求中国也进行强制性减排的理由就显得不再合理。其次，《京都议定书》生效的政策影响表明，在当前属地责任原则下，严格而公平的环境约束反而不利于控制温室气体排放和进行全球合作减排。这表明属地责任原则急待改进，否则即使达成强制性减排协议，发达国家也可能转移本国的二氧化碳排放而不进行实质性减排。因此，改革当前治理机制的焦点应当集中在确定一国碳排放量的标准和原则上，这也将成为顺利实现国际气候合作的关键突破点。

第七章　全球气候治理与我国能源安全

　　当前世界能源格局正在发生深刻变化，理解这些变化必须从能源供需、地缘政治、气候减排和科技革命出发。世界能源格局以及气候变化对我国能源安全也产生重大影响。传统上对我国能源安全的关注侧重于能源供给安全，新形势下全球应对气候变化的行动、政策以及全球气候治理机制都将对我国的能源生产和消费、能源结构、能源产业和技术等方面产生重要影响，继而会增加我国能源安全的多层维度。当前，中央提出"能源革命"，并首次将其提升至国家长期战略的高度，彰显新形势下国家对保障能源安全的高度重视。在此背景下，配合"一带一路"战略实施，将是未来我国实现开放条件下能源安全的有力保障。

　　油价波动对宏观经济的影响已是国内外许多学者关注的焦点。本章利用实证分析方法，检验国际油价波动对我国物价、就业、收入和总产出的影响，结果发现国际油价及其波动率对我国物价水平、就业水平、就业人员平均工资、产出水平均有显著的负面影响，即在其他条件不变的情况下，国际油价上涨、油价波动率增加会导致我国物价水平上涨，就业人员数增长率、就业人员平均工资增长率、国内生产总值增长率下降。

　　在全球气候治理下节能减排约束对我国能源效率将产生显著影响，而能源效率同时又是应对气候变化和保障能源安全的关键。本章利用超效率DEA模型，发现在碳减排约束条件下测算的能源利用效率低于不施加约束时的能源利用效率。特点是电力燃气及水的生产供应业、建筑业和制造业在这两种情况下测算的能源利用效率差距更为明显。这暗示，在匀速减排的前提下，我国碳减排成本相当高昂，在实践中，提高减排技术，等技术成熟后再加大减排力度是更加有利的选择。

　　从微观主体角度来看，能源安全亦越来越受到全球气候治理下减排措施的影响。本章利用沪深A股市场上市公司的数据,考察节能减排对企业面临的国际油价风险的影响。实证检验的结果表明,节能减排程度的上升会使企业个股回报率对国际油价收益率的变化更加敏感。即表明,随着节能减排力度的不断加强,企业会越来越受到国际能源价格的约束。因此,气候变化及其应对措施,意味着中国面临的能源安全问题更加突出,政府和企业都要未雨绸缪,做好应对工作。

第一节　世界能源格局、气候变化与我国的能源安全

正如本书前述对"资源安全"的分析一样,"能源安全"的概念自然也包含了经济含义、物质含义以及环境含义的内容。其中,经济含义是能源安全最为重要的方面。能源是国民经济生产和生活的重要投入,显然,单纯追求能源物质上的安全和环境上的安全,忽视能源满足人类生存和发展的需要,是没有任何意义的。所以,同资源安全一样,能源安全亦是实现经济效率基础上的安全。能源安全的经济含义,侧重于可持续发展目标下,能源的最优配置和使用。换句话说,指的是如何保障能源持续、及时、足量地满足国民经济社会的需要,并保持价格的可接受性。在能源安全的经济含义里,能源价格是非常关键的因素:一是由于能源价格风险本身就是能源安全的重要方面;二是因为能源潜在储备量、新能源的开采可行性、可再生能源对可耗竭能源的替代等,都必须由价格因素作为主导来调节。因此,本节从我国能源安全问题的一般概述出发,着重探讨能源安全的价格因素和价格风险问题。

一、世界能源格局的现状

人类利用能源的历史已经经历了三个时代:柴薪时代、煤炭时代和石油时代。随着不同时代的到来,特别是进入石油时代以来,国际上起主导作用的能源消费国和生产国在相互联系和相互制约当中,不断变化地位和角色,构成处于演进中但又相对稳定的世界能源版图。

在度过漫长的柴薪时代之后,18世纪中后期,世界能源消费结构才转而以煤炭为主。世界煤炭生产格局最初以英、德为主,到19世纪末20世纪初,美国后来居上,成为国际最大煤炭生产国和消费国。以煤炭为主的能源消费结构一直持续到20世纪60年代。随着石油成为内燃机的主要动力,以及其在战争中逐渐展现出来的重要战略价值,20世纪初,石油的需求和贸易开始迅速增长,到"二战"后,石油已经替代煤炭成为世界主要能源,1967年其在一次能源中的比重达到40.4%。此时,美国是世界石油主要出口国和世界能源中心,1930年其原油产量占世界总产量的64%。由于美国石油业大多聚集在得克萨斯州等墨西哥湾沿岸,这个时期的世界能源格局亦被称为"墨西哥湾时代"。墨西哥湾时代的到来,伴随着美国在世界政治经济格局中霸权地位的确立,石油成为巩固美国霸权地位的重要工具。由此,亦可看出世界能源格局与世界政治经济格局紧密相关,是基于世界格局之下的次格局状态①。

"二战"后,美国经济的增长带来能源需求的迅速扩大。20世纪50年代以后,美国开始从中东等国进口石油,成为石油净进口国。与此同时,中东地区已探明的石油储量和产量迅速增加,标志着世界能源版图由墨西哥湾时代向"波斯湾时代"的转变。但此时,世界能源格局依然以石油消费国为主导,直至20世纪70年代两次石油危机之后,石油输出国组织——欧佩克(OPEC)展现出有利的市场干预能力,世界能源格局才开始体现出产油国的主导作用。石油危机的出现刺激了西方大国对能源安全的重视,为了应对危机,保障能源安全,国际能源署(IEA)应运而生。此后,伴随着北海、墨西哥、阿拉斯加等大型油田的发现,非欧佩克产油国的市场份额逐步上升。波斯湾虽然依然占据着世界能源中心的地位,但是,世界能源格局由波斯湾国家掌控的时代已经一去不复返。国际石油市场展现出多方参与、相互制衡的特点,此时又被称为"中心与外围对峙的

---

① 张宇燕、管清友:《世界能源格局与中国的能源安全》,《世界经济》2007年第9期,第19–21页。

时代"①。

二、我国能源安全的突出问题

由图7-1可见,以欧洲布伦特为代表的国际原油价格在20世纪80年代到新世纪初,一直保持较稳定的状态,反映了世界能源格局中产油国和消费国处于势力相当的地位。2003年以后,国际石油价格逐步攀升,到2008年年中正值金融危机爆发之时,国际原油价格升至顶峰。此轮国际油价的上涨突出反映了来自中国、印度等新兴市场国家在满足工业化进程中高涨的能源需求,同时亦展现出国际能源领域生产国和消费国权利的此消彼长,预示着旧的世界能源格局正在趋于瓦解。根据当年国际能源署发布的《世界能源展望2008》,虽然全球石油需求每年都在上升,但其占世界能源消费的份额却已经下降到30%。与此同时,天然气消费量迅速上升,可再生能源技术有了巨大进步;此时2009年年底即将召开的哥本哈根气候大会对能源领域深层影响的预期已经展现;世界能源消费结构正在经历外部环境压力和内部需求改变的双层冲击。

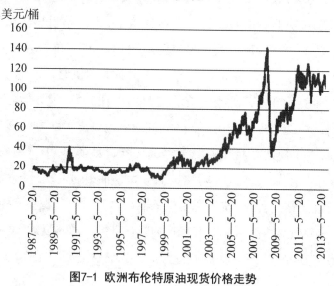

图7-1 欧洲布伦特原油现货价格走势

---

① 王亚栋:《世界能源地缘政治图景:历史与发展》,《国际论坛》2003年第3期,第1-6页。

受金融危机影响, 2008年年底国际石油价格出现大幅下降。之后, 随着全球经济开始复苏, 国际石油价格又逐步攀升维持在100美元每桶左右。直到2014年下半年国际石油市场又出现巨幅波动, 从100美元每桶跌至50美元每桶左右。国际石油市场价格波动是世界能源格局中权利消长的一个缩影。但与之前不同, 当前的国际石油价格波动还反映出旧的世界能源格局已经瓦解, 新的国际能源秩序正在重构这样的特点。解读此轮油价暴跌, 可以从新兴市场国家经济增速放缓因而能源需求萎缩, 减排和环境因素下能源结构出现低碳化变革, 石油输出国组织打击美国的非常规油气资源, 出于政治策略对俄罗斯经济制裁等方面来理解。同时, 围绕国际能源新秩序的建立, 我们亦可以从上述解读中提炼出左右当前国际能源格局的几个关键词——能源供需、地缘政治、气候减排和科技革命!

首先, 从能源供需来看, 新秩序突出显示了两个方面的变化, 一是石油贸易模式变化; 二是能源结构变化。未来能源需求将在人口和经济增长的支撑下保持继续增长的态势, 其中以中国和印度为代表的亚洲地区将成为支撑能源需求强劲增长的主要驱动力量。国际石油贸易模式将"由东至西"转变为"由西至东"。但随着非经合组织国家工业化速度趋缓, 一次能源消费的增长速度将逐渐放缓, 特别是煤炭的增长幅度将大幅下降。未来化石能源虽然依然是主导性能源, 但能源结构将向更低碳的燃料倾斜, 表现为天然气的比重稳步提高, 而石油和煤炭的比重则下降。根据BP发布的《2035世界能源展望》[①], 到2035年所有化石燃料的比重都集中在26%~28%, 从能源供应来看, 可再生能源、页岩气、致密油和其他新能源将在能源供应中做出重大贡献。其中, 页岩气和致密油的生产将集中在北美, 该地区已经由能源净进口区转变为净出口区, 而亚洲的能源进口将继续增长。

其次, 从地缘政治来看, 全球地缘政治风险正在明显上升。2010年年

---

① 参见: BP《2035世界能源展望》, http://www.bp.com/zh_cn/china/reports-and-publications/bp_20351.html。

底，北非和西亚的阿拉伯国家爆发了暴力反政府运动"阿拉伯之春"，突尼斯、埃及、利比亚和叙利亚等多国政府领导人下台。时至今日，发生在伊拉克、利比亚、叙利亚的动荡和战争正在加剧，盘踞其中的恐怖极端组织的势力正在扩张。与此同时，乌克兰局势危机更是火上浇油，俄罗斯、美国和欧洲的大国关系日益紧张。在此背景下，供应中断已经再次成为国际石油市场关注的焦点。根据《2035世界能源展望》分析，2014年石油供应中断总量远高于40万桶/日的历史平均水平。世界达沃斯论坛已经把地缘政治风险定位为2015年人类社会面临的主要风险，可以预见在地缘政治影响下，国际能源市场供需和能源政策将受到重大影响。

另外，气候变化和环境问题已经成为世界能源面临的主要挑战，尤其在2009年哥本哈根会议前夕和召开以来，气候变化对全球能源供需和能源结构产生深远影响，继而改变了当前国际能源格局。如前所述，世界能源结构已经向低碳化转变，石油和煤炭的消费增长正在下降，而天然气时代正在到来。2015年将是全球气候谈判关键性的一年，国际社会期待在年底的巴黎会议上能够达成一系列有约束力的减排协议。根据把全球气温增长控制在2 ℃、大气中温室气体浓度稳定在450 ppm二氧化碳当量左右的要求，国际能源署提出了所谓的"450情景"。该情景指出，在全球各国采取必要的措施和政策的前提下，化石燃料消费可以在2020年达到峰值，与能源有关的碳排放量能够由2007年的288亿吨减少到2030年的264亿吨。然而，450情景的达成并不容易，BP预测到2035年全球二氧化碳排放量将增长25%，即年增长1%左右，这显然是一个巨大的成就，但与"450情景"相比，减排还有180亿吨的差额。表7-1提供了多种减排方案清单，每一种方案的实现都面临成本、技术、资金等多重挑战。如果各国实施更严格的减排规制，将会出现更多的潜在减排方案，同时各国的能源政策将出现重大调整。

表7-1　实现相同二氧化碳减排量的各种方案

减排方案	所需变化
发电行业以气代煤（在发电总量中的百分比）	1%
为燃煤电厂加装碳捕获与封存装置（在发电总量中的百分比）	0.7%
增加可再生能源发电	11%
增加核电	6%
提高车辆燃油效率	2%
提高"其他行业"能效	1%
提高电力生产的效率	1%

注：根据电力行业中煤/气之间1%的份额变化推算，相当于1.1亿吨二氧化碳，预测依据是2013年的能源份额。

资料来源：BP《2035世界能源展望》。

最后，科技进步和技术革命也正在深刻地影响国际能源格局。在技术创新和高油价刺激下，美国非常规油气开采取得重大进步，不仅实现了天然气的自给自足，而且在2011年首次成为成品油净出口国，一定程度上摆脱了对中东的依赖。美国的"页岩气革命"和"能源独立"战略改变了全球石油贸易体系，打破了中东主导的全球能源供给版图，能源定价的话语权向亚洲非经合组织国家转移。同时，得益于技术进步，可再生能源和其他新型能源将在未来能源供给增长中做出重要贡献，各国能源政策亦将随之调整。

三、气候变化下我国能源安全的问题与对策

传统上对我国能源安全的关注侧重于能源供给安全，以石油为例，大体可以归纳为我们是否能够买得起、买得到和能否运回来三个方面。"买得起"指的是能源安全的价格风险，一方面它依赖于我国经济的稳定

性，需要持续增长的购买力为支撑；另一方面，需要避免价格过分波动，暴跌或暴涨都有可能冲击本国宏观经济的稳定性。"买得到"问题与当前世界能源格局和地缘政治紧密相关。如图7-2所示，我国能源使用量最近三十多年来一直保持高速增长，特别是2000年之后，增长加剧，2009年已经位居世界第一大能源消费国；与此同时，能源进口比重也在波动中上升，到2015年这一比重已经接近15%[①]。就具体的能源种类来看，2014年我国石油对外依存度接近60%，天然气对外依存度超过30%。根据海关数据显示，2015年4月中国原油进口量近740万桶/日，超过美国首次成为世界第一大原油进口国。根据BP预测，到2035年，我国能源消费将增加60%，占世界能源需求的比重上升到26%，而进口依存度将上升至23%，其中石油的进口依存度甚至达到75%。在此情形下，要稳定能源供给，过分强调自给自足是不可能也不经济的。正如本书对资源安全的定义所述，能源安全一定是在实现效率基础上的安全，因此需要权衡能源对外依存的安全成本与自给自足所带来的使用者成本之间的关系。根据本书前述对当前世界能源格局的分析，我们基本可以判断中国在国外市场持续获得能源是有保障的。首先，世界能源格局正在发生重大变革，美国对中东的关注正在下降，未来围绕石油的核心冲突将转变为中东地区与非经合组织之间的供需调整。其次，中国庞大的需求和支付能力使其在国际能源市场上具有更大影响力和话语权，未来任何能源供给国家都不可能小觑中国的力量。另外，买得到的能源能否运回来，涉及能源运输安全问题，此问题相对来说则更为棘手[②]。一方面，国际石油运输线分布十分不均，而中国当前主要依赖波斯湾经印度洋和马六甲海峡的石油运输线，在地区局势动荡和我国海上军事力量相对薄弱的背景下，运输封锁的风险加大。另一方面，当前我国油品运输主要依靠海运，运输能力和运输工具

---

① 此数据根据BP《2035世界能源展望》整理。

② 张宇燕、管清友：《世界能源格局与中国的能源安全》，《世界经济》2007年第9期，第19-21页。

都受到极大挑战。

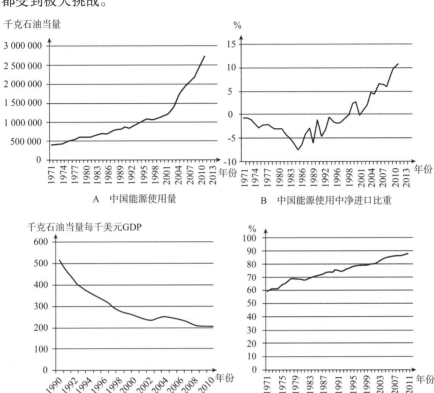

图7-2　中国能源历年相关数据

资料来源：世界银行。

正如前文所述气候变化正在改变国际能源格局，全球气候治理也正在日益影响我国的能源安全。如图7-3所示，中国二氧化碳排放量在2000年之后出现迅速增长，2009年已经成为世界第一大二氧化碳排放国，BP预测到2035年中国的二氧化碳排放将增长37%，占到世界总量的30%。与此同时，我国化石能源消费占总能源消耗的比重也在逐年上升，2011年这一比重已超过88%（见图7-2）。鉴于化石能源的燃烧是二氧化碳等温室气体的主要来源，全球应对气候变化的行动、政策以及全球气候治理机制都将对我国的能源消费、能源结构、能源技术等方面产生重要影响，继而会改变传统意义上我国能源安全的关注领域。

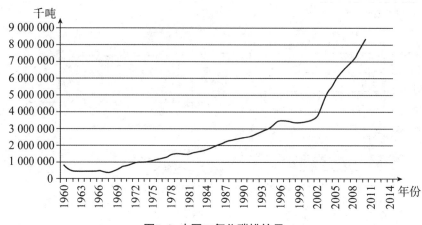

图7-3 中国二氧化碳排放量

资料来源：世界银行。

如前所述，受气候变化影响，国际能源消费结构日趋低碳化。在面临巨大的减排压力下，我国能源结构必将发生重大调整。BP预测到2035年，我国煤炭所占份额将由68%下降到51%，天然气的比重将翻番至12%。除此之外，非常规油气、核能和可再生能源将得到极大发展，从全球范围来看，中国将是核电、水电和其他可再生能源增长的主要推动力量。另外，除了受未来庞大的能源需求影响导致我国能源对外依存度持续上升之外，在气候变化和环境保护下，国内能源过度开采、粗放利用的形势也会得到一定程度的遏制，这亦将导致能源进口量不断攀升。特别是天然气，预计中国到2035年将仅次于日本成为全球第二大天然气进口国。此时，特别需要根据国际能源形势和地缘政治格局，重新估计能源进口的安全风险和运输风险，加强能源战略储备机制。

由图7-2可见，我国化石能源消费比重不断上升，虽然伴随着我国经济进入"新常态"和工业化增速趋缓，但化石能源比重高的局面短期内难以扭转。在此背景下，降低二氧化碳等其他温室气体排放，提高能源效率就成为关键途径。1990年以来，我国能源强度总体上是不断下降的（见图7-2），但2009年之后，这种下降开始趋缓，这使得我国未来深入减排面临很大挑战。提高能效是应对气候变化和保障能源安全的重要途径,同时节能减排政策也会对能源效率产生影响,本章后续内容将详细分析在碳减排约束下我国的能源效率问题。

最后,应对气候变化和节能减排约束也会深刻地影响我国能源产业,使微观经济主体面临更大的能源价格风险(本章后续内容将详细分析),对我国能源安全来说要考虑这种新的变化。

多层面、多维度对我国能源安全的冲击,迫切地需要国家从长远规划和全局性角度出发,制定相应的对策和战略。2014年6月13日,中共中央总书记、中央财经领导小组组长习近平主持召开中央财经领导小组第六次会议,研究我国能源安全战略。他指出,"能源安全是关系国家经济社会发展的全局性、战略性问题,对国家繁荣发展、人民生活改善、社会长治久安至关重要。面对能源供需格局新变化、国际能源发展新趋势,保障国家能源安全,必须推动能源生产和消费革命。推动能源生产和消费革命是长期战略,必须从当前做起,加快实施重点任务和重大举措。"[①] 中央提出"能源革命",并首次将其提升至国家长期战略的高度,彰显新形势下国家对保障能源安全的高度重视。2014年11月,国务院办公厅正式印发了《能源发展战略行动计划(2014—2020年)》,提出坚持"节约、清洁、安全"的战略方针,加快构建清洁、高效、安全、可持续的现代能源体系。重点实施四大战略:一是节能优先战略,提出到2020年,一次能源消费总量控制在48亿吨标准煤左右,煤炭消费总量控制在42亿吨左右;二是立足国内战略,提出到2020年,基本形成比较完善的能源安全保障体系,国内一次能源生产总量达到42亿吨标准煤,能源自给能力保持在85%左右,石油储采比提高到14~15,能源储备应急体系基本建成;三是绿色低碳战略,提出到2020年,非化石能源占一次能源消费比重达到15%,天然气比重达到10%以上,煤炭消费比重控制在62%以内;四是创新驱动战略,到2020年,

---

① 习近平:《积极推动我国能源生产和消费革命》,新华网,http://news.xinhuanet.com/politics/2014-06-13/c_1111139161.htm。

基本形成统一开放、竞争有序的现代能源市场体系①。

习近平总书记指出,要全方位加强国际合作,实现开放条件下的能源安全。在此指导思想下,"一带一路"战略构想的提出为实现开放条件下的能源安全提供了保障。国际能源合作是"一带一路"战略的重要内容。2015年3月28日,国家发改委、外交部、商务部联合发布《推动共建丝绸之路经济带和21世纪海上丝绸之路的愿景与行动》,文中指出"加强能源基础设施互联互通合作,共同维护输油、输气管道等运输通道安全,推进跨境电力与输电通道建设,积极开展区域电网升级改造合作","加大煤炭、油气、金属矿产等传统能源资源勘探开发合作,积极推动水电、核电、风电、太阳能等清洁、可再生能源合作,推进能源资源就地就近加工转化合作,形成能源资源合作上下游一体化产业链。加强能源资源深加工技术、装备与工程服务合作"②。由此可见,"一带一路"战略下,国际能源合作不仅包括传统能源的合作,也包括新能源领域的合作;不仅为我国日益突出的能源运输风险提供了应对策略,也考虑了未来我国能源供给风险的解决之策。与此同时,全文亦强调要"突出生态文明理念,加强生态环境、生物多样性和应对气候变化合作,共建绿色丝绸之路"。这实质上把气候变化下保障能源安全的内容也整合进来,涵盖了能源安全的所有层面,因此是当前新形势下我国能源安全策略的具体执行方针。

第二节　我国能源安全的价格风险:一个综述③

中国的能源市场是复杂而变化的,在煤炭基本实现自给、石油对外依

---

① 《能源发展战略行动计划(2014—2020年)》,中国政府网,http://www.gov.cn/xinwen/2014–11/19/content_2780724.htm。
② 《经国务院授权三部委联合发布推动共建"一带一路"的愿景与行动》,新华社,http://www.gov.cn/xinwen/2015–03/28/content_2839723.htm。
③ 本部分内容由国际关系学院国经系学生陈琰、李丹、逢晓越合作完成。

存度增高、需求膨胀、资源稀缺、新能源对常规能源替代难以实现的背景下，能源价格上涨对宏观经济的影响也是复杂的。虽然国内有关能源价格对经济影响的研究起步较晚，但随着近十年来经济发展过程中能源问题和经济发展的矛盾越来越突出，国内专家学者纷纷从不同角度，采用多种方法探究不同能源的价格波动对经济的影响机制和影响效应。当然，由于在能源结构中煤炭、石油所占比重较大，研究主要集中在国内煤价和国际油价的波动对宏观经济的影响上。

一、能源价格波动对国内经济的影响效应

宏观经济政策的目标是促进经济增长、增加就业、稳定物价、保持国际收支平衡。能源作为生产、生活必不可少的资源，其价格波动势必会对宏观经济的稳定造成影响。

（一）对经济增长的影响

一般我们都认为能源价格上涨会造成生活、生产成本提高，短期内将起到抑制经济增长的效应，林伯强、牟敦国（2008）认为电力消费对工业增加值的拉动作用较小，煤炭价格上涨对经济增长和电力消费不存在抑制作用。虽然煤炭的供需结构、产能问题等与石油不同，但各类能源之间存在一定的可替代性。例如，在2008年煤炭和天然气价格高涨时，电价因政府管制而不涨，老百姓就买电磁炉，以电替代其他生活燃料。运用价格杠杆，从经济利益上调动各方面的积极性，发展生产，提高效率，抑制过度需求，引导消费模式的转变，将对促进国民经济全面协调发展和能源行业本身的可持续发展起到积极作用。

任泽平（2012）认为无论是市场性的能源政策还是政策性的能源调价，必然会损害一部分生产者和消费者的利益。对于不同部门来说，能源价格波动对上游的影响大于下游，对生产领域的影响大于消费领域，对企业的影响大于居民，对城市居民的影响大于农村居民。能源价格变动对其下游生产和消费环节产生了广泛的成本冲击，尤其是潜在影响程度大而成

本传导能力弱的行业受损明显，因此整体上不利于经济增长。

当然经济的增长不仅包括总量的增长，也包括结构的优化和效率的提高。吴一平（2008）认为煤炭价格的上涨会促使企业自主地进行技术创新，走节约能源的经济发展道路，因此能源价格波动对区域自主创新产生了一定程度的诱导作用。

（二）对物价水平的影响

我国学者关于能源价格波动和物价水平的关系研究较多，但对此问题仍存不同的观点。任泽平（2012）认为近二十多年来我国物价对油价变动越来越敏感，而且这一趋势还在加速。然而，林伯强（2009）认为，各类能源价格上涨导致一般价格水平上涨的幅度都是比较小的，而且还存在一定的滞后期。各种能源价格对物价水平的影响程度是：二次能源（成品油、电力）比一次能源（原油、煤炭）的冲击更大更直接。二次能源比一次能源的价格传导系数大（实际影响/潜在影响）。

能源价格上涨的压力，一部分转向了生产资料产品价格，另一部分转向了消费品价格。但生产资料产品的价格上涨在经过一段时间后，也必然向消费品转移。因此，各类能源价格上涨导致五种价格指数上涨幅度的大小次序为：PPI的上涨幅度＞GDP平减指数的上涨幅度＞城镇居民消费价格指数的上涨幅度＞CPI的上涨幅度＞农村居民消费价格指数的上涨幅度。然而从生产资料产品价格上涨向消费品价格上涨传递的过程是较漫长的，这取决于市场状况、经济实体的产能和货币政策环境，但是，无论直接的还是间接的，能源价格上涨终是要反映为通货膨胀（林伯强等，2010）。

（三）对就业水平的影响

目前国内学者关于能源价格上涨对就业的影响研究较少。林永生、李小忠认为由能源价格上涨带来的企业经营成本增加所导致的生产设备开工不足、产能闲置，导致对劳动的需求的下降，同时能源价格水平的上涨会影响到居民主体的劳动供给和消费决策，造成过剩劳动供给，非自愿性就业增加。

（四）对进出口的影响

杨迎春、刘江华（2012）研究发现，能源价格上涨对一国出口贸易的影响主要表现为引发出口企业的物流成本和生产成本的上升，进而导致出口商品价格的上涨，使本国相对于国际市场的出口贸易优势被削弱。这个成本主要是引发出口企业运输成本上升和引发出口商品生产成本增加。

上述观点是一个综述而非结论，目前我国学者研究国内煤价给经济造成的影响较多，但研究国际油价给经济造成的影响较少。随着我国能源结构的变化和生产结构的优化，能源价格的波动对经济的影响效应还会发生新的变化。我国石油资源和可再生能源开采能力的落后，伴随着经济发展对于资源的需求增多，不可否认的是未来国际油价对我国经济的影响会越来越大，对产业结构、就业结构、进出口贸易也会产生重要作用。

二、能源价格波动对国内经济的影响机制

煤炭、石油、电力等能源在国内市场上所占的比重差异较大，对经济的影响效应、大小、时间都有所不同。即使是相同的能源，基于不同视角、不同模型、不同假定条件下的研究得出的结论也不尽相同。在运用模型进行实证研究时，文献里的模型大致可以分为以下几类：VAR方法、投入产出模型、时变动态回归模型、一般均衡模型和其他方法。要针对不同的研究对象和研究目的，改变和完善模型以达到实证研究所要取得的目的。表7-2中列出了相关实证研究的方法。

表7-2 能源价格波动对国内经济的影响机制

模型类型	文献	模型创新	模型特点	相关数据说明	研究视角	核心结论
一般均衡模型	魏巍贤、高中元、彭翔宇（2012）	动态随机一般均衡模型DSGE	将能源作为中间投入品引入模型，三部门经济	1978—2009年的年度数据	能源冲击对经济造成影响的传导机制	各种冲击来源中能源冲击对宏观经济的影响最大
	孙宁华、江学迪（2012）	动态随机一般均衡模型	将能源冲击引入真实经济周期模型	1978—2008年产出、消费、就业、投资、能耗数据	能源冲击与经济周期模型	能源冲击对宏观经济的影响比技术冲击的影响大，但持续时间短
VAR方法	张欢、成金华（2011）	SVAR模型	考虑不同期限内的影响特征	1989—2009年的数据	能源价格与居民消费水平	能源价格水平均对居民消费水平有正向影响作用
时变动态回归模型	牟敦国、林伯强（2012）	TVP-VAR时变参数向量自回归模型	能源需求、经济发展和能源价格之间互动影响的时间参数分析	2003年3月—2011年11月的数据	能源需求和经济总量关系研究	能源价格上涨对中国经济具有紧缩作用；对不同产业的紧缩程度不一致；推动产业结构变化
	柴建、郭菊娥、汪寿阳（2012）	Bayesian时变动态回归模型		1980—2007年的数据	能源价格变动对能耗影响效果及变动趋势	能源价格的变动对单位GDP能耗的影响效应具有显著的时变特征

续表

模型类型	文献	模型创新	模型特点	相关数据说明	研究视角	核心结论
投入产出模型	任泽平（2012）	成本传导能力模型和投入产出实际价格影响模型	克服了投入产出潜在价格影响模型的传导阻滞问题。模型测算结果符合现实	采用2007年中国投入产出数据	能源价格与我国物价水平潜在和实际影响	二次能源（成品油、电力）比一次能源（原油、煤炭）对经济的冲击更大更直接
	林伯强（2009）	投入产出价格影响模型	考虑能源价格受管制和不受管制两种情形；递归的结构向量自回归模型（RSVAR）	数据采用2002年42个部门的投入产出表和2005年17个部门的投入产出表	能源价格在受管制和不受管制下对物价上涨的影响	各类能源价格上涨导致一般价格水平上涨的幅度都是比较小的，而且还存在一定的滞后期
其他	李红霞（2011）	具有GARCH形式的多因素定价模型	涉及国民经济的几乎所有行业的所有板块	2006年10月—2010年7月的周度数据	能源价格与股票市场变化	石油价格改变的影响不广泛。煤炭价格的改变影响显著广泛

文献中还有些研究和方法不方便列入上面的表中，如胡宗义和刘亦文（2009）利用中国CGE模型—MCHUGE模型，研究提高能源价格对我国经济发展的影响。研究表明，提高能源价格在短期和长期均能显著降低中国能源强度，原因是能源价格的提高优化了中国经济产业结构，第二产业比重在GDP中所占比重下降，减少了总体能源消费。但是能源价格提高对宏观经济带来了较大的负面影响。其导致的出口下降和投资需求下降分别是短期和长期GDP下降的主要原因。

（一）煤炭价格波动对国内经济的影响

煤炭行业作为我国的基础能源产业，在我国一次能源的生产和消费中占有重要的地位。由于我国经济对煤炭行业的依赖性较高,煤炭价格的波动对我国物价和产出构成一定的影响。同时,由于煤炭资源整合和煤炭市场化改革的推进,煤炭价格波动将成为一种常态。煤炭行业作为我国国民经济的上游产业,其价格波动涉及的行业广泛,产业链长,传导作用强。煤炭作为基础性能源,其价格波动首先会对电力、化工、冶金、建筑等用煤较多的下游产业的成本和价格构成影响,这些产业成本和价格的波动又会继续传导给其各个相关产业,进而推动工业品出厂价格及其指数(PPI)的上涨。同时,上游工业品渐高的生产成本,通过产业链条逐步向下延伸,也会产生成本推动型的物价上涨。煤炭价格波动会通过对我国投资、消费、进出口及物价水平的影响,最终对我国实体经济的总产出、产业结构和总体物价水平构成影响。此外,虽然我国从2009年开始从煤炭净出口国转为净进口国(罗小明,2012),但进口量仍相对较少,所以国外煤炭价格对国内煤炭价格影响有限。同时煤炭资源在国外使用比例偏低,相应的金融衍生品在国外尚未形成,而国内尚未出现关于煤炭方面的金融衍生品,甚至期货市场尚未完全形成,所以我国的煤炭产品市场不同于石油产品市场,煤炭价格波动主要会对我国的实体经济构成影响,而对于虚拟经济的影响相对较小。同时,碳排放的约束性指标又对我国产业结构调整和煤炭消耗提出了新的要求。

我国煤炭的定价制度历史沿革可以分为计划经济时代和市场经济时代。计划经济时代从1949年至1992年,从1985年开始煤炭计划定价制度开始松动,1993年起煤炭定价制度正式向市场化过渡,2006年12月,煤炭供应的双轨制被正式取消,电煤价格完全进入市场化的轨道。目前,我国煤炭价格市场化机制改革已进入一个新阶段,宏观政策层面已经确定煤炭价格市场化机制,电煤价格市场化改革全面展开。然而,虽然目前宏观政策再次明确电煤价格由供需双方协商确定,但是,许多方面仍在酝酿以行政手段干预电煤价格,搞行政行为的"煤电价格联动"。事实上,煤炭价格机制市场化改革的推进仍然不会一蹴而就,还将受到观念、体制等诸多因素的困扰。

由于欧美国家的能源结构主要以石油为主,所以针对石油价格波动对经济的影响研究较多,而对于煤炭价格及煤炭价格波动对一国经济影响的相关研究成果较少。国外能源价格的相关研究主要集中于能源(石油)价格波动对一国或一区域经济的产出和物价的影响(Haltiwanger, 2001; ChaoqingYuan, SifengLiu, JunlongWu, 2010),对于产业的影响效应主要是针对具体的某一个产业进行分析(Lee, Ni, 2002; Moawia, 2007),而影响路径和影响机理的研究却鲜有涉及。

目前国内学者对于煤炭价格对我国实体经济的影响的研究主要从价格传导机制、价格波动对宏观经济的影响和价格波动对微观产业的影响三个方面进行论述。

1. 煤炭价格波动的传导机制研究

目前国内对于煤炭价格波动的传导机制及传导路径的研究较少。杨彤(2009)运用复杂网络研究方法,构建了包含煤炭和电力,涉及76个产业的价格传导网络模型,该模型较好地模拟了价格传导现状,并得出电力产业价格对于CPI的传导强度大于煤炭产业价格传导强度的结论。段治平、郭志琼(2010)对煤炭价格传导机理及传导路径进行简单描述和分析,并采用投入产出价格影响模型,简单测算了煤炭价格变动对各相关产业的影响程度。

2. 煤炭价格波动对宏观经济的影响

国内对于煤炭价格波动对经济影响的研究起步总体较晚。有些学者从研究视角上做了一定的创新,如张兆响、廖先玲(2008)按照结构突变理论,对中国煤炭消费和经济增长的数据生成过程进行了分析,验证了它们均是由单位根过程所生成的,然后采用循序检验的方法并运用EViews5.0编程,检验并确定了中国煤炭消费和经济增长的均值突变和趋势突变的变结构点,证明变结构点的发生与中国50多年来的政治经济形式变化非常吻合。在上述分析基础上,利用突变结构协整理论研究和建立了反映中国煤炭消费和经济增长长期均衡关系的突变结构协整模型,通过模型证明了突变结构协整模型及其预测性能明显优于未考虑结构突变点的模型,也证实了突变结构协整分析可以反映经济关系和经济结构变化,并能够体现经济系统内部长期均衡关系。部分学者对煤炭价格波动与经济增长之间的关系进行了验证。如张炎涛、李伟(2006),于励民(2008),邱丹、秦远建(2009)运用误差修正模型和格兰杰因果关系对中国煤炭消费和经济增长之间的因果关系进行了检验,研究结果表明,从煤炭消费到经济增长之间,在短期存在双向因果关系,在长期存在从经济增长到煤炭消费的单向因果关系,这意味着煤炭消费的增长直接影响经济增长。任少飞、冯华(2006)基于对我国煤炭供需的基本分析,运用协整理论和误差修正模型,建立了中国煤炭消费的结构需求模型,并将中国煤炭消费的长期均衡引入短期预测,从而得到经济增长的总量仍然在较大程度上依赖于煤炭资源的消耗;然而从得到的误差修正模型来看,第二产业在煤炭消费上呈现出集约化和利用效率提高的趋势,并运用格兰杰因果关系检验进行了验证分析。吴永平、温国锋等(2008)运用协整分析和格兰杰因果关系检验,对世界主要煤炭消费国家(中国、美国、印度、俄罗斯、日本和南非)1981—2005年的煤炭消费与GDP之间的因果关系及其内在规律进行了分析和研究,研究结果表明,经济增长与能源间的因果关系与煤炭消费间的因果关系并不一致,其中中国及南非的经济增长与能源消费存在双向因果关系,而其他国家经济增长与煤炭消费仅存在单向因果关系。同时作者进一步指出这些国家能源消费结构、经济政策不同,煤炭消费同经济增长之间的因果关系也不完全一致。

3. 煤炭价格波动对微观产业的影响

目前国内关于煤炭价格波动对我国微观产业的影响的研究较少,而相关研究主要集中于分析国际油价上涨对我国具体行业的影响。又由于煤炭行业的不景气,同时国际油价波动频繁,直到2006年煤炭价格对我国经济的产业影响研究才开始受到重视。如林伯强(2008)构建了社会核算矩阵,运用CGE方法研究了石油与煤炭价格上涨对中国经济造成的影响,以及对产业结构变化的推动作用,指出能源价格上涨对中国经济具有紧缩作用,其中煤炭价格上涨时,除煤炭开采业外的其他各产业的实际产出都出现下降,且以电热产业的下降最为严重,但大多数产业实际产出下降幅度与煤炭价格涨幅是非线性的关系,呈边际递减的趋势;并进一步指出对大多数产业而言,相同比例的价格上涨,煤的紧缩作用是石油紧缩作用的2~3倍,对于非能源密集型的服务业紧缩幅度也达3倍,石油和煤炭的经济紧缩作用程度不一致与目前中国能源消费结构基本吻合,2007年中国煤炭消费占一次能源的70%,而石油消费仅占20%。邢瑞军(2008)运用CGE模型,对煤炭价格波动对新疆工业的影响进行了阐述,发现煤炭价格的上涨可以减少煤炭资源的消费,降低对能源资源的消耗,并得出煤炭价格对新疆工业影响较小的结论,但其所构建的模型为比较静态模型,没有体现技术进步因素,仅对新疆工业结构调整提出了初步建议。周爱前、张钦等人(2010)运用投入产出模型,根据2002年的投入产出表,测算了国民经济各部门对煤炭的直接消耗系数和完全消耗系数,分析了国民经济各部门对煤价变动的反应,研究结果表明:耗煤占前10位的部门以工业部门为主,煤价上涨对个别行业影响显著,尤其对于燃气生产和供应业、电力热力的生产和供应业、非金属矿物制品业影响较大,煤炭价格上涨100%,这三个行业的价格将分别上涨27.65%、17.9%、6.15%。

虽然国内学者在能源价格方面的研究已做出了突出的贡献,其研究成果具有较好的借鉴意义,但目前相关研究还存在以下不足。

研究内容上没有突出我国是以煤炭为主的能源生产和消费结构。从以上综述可以看出,由于我国煤炭市场化的起步较晚,放而不开的煤炭价格影响了其市场化的推进,致使目前国内关于煤炭价格对经济影响的研究论文较少,且主要以定性描述为主。

研究的视角相对较为单一,缺乏从系统的角度进行综合分析。在现有的研究中,系统的研究分析较少,大部分研究仅停留在能源(煤炭或石油)价格波动对实体经济的某一方面的影响,如对物价的影响或者对产出的影响,而没有从物价、产出、产业等多视角、多维度的综合系统分析。

从研究方法上来看,目前国内对于煤炭价格影响的研究主要侧重于定性描述,而定量分析方法主要以静态分析为主。在方法应用上,主要以协整分析、误差修正模型、格兰杰因果关系检验、脉冲响应函数和方差分解方法等计量经济学方法来探讨价格和经济的相关指标的关系;而产业分析主要以投入产出分析为主,可见投入产出分析在这一领域是一种相对成熟的应用方法,已经引起专家学者的共鸣。而煤炭价格波动与我国经济及产业之间是一种长期互动关系,需要对煤炭价格与实体经济的动态性关系进行分析,但现有的研究方法只是从静态或比较静态角度分析的,没有反映变量间的动态关系。

综上所述,我国煤炭市场化推进较晚,目前对于煤炭价格波动对我国实体经济的影响还没有形成系统性的研究，以煤炭价格为研究对象的研究成果较少且不够深入，很多研究还停留在定性分析上。国内学者虽然近年来做了尝试，但在为数不多的煤炭价格与经济关系的研究中，或集中于总产出，或集中于物价，或集中于某具体行业，很少把实体经济中的产出、物价、相关产业这三个主体纳入一般均衡框架下做系统分析。

因此，从研究内容、视角和方法来看，煤炭价格变动对我国实体经济的影响这一课题还有进一步研究和发展的空间。

（二）能源价格波动对我国出口贸易的影响

能源作为一种经济社会中必需的生产性要素，其价格的变化对经济的发展有着重要的影响。能源价格的波动可以通过产业链的传导，渗透到经济中的各个部门，影响商品的价格。能源价格的上涨对我国出口贸易的影响主要有：提高出口商品的生产成本和运输成本，从而导致出口商品价格的上涨，削弱我国相对于国际市场的出口贸易优势。

（1）提高出口商品的生产成本。能源要素在几乎任何商品的生产过程中都是不可或缺的，所以在不考虑其他条件的情况下，能源价格的上涨几乎给一国所有行业的生产成本都造成了影响，尤其是能源密集型的行业。我国的出口贸易，不管是加工贸易，还是一般贸易，能源密集型的商品都占据了相当大的比例。所以能源价格的上涨会对我国出口贸易造成一定的冲击。同时，在能源价格上涨的背景下，我国具有高能耗、高排放性质的出口贸易肯定会受到一定程度的制约，有可能对我国在国际贸易分工体系中的地位造成损害。

（2）提高出口商品的运输成本。运输成本在我国出口贸易的成本中，占据了较大的比例。我国有多种出口商品的运输方式，无论采取哪种，当能源价格上涨时，物流企业的利润减少，只能通过提高运输费用来转嫁成本。出口的企业为了维护自身的利润，只能提高出口商品的市场价格。这样，能源价格上涨导致的出口商品的运输成本的提升便影响到了商品的市场价格，进而影响了我国出口商品的国际竞争力。

由以上两点得知，能源价格的上涨对我国的出口贸易有着不利的影响。其一，它大大增加了出口商品的生产和运输成本，减少了出口企业的利润。这时，企业为了保持总利润不变，就会提高商品的市场价格，提高价格的同时也会出口更多商品，消耗更多的能源。其二，对能源的消耗导致需求的增加，而需求的增加会导致能源价格的进一步上涨，进一步提高能源的成本，降低出口企业的利润，造成恶性循环。最终影响我国在国际贸易分工体系中的地位，影响我国出口商品的国际竞争力。

有些学者认为，能源价格上涨对我国出口贸易的"有效抑制"是顺应市场规律的行为。但从国际贸易分工体系来看，尽管我国出口贸易的规模较大，但仍然不是国际市场的主要控制力量。表面上看，我国的出口贸易规模很大，事实上，我国目前出口的商品大多属于低端产品，而主要出口高端产品的发达国家在国际贸易中才具有比较大的优势及控制权。我国不断扩大的贸易规模只是在"量"上的积累，而提升我国出口贸易在国际贸易分工体系中的地位需要"质"的提高。从量变到质变需要政府和市场的相互融合与协调。所以，未来我国的出口贸易的发展方向是，维持现有的在国际贸易分工中的地位，实现资本与技术的积累，进而通过与国际贸易分工体系中其他国家的合作获得自身优势的提升，从而在国际贸易分工体系中得到有利且稳定的国际地位。

在能源价格上涨背景下如何保护我国出口贸易笔者认为有以下几点。

首先，稳定能源的价格，减缓能源价格变动带来的冲击。能源价格的上涨对出口贸易造成冲击需要一定的时间，要减少其带来的冲击，最重要的是控制能源价格上涨的速度。同时，要为出口贸易的发展提供缓冲的时间。我们需要加强能源价格市场的竞争，发展能源价格市场的竞争主体。通过让更多能源行业的企业进行有效竞争，获得平等的贸易机会，促进行业竞争机制的形成，取得能源行业竞争的良性循环。从而取得合理的市场价格，实现市场价格的稳定。在促进平等竞争的同时，我们需要对制定不合理的能源价格的企业进行惩戒，维护市场的正常秩序。避免企业利用价格机制改革的漏洞谋求不正当的利润。从而实现经济的稳定发展，尽量减免能源价格变化对出口贸易的冲击。我们还需要进行能源的储备，以减免短期市场的过度价格波动对国内经济的影响，维护经济的稳定增长，加强我国的能源安全。由于对能源的税收能够影响能源的价格，我们可以适当地调整能源的税率，对高能耗、高排放行业的企业进行征收，从而促进节能减排的进一步发展，同时，为经济结构的调整、出口贸易的升级进行缓冲。与能源税收相对应的能源补贴方面，我们可以考虑补贴能源效率的改进技术，在不提高能源要素成本的同时，有利于节能减排。虽然增加了生产的成本压力，但同时增加了促进节能的动力。

其次，我们应该采取措施，加快调整出口结构，减少能源价格上涨对出口能源密集型产业的影响。对于高能耗、高排放的行业，政府可以采取政策来进行限制，促进节能减排。而对于其他行业，我们应该尽快对其出口结构进行调整。加强资本与技术的积累与改进，促进低端商品向高端商品的转变。对能源消耗较低的行业，应采取积极的政策，促进其进行出口贸易。而对能源消耗较高且已经具有一定出口规模的行业，政策导向应以维持现有的在国际贸易中的地位为主，加强资本与技术的积累，逐渐改变其生产结构，实现一定程度的节能减排。要采取引导企业向生产低能耗、低排放、高科技的方向发展的政策，同时，还可以利用税收、补贴等手段，促进企业向该方向发展。由于我国在低端产品出口方面已经取得一定的贸易规模，我国应该采取措施控制一部分贸易的增长。主要目标是高能耗、高排放、高污染的行业，应该采取政策促进其加工结构的转型，逐步转变出口贸易的方式。同时，我国应鼓励一些有能力的企业，到其他目标市场寻求替代能源密集型出口贸易的贸易方式。国内能源价格上升，导致在国内的贸易成本上升，贸易优势降低，如果在目标市场实现生产，则可以避免成本的上升，并且可以缓解国内能源的压力。

另外，要注重研发节能技术。科技是第一生产力。技术的不断进步促进了我国出口贸易规模的扩大，同时也成为贸易规模持续扩大的保障。能源价格上涨，使我国在能源方面的优势降低，所以要寻求改善能源效率的工具。我们需要增加研发节能技术的资金投入，保障我国出口贸易持续稳定地发展。

未来一段时期内，从供求关系与能源价格调节机制的角度看，我国能源日益凸显的供求矛盾以及为实现节能减排这一目标，以能源税收与能源补贴为手段所采取的相关举措都会推动能源价格的持续上涨。能源价格上涨通过提高出口商品的生产成本和运输成本来影响我国的出口贸易，导致我国出口商品价格上涨，削弱我国在能源要素价格方面的优势，影响我国出口商品的国际竞争力。未来我国出口贸易的发展方向是，维持现有的在国际贸易分工中的地位,实现资本与技术的积累,进而通过与国际贸易分工体系中其他国家的合作获得自身优势的提升,在国际贸易分工体系中得到有利且稳定的国际地位。当今,在我国能源价格上涨的大背景下,我国需要采取一些保护出口贸易的措施。发展能源价格市场的竞争主体,维护市场的正常秩序,促进公平竞争,调整能源税收与能源补贴,控制能源价格上涨的速度,减缓能源价格变动带来的冲击。加快调整出口结构,减少能源价格上涨对出口能源密集型产业的影响。研发节能技术,保障我国出口贸易持续稳定地发展。

我国对能源经济的关注比较晚,目前国内对于能源问题的经济研究还比较少,也缺乏系统性。而能源价格是能源安全的核心,多角度研究能源价格变动对宏观经济的影响会对进展中的能源价格市场化改革提供重要的参考。

无论站在哪个角度,用什么模型或从什么视角来关注能源问题,最终我们都不得不认同的一点就是:虽然提高能源价格是短期抑制高耗能产业、促进节能和降低能源强度的最有效的手段,但是,能源是关系到国计民生的重要的基础产业和公共事业,既是生活资料也是生产资料,能源价格十分敏感,既影响经济发展也影响社会和谐。

因此,中国现在面临着一个艰难的选择:较低的能源价格或是有效率的能源消费。然而这是一个必要的选择。对于寻找一个与中国能源和环境实际情况相适应的、合理的工业结构和经济增长方式,理论和发展经验都证明,市场的"无形之手"要比政府的"有形之手"有效得多。所以有必要加速能源各个行业的市场化改革,尤其是让能源价格能够反映出能源的稀缺性和环境成本,才能最终保障我国的能源安全和可持续发展。

第三节　国际石油价格波动对我国经济影响的分析:一个实证研究

石油作为重要的基础原料之一,有着"国民经济血液"的称号,在国民经济各部门、各行业中被广泛应用且发挥着重要的作用,我国自1994年成为石油净进口国以来，石油进口依存度不断上升，2010年升至54.0%。2003年年初以来，国际油价快速上涨，且剧烈波动，2009年以后，国际油价始终呈高位运行、大幅波动的变动态势。国际油价上涨及其波动率的增加不可避免地会对我国经济的方方面面产生影响，本小节从价格、就业、收入、总产出四个方面分析国际油价变动对我国经济的影响，研究发现，国际油价及其波动率对我国物价水平、就业水平、就业人员平均工资、产出水平均有显著的负面影响，即在其他条件不变的情况下，国际油价上涨、油价波动率增加会导致我国物价水平上涨，就业人员数增长率、就业人员平均工资增长率、国内生产总值增长率下降。

一、相关研究综述

油价波动问题受到政府和社会各界的关注，大量学者围绕石油价格波动对宏观经济的影响开展研究。目前的研究成果主要集中在石油价格及其波动对价格总水平、经济增长、就业的影响等方面。Cologni（2008）研究了G7国家油价对通货膨胀及利率的影响和传递过程，发现，油价波动对通货膨胀和利率水平具有显著的影响。蒋殿春（2008）分析了国际油价持续上涨的基本原因和油价上涨对国民经济影响的传导机制。何念如、朱润龙（2006）的研究表明高油价会提高居民消费价格，导致通货膨胀水平上升。任泽平（2007）利用中国122个部门投入产出表，采用投入产出价格影响模型测算了石油价格变动对中国物价总水平和各部门产品价格的影响程度。Martin（2008）从供给驱动和需求驱动两个角度研究了油价波动对宏观经济的影响。Hamilton（1983）通过VAR模型研究发现，"二战"后石油价格上涨对经济增长的抑制引发了经济衰退。Mork（1989）研究了原油价格上升和下降对经济的影响，发现油价上涨对经济的逆向冲击是非常强烈的，而油价下降对经济的影响却不显现，这表明油价波动对经济增长的影响具有不对称性。赵元兵、黄建（2005）分析了国际油价波动对中国经济的影响。刘强（2005）研究表明，石油价格和消费结构、生产技术结构共同决定了经济增长的变动情况。师博（2007）运用协整分析和误差修正模型检验了国际油价波动对中国经济增长的影响。曾奕（2007）分析了国际油价波动对中国经济发展的影响。刘桂舟、叶祥松（2008）研究发现，国际油价和中国GDP之间存在着长期均衡关系。Regnier（2007）研究表明，相对于其他商品价格，石油价格具有更大的波动性，这意味着石油价格波动对严重依赖于石油的产业部门有着重要的影响。Ferderer（1992）研究发现，石油价格的波动对投资导向的产业部门或行业具有强烈的影响，油价波动会导致长期投资和结构性投资持久性的大幅下降。Loungani（1986）发现石油价格波动对不同产业的冲击决定了各个产业就业增长的差异，石油价格冲击对总失业率的变化具有较强的解释性。国际能源署（2004）对油价波动与GDP、通货膨胀率、失业率间的关系进行研究，发现油价从每桶25美元增至35美元，在持续增加10美元的前两年，经济合作与发展组织国家的GDP将下降0.4个百分点，通货膨胀率将增加0.5个百分点，失业率也会增加；世界GDP平均至少下降0.5个百分点，而油价上涨对发展中国家的打击更为严重，油价每桶上涨10美元，亚洲经济增长率将下降0.8个百分点。林伯强、牟敦国（2008）指出，国际油价的高位运行和剧烈波动日益成为国内经济运行的一个重要的不稳定因素。国际石油价格的剧烈波动给中国经济带来了不确定性因素，无论是对短期的经济周期还是长期的经济结构调整、生产效率提高以及经济发展，都不可避免地形成不利的影响。

通过以上文献我们可以发现，石油价格波动对宏观经济的影响是多方面的，影响比较突出的领域主要有价格总水平、国内生产总值、工业总产出、就业情况等。现有文献或是片面地关注石油价格与经济某一现象之间的特定关系，或者是静态地观察石油价格与某些经济活动之间的联系，本部分将从物价总水平、总产出、失业率等方面系统地研究石油价格水平及其波动率对我国宏观经济的影响。

二、数据说明及处理

（一）数据来源

国际油价来源为欧洲北海布伦特原油交易市场[①]，得到的原始数据为每个交易日的成交价格，单位为美元/桶，时间段为1988年1月1日至2012年12月30日。为了与其他数据频率相匹配，对其按月求平均值作为每

---

① http://tonto.eia.gov/dnav/pet/hist/LeafHandler.ashx? n=PET&s=RBRTE&f=D.

月石油价格，并按照每月人民币兑美元的汇率，换算成以人民币计价的石油价格。油价波动率用每月交易日油价的标准差表示，计算公式为：

$$\sigma = \sqrt{\frac{\sum_{i=1}^{n}(x_i - \overline{x})^2}{n-1}}$$，其中 x_i 为每日石油成交价格，$\overline{x}$ 为月平均成交价格。

居民消费价格指数（CPI）、八大类居民消费品价格指数[①]、工业生产者出厂价格指数（PPI）、生产资料工业生产者出厂价格指数、生活资料工业生产者出厂价格指数等月度数据，来源为国家统计局网站[②]和相关统计公报。

城镇单位就业人员数、分产业就业人员数、城镇单位就业人员平均工资、分行业就业人员平均工资、国内生产总值、第一产业增加值、第二产业增加值、第三产业增加值等年度数据，来源为历年《中国统计年鉴》，数据期间为1987年至2012年。其中，就业人员数的单位为万人，就业人员平均工资单位为元、国内生产总值单位为亿元；由于工资、国内生产总值、产业增加值均按当年价格计算，因此，在使用前，为剔除价格变动的影响，首先对其进行价格调整，将其转化为以1987年价格为基期的实际工资、实际生产总值。利用对就业人员数、实际平均工资和生产总值去对数并差分的方法，计算变量相应的增长率。

（二）变量符合说明

本研究中，用 lnoilprice、lnoilvollity 分别表示国际油价及其波动率的对数；用 lncpi、lncpi01、lncpi02、lncpi03、lncpi04、lncpi05、lncpi06、lncpi07、lncpi08 分别表示居民消费价格指数、食品类居民消费价格指数、烟酒及用品类居民消费价格指数、衣着类居民消费价格指数、家庭设备用品及维修服务类居民消费价格指数、医疗保健和个人用品类居民消费价格指数、交通和通信类居民消费价格指数、娱乐教育文化用品及服务类居民消费价格指数、居住类居民消费价格指数的对数；用 lnppi、lnppi01、

[①] 八大类居民消费品价格指数为：食品类居民消费价格指数、烟酒及用品类居民消费价格指数、衣着类居民消费价格指数、家庭设备用品及维修服务类居民消费价格指数、医疗保健和个人用品类居民消费价格指数、交通和通信类居民消费价格指数、娱乐教育文化用品及服务类居民消费价格指数、居住类居民消费价格指数。

[②] http://data.stats.gov.cn/.

lnppi02分别表示工业生产者出厂价格指数、生产资料工业生产者出厂价格指数、生活资料工业生产者出厂价格指数的对数；用worker、worker01、worker02、worker03分别表示城镇单位就业人员数增长率、第一产业就业人员数增长率、第二产业就业人员数增长率、第三产业就业人员数增长率的对数；用income、income01、income02、income03分别表示城镇单位就业人员平均工资增长率、第一产业就业人员平均工资增长率、第二产业就业人员平均工资增长率、第三产业就业人员平均工资增长率的对数；用g、g01、g02、g03分别表示国内生产总值增长率、第一产业增加值增长率、第二产业增加值增长率、第三产业增加值增长率的对数。

三、实证检验结果

（一）国际油价及其波动率变动特点

由图7-4可知，1988年以后，国际油价及其波动率的变动情况大体上可以分为三个阶段。①油价较低、波动幅度较小时期，时间段为1988年1月至2000年1月，该段时间内，国际油价大部分时间保持在月均200元/桶以下，油价平均值103.95元/桶，油价月波动率主要集中在10以下，平均波动率为3.79；②油价快速走高、波动率增大时期，时间段为2000年1月至2008年7月，该段时间内，绝大部分月份国际油价保持在月均200元/桶以上，在2008年7月达到最高值，为1 058.22元/桶，油价平均值为385.35元/桶，绝大部分月份油价月波动率在10以上，平均波动率为14.77；③油价高位运行、波动率较高时期，时间段为2008年8月至2012年12月，油价基本维持在500元/桶以上，平均值为636.41元/桶，大部分月份波动率在15以上，平均波动率为20.89。通过观察国际油价及其波动率的历史变动情况，我们有理由相信，国际油价已经告别低位平稳运行的时期，剧烈波动已经成为常态。

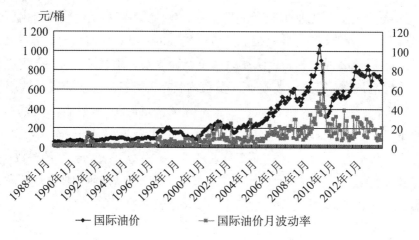

图7-4 1988年以来国际油价及波动率

（二）模型的设定

通过建立计量方程模型,系统分析国际油价变动对我国物价水平、就业状况、就业人员收入水平、国内生产总值、不同产业增加值等方面的影响。经过多次试验,最终选定方程形式为:

$$y_i = c + \alpha_i x + \beta_i v + \varepsilon_i \qquad (7.1)$$

其中,y为被解释变量的对数,c为常数项,x、v分别为国际油价和国际油价月波动率的对数,i为下标,α、β为参数,ε为扰动项。

式(7.1)表示,国际油价每上涨1%,被解释变量上升α%,国际油价波动率每上升1%,被解释变量上升β%。

（三）数据平稳性检验和协整性检验

为避免伪回归,在对数据进行分析前,首先对其平稳性进行检验,采用ADF（Augmented Dickey-Fuller）检验法分别对所选变量进行单位根检验,根据施瓦茨信息准则（Schwarz Info Criterion）确定选取的检验形式和滞后阶数,检验结果显示,所选变量的对数均为一阶单整过程（见表7-3）。采用Johansen协整检验法对要回归的变量进行协整性检验,检验方程的形式为有截距项,无趋势项。检验结果显示,物价指数、就业人员数增长率、生产总值增加值增长率等变量与国际油价和国际油价波动率之间均只存在一个协整方程,可以进行回归分析（见表7-4）。

表7-3 变量单位根检验结果

变量	检验形式①	t统计量	临界值②	结论
lnoilprice	（C，0，1）	−0.626 186	−2.580 897	非平稳
D③（lnoilprice）	（C，0，0）	−9.155 930	−2.580 897	平稳
Lnoilvollity	（C，0，2）	−0.461 859	−2.581 008	非平稳
D（lnoilvollity）	（C，0，1）	−15.60 792	−2.581 008	平稳
lncpi	（C，0，12）	−2.614 795	−3.479 281	非平稳
D（lncpi）	（C，0，11）	−5.536 919	−3.479 281	平稳
lncpi01	（C，0，12）	−0.462 178	−2.582 204	非平稳
D（lncpi01）	（C，0，11）	−5.248 373	−2.582 204	平稳
lncpi02	（C，0，2）	−0.156 953	−2.581 008	非平稳
D（lncpi02）	（C，0，1）	−4.380 786	−2.581 008	平稳
lncpi03	（C，0，0）	−1.006 718	−2.580 788	非平稳
D（lncpi03）	（C，0，0）	−10.60 637	−2.580 788	平稳
lncpi04	（C，0，2）	−1.921 799	−3.475 819	非平稳
D（lncpi04）	（C，0，1）	−3.908 720	−3.475 819	平稳
lncpi05	（C，0，1）	−2.130 183	−3.475 500	非平稳
D（lncpi05）	（C，0，0）	−7.747 376	−3.475 500	平稳
lncpi06	（C，0，0）	−3.087 984	−3.475 184	非平稳
D（lncpi06）	（C，0，0）	−13.439 90	−3.475 184	平稳
lncpi07	（0，0，1）	−0.998 514	−2.580 897	非平稳
D（lncpi07）	（0，0，0）	−14.381 07	−2.580 897	平稳
lncpi08	（C，0，1）	−0.020 278	−2.580 897	非平稳
D（lncpi08）	（C，0，0）	−5.850 422	−2.580 897	平稳
lnppi	（C，0，1）	−0.196 640	−2.579 495	非平稳
D（lnppi）	（C，0，0）	−5.690 206	−2.579 495	平稳

续表

变量	检验形式①	t统计量	临界值②	结论
lnppi01	（C，0，2）	−0.129 825	−2.580 681	非平稳
D（lnppi01）	（C，0，1）	−5.384 203	−2.580 681	平稳
lnppi02	（C，0，2）	−0.621 562	−2.580 681	非平稳
D（lnppi02）	（C，0，1）	−7.855 784	−2.580 681	平稳
lnoilprice④	（C，0，2）	−0.058 248	−3.788 030	非平稳
D（lnoilprice）④	（C，0，1）	−5.934 014	−3.788 030	平稳
lnoilvollity⑤	（C，0，2）	−1.963 958	−3.752 946	非平稳
D（lnoilvollity）⑤	（C，0，1）	−6.016 500	−3.788 030	平稳
worker	（C，0，5）	−1.409 635	−3.886 751	非平稳
D（worker）	（C，0，4）	−2.916 991	−3.886 751	平稳
worker01	（C，0，2）	−2.148 369	−3.788 030	非平稳
D（worker01）	（C，0，1）	−9.438 268	−3.788 030	平稳
worker02	（C，0，1）	−3.355 739	−3.769 597	非平稳
D（worker02）	（C，0，0）	−11.307 46	−3.788 030	平稳
worker03	（C，0，3）	−1.331 712	−3.808 546	非平稳
D（worker03）	（C，0，2）	−4.381 268	−3.831 511	平稳
income	（C，0，1）	−2.809 963	−3.769 597	非平稳
D（income）	（C，0，0）	−4.675 511	−3.788 030	平稳
income01	（C，0，2）	−2.864 635	−3.769 597	非平稳
D（income01）	（C，0，1）	−6.359 676	−3.808 546	平稳
income02	（C，0，2）	−2.116 042	−3.769 597	非平稳
D（income02）	（C，0，1）	−4.078 372	−3.788 030	平稳
income03	（C，0，5）	−1.010 433	−3.886 751	非平稳
D（income03）	（C，0，4）	−6.653 233	−3.788 030	平稳

变量	检验形式①	t统计量	临界值②	结论
g	（C，0，2）	−2.982 865	−3.769 597	非平稳
$D(g)$	（C，0，1）	−4.218 575	−3.808 546	平稳
g01	（C，0，1）	−2.789 892	−3.769 597	非平稳
$D(g01)$	（C，0，0）	−5.856 734	−3.808 546	平稳
g02	（C，0，2）	−3.001 856	−3.769 597	非平稳
$D(g02)$	（C，0，1）	−3.791 349	−3.788 030	平稳
g03	（C，0，1）	−2.888 108	−3.769 597	非平稳
$D(g03)$	（C，0，0）	−4.926 561	−3.788 030	平稳

注：①（C，T，N），C表示截距项，T表示趋势项，N为滞后阶数；②临界值为1%置信水平下的统计量；③$D(\bullet)$表示变量的一阶差分；④此处的lnoilprice为年均石油价格的对数；⑤此处的lnoilvollity为石油价格年波动率的对数。

表7-4　变量与国际油价及其波动率对数的协整性检验结果

变量	原假设	迹统计量	临界值	结论
lncpi	不存在协整关系	27.797 07	23.044 10	存在一个协整关系
	最多只有一个协整关系	13.219 49	15.494 71	
lncpi01	不存在协整关系	26.082 94	23.044 10	存在一个协整关系
	最多只有一个协整关系	12.438 18	15.494 71	
lncpi02	不存在协整关系	25.270 35	23.044 10	存在一个协整关系
	最多只有一个协整关系	12.695 83	15.494 71	
lncpi03	不存在协整关系	25.106 21	23.044 10	存在一个协整关系
	最多只有一个协整关系	4.870 779	15.494 71	
lncpi04	不存在协整关系	44.853 62	23.044 1	存在一个协整关系
	最多只有一个协整关系	14.012 28	15.494 71	

续表

变量	原假设	迹统计量	临界值	结论
lncpi05	不存在协整关系	25.515 01	23.044 1	存在一个协整关系
	最多只有一个协整关系	8.437 453	15.494 71	
lncpi06	不存在协整关系	25.637 83	23.044 1	存在一个协整关系
	最多只有一个协整关系	9.463 855	15.494 71	
lncpi07	不存在协整关系	44.285 38	23.044 1	存在一个协整关系
	最多只有一个协整关系	13.954 61	15.494 71	
lncpi08	不存在协整关系	29.076 59	23.044 1	存在一个协整关系
	最多只有一个协整关系	12.407 58	15.494 71	
lnppi	不存在协整关系	24.297 6	23.044 1	存在一个协整关系
	最多只有一个协整关系	7.735 53	15.494 71	
lnppi01	不存在协整关系	38.779 81	23.044 1	存在一个协整关系
	最多只有一个协整关系	12.597 7	15.494 71	
lnppi02	不存在协整关系	34.370 62	23.044 1	存在一个协整关系
	最多只有一个协整关系	14.412 27	15.494 71	
worker	不存在协整关系	62.827 50	29.797 07	存在一个协整关系
	最多只有一个协整关系	14.383 50	15.494 71	
worker01	不存在协整关系	33.478 31	23.044 1	存在一个协整关系
	最多只有一个协整关系	12.392 03	15.494 71	
worker02	不存在协整关系	25.467 37	23.044 1	存在一个协整关系
	最多只有一个协整关系	6.608 284	15.494 71	
worker03	不存在协整关系	48.762 66	23.044 1	存在一个协整关系
	最多只有一个协整关系	12.590 49	15.494 71	
income	不存在协整关系	37.393 22	23.044 1	存在一个协整关系
	最多只有一个协整关系	5.378 750	15.494 71	

续表

变量	原假设	迹统计量	临界值	结论
income01	不存在协整关系	34.171 80	23.044 1	存在一个协整关系
	最多只有一个协整关系	5.344 0 80	15.494 71	
income02	不存在协整关系	34.322 94	23.044 1	存在一个协整关系
	最多只有一个协整关系	4.470 4 98	15.494 71	
income03	不存在协整关系	39.576 46	23.044 1	存在一个协整关系
	最多只有一个协整关系	5.525 4 95	15.494 71	
g	不存在协整关系	41.271 22	23.044 1	存在一个协整关系
	最多只有一个协整关系	5.512 627	15.494 71	
g01	不存在协整关系	34.476 13	23.044 1	存在一个协整关系
	最多只有一个协整关系	5.066 914	15.494 71	
g02	不存在协整关系	41.673 56	23.044 1	存在一个协整关系
	最多只有一个协整关系	5.693 993	15.494 71	
g03	不存在协整关系	41.955 00	23.044 1	存在一个协整关系
	最多只有一个协整关系	5.621 439	15.494 71	

注：临界值为5%置信水平下的统计量。

（四）国际油价及其波动率对价格水平的影响

笔者分别利用国际油价及其波动率的对数对居民消费价格指数、居民八大类消费品价格指数、工业生产者出厂价格指数、生产资料工业生产者出厂价格指数、生活资料工业生产者出厂价格指数进行回归，结果见表7-5。

表7-5 各种价格情况下模型估计结果

被解释变量	c		α		β	
	参数值	t 统计量	参数值	t 统计量	参数值	t 统计量
lncpi	4.451 8	261.017 5	0.028 3	8.524 8	0.001 8	2.607 8
lncpi01	4.246 2	99.640 0	0.065 4	7.878 0	0.005 5	0.624 3
lncpi02	4.514 4	589.022 8	0.015 1	10.053 4	0.001 2	3.242 3

续表

被解释变量	c		α		β	
	参数值	t 统计量	参数值	t 统计量	参数值	t 统计量
lncpi03	4.464 9	340.881 2	0.024 4	9.551 5	0.001 6	2.473 5
lncpi04	4.402 8	507.882 5	0.028 4	18.494 6	0.002 5	3.365 4
lncpi05	4.487 2	461.728 2	0.021 5	11.340 7	0.000 0*	0.000 8
lncpi06	4.470 3	330.508 5	0.031 3	8.507 8	0.003 6	2.358 0
lncpi07	4.675 3	218.251 7	0.007 2	1.714 6	0.000 7	2.100 9
lncpi08	4.480 8	164.826 4	0.025 7	4.823 3	0.001 0*	0.022 8
lnppi	4.331 9	109.754 8	0.043 5	5.659 2	0.009 5	2.874 7
lnppi01	4.443 8	96.734 3	0.059 2	3.168 6	0.016 8	2.860 3
lnppi02	4.393 8	320.407 8	0.035 5	12.924 8	0.001 3*	0.005 6

注: 带*号的参数值t统计量小, 表明该参数不显著。

从表7-5可知, 从总指数上来看, 国际油价及其波动率对工业生产者出厂价格指数和居民消费价格指数具有显著的影响, 且对工业生产者价格指数的影响明显高于对居民消费价格指数的影响; 国际油价每上升1%, 工业生产者出厂价格指数上升0.043 5%, 居民消费价格指数上升0.028 3%, 国际油价波动率每上升1%, 工业生产者出厂价格指数上升0.009 5%, 居民消费价格指数上升0.001 8%。表明石油作为总要的生产投入要素, 其价格变动对工业产品价格的影响远大于对居民消费价格水平的影响。从分类指数上看, 在八大类居民消费品价格指数中, 石油价格的变动均对其有显著影响, 其中影响居前三位的依次是: 食品类居民消费价格指数、交通和通信类居民消费价格指数和家庭设备用品及维修服务类居民消费价格指数, 石油价格每上升1%, 以上三类价格指数分别上升0.065 4%、0.031 3%和0.026 4%, 且上升的比率均大于居民消费价格指数的上升比率; 石油价格波动率每上升1%, 以上三类价格指数分别上升0.005 5%、0.003 6%和0.002 5%, 且上升的比率均大于居民消费价格指数的上升比率; 石油价格每上升1%, 生产资料生产者出厂价格指数上升0.059 2%, 比生活资料生产者出厂价格指数上升比率高0.023 7个百分点; 石油价格波动率每上升1%, 生产资料生产者出厂价格指数上升0.016 8%, 而对生活资料生产者出厂价格指数的影响不显著。

综上所述,可以得出以下主要结论:

(1)国际油价及其波动率变动对我国价格总水平具有显著的影响,对工业生产者价格指数的影响远高于对居民消费价格指数的影响;在分类指数中,影响也存在明显的差异,在八大类消费品价格指数中,对食品类居民消费价格指数、交通和通信类居民消费价格指数和家庭设备用品及维修服务类居民消费价格指数的影响明显高于其他分类指数,对生产资料生产者出厂价格指数的影响明显高于对生活资料生产者出厂价格指数的影响。

(2)国际油价变动对总指数和分类指数均具有显著的影响,但对医疗保健和个人用品类居民消费价格指数、娱乐教育文化用品及服务类居民消费价格指数、生活资料生产者出厂价格指数的影响并不显著。

(五)国际油价及其波动率对就业水平的影响

笔者分别利用国际油价及其波动率的对数对城镇单位就业人员数、第一产业就业人员数、第二产业就业人员数、第三产业就业人员数的对数进行回归,结果见表7-6。

表7-6　就业人员数增长率作为被解释变量时模型参数估计结果

被解释变量	c		α		β	
	参数值	t 统计量	参数值	t 统计量	参数值	t 统计量
worker	11.018 0	364.989 6	−0.023 6	−6.698 5	−0.008 2	−0.256 2
worker01	11.605 3	60.146 2	−0.020 4*	−0.036 0	0.009 8*	−0.023 4
worker02	8.343 7	40.409 7	−0.024 7	−7.194 8	−0.012 9	−0.274 4
worker03	8.887 9	54.936 0	−0.019 5	−7.261 7	−0.009 6	−0.250 3

注:带*号的参数值,t统计量小,表明该参数在5%的置信水平下不显著。

从表7-6可知,从总就业水平看,国际油价及其波动率对城镇单位就业人员数增长率具有显著的影响:国际油价每上升1%,城镇单位就业人员数增长率下降0.023 6%,国际油价波动率每增加1%,城镇单位就业人员数增长率下降0.008 2%。从分产业情况看,国际油价水平及其波动率变动对第二产业影响最大,国际油价每上升1%,第二产业就业人员数增长率下降0.024 7%,国际油价波动率每上升1%,第二产业就业人员数增长率下降0.012 9%。国际油价及其波动率对第一产业就业人员数增长率没有显著影响。

(六)国际油价及其波动率与工资水平

从表7-7可知,从总就业水平看,国际油价及其波动率对城镇单位就业人员平均工资增长率具有显著的影响:国际油价每上升1%,城镇单位就业人员平均工资增长率下降0.681 3%,国际油价波动率每增加1%,城镇单位就业人员平均工资增长率下降0.033 3%。从分产业情况看,国际油价水平及其波动率变动对第二产业影响最大,国际油价每上升1%,第二产业就业人员平均工资增长率下降0.832 2%,国际油价波动率每上升1%,第二产业就业人员平均工资增长率下降0.027 6%。国际油价及其波动率对第一产业就业人员平均工资增长率影响不显著。

表7-7 就业人员人均工资增长率作为被解释变量时模型参数估计结果

被解释 变量	c		α		β	
	参数值	t统计量	参数值	t统计量	参数值	t统计量
income	2.074 4	2.663 6	−0.681 3	−5.995 6	−0.033 3	−0.234 8
income01	0.038 1	0.063 6	−0.063 4*	−0.063 6	−0.003 0*	−0.002 2
income02	3.809 8	6.118 0	−0.832 2	−6.422 0	−0.027 6	−0.202 9
income03	3.599 6	5.271 4	−0.622 0	−6.002 5	−0.039 8	−0.231 7

注:带*号的参数值,t统计量小,表明该参数在5%的置信水平下不显著。

(七)国际油价及其波动率与增加值

从表7-8可知,从总体来看,国际油价及其波动率对国内生产总值增长率具有显著的影响:国际油价每上升1%,国内生产总值增长率下降0.839 0%,国际油价波动率每增加1%,生产总值增长率下降0.040 8%。从分产业情况看,国际油价水平及其波动率变动对第二产业影响最大,国际油价每上升1%,第二产业增加值增长率下降0.813 7%,国际油价波动率每上升1%,第二产业增加值增长率下降0.042 0%;国际油价水平及其波动率变动对各行业增加值增长率均有显著影响。

表7-8 国内生产总值增长率和各行业增加值增长率为被解释变量时模型参数估计结果

被解释变量	c		α		β	
	参数值	t 统计量	参数值	t 统计量	参数值	t 统计量
g	6.370 0	9.223 2	−0.839 0	−7.601 7	−0.040 8	−0.256 6
g01	5.887 5	11.714 2	−0.140 2	−6.459 3	−0.026 7	−0.024 5
g02	5.456 8	8.226 8	−0.813 7	−7.079 9	−0.042 0	−0.260 4
g03	5.302 1	6.732 3	−0.845 8	−6.454 2	−0.041 9	−0.244 6
g03	5.302 1	6.732 3	−0.845 8	−6.454 2	−0.041 9	−0.244 6

四、结论

通过分析可知,国际油价及其波动率对我国物价水平、就业水平、就业人员平均工资、产出水平均有显著的影响。总体上,在其他条件不变的情况下,国际油价上涨、油价波动率上涨会导致我国物价水平上涨,就业人员数增长率、就业人员平均工资增长率、国内生产总值增长率下降。从影响程度上看,国际油价及其波动率变动对国内生产总值增长率的影响最大,其次是就业人员平均工资增长率,对就业人员数增长率的影响最小。分产业看,国际油价及其波动率变动对第二产业影响最大,这与石油是第二产业的主要生产资料密切相关;对第一产业的影响最小,影响程度远小于其他产业,且对第一产业就业人员数增长率、就业人员平均工资增长率的影响均不显著。

第四节　全球气候治理背景下的我国能源
利用效率分析 [①]

在全球气候治理机制下,各国削减对能源尤其是化石能源的依赖已经

---

① 本部分内容已发表在《生态经济》2015年第3期。

是必然趋势。为了应对气候变化,同时解决能源安全问题,提高能源利用效率成为重要突破口。就我国情况来看,作为当前世界最大的二氧化碳排放国,我国面临日益增大的减排压力。2009年,我国政府提出了2020年单位GDP碳排放要在2005年的基础上下降40%~50%的目标。这对于正处在快速工业化发展阶段的我国来说,意味着必须扭转当前以高耗能、高投入和高排放为显著特征的粗放式经济增长。

碳排放与人类经济和社会活动之间存在着密切的关系,Kaya(1989)通过因式分解,在温室气体排放与人口、经济发展水平及能源利用效率和单位能源消费的碳排放因素之间建立了Kaya恒等式。Duroand Padilla(2006)利用theil指数分解法,证实影响碳排放差异的主要因素是人均收入。McCollum等(2009),Yang等(2009)分析了不同国家及部门温室气体减排目标实现的可能性,并给出相应政策建议。林伯强等(2009)得出对中国碳排放影响较为显著的因素包括经济增长、收入增加和能源强度。

目前中国正处于快速工业化进程中,从中长期看我国经济仍将保持快速增长(刘霞辉,2003)。工业化特征体现为高能耗产业迅速发展,也意味着能源消费增长较快,相对于国内工业化进程所需的大量高能耗产品来说,依靠进口显然不现实,只能通过国内生产来满足,这也意味着能源消费需求是刚性的。中国在实现经济较快发展的同时,也面临较为严重的资源与环境约束(张红凤等,2009)。中国能源需求与各种社会与经济因素存在着稳定的长期关系(Liu,2009)。中国2008年的能源消费总量为28.5亿吨标准煤,其中煤炭消费量占68.7%,石油消费量占18.7%,天然气占3.8%,其他新能源与可再生能源占比仅为8.8%。林伯强等(2009)预测,至2020年中国一次能源消费总量将达到47.3亿吨标准煤,其中煤炭占63.9%,石油占13.9%,天然气占6.2%,其他新能源及可再生能源占16%,在成本与资源禀赋的约束下中国能源结构仍将长期以煤为主。林伯强等(2009)指出以煤炭为主的能源消费结构会导致严重的污染并加剧温室气体排放,以发电为例,单位发电燃烧煤炭产生的二氧化碳是石油的1.3倍。林伯强、刘希颖(2010)进一步指出我国目前所体现的高能源、高排放、粗放式经济增长、重工业化经济结构和能源效率低等是工业化阶段的基本特征。这使得我国面临严重的温室气体排放及能源污染问题。同时,能源效率低是我国粗放加工型经济向高效率集约经济转变过程的一个瓶颈。根据美国能源署（EIA）的研究结果，我国2006年能源利用效率处于世界224个国家和地区中的第162位。Zhang等（2011）的研究也表明1980—1995年期间，我国的能源生产效率处于发展中国家的13位。提高能源利用效率成为解决资源环境约束，降低温室气体排放的有力措施。

能源利用效率是学术界研究的焦点之一。纵观现有研究，依据实证分析的方法可分为两种，一种是参数法，有代表性的是随机前沿分析（SFA）；另一种是非参数法，最常见的是数据包络分析（DEA）。SFA是在已知投入产出和生产前沿（生产函数）条件下测算效率值，DEA是在给定投入产出而不知道生产函数的条件下测算效率值。与SFA相比，DEA无须估计生产函数，避免了因错误的函数形式带来的问题，对测量指标的要求也比较宽松，不需要统一单位保证了原始数据信息的完整性。国内外许多学者采用DEA方法从不同的角度对能源利用效率进行了研究。例如，Hu、Wang（2006）利用DEA方法对1995—2002年中国各地区的全要素能源利用效率进行研究，并指出东部地区能源利用效率最高，中部能源利用效率最低。Satoshi Honma、Hu Jin Li（2008）对日本能源效率进行了研究。尹建华、赵慎泽（2009）对我国2005—2007年间30个省工业部门的全要素能源效率进行了实证分析，并得出了工业部门能源效率较高的省市主要集中在东部沿海地区，中部和西部大部分省市工业部门能源效率相对低的结论。Azadenh（2007）等学者研究了能源密集的制造业的能源效率。

以上大多数文献在研究能源利用效率时，忽略了碳减排对能源消费的约束；并且运用的DEA模型多为传统的CCR及BCC模型，无法对能源效率有效的决策单元进行再排序。本节运用超效率DEA方法，并在充分考虑碳减排约束的前提下，以能源消费量、劳动力、资本存量作为输入指标，以碳排放、GDP产出作为输出指标，分析在碳减排约束下我国能源利用效率问题，同时揭示全球气候治理对我国能源安全的影响。

一、模型建立

（一）DEA基础模型——CCR模型

DEA方法是由A.Charness、W.W.Cooper和E.Rhodes（1978）在Farrell

（1957）的生产效率理论基础上发展起来的一种新的系统分析方法。其基本理论是在给定产出的情况下，实际投入与潜在的最小投入之间的距离就代表了生产单元的效率。由于潜在的最小投入是无法观测到的，在实际研究中用绩效最好的生产单元的投入来代替。数据包络分析，是以相对效率概念为基础，以数学规划为主要工具，根据多指标投入和多指标产出数据，对相同类型的单位进行相对有效性或效益评价的一种新方法。该方法通过建立规划模型达到对决策单元进行评价的目的，本质上是判断决策单元是否位于生产前沿面上，它的主要优点是可以对多个投入、多个产出的问题进行评价。并可得到两个主要结论：①判断决策单元是否是DEA有效；②对于非DEA有效的决策单元提出改善方案，使之成为DEA有效。

运用DEA方法进行多指标评价的优势在于其评价是在对实际原始数据进行定量分析的基础上得来的，避免了人为主观确定权重的缺点，使得评价结果更具客观性。并且利用DEA方法进行评价无须对输入、输出指标进行无量纲化处理。

CCR模型是目前运用普遍的DEA基本模型，该模型基本原理如下：

设有 n 个同类型的具有多输入、多输出的决策单元DMU，对于每一个 DMU_j（$j=1,2,\cdots,n$），都有 m 项输入及 p 项输出，分别由输入向量 $x_j=(x_{1j}, x_{2j},\cdots,x_{mj})^T$ 和输出向量 $y_j=(y_{1j},y_{2j},\cdots,y_{pj})^T$ 表示，则第 j_0 个DMU的效率评价模型为：

$$\max h_{j0}=\mu^T y_0$$

$$s.t. \begin{cases} \mu^T y_j - w^T x_j \leq 0 \\ w^T x_0 = 1 \\ w \geq 0, \mu \geq 0 \\ j=1,2,\cdots,n \end{cases} \qquad (7.2)$$

式中 h_{j0} 表示第 j 个决策单元的效率指数；x_0、y_0 为第 j_0 个决策单元DMU的输入、输出变量；输入权重 $w=(w_1,w_2,\cdots,w_j)^T$，输出权重 $\mu=(\mu_1,\mu_2,\cdots,\mu_j)^T$。

根据线性规划的对偶理论，得到如下规划问题模型：

$$\min [\theta - \varepsilon(\sum_{i=1}^{m} s_i^- + \sum_{r=1}^{p} s_r^+)]$$

$$s.t.\begin{cases} \displaystyle\sum_{j=1}^{n}\lambda_j x_{ij}+s_i^-=\theta x_{i0} \\[3mm] \displaystyle\sum_{j=1}^{n}\lambda_j y_{rj}-s_r^+=y_{r0} \\[3mm] s_i^-\geqslant 0,\ s_r^+\geqslant 0,\ \lambda_j\geqslant 0 \\[2mm] i=1,2,\cdots,m \\[2mm] r=1,2,\cdots,p \end{cases} \qquad (7.3)$$

式中θ为固定规模报酬的技术效率，ε为阿基米德无穷小。

设上式的最优解为λ^*、s_r^{*-}、s_r^{*+}、θ^*，则有如下结论：

（1）当$\theta^*=1$，且$s_i^{*-}=s_r^{*+}=0$时，则称决策单元DMU_{j0}为DEA有效总体，即DMU在原投入x_0的基础上所获得的产出y_0已达到最优。

（2）当$\theta^*=1$，且$s_i^{*-}\neq 0$或$s_i^{*+}\neq 0$时，则称决策单元DMU_{j0}为DEA弱有效，即对于DMU_{j0}投入x_0可减少s_i^{*-}而保持原产出y_0不变，或在投入x_0不变的情况下可将产出提高。

（3）当$\theta^*<1$或$s_i^{*-}\neq 0$，$s_i^{*+}\neq 0$时，则称决策单元DMU_{j0}为DEA无效，或者是技术无效，或者是规模无效。当$s_i^{*-}=s_r^{*+}=0$时，则技术有效；当$\displaystyle\sum_{j=1}^{n}\lambda_j^*=1$时，称DMU规模有效，当$\displaystyle\sum_{j=1}^{n}\lambda_j^*<1$时，规模效率递增，反之递减。

（4）若DMU无效，可以通过DMU在相对有效平面上的投影来改进非DEA有效，在可以不减少产出的前提下，使原来的投入有所减少，或在不增加输入的前提下，使输出有所增加，即$x_0'=\theta^* x_0-s^{*-}$，$y_0'=\theta^* y_0-s^{*-}$。

（二）超效率DEA模型

DEA的CCR模型将决策单元分为两类：有效和无效，但是当多个决策单元同为有效决策单元时，无法对其做出进一步的评价与比较。Anersenand Petersen（1993）提出一种DEA拓展模型——超效率DEA。超效率DEA模型能够对DEA有效单元进一步排序和比较，其基本思路是在评估决策单元时，将该决策单元本身排除在决策单元几何外。超效率DEA模型形式如下：

$$\min\left[\theta-\varepsilon\left(\sum_{i=1}^{m}s_i^-+\sum_{r=1}^{p}s_r^+\right)\right]$$

θ无约束

$$
s.t.\begin{cases}
\sum\limits_{j=1}^{n}\lambda_j x_{ij}+s_i^-=\theta x_{ik}, \ i=1, 2, \cdots, m \\
\sum\limits_{j=1}^{n}\lambda_j y_{rj}-s_r^+=y_{rk}, \ i=1, 2, \cdots, p \\
s_i^-\geqslant 0, \ s_r^+\geqslant 0, \ \lambda_j\geqslant 0 \\
j=1, 2, \cdots, n
\end{cases}
\tag{7.4}
$$

超效率DEA模型与基础DEA模型的不同之处在于，在对第 k 个决策单元进行评价时，使第 k 个决策单元的投入和产出被其他所有决策单元投入和产出的线性组合替代，而将第 k 个决策单元排除；而基础DEA模型是将第 k 个单元包括在内。一个有效的决策单元可以是其投入按比例增加，而效率值保持不变。

二、实证研究

（一）数据说明及处理

（1）关于数据区间及来源：2009年，我国政府提出2020年单位GDP碳排放要在2005年的基础上下降40%~50%的目标，考虑到数据的可得性[①]，本部分选取的数据区间为2005—2011年，数据来源为历年《中国统计年鉴》。

（2）从分行业能源消耗情况来看，农林牧渔业、采矿业、制造业、电力燃气及水的生产供应业、建筑业、交通运输仓储和邮政业、批发零售和住宿餐饮业，是我国主要的能源消耗行业。以上行业的能源消耗量在全国能源消耗总量中的比重一直维持在85%左右[②]，增加值占全国生产总值的比重也在74%左右，二氧化碳排放量占全国总排放量的95%以上（见表7-9）。由此可见农林牧渔业、采矿业、制造业、电力燃气及水的生产供应业、建筑业、交通运输仓储和邮政业、批发零售和住宿餐饮业是我国提高

---

① 进行本研究时最新的统计年鉴上还没有公布2012年分行业能源消费情况，所以数据截止年份为2011年。

② 在测算比例时将消费的煤炭、石油、天然气、电力等形式的能源均换算为标准煤。

能源利用效率、减少单位GDP排放的重点突破口。

表7-9 2005—2011年所选行业能源消耗、二氧化碳排放和增加值占比（单位：%）

行业	能源消耗占比	二氧化碳排放量占比	增加值占比
农林牧渔业	2.18	0.92	10.84
采矿业	5.69	5.54	5.53
制造业	58.46	50.61	32.81
电力燃气及水的生产供应业	7.28	32.63	2.98
建筑业	1.50	0.42	6.09
交通运输仓储和邮政业	7.90	5.15	5.31
批发零售和住宿餐饮业	2.08	0.58	10.26
合计	85.09	95.85	73.82

（3）关于能源指标：在能源消费结构中，原煤、焦煤、原油、燃料油、汽油、煤油、柴油、天然气、电力为我国主要的能源消费类型。从全国来看，煤炭占比最高为57.67%，其次是原油和电力，分别为14.84%和10.09%；从行业来看，柴油是农林牧渔业、建筑业、交通运输仓储和邮政业主要的能源消费类型；煤炭是采矿业、制造业、电力燃气及水的生产供应业主要的能源消费类型（见表7-10）。因此在测算能源效率时，选取的能源指标为原煤、焦煤、原油、燃料油、汽油、煤油、柴油、天然气和电力9类形式的能源。

表7-10 2005—2011年所选行业能源消费结构占比（单位：%）

行业	煤炭	焦炭	原油	汽油	煤油	柴油	燃料油	天然气	电力
全国	55.85	8.23	14.37	2.44	0.56	5.31	3.16	0.30	9.77
农林牧渔业	26.58	1.22	0.00	5.83	0.04	41.89	0.08	0.01	21.29
采矿业	74.02	0.93	8.39	0.46	0.04	3.41	0.60	0.73	8.87
制造业	41.76	15.90	27.14	0.38	0.03	1.08	2.96	0.23	10.31
电力燃气及水的生产供应业	91.42	0.03	0.01	0.04	0.00	0.36	1.43	0.14	4.86

续表

行业	煤炭	焦炭	原油	汽油	煤油	柴油	燃料油	天然气	电力
建筑业	24.92	0.60	0.00	16.93	0.45	33.57	4.46	0.10	20.30
交通运输仓储和邮政业	2.61	0.00	1.10	22.11	9.68	57.67	18.31	0.53	3.16
批发零售和住宿餐饮业	44.26	1.03	0.00	6.95	0.89	7.63	1.54	0.89	35.20

二氧化碳排放量的计算。根据IPCC公布的各种能源碳排放系数,结合各年度各行业对以上9类能源的使用量,计算二氧化碳排放量。

按照2020年单位GDP碳排放要在2005年的基础上下降40%~50%的目标要求,2005—2020年间每年单位GDP碳排放的减排比率应为5%~7%。为便于计算,在不影响结论的前提下,按照每年减排5%的比率,以2005年各行业碳排放量为基础,计算各行业各年碳排放的上限即碳减排约束。由表7-11可知,全国2009年未完成减排任务,农林牧渔业在2006年、2009年未完成减排任务,采矿业2007年、2009年未完成减排任务,制造业2009年未完成减排任务,电力燃气及水的生产供应业2006年、2008年、2009年、2011年未完成减排任务,建筑业2010年未完成减排任务,交通运输仓储和邮政业2006年、2009年、2010年未完成减排任务,批发零售和住宿餐饮业2009年未完成减排任务。按照国际上通行的做法,超过碳排放上限后,应对超额排放的部分支付相应的成本,即通过碳交易市场购买碳排放权。目前我国还没有与国际接轨的碳交易市场,因此本书利用清洁发展机制(CDM)碳价格计算各行业碳排放成本,并在其产业增加值中扣除,得到碳减排约束下的产业增加值。

表7-11 所选行业单位GDP二氧化碳排放量减排比率(与上年相比)(单位:%)

行业	2006	2007	2008	2009	2010	2011
全国	5.39	12.52	15.44	3.10	9.08	7.67

续表

行业	2006	2007	2008	2009	2010	2011
农林牧渔业	3.94	20.40	19.82	1.32	7.24	10.60
采矿业	11.22	0.25	28.63	−26.36	10.76	18.29
制造业	8.42	15.43	10.39	2.17	8.46	7.30
电力燃气及水的生产供应业	4.10	8.58	−20.78	−1.88	7.55	0.13
建筑业	7.10	17.32	27.19	8.34	3.66	11.43
交通运输仓储和邮政业	4.48	8.51	7.44	0.16	4.30	8.13
批发零售和住宿餐饮业	7.60	12.87	29.83	−1.43	15.58	7.60

（二）模型的计算

根据超效率DEA模型，计算出农林牧渔业、采矿业、制造业、电力燃气及水的生产供应业、建筑业、交通运输仓储和邮政业、批发零售和住宿餐饮业7个行业的能源利用效率。为进一步对比研究，分别计算所选行业在无碳减排约束下和碳减排约束下的能源利用效率，结果见表7-12和表7-13。

表7-12 无碳减排约束时所选行业能源利用效率

行业	2005	2006	2007	2008	2009	2010	2011	平均
全国	0.753	0.774	0.774	0.839	0.868	0.910	0.577	0.785
农林牧渔业	0.970	1.000	0.866	1.000	0.516	0.922	1.000	0.896
采矿业	0.531	0.556	0.597	0.804	0.706	0.830	0.701	0.675
制造业	0.483	0.545	0.642	0.665	0.716	0.791	0.778	0.660
电力燃气及水的生产供应业	0.830	0.875	0.765	0.839	0.793	0.956	0.239	0.757
建筑业	1.000	0.902	0.757	0.896	1.000	1.000	0.617	0.882
交通运输仓储和邮政业	0.695	0.791	1.000	0.923	0.992	0.971	0.338	0.816

续表

行业	2005	2006	2007	2008	2009	2010	2011	平均
批发零售和住宿餐饮业	0.980	0.973	0.883	0.909	1.000	0.912	0.786	0.920

表7-13 碳减排约束下所选行业能源利用效率

行业	2005	2006	2007	2008	2009	2010	2011	平均
全国	0.663	0.911	0.785	0.773	0.754	0.770	0.754	0.773
农林牧渔业	1.000	0.922	0.516	1.000	0.866	1.000	0.970	0.896
采矿业	0.694	0.830	0.706	0.804	0.597	0.556	0.531	0.674
制造业	0.756	0.791	0.716	0.665	0.642	0.545	0.483	0.657
电力燃气及水的生产供应业	0.785	0.963	0.407	0.443	0.646	0.855	0.830	0.704
建筑业	0.617	1.000	0.941	0.896	0.757	0.902	0.983	0.871
交通运输仓储和邮政业	0.338	0.971	1.000	0.923	1.000	0.790	0.695	0.817
批发零售和住宿餐饮业	0.786	0.912	0.941	0.909	0.883	0.973	1.000	0.915

由表7-12可知，在不施加碳减排约束条件下，2005—2011年，全国平均能源利用效率为0.785。在所选7个行业中，批发零售和住宿餐饮业平均能源利用效率最高，为0.92，其次是农林牧渔业和建筑业，分别为0.896和0.882。由表7-13可知，在碳减排约束下，2005—2011年，全国能源利用效率为0.773；在所选7个行业中，平均能源利用效率最高的仍是批发零售和住宿餐饮业，为0.915，位居第二、第三位的仍是农林牧渔业和建筑业，效率分别为0.896和0.871。对比表7-12和表7-13可知，在碳减排约束下，全国平均能源利用效率降低了1.53%。在所选行业中，除交通运输仓储和邮政业及农林牧渔业外，其余行业效率均有所下降，其中下降最多的是电力燃气及水的生产供应业，下降7%，其次是建筑业和制造业，分别下降了1.25%和0.45%。

三、主要结论

通过分析我国主要能源消耗行业农林牧渔业、采矿业、制造业、电力燃气及水的生产供应业、建筑业、交通运输仓储和邮政业、批发零售和住宿餐饮业的能源利用效率，得出以下主要结论：①我国能源利用效率仍有较大提升空间。2005—2011年,采矿业、制造业、电力燃气及水的生产供应业能源利用效率偏低。采矿业、制造业能源利用效率呈逐年走低的趋势,而这两个行业能源消耗量占全国能源消耗总量的64.15%,提升采矿业和制造业能源利用效率将会大幅提高我国能源利用效率。②碳减排约束对能源利用效率有显著的影响。总体上,在碳减排约束条件下测算的能源利用效率低于不施加约束时的能源利用效率。特点是电力燃气及水的生产供应业、建筑业和制造业两种情况下测算的能源利用效率差距更为明显。这暗示,在减排的前提下,我国碳减排成本相当高昂,在实践中,通过提高减排技术,等技术成熟后再加大减排力度是更加有利的选择。③能源消费结构影响能源利用效率。以原煤和焦炭为主要能源的采矿业、制造业、电力燃气及水的生产供应业能源利用效率均低于其他行业。其中,电力燃气及水的生产供应业能源利用效率最低,且2006—2011年该行业有4年未完成碳减排任务。

　　全球已进入一个资源节约和环境保护的时代,我国更是面临着前所未有的碳减排压力。而目前我国仍处在经济转型期,在经济转型过程中多依靠资本效率和劳动力效率的提高,对能源利用效率的重视程度不高,且在提高能源利用效率方面,也很少关注碳排放问题。因此建议:

　　(1)提高能源利用效率,加大节能减排力度。制定相关政策,鼓励企业加大自主技术开发投入,积极引进国外先进的生产工艺和生产设备,加快生产方式的转变,推广和应用低碳技术,通过技术提升改善能源利用效率。特别是加快对主要能源消耗行业如采矿业、制造业、电力燃气及水的生产供应业的节能技术改造,提高能源利用效率。

　　(2)调整能源消费结构。目前煤炭仍是我国主要的能源消耗类型,煤炭发热量低、碳排放系数相对较高,不利于碳减排目标的实现。应大力发展核能、风能、太阳能等清洁能源的使用比率。

　　(3)完善碳排放交易平台,提高企业减排动力。将碳排放量纳入能源利用效率考评体系中,建立完善的碳排放交易平台,内部化碳排放成本。使减排成果显著的企业能通过碳排放交易平台获取相应的收益,碳排放超过限额的企业承担费用,从制度设计上提高企业减排动力。

　　(4)抓住当前不承担强制减排责任的机遇期,大力推进节能减排技术的提升，未雨绸缪地为将来碳减排约束的加大做好准备。

第五节　全球气候治理背景下我国企业面临的国际油价风险分析 ①

本节从能源安全领域中的能源价格风险角度出发，试图分析在全球气候治理机制下，节能减排对企业面临的国际油价风险的影响。利用沪深A股上市公司的数据，笔者发现，随着国内节能减排力度的不断加强，企业将面临越来越大的国际油价风险。这一结论给予中国政府和企业许多"警示"，在全球气候治理背景下，政府和企业应抓紧制定相应的能源安全战略和开展积极应对措施，减少能源价格冲击对经济的不利影响。

一、相关文献回顾

当前，气候变化已经成为国际社会面临的首要的全球性环境问题。为了应对这一环境危机，国际社会展开了控制人为排放温室气体的行动。由于人类社会产生的温室气体主要源于生产和生活所消耗的各种化石能源，这场由各国相继开展的为应对气候变化而采取的环境规制措施，必然给各国的能源使用以及相应的能源安全问题带来新的挑战。例如，一些研究机构预测，全球进行的温室气体减排行动将促进国际能源价格的上涨。

众所周知，能源作为一种重要的生产投入和战略物资，其价格冲击会影响一国的经济发展和政治安全。在能源安全的定义里，国际能源机构（IEA，2001）就曾将其定义为"在可承受的价格水平下可获得的供给对需求的满足程度"。由于石油是能源的核心，大部分关注于能源价格的研究都集中于讨论石油价格冲击对经济的影响。早期的研究大多将石油价格与一国的宏观经济指标联系在一起，利用数据和各种计量模型，得到石油价格上涨可能会造成国内物价水平上涨、通货膨胀、就业率下降以及经济衰退的结论（Hanilton，1983；Davis，2001；Cunado等，2005）。近些年来，对石

---

① 本部分内容已发表在《企业经济》2015年第6期。

油价格的研究更多地转向微观层面,即从产业或企业角度讨论石油价格冲击对其影响或者说其所面临的石油价格风险问题。

中国作为最大的发展中国家,经济快速增长的同时伴随的是持续上涨的能源消费。根据一些国际能源研究机构的报告[①],2009年中国已经成为世界第一大能源消费国。在中国的能源消费结构里,石油虽然于煤炭之后位列第二,但由于近些年中国对进口石油的依赖度不断增加,石油价格风险已然成为中国能源安全领域的首要问题。当然,由于我国能源价格形成机制尚未完全市场化,国际石油价格冲击如何对我国经济产生影响以及产生多大程度的影响更加复杂并存在争论。例如,有学者指出国际油价的高位运转和剧烈震荡正日益成为国内经济运行的一个重要的不稳定因素(林伯强,牟敦国,2008),但也有学者利用实证检验得到国际油价的上涨并没有影响国内经济增长速度的结论(陈宇峰,陈启清,2011)。在气候变化和国内采取相应的环境规制措施进行节能减排的背景下,我们怀疑国内经济与国际油价之间的联系可能存在新的变化。基于此,我们拟从微观层面分析这种变化,利用Henriques,Sadorsky(2010)建立的计量模型,实证检验在节能减排的背景下,国内上市公司面临的国际油价风险的变化。

从微观层面研究能源价格冲击的影响,集中于讨论石油价格与股票收益率之间的关系。从理论上讲,许多经济学家认为石油作为"国民经济的血液",其与资本市场表现应当呈现负相关的关系,即石油价格上涨会使股票价格下跌(Gisser,Goodwin,1986;Huang等,1996;Ferderer,1996;Henriques,Sadorsky,2008)。分析的原因在于:一是大部分企业都是石油消费型而非生产型公司,因此石油价格上涨将导致企业生产成本增加、利润和红利分配降低。换句话说,石油价格上涨将可能减少企业未来的现金流。二是已有许多文献证实石油价格上涨将使本国货币出现贬值压力,从而造成国内通胀。因此,政府和央行为应对通胀可能会选择提高利率等措施,这将导致股票定价公式里的贴现率提高,从而使股价下跌。

除了理论上的分析以外,大部分学者更关注石油价格与股价之间联系的经验性研究。这些研究或者基于国家层面,或者基于产业层面。Chen等

---

① 这里主要指IEA和BP的研究报告《世界能源展望2010》和《世界能源统计2010》。

（1986）是最早从实证角度检验石油价格对股票定价影响的学者之一，他们的结论是没有发现股票价格对石油价格风险有显著的敏感性。Kaneko，Lee（1995）利用更新后日本股市的数据，证实了油价风险确实是股票定价的因素之一，并且它们之间的关系是显著的负向联系。此后，Jones，Kaul（1996）对四个发达国家（美国、加拿大、英国和日本）股票市场收益率与油价之间关系的研究，也支持油价上涨会使股价下跌的结论。其他取得类似结论的研究还可见Faff，Brailsford（1999），Papapetrou（2001），Hammoudeh，Huimin（2005），Nandha，Faff（2008）等。上述研究大多针对的是发达国家，得出的结论也较为一致。但是针对新兴市场国家，研究的结论却并不统一。例如，Maghyereh（2004）利用VAR模型针对22个新兴经济体的研究发现，油价冲击对这些经济体股价指数收益率的影响并不显著。Basher，Sadorsky（2006）利用国际多因素模型（International Multi-factor Model）对21个新兴经济体股市的研究却发现，油价风险能够显著影响股价收益率。但与发达国家的经验不同，这种油价风险在10%的水平下显著为正。Asteriou，Bashmakova（2013）针对新兴市场中10个中东欧国家股市的检验，结论却又支持油价上涨将显著降低股价收益率。

从产业层面的研究来看，大部分学者的研究发现油价冲击对不同产业股指收益率的影响并不一致。对于石油相关行业来说，Sadorsky（2001），El-Sharif等（2005），Boyer，Filion（2007）的研究发现，油价上升将显著地拉动这些行业股指收益率的上涨。Nandha，Brooks（2008）针对38个国家运输行业的研究发现，油价对该行业股价收益率的影响在发达国家和发展中国家并不相同。

除此以外，什么因素能够影响企业面临的石油价格风险，也是学者关注的问题之一。Sadorsky（2008）利用多因素模型（Multi-factor Model）发现不同规模的企业，其股价变化受油价冲击的影响并不相同。对于中等规模的企业来说，其面临的油价风险更为剧烈。Hart（1995），Enkvist等（2008）则论证了企业环境可持续能力对其抵抗石油价格风险的影响。2010年，Henriques和Sadorsky建立了计量模型，实证检验了环境可持续能力是否能够降低企业面临的油价风险。

纵观国内外相关文献，无论是从国家层面还是从产业层面，目前针对中国股市与油价关系的研究还相对较少,有限的文献得出的结论也与大部分在发达国家的经验不同。Cong R.等(2008)利用多元向量自回归模型发现,国际油价波动对中国股指收益率的影响并不显著。金洪飞等(2008)利用VAR模型和二元GARCH模型,得出中国股市与国际油价之间不存在任何方向的收益率溢出或波动溢出效应。郭国峰等(2011)利用GARCH-M模型,同样得到国际油价波动对中国股市整体影响不显著的结论。与此相反,Zhang等(2011)利用ARJI-EGARCH模型检验了国际油价冲击对沪指收益率的影响,发现预期的油价波动对中国股市收益率的影响是正向的。Li等(2012)利用面板协整模型和格兰杰因果检验,也得出了国际油价在长期对行业股指有正向影响的结论。由此可见,关于中国企业面临的国际油价风险的分析需要更多、更广泛和更深入的研究。鉴于当前气候变化的严峻形势和中国正在采取的节能减排措施可能引发更加突出的能源安全问题,本节拟从影响企业面临的国际油价风险的因素出发,考量节能减排是否改变了企业面临的国际油价风险。这无疑是对当前相关研究领域的有益补充。

二、计量模型的建立和数据说明

(一)计量模型的建立

用于实证检验油价风险对公司股价影响的常用计量模型,是由资本资产定价模型(CAPM)扩展而来的因素模型(Factor Model)。该模型认为各种证券的收益率均受某个或某几个共同因素影响。各种证券收益率之所以相关主要是因为它们都会对这些共同的因素起反应。因素模型的主要目的就是找出这些因素并确定证券收益率对这些因素变动的敏感度(张亦春、郑振龙,2008)。因素模型具体又可以区分为单因素模型和多因素模型。单因素模型认为股价收益率只受到市场收益率的影响,而多因素模型则把系统性风险的来源分为多个方面。国外学者在研究公司股价所面临的油价风险时通常使用的是双因素模型(Al-Mudhaf, Goodwin, 1993; Faffand Braisford, 1999; Sadorsky, 2001, 2008; Boyerand Filion, 2007),本研究中我们也采取同样的方法,在公司股票定价中只考虑市场收益率和国际油价波动率两个因素,建立如下模型:

$$R_{it} = \alpha_i + \beta_{iot} R_{ot} + \beta_{im} R_{mt} + \varepsilon_{it} \tag{7.5}$$

其中，R_{it} 代表 i 公司在 t 时期的股票收益率，R_{mt} 代表 t 时期的股票市场收益率，R_{ot} 代表 t 时期的国际油价收益率。假设随机误差项 ε_{it} 方差固定均值为零。上式是本研究中的基准模型，模型中的 β_o 和 β_m 分别代表国际油价风险和市场收益率风险。

为了进一步分析影响企业面临的国际油价风险因素，Henriques，Sadorsky（2010）建立了关于能源价格风险的计量模型。在该模型中他们使用的解释变量分别为企业规模、石油价格波动率以及企业环境可持续能力。由于企业环境可持续能力缺乏相关统计数据，在本研究中我们没有考察该变量，仅保留企业规模（size）、国际油价波动率（oilvol）以及本研究要考察的重点——节能减排（EA），建立关于国际油价风险的计量模型：

$$\beta_{iot}=\delta_i+\gamma_{is}\text{size}_{it}+\gamma_{iv}\text{oilovl}_t+\gamma_{iea}\text{EA}_t+v_{it} \qquad (7.6)$$

Henriques，Sadorsky（2010）认为企业具备一定规模则具备了盈利能力和可发掘自身潜力的能力，因此其对抗经营性的外部风险（如油价变动）的能力也会较强。所以，企业规模不同，其面临的国际油价风险也可能有差异。关于油价波动率，他们认为根据现代投资组合理论，投资者要承担更大的风险必然要有更大的收益作为补偿。油价波动率上升，意味着企业未来的现金流面临更大的不确定性，因此油价波动率上升可能会增加企业面临的油价风险。

在本研究中我们之所以要考察节能减排程度，原因在于当前应对气候变化的形式十分紧迫，而众所周知应对气候变化与减少能源消耗密切相关。中国作为目前的能源消耗大国和碳排放量大国，为参与国际气候合作，已经采取包括降低单位GDP二氧化碳排放量等节能减排措施，而这势必给国内企业带来越来越强的能源约束和环境约束。换句话说，国内企业随着节能减排力度的增加而需要更多地考虑企业的能源利用成本和能源利用效率等问题。由此，企业股价收益率对国际油价收益率的变化将变得更加敏感，也就是说国内节能减排程度可能是影响企业面临的国际油价风险的重要因素。

由于国际油价风险未知，公式（7.6）不能被直接估计。按照Rajgopal（1999），Jin，Jorion（2006），Henriques，Sadorsky（2010）的做法，我们

假设式(7.1)中的国际油价风险随时间变动,并把式(7.6)代入式(7.5),得到:

$$R_{it}=\alpha+\delta R_{ot}+\gamma_s size_{it}R_{ot}+\gamma_v oilvol_t R_{ot}+\gamma_{ea}EA_t R_{ot}+\beta_m R_{mt}+\varepsilon_{it} \tag{7.7}$$

上述模型为面板数据模型,在估计方法上为了克服可能存在的误差序列相关和异方差等复杂的误差结构,我们采取Beckand Katz(1995)提出的面板校正误差(PCSE)估计方法,得到更稳健的标准误差估计。

(二)数据说明

本研究所使用数据涉及股票收益率、市场收益率、国际油价、企业规模以及节能减排程度等。其中股票收益率、市场收益率以及企业规模数据来源于国泰安CSMAR中国股票市场交易数据库。因为需要将股票收益率数据与企业规模数据进行合并匹配,去掉缺失数据并保证有足够多的样本,最终确定的面板数据结构为沪深A股市场606家上市公司2003—2009年的年度数据。

其中,股票收益率数据我们使用CSMAR数据库中考虑现金红利再投资的年个股回报率,市场收益率数据使用考虑现金红利再投资的年市场回报率(等权平均法)[①]。关于企业规模数据,我们同时考虑了两类数据:一是CSMAR上市公司财务数据库中公司年总资产数据的自然对数($size^a$),二是该数据库中公司年营业总收入的自然对数($size^r$)。以总资产或营业总收入代替企业规模的做法与国内大部分学者在使用该变量时的做法相一致(叶康涛等,2004;程建伟等,2007;巫景飞等,2008)。

关于国际油价,目前全球有两大原油基准定价机制:美国的WTI原油和欧洲的Brent原油。随着该机制的运行,欧洲Brent原油的世界影响力逐渐增大,占据了美国以外原油贸易定价的领导地位(褚王涛等,2011),因此本研究采取欧洲Brent原油现货价格(FOB)年数据的对数一阶差分来代表国际油价收益率,数据来源于美国能源署(EIA)网站。本研究中使用的另一数据国际油价波动率,根据Sadorsky(2006,2008)的做法,使用Brent原油现货价格的日交易数据来得到,即根据每年的日交易数据获得日收益

[①]　使用等权平均法是考虑中国股市改革将非流通股变为可流通,从而使得市值加权平均法可能出现一些非预料的效应(Broadstock等,2012)。

率数据,将其平方和加总后开方取得。

最后,关于节能减排,我们使用单位GDP的二氧化碳排放量来代替,数据来自世界银行网站。

为了避免解释变量(企业规模、国际油价收益率、国际油价波动率、节能减排)之间可能存在的多重共线性,按照Aikenand West(1991)的做法,我们把上述变量围绕均值标准化。表7-14和表7-15是标准化后各变量的统计性描述和相关系数。从中可见,各变量只有市场收益率和企业规模与个股收益率是正相关,其他变量都是负相关。另外,各变量的方差膨胀因子(VIF)均小于10,说明标准化后各解释变量不存在多重共线性。

表7-14 各变量的统计性描述

变量	R_{it}	R_{mt}	$size_{it}^{a}$	$size_{it}^{r}$	R_{ot}	$oilvol_{t}$	EA_{t}
平均值	0.511 403 1	0.462 684	0.020 013	0	0	0	0.165 427
最小值	−0.884 405	−0.577 62	−4.880 711	−4.790 546	−2.312 934	−1.211 274	−1.131 332
最大值	11.586 78	1.982 274	5.268 942	5.022 712	0.900 162	2.079 084	1.376 595
标准差	1.177 883	0.857 987	0.963 328	1	1.000 003	1.000 003	0.961 206
观测值	4 242	4 242	4 242	4 242	4 242	4 242	4 242

注:企业规模、国际油价收益率、国际油价波动率以及节能减排都已经标准化。

表7-15　各变量的相关系数

	R_{it}	R_{mt}	size_{it}^a	size_{it}^r	R_{ot}	oilvol_t	EA_t
R_{it}	1						
R_{mt}	0.783 3	1					
size_{it}^a	0.082 6	0.090 6	1				
size_{it}^r	0.065 9	0.055 5	0.499	1			
R_{ot}	−0.467	−0.635 1	−0.110 4	−0.050 5	1		
oilvol_t	−0.066 1	−0.064 1	0.138 8	0.085 9	−0.151 6	1	
EA_t	−0.215 7	−0.302 1	−0.153 6	−0.084 5	0.584 3	−0.769 1	1
VIF		1.79	1.03	1.01	2.8	3.86	5.51

三、实证检验结果和分析

（一）实证检验结果

表7-16列出了利用PCSE方法对公式（7.7）进行计量检验的结果。其中，基准模型是指对式（7.5）的估计结果，即只考虑市场收益率和国际油价收益率对个股收益率的影响。在模型1和模型2中，企业规模分别考虑了总资产和营业总收入。模型3是在式（7.6）中去除企业规模变量后，重新估计式（7.7）后的结果。

表7-16 计量检验结果

变量	基准模型	模型1	模型2	模型3
R_{mt}	1.120***	1.103***	1.103***	1.103***
	（-126.71）	（-213.15）	（-206.63）	（-209.32）
R_{ot}	0.060 1***	0.030 2***	0.035 0***	0.035 7***
	（-7.61）	（-4.1）	（-5.96）	（-6.23）
$oilvol_t \times R_{ot}$		-0.061 9***	-0.064 6***	-0.064 6***
		（-4.68）	（-4.88）	（-4.90）
$EA_t \times R_{ot}$		-0.057 8***	-0.065 6***	-0.067 0***
		（-4.48）	（-5.61）	（-5.84）
$size_{ti}^a \times R_{ot}$		0.049 1		
		（-1.41）		
S_0			0.019 1	
			（-0.85）	
_cons	-0.006 7	0.029 6***	0.029 1***	0.028 9***
	（-0.87）	（-3.97）	（-3.85）	（-3.85）
R-squared	0.615 0	0.617 2	0.615 6	0.615 3
Wald	24 060.52	157 605.3	144 216.3	146 057.7
P 值	0.000 0	0.000 0	0.000 0	0.000 0
N	424 2	424 2	424 2	424 2

注：基准模型指公式（7.5），即只考虑市场收益率和国际油价收益率的两因素股价收益率模型。模型1和模型2中分别以总资产和营业总收入代替企业规模，模型3是去除企业规模变量后的估计结果。括号内为t值，*P<0.05，**P<0.01，***P<0.001。

由实证结果可知，市场收益率在任何模型中都在0.1%的水平下显著为正，说明市场收益率确实对个股收益率有影响，并且这种影响是正向的，这与传统的资产定价理论相一致。模型估计出的市场风险因子在1.1附近。关于国际油价收益率，其系数也在所有模型中高度显著。但有意思的是，这一系数的符号都为正，这与Henriques，Sadorsky（2010）等学者针对发达国家的研究正好相反，表明国际油价收益率上涨反而拉动了沪深A股的个股回报率。另一个有趣的发现是，国际油价波动率与国际油价收益率相乘的系数在三个模型中都显著（在0.1%的水平下）为负。表明国际油价波动率上升，个股回报率对国际油价收益率的反应更加不敏感，或者说，国际油价波动率的上升却降低了国内上市企业面临的国际油价风险。这一结论不仅与Henriques，Sadorsky（2010）针对美国股市的研究结果相反，也似乎与我们通常的理解相悖。

关于节能减排与国际油价收益率相乘的系数，由三个模型可见，都在0.1%的显著水平下为负。表明节能减排程度的上升（单位GDP二氧化碳排放量的下降）会使企业个股回报率对国际油价收益率的变化更加敏感。也就是说，随着国内节能减排程度的提高，国内上市公司将面临更大的国际油价风险。这一结论在统计上证明了本节开头的设想，即应对气候变化将改变国内经济与国际油价之间的联系。从微观角度来看，在气候变化的背景下，国内节能减排程度的不断提高，将使国内企业面临更加突出的能源安全问题。

根据Henriques，Sadorsky（2010）的研究，在式（7.7）中另一个可能影响国际油价风险的因素是企业规模。但从实证结果来看，无论是以总资产还是以营业总收入来替代企业规模，该变量与国际油价收益率相乘的系数都不显著。作为对比，我们去掉该变量后又重新对式（7.7）进行了估计（模型3）。结果表明，去掉该变量后其他系数的显著性和符号都没有变化，说明与美国股市不同，在中国，企业规模对企业面临的国际油价风险没有显著影响。

（二）针对实证结果的进一步分析

由实证结果可见，本书的一些研究发现与许多发达国家的结论不同，甚至有些会与我们的预期相悖。如何解释这些结果，需要进一步的分析。关于国际油价收益率与个股回报率之间的关系，本研究的结论是显著为正，这虽然与许多发达国家的研究不符，但在中国却可能是事实。原因在于：其一，中国股市相对发达国家的市场还不成熟已是公认的事实，这种市场上充满非理性和投机的因素有可能导致国际油价收益率与个股回报率之间是正向关系；其二，由于国内实行成品油价格管制，国际油价的上升并未立即导致国内企业成本的提高，反而可能被投资者视为国内企业的相对成本优势或全球经济向好的指示，从而使企业的个股回报率上升；其三，按照陈宇峰等（2011）学者的研究，国际油价对中国经济冲击的影响可能是非线性的，当前油价对股价的提升或许揭示了同样的特点，即国际油价对股价负面冲击的拐点可能还未来到。以上原因说明，即便国际油价当前对股价的影响是正向的，也不意味着油价越高越好。随着股市日益成熟、市场机制更加完善，油价对股价的负面冲击终将显现。当然，值得注意的是，国际油价收益率的系数虽然为正，但数值较小，说明国际油价收益率对股价收益率的影响不大，上述几项原因也可以解释这一点，同时这也与大多数关于中国油价与股价之间关系的研究相符（Cong R.等，2008；金洪飞等，2008；郭国峰等，2011）。

另一个与我们预期不符的结果是，国际油价波动率与企业面临的国际油价风险之间的关系。通常我们会预期国际油价波动率上升会由于增加企业未来现金流的不确定性而使得国际油价风险上升。但是，由于国内实行成品油价格管制，国际油价波动率上升，意味着当时国内油价波动相对平稳，因此与国外相比，企业短期内的不确定性相对减少。或者说，国内成品油价格管制起到了国际油价波动"减震器"的作用，这使得在国际油价波动加大的同时，企业个股回报率受国际油价的影响减小。

当然，本研究最重要的研究结果是，发现在气候变化背景下，节能减排等环境规制措施对企业面临的国际油价风险的影响。虽然实证结果显示，这一系数数值并不大，但对于企业来说却具有非常重要的"警示"作用。该系数表明，随着节能减排力度的不断加强，企业会越来越受到国际能源价格的约束。虽然当前中国股价与国际油价之间的联系还并不紧密，但在气候变化背景下，随着中国节能减排工作的开展，企业不得不考虑国际油价变动对其成本等方面的影响。从宏观角度来说，这一结论对中国政府决策也有着重要意义。气候变化及其应对措施，意味着中国面临的能源安全问题更加突出。从能源价格风险来看，由于企业未来要面对更大的能源价格风险，政府和企业都要未雨绸缪，做好应对工作。对于企业来说，要加快提高能源利用效率，转变能源利用结构，生产环境友好型产品等；对于政府来说，要根据未来应对气候变化的行动，制定新的能源安全战略，减少能源价格风险未来带给经济的不利影响。

四、结论与启示

本部分在全球气候治理的背景下，实证研究了国内节能减排程度对企业面临的国际油价风险的影响。结论表明：①国内节能减排程度确实能够影响企业面临的国际油价风险，并且随着这种减排力度的增加，企业面临的国际油价风险会加大。②与发达国家的经验不同，当前国际油价对国内股价的负面影响还没有显现，这归咎于中国股市不成熟等因素。但显然，这一结果并不意味着油价越高对中国越有利，根据发达国家的经验，负面的冲击终将显现。③当前国内成品油定价机制起到了对国际油价波动"减震器"的作用，这使得与发达国家不同，国际油价波动并没有造成国内企业面临的国际油价风险加大。④利用不同数据并估计两种模型后结果表明，企业规模并不能显著影响国内企业面临的国际油价风险。

在当前应对气候变化的紧迫形势下，中国正承担着越来越大的减排压力。目前政府已然承诺单位GDP二氧化碳排放量的减少，可以预见未来不仅仅是排放相对量的降低，排放绝对量也会减少。本研究实证检验的结果表明，国内节能减排力度的增加，将会使企业面临越来越大的国际油价风险。这一结论对于政府和企业经营者来说有诸多启示：首先，国内的节能减排政策已经将国内企业与国际能源价格紧密地联系在了一起。虽然由于政府干预，企业可以暂时躲避国际能源价格波动的直接冲击，但是随着减排力度的深入，由环境规制带来的各种间接影响，将势必使国内能源市场与国际能源市场接轨，企业生产经营的各个环节也将更多地受到来自国际石油市场的冲击。其次，越来越高的环境成本也提示企业，以往粗放式利用能源作为生产投入的方式将必须改变，虽然短期内企业可能面临较高的生产成本，但长期看企业由此而获得了可持续发展的能力，对长远发展十分有利。另外，面对越来越高的国际油价风险，企业最根本的应对措施还是技术进步。提高能源利用效率、转变能源使用结构、研发环境友好型产品将是企业最重要的应对工具。最后，对于政府来说，企业面临更高的国际油价风险实质上是反映了应对气候变化对我国能源安全的挑战，因此传统对能源安全问题的关注必须加入应对气候变化的考量。一方面，政府要制定适应新形势下的能源安全战略；另一方面，政府要引导企业做好准备工作，并逐渐增加在国际能源市场上的话语权。

第八章　气候变化背景下水资源和粮食安全

　　我国水资源总量丰富、人均贫乏，时空分布不均，水资源安全性较低。IPCC评估报告明确指出，全球气温呈加速上升的变动趋势，特别是20世纪80年代以来，东亚是全球变暖速度最快的地区，与全球气温变动趋势一致，我国气温上升迅猛。气温升高加剧地面蒸发作用，改变降水的时空分布，将进一步恶化我国的水资源安全状况

　　我国水资源南多北少分布不均，而气候变化很可能使南方降水增多，水资源极其短缺的北方将更加干旱，使水资源分布条件进一步恶化。气温升高和降水量的变动使长江、黄河、淮河和辽河的主要流域径流量呈减少趋势。温度升高和降水减少，加速冰川消融使冰川迅速减少，降低了冰雪融水对径流的补给作用。另外，气候变化加剧了水资源危机，而水资源危机也不可避免地促使人类排放更多的温室气体和减少碳汇量。如干旱缺水造成的森林火灾增加了碳排放，减少了碳汇量，干旱缺水极大影响水电站的发电能力，为满足经济社会发展的用电需求，必然要加大燃煤发电的比重，增加燃煤又会加剧温室气体的排放。

　　粮食是具有公共性的商品，是人民群众生活生产必不可少的基础。中国粮食安全是世界关注的重大政治和经济问题，解决好15亿人的吃饭问题，始终是我国治国安邦的头等大事，对于我国而言，粮食安全是一场输不起的战争。虽然目前我国粮食供需基本保持平衡，但随着气候环境变化、城市发展占用大量耕地等情况的出现，我国粮食安全的不确定性加大。

　　气候变化对农业和粮食生产的影响具有双重表现，气候变化可能加剧农业生产的逆境，如干旱、洪涝、冰雹、霜冻等农业气象灾害的增加，病虫害发生频率和危害程度的加剧等；也有可能因增加了光热资源和二氧化

碳浓度，而促进作物生长发育，气候变暖使得有效积温增加，这不仅会改变农作物熟制的搭配，也将使气候带和作物的种植北界向北移动，改变我国现有的种植制度。全球变暖可能引发海平面上升，导致沿海平原土壤涝滞、盐碱化加剧，降低农作物生产力。

第一节　气候变化背景下我国水资源状况概述

20世纪50年代以来的气候变化，人类活动是其主要原因，除非控制温室气体排放，否则未来全球气候变暖将达到十分危险的水平①。IPCC②第五次评估报告（AR5）第一工作组报告《气候变化2013：自然科学基础》于2013年9月在瑞典斯德哥尔摩正式发布。该报告回答了"全球气候是否变化及其程度""气候变化的主要影响因素及归因""未来气候变化的主要情景"和"2 ℃温升对应的排放空间"等核心问题，从观测、归因分析和未来预测三个角度证明全球变暖是一个正在发生的客观事实。最近的三个十年比1850年以来其他任何十年都温暖；北半球气温是过去1 400年来最热的三十年。全球几乎所有的地区都在经历升温过程，1880—2012年，全球平均地表温度升高0.85 ℃，2003—2012年平均温度比1850—1990年平均温度升高0.78 ℃。相关资料显示③，20世纪90年代以来我国祁连山雪线上升；西北典型冰川面积减少20%~46%，青藏高原的普若岗日冰原退缩了50米；1952—2000年我国西北及内蒙古西部共发生强或特强沙尘暴130

① Kerr R.A："The IPCC Gains Confidence in Forecast"，"Science"，2013，342：23-24.

② 政府间气候变化专门委员会（IPCC）通过定期发布评估报告，为全世界提供气候变化方面的综合科学信息，历次评估报告已成为国际社会和各国政府制定相关政策的重要依据。IPCC于1990年发布第一次评估报告（FAR），1995年发布第二次评估报告（SAR），分别对1992年通过的《联合国气候变化框架公约》和1997年《京都议定书》的签订产生了直接推动作用。IPCC第四次评估报告（AR4）成为巴厘路线图谈判进程的重要科学依据，很多结论被相关谈判议案引用。

③ 徐海亮：《黄河流域灾害环境变化与水资源安全》，《黄河文明与可持续发展》1999年第7辑，第105—119页。

次。20世纪60~70年代气温呈波动上升,80年代略有下降,90年代后期急剧上升,21世纪,气温仍将持续升高。中国近百年来气候变化趋势与全球气候变化的总体趋势基本一致,气温上升了0.4~0.5 ℃,特别是20世纪80年代以来,东亚是全球变暖速度最快的地区,中国气温上升迅猛。

近20年,我国北方大部分地区炎热日数趋于增多,西北地区增加最为明显。翟盘茂、任福民(1997)研究发现,1951—1990年,我国平均最高、最低温度变化表现出非常明显的不对称性,平均最高温度在黄河以北和东经95度以西地区以增温为主,其他地方以降温为主;平均最低温度在全国范围内均呈增温趋势,增温幅度北方大于南方。1951—2000年,我国华北和东北平原旱灾频率和程度显著增加,一些地区连续5~6年遭遇干旱。长江及其以南地区极端降水趋于增大,江淮流域暴雨洪涝事件发生频率增加;寒潮频率和持续时间也呈增长趋势。2005年冬天,经历全球变暖后的第一个寒冬,2010年春节后,东北、华北、江淮、江南、华南、西南、西北等地气温偏低,未来我国极端天气事件[①]发生频率可能进一步增大,给农业生产和社会经济带来严重影响。2006—2010年我国出现的主要极端天气事件见表8-1。

表8-1 2006—2010年我国极端天气事件

年份	区域	事件
2006	四川、重庆	百年一遇夏季大旱
2007	淮河流域(安徽、江苏、河南等省)	仅次于1954年全流域性大洪水
2008	南方地区	100年一遇的冰冻天气
2009	北方冬小麦主产区	50年一遇冬春连旱
2009	内蒙古、山西、河北、北京等	60年一遇寒冬
2010	云南、贵州、川西、江西、湖南等	100年一遇严重秋冬春连旱
2010	重庆、广东、江西、湖南等	遭遇罕见暴风雨

① 极端天气事件是指当地的天气状态严重偏离其正常状况,在统计意义上属于不易发生的事件,其发生概率通常小于5%或10%。极端天气事件可分为极端高温、极端低温、极端干旱和极端降水等几类。

地球上的水资源是指水圈内水量的总体，包括经人类控制并直接可供灌溉、发电、给水、航运、养殖等用途的地表水和地下水，以及江河、湖泊、井、泉、潮汐、港湾和养殖水域等。水资源是发展经济和人民生活不可缺少的自然资源。地球上的水很多，总体积约为13.8亿立方千米，如果平均分布在地球表面可形成平均2 650米深的水层。但是，在这些水中98%是不能直接利用的咸水，主要分布在海洋，淡水只占总量的2%，约3 000万立方千米，这些淡水资源也不能全部被人类所利用，88%的淡水被冻在南北两极的冰帽或高山冰川中，剩下的12%才是人类可利用的河流、湖泊和能开采的浅层地下水，并且绝大多数地下水不能开采，可直接利用的河流湖泊中的水只占淡水总量的0.04%。

一、我国水资源现状

我国水资源特征主要表现为总量丰富、人均贫乏、污染严重，时空分布不均、与需求不匹配，用水量持续增长，使用效率较低等。并且随着人口增长、城市和工业扩张，我国水资源短缺的状况将更加严峻。

（一）总量丰富、人均贫乏、污染和生态破坏严重

我国水资源总量为2.8万亿立方米，其中，地表水2.7万亿立方米，地下水0.8万亿立方米（地表水和地下水重复计算量0.7亿立方米）。我国水资源总量居世界第四位，但人均占有量仅为世界人均占有量的1/4[①]，居世界第88位。按照世界公认的标准：人均水资源低于3 000立方米为轻度缺水，低于2 000立方米为中度缺水，低于1 000立方米为重度缺水，低于500立方米为极度缺水。中国目前有16个省份人均水资源量低于严重缺水线，宁夏、河北、山东、河南、山西、江苏6省人均水资源低于500立方米，为极度缺水[②]。2000—2013年我国水资源情况见表8-2。

---

① 世界水资源总量为41.02万亿立方米，人均约7 000立方米。

② 张晶晶、邵润阳、唐颖：《浅析解决水资源危机的最有效途径》，《资源节约与环保》2014年第3期，第64-65页。

表8-2　2000—2013年我国水资源情况

年度	水资源总量（亿立方米）	地表水总量（亿立方米）	地下水总量（亿立方米）	人均水资源（立方米/人）
2000	27 700.8	26 561.9	8 501.9	2 193.9
2001	26 867.8	25 933.4	8 390.1	2 112.5
2002	28 261.3	27 243.3	8 697.2	2 207.2
2003	27 460.2	26 250.7	8 299.3	2 131.3
2004	24 129.6	23 126.4	7 436.3	1 856.3
2005	28 053.1	26 982.4	8 091.1	2 151.8
2006	25 330.1	24 358.1	7 642.9	1 932.1
2007	25 255.2	24 242.5	7 617.2	1 916.3
2008	27 434.3	26 377.0	8 122.0	2 071.1
2009	24 180.2	23 125.2	7 267.0	1 816.2
2010	30 906.4	29 797.6	8 417.0	2 310.4
2011	23 256.7	22 213.6	7 214.5	1 730.2
2012	29 526.9	28 371.4	8 416.1	2 186.1
2013	27 957.9	26 839.5	8 081.1	2 059.7
平均	26 880.0	25 815.9	8 013.8	2 048.2

注：因在统计上地下水和地表水有重复，所以水资源总量小于地下水总量和地表水总量之和。

由表8-2可见，2000—2013年我国年均水资源总量为26 880.0亿立方米，其中地表水25 815.9亿立方米，地下水8 013.8亿立方米，人均水资源2 048.2立方米。地表水是我国水资源总量的主要组成成分，约占96.0%，地下水只占3%左右。从变动情况看，2000—2009年水资源总量呈波动下降的变动趋势，年际波动幅度较小；2010—2013年水资源总量年际波动幅度加大。水资源总量最大值为30 906.4亿立方米，其中地表水29 797.6亿立方米，地下水8 417.0亿立方米，人均2 310.4立方米；水资源总量最小值为23 256.7亿立方米，其中地表水22 213.6亿立方米，地下水7 214.5亿立方米，人均1 730.2立方米。

总量丰富，人均贫乏。按照国际通用标准，人均年淡水占有量1 000立方米，为淡水占有量警戒线，人均年淡水拥有量在1 000~1 600立方米的为淡水紧张国家。我国是一个干旱缺水的国家，淡水资源总量约为28 000亿立方米，占全球水资源的6%，仅次于巴西、俄罗斯和加拿大，居世界第四位。从人均水资源拥有量来看，我国人均水资源只有2 000立方米左右，仅为世界平均水平的1/4，美国的1/5，俄罗斯的1/12，在世界上列第88位，是全球13个人均水资源最贫乏的国家之一。扣除难以利用的洪水径流、散布在偏远地区的地下水资源后，我国现实可利用的淡水资源仅为11 000亿立方米左右，人均可利用淡水资源约为900立方米，并且分布极不均匀。到20世纪末，全国670多座城市中，有400多座城市存在供水紧张问题，严重缺水的城市多达110个，全国缺水总量60亿立方米。

水污染、生态环境破坏严重。水污染主要是由人类活动产生的污染物造成的，它包括工业污染源、农业污染源和生活污染源。污染物主要有：未经处理而排放的工业废水，未经处理而排放的生活污水，大量使用化肥、农药、除草剂而造成的农田污水，堆放在河边的工业废弃物和生活垃圾，森林砍伐、水土流失、因过度开采产生的矿山污水。工业废水是水域的重要污染源，具有量大、面积广、成分复杂、毒性大、不易净化、难处理等特点。

多年来，我国水资源质量不断下降，水环境持续恶化，由于污染所导致的缺水和事故不断发生，使农业减产甚至绝收，造成了不良的社会影响和较大的经济损失，严重威胁了社会的可持续发展，威胁了人类的生存。中国各大水系有辽河、海河、淮河、黄河、松花江、长江，其中，辽河、海河、淮河污染最重。综合考虑中国地表水资源质量现状，符合《地面水环境质量标准》的Ⅰ、Ⅱ类标准的只占32.2%（河段统计），符合Ⅲ类标准的占28.9%，属于Ⅳ、Ⅴ类标准的占38.9%，如果将Ⅲ类标准也作为污染统计，则中国河流长度有67.8%被污染，约占监测河流长度的2/3。

我国地表水资源污染严重，地下水资源污染也不乐观。中国北方五省区和海河流域地下水资源，无论是农村（包括牧区）还是城市，浅层水或深层水均遭到不同程度的污染，局部地区（主要是城市周围、排污河两侧及污水灌区）和部分城市的地下水污染比较严重，污染呈上升趋势。具体而言，根据北方五省区（新疆、甘肃、青海、宁夏、内蒙古）1 995眼地下水监测井点的水质资料，按照《地下水质量标准》（GB/T14848-93）进行评价，结果表明，在69个城市中，Ⅰ类水质的城市不存在，Ⅱ类水质的城市只有10个，约占14.5%，Ⅲ类水质城市有22个，约占31.9%，Ⅳ、Ⅴ类水质的城市有37个，约占评价城市总数的53.6%，即约1/2以上城市的地下水污染严重。至于海河流域，地下水污染更是令人触目惊心，2 015眼地下水监测井点的水质监测资料表明，符合Ⅰ~Ⅲ类水质标准的仅有443眼，约占评价总数的22.0%，符合Ⅳ和Ⅴ类水质标准约有880和692眼，分别约占评价总井数的43.7%和34.3%，即有约78%的地下水遭到污染；如果用饮用水卫生标准进行评价，在评价的总井数中，仅有328眼井水质符合生活标准，只占评价总数的16.3%，另外2/3以上监测的井水质不符合生活饮用卫生标准。

我国工业化快速发展的同时水污染日益严重，据检察部门统计，近几年水污染事故每年都在1 700起以上，全国城镇饮用水水质不安全涉及人口达1.4亿人。据1998年中国水资源公报资料显示：这一年，全国废水排放总量共539亿吨，其中工业废水排放量409亿吨①，占75.9%。农业污染源包括牲畜粪便、农药、化肥等。农药污水中，有机质、植物营养物及病原微生物含量高。据有关资料显示，在1亿公顷耕地和220万公顷草原上，每年使用农药110.5万吨。

我国是世界上水土流失最严重的国家之一，每年表土流失量约50亿吨，致使大量农药、化肥随表土流入江、河、湖、库，随之流失的氮、磷、钾营养元素，使2/3的湖泊受到不同程度富营养化污染的危害，造成藻类以及其他生物异常繁殖，引起水体透明度和溶解氧的变化，致使水质恶化。生活污染源主要是城市生活中使用的各种洗涤剂和污水、垃圾、粪便等，多为无毒的无机盐类，生活污水中含氮、磷、硫多，致病细菌多。据调查，1998年中国生活污水排放量184亿吨。每年约有1/3的工业废水和90%以上的生活污水未经处理就排入水域，全国有监测的1 200多条河流中，850多条受到污染，90%以上的城市水域也遭到污染，致使许多河段鱼虾绝迹，符合国家一级和二级水质标准的河流仅占32.2%。污染正由浅层向深层发

---

① 因许多乡镇企业工业污水排放量难以统计，实际排污量远远超过这个数量。

展，地下水和近海域海水也正在受到污染。我们能够饮用和使用的水正在不知不觉地减少。

我国有82%的人饮用浅井和江河水，其中水质污染严重、细菌超过卫生标准的占75%，受到有机物污染的饮用水人口约1.6亿。从自来水的饮用标准看，中国尚处于较低水平，自来水仅能采用沉淀、过滤、加氯消毒等方法，将江河水或地下水简单加工成可饮用水。自来水加氯可有效杀除病菌，同时也会产生较多的卤代烃化合物，这些含氯有机物的含量成倍增加，是引起人类患各种胃肠癌的最大根源。城市污染的成分十分复杂，受污染的水域中除重金属外，还含有甚多农药、化肥、洗涤剂等有害残留物，即使是把自来水煮沸了，上述残留物仍驱之不去，还会使亚硝酸盐与三氯甲烷等致癌物增加。中国主要大城市只有23%的居民饮用水符合卫生标准，小城镇和农村饮用水合格率更低。

我国每年没有处理的污水排放量约为2 000亿吨，这些污水使90%的河道径流遭受不同程度的污染，75%的湖泊富营养化，全国有1.7亿人饮用水受到污染。我国海河、辽河、淮河、黄河、松花江、长江和珠江等水系均受到不同程度的污染。有害化学物质造成水的使用价值降低或丧失，污染环境。污水中的酸、碱、氧化剂，以及铜、镉、汞、砷等化合物，苯、二氯乙烷、乙二醇等有机毒物，会毒死水生生物，影响饮用水源、风景区景观。污水中的有机物被微生物分解时消耗水中的氧，影响水生生物的生命，水中溶解氧耗尽后，有机物进行厌氧分解，产生硫化氢、硫醇等难闻气体，使水质进一步恶化。

（二）时空分布不均、波动较大

我国年降水总量约6万亿立方米，降水总量年际变化大，1997—2011年平均年降水总量波动约为4 800亿立方米，降水最多年份与最少年份之间相差1万亿立方米。我国降水总体呈从东南沿海向西北内陆递减的分布格局，降水最多的区域是台湾东北部、喜马拉雅山东南坡，降水最少的地区是吐鲁番盆地。年降水量超过1 600毫米的地区大多在东南沿海地区；800毫米等降水量线通过秦岭、淮河附近至青藏高原东南边缘；400毫米降水量线大致通过大兴安岭、张家口市、兰州市、拉萨市至喜马拉雅山脉东缘；降水量200毫米以下的地区大多在西北内陆地区。2011年降水量居前3位的省区是西藏、四川和云南；降水量居后3位的省市是北京、天津和上海。

我国流域面积在1 000平方千米以上的大河流共计1 598条, 总长42万千米, 流域面积约667万平方千米, 地表径流约27 800亿立方米。我国水资源区域分布不匹配, 总体呈南多北少, 全国80%以上的水资源分布在长江流域及其以南地区, 人均水资源3 490立方米; 长江流域以北广大地区水资源仅占全国的14.7%, 人均水资源770立方米。淮河、海河、辽河流域水资源短缺尤其突出, 分别占全国年径流量的2%、1%及0.6%, 人均水资源分别为全国平均值的15%、11%和21%。黄土高原年内和年际降水量都很不均衡, 长江流域近年来旱涝灾害也极为频繁, 多数地区连续丰水和连续枯水较为常见。我国大部分地区冬、春少雨, 夏、秋多雨, 降水主要集中在5—9月, 占全年雨量的70%以上。

(三)用水量持续增长、利用效率偏低

供用水量持续增长。2013年我国供水量达6 183.5亿立方米, 比2000年增加了672.4亿立方米, 增长了12.2%。其中地表水供水量为5 007.3亿立方米, 地下水供水量为1 126.2亿立方米, 分别比2000年增长了12.8%和5.3%; 工业用水量为1 406.4亿立方米, 农业用水量为3 921.5亿立方米, 生活用水量为750.1亿立方米, 分别比2000年增长了23.4%、3.6%和30.5%。从供水来源看, 地表水是主要的供水来源, 占比维持在80%以上, 其次是地下水, 占比在18%以上, 其他来源供水不足2%。从水资源消耗情况看, 农业用水占比最大占60%以上, 其次是工业用水占22%以上, 生活用水占10%左右。2000—2013年我国供用水量及变动情况见表8-3。

表8-3 2000—2013年我国供用水量及变动情况(单位: 亿立方米)

年份	供水情况			用水情况			
	供水总量	地表水	地下水	用水总量	工业用水	农业用水	生活用水
2000	5 530.7	4 440.4	1 069.2	5 497.6	1 139.1	3 783.5	574.9
2001	5 567.4	4 450.7	1 094.9	5 567.4	1 141.8	3 825.7	599.9
2002	5 497.3	4 404.4	1 072.4	5 497.3	1 142.4	3 736.2	618.7
2003	5 320.4	4 286	1 018.1	5 320.4	1 177.2	3 432.8	630.9
2004	5 547.8	4 504.2	1 026.4	5 547.8	1 228.9	3 585.7	651.2

续表

年份	供水情况			用水情况			
	供水总量	地表水	地下水	用水总量	工业用水	农业用水	生活用水
2005	5 633.0	4 572.2	1 038.8	5 633	1 285.2	3 580	675.1
2006	5 795.0	4 706.8	1 065.5	5 795	1 343.8	3 664.4	693.8
2007	5 818.7	4 723.9	1 069.1	5 818.7	1 403	3 599.5	710.4
2008	5 910.0	4 796.4	1 084.8	5 910	1 397.1	3 663.5	729.3
2009	5 956.2	4 839.5	1 094.5	5 965.2	1 390.9	3 723.1	748.2
2010	6 021.99	4 881.6	1 107.3	6 022	1 447.3	3 689.1	765.8
2011	6 107.2	4 953.3	1 109.1	6 107.2	1 461.8	3 743.6	789.9
2012	6 141.8	4 963	1 134.2	6 141.8	1 423.9	3 880.3	728.8
2013	6 183.5	5 007.3	1 126.2	6 170.0	1 406.4	3 921.5	750.1

　　水资源利用效率偏低。我国供用水总量占水资源总储量的20%左右，其中地表水使用强度为19%~23%，地下水使用强度为12%~15%。我国水利用效率远低于发达国家，在个别领域水利用效率也低于世界平均水平。全国每立方米用水（单方用水）GDP产出为世界水平的20%。单方水资源粮食产量不足1千克，而世界先进水平在2.6千克以上。工业万元产值用水量为发达国家的5~10倍。工业用水复用率为60%~65%，远低于发达国家75%~85%的水平。全国有84%的城市供水管网漏失率为10%~30%，约有7%的城市供水管网漏失率超过了30%，发达国家仅为5%~7%，水资源浪费，加剧了我国水资源的短缺①。

---

① 畅明琦、刘俊萍：《论中国水资源安全的形势》，《生产力研究》2006年第8期，第5~8页。

二、我国水资源安全性实证分析

　　水是人类得以生存的最基本的物质之一，水不仅为人类直接饮用，也是人类获取粮食和发展经济的基础，是人类生存与发展不可替代的重要资源。充足的水资源是农业生产的基本保障，是工业发展不可或缺的资源，是构成生态环境和维系生态平衡、环境优美的重要基础。水安全是指人人都有获得安全用水的设施和经济条件，能够满足清洁和健康的需求，满足生活和生产的需要，同时不损害自然环境。从本质上看，水安全强调在一定程度上满足社会经济发展对水资源的需求，同时能保证可持续发展的长远目标。实现水安全的目的就是在现实情况下处理好人与人、人与自然基于水资源的关系，实现水资源、社会和生态环境持续健康发展。

　　进入21世纪，水资源对国民经济和社会发展的作用越发明显，水资源问题上升为水安全的战略问题。2000年，斯德哥尔摩国际水会议正式提出了"21世纪水安全"的问题，指出水资源是关系人类生存和发展的战略问题，即水资源不仅是基础性的自然资源也是战略性的经济资源。水资源安全的实质是资源和经济安全，是以水的持续利用来支撑社会、经济、生态的可持续发展。据世界卫生组织和联合国儿童基金会估计，目前全球缺少安全饮用水的人口已高达11亿，水安全是造成疾病蔓延、食物短缺、用水纷争、畜牧业和农业停滞的主要原因之一；预计2020年全球将有60%的城市人口面临用水安全问题。联合国在1999年警告，如果不采取有效措施，到2025年将有1/3的人口（约23亿）面临饮用水安全问题。

　　水资源安全是国家安全、经济安全与生态安全的基础，是指一个国家或地区在当前和未来都可以稳定、及时地获取发展所需的充足的水资源，同时又能保证人类赖以生存和发展的生态环境处于良好的状态。世界上任何国家都在消耗大量的水资源，且每年消耗量随着经济和社会的发展不断增长，同时又向水资源系统排放越来越多的废物和污染物，使水资源生产力面临崩溃的危险。由于自然和人为因素的影响，水资源危机日益突出，成为我国经济可持续发展的瓶颈。再加上全球气候变化的影响，我国水资源时空分布不均愈演愈烈，干旱等灾害频发，水资源短缺问题引起了国家和社会各界的广泛关注。相关研究预计[①]，到2030年左右，西北季节性积雪将趋于减少，冰川继续后退萎缩，由于年均气温升高，陆面蒸发量加大，多数内陆湖泊将明显收缩。

（一）我国水资源安全状况概述

农业用水短缺。我国作为一个农业大国，农村总人口占全国总人口的70%左右。2011年我国农村人均生活用水量为82升每人，不足城镇人均生活用水的一半。农田水利设施老化，节水灌溉力度不足，水资源浪费严重，农药和化肥过量使用更造成了土壤的深度污染，农村水资源短缺的现象迫切需要改善。在我国的西北地区，农业用水始终是该地区水资源消耗的大头，西部大开发也势必增加农业耗水。现在灌溉用水占总用水量的90%左右，且灌溉利用系数偏低，宁夏高达1 635立方米每亩。节水灌溉、减少浪费是目前应对水资源缺乏的有效途径之一。

农业耗水、农业生产影响水资源安全。联合国粮农组织相关资料显示，农业耗水量占全球总耗水量的80%，1990年全球总灌溉面积为2.73亿平方千米，其中发展中国家占1.19亿平方千米，全球耕地的15%需要灌溉，其总产量占农业总产量的30%~40%。我国耕地有效灌溉面积约5 101万千公顷，占总耕地面积的34.3%。农业生产除了消耗大量的水资源外，还对水质产生负面影响。肥料营养物、农药、灌溉残留下来的盐分对地表水和地下水都会造成不利影响。耕地造成土壤裸露会加速土壤侵蚀，使土壤的泥沙被输送到地表水体。泥沙淤积使河床抬高，影响水库蓄水能力，增加疏浚成本，严重时还会加大洪水发生的概率和严重程度。水体中悬浮泥沙还会增加城市和工业用水的治水成本。农业使用的肥料增大了营养物渗入地表水或地下水的概率，造成水体中氮、磷等营养物过剩。地表水域中营养过剩会造成藻类生长过快阻塞河道，藻类的呼吸作用和死亡藻类的分解作用消耗大量的氧，使水体处于严重缺氧状态，并分解出有毒物质，造成鱼类等水生物大量死亡，威胁生态平衡。为防治病虫害，我国每年大约使用133万吨农药。部分农药会转移到水体中，造成水质污染。灌溉用水返回到河流时还会携带大量

---

① 中国水利水电科学研究院、中国科学院地理与资源研究所、国土资源部水文地质工程地质研究所：《西北地区水资源合理配置和承载能力研究》，2000年报告。

溶解盐和其他矿物质，造成水体中溶解质浓度增大。

（二）水资源安全方面的文献回顾

瑞典水文学家Falkenmark（1989）最早用"水贫困"来衡量水资源短缺问题，并开始水贫困测度的相关研究，他提出以人均水资源量作为衡量一个国家或地区水资源供需关系是否紧张的指数（Hydrological Water Stress Index, HWSI）[1]，但是该方法没有将经济发展、水质、社会供水能力等要素纳入指标体系中。为改进HWSI指数，德国学者Leif Ohlsson建立了社会缺水指数（Social Water Scarcity Index, SWSI）[2]，该指数建立了水资源缺乏与经济社会发展之间的联系，阐述了水贫困对社会系统产生的影响。但是水资源开发、利用等相关的人类活动无法在指数中体现。英国牛津大学研究员Garoline Sullivan建立了水贫困指数（Water Poverty Index, WPI）[3]，综合了水资源状况、普水设施、供水能力、用水效率和水环境五个方面的内容，可分别从社区尺度、流域尺度、国家尺度上对水资源短缺进行测度，该指数得到了广泛的认可和应用。相关学者后续提出了水资源财富指数（Water Wealth Index, WWI）[4]和气候脆弱性指数（Climate Vulnerability Index, CVI）[5]。PhilAdkins, LenDyck等对WPI的部分子系统和指标进行调整和细化，建立了加拿大水资源可持续利用指数（Canadian Water

---

[1] Claudia Heidecke: "Development and Evaluation of a Regional Water Poverty Index for Benin", "Environment and Production Technology Division", 2006: 33–35.

[2] Ohlsson L: "Water Conflicts and Social Resource Scarcity", "European Geophysical Society", 1999: 12–23.

[3] Sullivan A, Meigh R, Giacomellol M: "The Water Poverty Index: Development and Application at the Community Scale", "Natural Resources Forum", 2003, 27(3): 189–199.

[4] Sullivan Garoline, Charles J, Eric C, et al: "Mapping the Links between Water, Poverty and Food Security", "Wallingford", 2005: 23–24.

[5] Kragelund C, Nielesn J.L, Thomsen T.R, et al: "Eco-physiology of the Filamentous Alphaproteobacterium Meganema Perideroedes in Activated Sludge", "FEMS Microbiology Ecology", 2005(1): 11–22.

Sustainability Index, CWSI) [1], Ricard Gine Garriga (2009) [2], Agusti Perez Foguet (2011) [3]将PSR模型与WPI相结合，建立了加强型水贫困指数 (enhanced Water Poverty Index, eWPI)。

国内学者的研究起步较晚，曹建廷（2005）、何栋材等（2009）[4]详细介绍了水贫困概念的历史演变过程及不同尺度上水贫困评价方法的应用。邵薇薇、杨大文（2007）[5]利用WPI指标体系对我国主要流域水资源状况进行了实证研究。孙才志（2011）利用WPI和ESDA模型对我国省际水贫困状况进行了空间关联格局分析。

Cullisand Regan（2004）将水贫困定义为获得水能力的缺乏或利用水的权力的缺乏，水贫困内涵主要包括多个方面：自然属性，水贫困的发生最直接的因素来源于生态环境的自然异变和人类活动诱发的异变；社会属性，水贫困的发生影响着人类的生存和社会发展的方方面面，人类是水贫困发生过程中的承灾体；经济属性，水贫困发生必定会损失已形成的资产和资源，对社会经济构成破坏。水贫困不仅影响生态环境的变化，还会对人类生存和发展产生威胁。水贫困状况的发生根本上取决于供水和需水两方面，受降水、径流以及人为等因素影响，供需水过程中存在着不同程度的不确定因素。灾害风险是指灾害活动所达到的损害程度及其发生的可能性，灾害风险是致灾因素危险性、承灾体的暴露性和脆弱性综合作用的结果。灾害风险函数可表示为：$I=f(H, E, V)$，其中，I表示灾害风险指数；$f(\cdot)$表示

① Phil A, Len D: "Canadian Water Sustainability Index", "Project Report", 2007: 1–27.

② Ricard Gine Garriga, Agusti Perez Foguet, Molina J.L, et al: "Application of Bayesian Networks to Assess Water Poverty", "International Conference on Sustainability Measurement and Modeling". Barcelona: Centro International de Metodos Numericosen Ingenierfa (CIMNE), 2009.

③ Perez-Foguet A.G: "Analyzing Water Poverty in Basins", "Water Resources Management", 2011 (14): 3595–3612.

④ 何栋材、徐中民、王广玉：《水贫困测量及应用的国际研究进展》，《干旱区地理》2009年第32卷第2期，第296–303页。

⑤ 邵薇薇、杨大文：《水贫乏指数的概念及其在中国主要流域的初步应用》，《水利学报》2007年第38卷第7期，第866–872页。

风险函数；H表示致灾因子，包括自然致灾因素和经济、社会潜在的致灾因素；E表示暴露性，即在灾害因素的影响下，遭受威胁的人和财产，受人口和财产密集程度、损失程度等因素影响；V表示承灾体脆弱性，即系统抵抗灾害的能力，与系统内部各组成要素的稳定性密切相关。

政府会采取兴建水利工程、保护生态等适应性措施来改善水贫困状况[①]，在考虑适应性因素的情况下，水贫困灾害风险指数可改写为：$I=f(H,E,V,R)$。其中，R为适应性措施，用来衡量防灾减灾能力，主要取决于经济发展、教育、科技发展和基础设施建设等。孙才志、董璐（2014）利用该方法，从经济系统、社会系统、生态系统和资源系统四个角度计算了2000—2011年我国31个省（市、自治区）农村地区水贫困灾害风险指数。我国利用改进后的WWF和DEG开发的水风险评估工具，对水环境进行了科学、全面的评估，研究结果表明，我国总体水风险在世界各国中并不高，长江、珠江、淮河等人口密集、经济发展较快的地区在我国各大流域中相对风险较低。但各地区水风险差异较大，南方地区的水风险普遍低于北方地区。这种情况主要是受自然条件的限制，我国水资源分布为南多北少，与土地资源、经济布局不匹配；同时经济发展导致水需求增加、水体污染严重，水量型和水质型缺水成为水风险的主要因素。

苏杨、赵野（2014）指出，我国水风险快速提高，主要源自工业的高速发展，是某些行业技术不高、布局不合理、防治污染不积极所致。各大流域一些行业是耗水和废水排放大户，对水风险的贡献很高，如松花江区域的化学原料及化学制品制造业和石油加工、炼焦及核燃料加工业；辽河区域的黑色金属冶炼及压延加工业、化学原料及化学制品制造业、石油加工、炼焦及核燃料加工业；海河区域的黑色金属冶炼及压延加工业；黄河区域的煤炭开采和选洗业、有色金属冶炼及压延加工业以及石油加工、炼焦及核燃料加工业；淮河区域的化学原料及化学制品制造业、农副产品加工业；长江区域的化学原料及化学制品制造业和黑色金属冶炼及压延业；东南诸河流域的纺织业、化学原料及化学制品制造业；珠江区域的通信设备、计算机及其他电子设备制造业；西南诸河流域的农

---

① Davidson R.A, Lamber K.B: "Comparing the Hurricane Disaster Risk of US Coastal Countries", "Nat Hazards Review", 2001, (8): 132–142.

副食品加工业、有色金属矿采选业；西北诸河流域的化学原料及化学制品制造业、黑色金属冶炼及压延加工业。徐雯、孙才志、刘欣（2013）基于PSR模型，选取人均GDP、万元GDP用水量等14个指标，应用五元集对评价法对2000年、2005年和2010年辽宁省14市水资源安全进行评价。陈午等（2014）利用序关系法和多级模糊综合评价模型，选取人均水资源量、人均供水量、耕地灌溉率等26个指标对北京市水资源安全状况进行研究，结果表明北京市水资源总量不足、人口众多、污水排放量大、人均绿地面积少等原因使得北京市水资源与环境协调水平不理想；由于北京市经济发展水平较高、用水效率及重复利用率高，因此其水资源与经济协调状况处于较高的水平。

（三）各省份水资源安全性状况测算

借鉴已有研究成果，构建包含资源禀赋、生态保护、经济发展三个系统的指标体系，利用基于熵值权重的GRA-TOPSIS评价方法[1]，对2013年我国31个省份的水资源安全状况进行实证分析。GRA-TOPSIS评价方法，根据样本数据的信息量，客观确定评价指标的权重，先运用灰色关联分析，比较样本数据的相似程度判断其联系是否紧密，确定各个评价单元之间的关联程度，然后采用TOPSIS分析方法，确定各项指标的正理想值与负理想值，得出各个评价单元与最优方案的接近程度。该评价方法完全利用评价单元的样本数据，依据评价单元之间的灰色关联度和Euclid距离进行TOPSIS排序，不需要客观权重信息，减少人为影响，使评价结果更加合理。水资源安全状况指标体系及各指标权重见表8-4，各省份2013年水资源安全状况及排名情况见表8-5。

表8-4 我国水资源安全状况评价指标体系

	指标名称	符号	单位	属性	权重
资源禀赋权重（0.446 243）	水资源总量	a1	亿立方米	正向	0.032 79
	年降水量	a2	亿立方米	正向	0.036 51
	地下水资源	a3	亿立方米	正向	0.023 381

---

① GRA-TOPSIS具体计算方法详见第五章。

续表

	指标名称	符号	单位	属性	权重
资源禀赋权重（0.446 243）	供水总量	a4	亿立方米	正向	0.023 82
	人均水资源拥有量	a5	立方米	正向	0.143 316
	人均用水量	a6	立方米	负向	0.033 834
	主要农作物播种面积	a7	千公顷	正向	0.020 935
	旱灾成灾面积	a8	千公顷	负向	0.049 98
	水灾成灾面积	a9	千公顷	负向	0.027 331
	主要农作物产量	a10	万吨	正向	0.027 848
	有效灌溉面积	a11	千公顷	正向	0.026 498
生态保护权重（0.448 919）	农药使用量	b1	万吨	负向	0.021 361
	废水排放总量	b2	万吨	负向	0.021 009
	森林面积	b3	万公顷	正向	0.023 654
	自然保护区面积	b4	万公顷	正向	0.075 748
	城市绿化面积	b5	万公顷	正向	0.029 322
	水土流失治理面积	b6	千公顷	正向	0.022 632
	除涝面积	b7	千公顷	正向	0.056 132
	农业用水总量	b8	亿立方米	负向	0.026 237
	工业用水总量	b9	亿立方米	负向	0.031 958
	生活用水总量	b10	亿立方米	负向	0.020 119
	治理废水项目完成投资	b11	亿元	正向	0.027 486
	治理废弃物项目完成投资	b12	亿元	正向	0.064 157
	地方财政环境保护支出	b13	亿元	正向	0.014 1
	地方财政农林水务支出	b14	亿元	正向	0.015 004

续表

	指标名称	符号	单位	属性	权重
经济发展权重 （0.104 838）	居民消费支出	c1	元	正向	0.015 281
	地区生产总值	c2	亿元	正向	0.019 475
	农林牧渔业生产总值	c3	亿元	正向	0.020 315
	工业生产总值	c4	亿元	正向	0.021 323
	万元 GDP 耗水量	c5	立方米 / 万元	负向	0.028 444

注："指标权重"根据熵值法计算得到。

由表8-4可知，资源禀赋是决定水资源安全状况的主要因素，其次是生态保护，经济压力的影响最弱。指标权重越大，其对水资源安全状况的影响程度越大，权重居前五位的是：人均水资源拥有量、自然保护区面积、治理废弃物项目完成投资、除涝面积和旱灾成灾面积，权重依次为0.143 316、0.075 748、0.064 157、0.056 132和0.049 98。

表8-5　各省份2013年水资源安全状况得分

序号	省份	资源禀赋		生态保护		经济发展		综合	
		得分	排名	得分	排名	得分	排名	得分	排名
1	北京市	0.581 5	30	0.565 1	16	0.497 5	31	0.557 3	30
2	天津市	0.591 1	28	0.575 8	9	0.569 7	7	0.581 3	19
3	河北省	0.620 0	19	0.550 1	21	0.550 6	21	0.581 4	18
4	山西省	0.611 1	23	0.488 0	29	0.578 8	2	0.563 4	27
5	内蒙古自治区	0.631 2	12	0.486 8	30	0.555 6	16	0.566 7	26
6	辽宁省	0.599 0	25	0.573 9	10	0.560 9	14	0.582 2	17
7	吉林省	0.614 2	21	0.569 3	12	0.576 0	4	0.590 9	12
8	黑龙江省	0.659 5	1	0.503 3	24	0.570 6	6	0.588 2	13
9	上海市	0.597 8	26	0.580 0	6	0.566 9	10	0.585 0	16
10	江苏省	0.624 3	16	0.499 3	25	0.513 2	30	0.558 3	28
11	浙江省	0.624 1	17	0.565 8	14	0.541 3	25	0.586 3	14
12	安徽省	0.641 8	8	0.534 0	22	0.548 4	22	0.585 4	15

续表

序号	省份	资源禀赋		生态保护		经济发展		综合	
		得分	排名	得分	排名	得分	排名	得分	排名
13	福建省	0.628 7	15	0.561 0	18	0.568 8	8	0.593 0	11
14	江西省	0.644 5	6	0.583 0	5	0.561 0	13	0.605 6	1
15	山东省	0.628 8	14	0.526 9	23	0.527 9	28	0.572 7	24
16	河南省	0.647 3	2	0.492 9	28	0.536 4	26	0.571 7	25
17	湖北省	0.641 7	9	0.571 0	11	0.545 5	23	0.596 9	8
18	湖南省	0.645 5	4	0.584 9	4	0.545 2	24	0.603 1	4
19	广东省	0.645 5	4	0.578 2	8	0.529 9	27	0.597 4	5
20	广西壮族自治区	0.645 7	3	0.579 6	7	0.554 6	18	0.603 6	3
21	海南省	0.602 5	24	0.557 7	19	0.553 0	20	0.576 6	21
22	重庆市	0.621 7	18	0.588 4	1	0.555 6	16	0.595 9	9
23	四川省	0.641 5	10	0.564 1	17	0.556 8	8	0.597 1	7
24	贵州省	0.629 3	13	0.587 3	2	0.584 5	1	0.605 5	2
25	云南省	0.641 9	7	0.566 5	13	0.553 7	19	0.597 3	6
26	西藏自治区	0.451 6	31	0.437 7	31	0.565 5	11	0.472 6	31
27	陕西省	0.613 9	22	0.586 7	3	0.568 3	9	0.594 7	10
28	甘肃省	0.619 1	20	0.555 4	20	0.519 5	29	0.576 1	22
29	青海省	0.592 5	27	0.498 1	26	0.576 2	3	0.557 8	29
30	宁夏回族自治区	0.583 8	29	0.565 4	15	0.563 3	12	0.573 2	23
31	新疆维吾尔自治区	0.641 0	11	0.496 0	27	0.575 6	5	0.578 7	20

注：资源禀赋得分越高表明自然水资源越丰富，生态保护得分越高表明对水资源的保护力度越强，经济发展得分越高表明经济对水资源环境的破坏力度越小，综合得分越高表明水资源安全状况越好。

由表8-5可知，2013年各省份水资源安全状况得分在0.472 6~0.605 6之间，总体不太理想。从水资源安全状况综合排名看，居前五位的是江西省、贵州省、广西壮族自治区、湖南省和广东省，得分分别为0.605 6、0.605 5、0.603 6、0.603 1和0.597 4。从水资源禀赋看，居前五位的是黑龙江省、河南省、广西壮族自治区、广东省、湖南省，得分分别为0.659 5、0.647 3、

0.645 7、0.645 5和0.645 5；从生态保护看，居前五位的是重庆市、贵州省、陕西省、湖南省和江西省，得分分别为0.588 4、0.587 3、0.586 7、0.584 9和0.583 0；从经济发展看，居前五位的是贵州省、山西省、青海省、吉林省和新疆维吾尔自治区，得分分别为0.584 5、0.578 8、0.576 2、0.576 0和0.575 6。从综合得分的构成情况看，各省份（除西藏自治区）生态保护和经济发展得分均低于资源禀赋得分和综合得分，即生态保护不力和经济发展均对水资源安全状况产生负向影响。生态保护影响程度居前五位的是黑龙江省、新疆维吾尔自治区、内蒙古自治区、河南省和山西省；经济发展影响程度居前五位的是广东省、北京市、甘肃省、湖南省和湖北省。

通过以上分析可得以下主要结论：资源禀赋是决定水资源安全状况的主要因素，其次是生态保护，经济压力的影响最弱。指标权重越大，其对水资源安全状况的影响程度越大，权重居前五位的是：人均水资源拥有量、自然保护区面积、治理废弃物项目完成投资、除涝面积和旱灾成灾面积。2013年我国水资源安全状况总体不太理想，各省份得分在0.472 6~0.605 6，水资源安全状况居前五位的是江西省、贵州省、广西壮族自治区、湖南省和广东省。生态保护不力和经济发展造成的水资源消耗均对水资源安全状况产生负向影响。

第二节　气候变化影响水资源的主要途径

以全球变暖为主要特征的气候变化已经引发一系列气候灾难发生，全球范围的洪水、干旱、热浪和极端气候等愈发频繁，强度也越来越大。我国气候条件也发生了一系列的变化，这些变化不可避免地给我国的水资源带来多方面的影响。气候变化直接导致水资源在时空上的重新分配和数量上的变动。气温上升会使降雨在时间上发生变化，主要体现为季节分配的改变，导致流域中季节流量变动和失衡。随着降水变率的增大，降水空间分布会更加不均，降水强度增大，增加洪涝和暴雨发生的频率。随着气温升高，土壤中的水分蒸发速率加快，地表渗入速率也随之加快，从而改变了生态系统抵抗外界环境干扰和保持系统平衡的能力。气候变化还对径流量大小, 降水时间和降水强度, 旱灾、洪灾的频率和强度等产生影响。此外气候变暖也改变区域水量平衡, 增强了水文极值事件发生的频率。

　　气候变暖、温度升高会使大气所具有的持水能力得到加强, 这会在一定程度上加大某一流域的降水量, 但与此同时, 随着温度的升高、日照时间和风速的变化等, 流域的水体蒸发量也会不断加大, 导致流域蒸发量与降水增量相抵消, 甚至会造成流域总水量减少。在气温升高导致的以上两种作用下, 气候变率①会加大, 主要体现为某一区域出现更强的干旱或更多的降水, 这也是干旱地区及半干旱地区对气候变化特别敏感、特别脆弱的主要原因。

一、气候变暖影响降水量

　　我国水资源分布不均, 而气候变化很可能使南方降水增多, 水资源极其短缺的北方将更加干旱, 使水资源分布条件进一步恶化。近50年来, 北方大部、西北东部、东北地区降水明显减少, 南方和西南地区明显增加, 总体呈南涝北旱的格局。无论是年降水总量还是季节降水量, 西部降水增长明显, 东北中部、长江中下游和东南沿海降水增多, 华北大部、东北东部降水减少。东北地区、四川地区、青藏地区、黄淮海平原等地区降雨量明显减少, 其中黄河、海河流域的降水量减少了50~120毫米。而我国西部地区、西南地区、长江下游、东南丘陵、东北地区、内蒙古地区的降水都有不同程度的增加, 华南沿海、长江中下游尤其明显。相关研究指出, 华北每10年降水减少20~40毫米②, 河西走廊中部降水量每10年下降2.81毫米; 长江中下游和东南地区年降水量增加了60~130毫米; 西部大部分地区降水也明显增加③。在降水的极值变化方面, 新疆是增大趋势最显著的地区, 年降水量趋于极端偏多的范围越来越大; 东部的华北地区年降水量呈明显下降趋势, 年降水量偏多的范围显著缩小。

---

① 气候变率是指气候在统计时段内各个年份之间的差异。
② 任国玉、郭军、徐铭志等:《近五十年中国大陆近地面气候变化的基本特征》,《气象学报》2005年第63卷第6期, 第942–956页。
③ 刘洪兰、白虎志、张俊国等:《1957—2006年河西走廊中部气候变化对水资源的影响》,《冰川冻土》2010年第32卷第1期, 第183–188页。

二、气候变暖影响径流量

近50年来,黄河上游地区气温总体呈上升趋势,约上升1.3 ℃。20世纪80年代中期以前气温上升比较缓慢,约0.003 ℃/年,80年代中期以后气温升速明显加大,约0.006 ℃/年。相关研究指出①,黄河上游年径流量与年平均气温负相关,受夏季蒸发耗散偏大影响,径流量与7月气温的负相关性最明显。在降水量保持不变的情况下,气温每升高1 ℃,径流量约减少4.7%,20世纪90年代以来,气候变化引起兰州段天然径流量平均每年减少47.3亿立方米。

根据1978—2007年辽宁碧河流域的水文监测资料,研究发现碧河流域30年间气温显著增高,降水量、水资源显著减少,蒸发量在30年间约增加24毫米,平均每年增加0.8毫米②。2006年,松辽流域地下水资源量为610亿立方米,比往年平均值减少10.4%,地表水径流量为1 460亿立方米,比往年平均值减少17.4%,年均降水量为465.8毫米,比往年平均值减少9.5%③。2009年1—11月,全国主要流域来水量较往年偏少,例如,松花江减少3成多,辽河减少6成,黄河上游减少5成,淮河减少5成,长江干流减少1成④。黄河1972年第一次断流,1997年断流226天,近700公里河床干涸。海河300条支流,无河不干,无河不臭。华北地下水严重超采,形成面积7万多平方千米的世界上最大的地下水漏斗区,地面下沉,海水入侵。20世纪50年代以来,长江上游20多条河流平均萎缩了37.1%。世界自然基金会2009年3月19日发表报告,将长度与水量均为世界第三位的长江列入世界面临干涸的10条大河之一。

---

① 王金花、康玲玲等:《气候变化对黄河上游天然径流量影响分析》,《干旱区地理》2005年第3卷第6期,第288-291页。
② 彭兆亮、何斌、王国利等:《碧河流域气候变化对水资源量的影响研究》,《南水北调与水利科技》2010年第8卷第5期,第76-79页。
③ 张强、邓振镛、赵映东等:《全球气候变化对我国西北地区农业的影响》,《生态学报》2008年第28卷第3期,第1210-1218页。
④ 刘振东:《电力行业防御性机会渐显　电煤需求仍将保持高位》,《经济参考报》2010-2-5。

三、气候变暖影响冰川水资源

冰川对气候变化反应十分敏感,气候变暖,影响河流上源冰川冰雪储量和消融速度,进而对水资源供应和河流径流产生影响。随着全球气温升高,大多数冰川自20世纪以来呈现出明显的退缩趋势,其退缩速度近20年来明显加快①。冰川消融加剧,依赖于冰雪融水补给的河流会因此径流量增大,但由于冰川补充速度低于消融速度,那些分布在海拔较低区域的小冰川会首先消失,冰川融水对河流的补给也会随冰川储量的减少而减少,最后演变为只依靠当年降水和降雪维持河流水量。近40年来,我国冰川面积缩小了5.5%,冰面平均降低了6.5米。乌鲁木齐河源天山1号冰川的面积自1962年以来减少了14%,消融速度的加快使冰川融水径流量增加了近1倍。新疆地区冰川面积是2 721.93平方千米,冰川储存量为2 634.47立方千米,占全国冰川总储量的46%,是冰川规模最大和储存量最多的地区。IPCC报告显示,新疆是过去100年来温度上升最明显的地区之一,自20世纪以来,新疆大多数冰川呈明显的退缩状态,最近30年呈加速退缩的趋势。由于温度升高和降水减少,新疆冰川亏损严重。

四、水资源危机与气候变暖互相加强

气候变化加剧了水资源危机,同时水资源危机也不可避免地促使人类排放更多的温室气体和减少碳汇量。2009年我国云南省遭受严重干旱,全省小麦、大麦、豆类等作物受灾面积达3 000多万亩,绝收800多万亩,林地受灾面积达4 300多万亩。大面积植物不能正常生长,影响整个地区植物所应具有的固碳作用。严重的干旱使森林火灾多发,危害程度加大,同时也增加了温室气体的排放。长期干旱使森林极度干燥,极易造成森林火灾且蔓延迅速,同时由于严重缺水,也给扑救火灾造成很大的困难。仅2010年1月1日至2月23日,云南省火点数就有1 179个,明显高于往年同期水平。干旱缺水造成的森林火灾不可避免地把大量应是碳汇的森林变成了碳源。水

---

① Wang Shenjie, Zhang Mingjun, Li Zhongqin, et al: "Glacer are Avariation and Climate Change in the Chinese Tian shan Mountains since 1960", "Journal of Geographical Sciences", 2011, 21(2): 263–273.

力发电是我国主要的可再生能源，干旱缺水极大影响水电站的发电能力。为满足经济社会发展的用电需求，必然要加大燃煤发电的比重。增加燃煤又会加剧温室气体的排放。

第三节　我国粮食生产状况

国内外不同组织机构对粮食的定义主要有以下几种。中国国家统计局（2007）定义粮食为谷物、豆类、薯类和其他杂粮。其中，谷物包括稻谷、小麦、玉米、高粱、小米、大麦和燕麦等；薯类指马铃薯和甘薯。薯类按重量5:1的比例转化为粮食，其他粮食一律按脱粒后的原粮计算。联合国粮食及农业组织（FAO）定义，粮食就是指谷物，包括麦类、粗粮和稻谷大类。FAO定义的粮食共包括稻谷、小麦、玉米、大麦、黑麦、小米、高粱等17种谷物。在所有粮食中最主要的是小麦、稻谷和玉米，产量约占全部粮食产量的2/3。美国农业部定义的粮食包括大米、小麦、玉米、大麦、高粱、燕麦、小米、黑麦和混合的粮食。无论从经济、资源还是从政治角度，粮食安全问题都具有全球性。国际市场波动对国内粮食安全具有深远的影响。特别是加入WTO以来，中国与世界各国的经济联系日益紧密，粮食安全受国际影响越来越大。

一、我国粮食生产变动情况

20世纪80年代，我国粮食总产量稳步登上了1亿吨台阶，人均粮食产量接近400千克。1995年中国粮食总产量4.7亿吨，肉类总产量5 000万吨，水产品2 538万吨。每人每日供给的热能、蛋白质、脂肪接近世界平均水平。但气候波动造成中国农产品总产波动10%的情况依然存在。我国粮食生产空间布局存在"北方多、南方少，中间多、两边少"的特点，人均产量最高的地区位于东北和内蒙古一带，其次为河南、安徽、山东、江苏、湖南、江西等中西部省份；人均产量最低的地区为东南沿海一带，其次为西北、西南各省份广大地域。东北平原、华北平原和长江中下游平原是我国主要的粮食产区，三大平原的水稻、小麦、玉米产量占全国粮食总产量的90%以上。

（一）粮食产量变动情况

1980年以来我国粮食产量有增也有减，总体呈上升趋势，粮食产量变化大体可分为四个阶段：第一阶段，1980—1984年，为粮食产量持续大幅增长阶段。家庭承包责任制的实行和农副产品收购价格的提高，刺激了农民投资和发展生产的积极性，1984年粮食产量超过4亿吨；第二阶段，1984—1998年，粮食产量在周期性波动中逐步提高，从1985年开始，粮食产量基本呈"一年减、两年增、三年一轮"的周期性波动，每经过一个波动周期，粮食产量就提高到一个新水平，到1998年，全年粮食总产量超过5.1亿吨；第三阶段，1998—2003年，为粮食连年减产阶段，仅2002年的粮食产量比上年略有提高，粮食减产的主要原因是粮食播种面积出现大幅减少，单产水平也有所降低，2003年粮食产量为4.3亿吨；第四阶段，2003年至今，为历史上少有的粮食连年增产阶段，在此期间，中央惠农政策密集出台且力度不断加大，有效地调动了农民和地方政府发展粮食生产，增加粮食投入和加强农业基础设施建设的积极性，2013年粮食产量达6亿吨。在稻谷、小麦、玉米、谷子、高粱、大麦、绿豆、大豆、花生等粮食作物中，稻谷、玉米和小麦的产量居前三位，其占比较高。1980年以来，三种粮食作物产量占粮食总产量的比重一直维持在80%以上且呈上升趋势，2013年达到90.4%。其中，稻谷产量占粮食总产量的比重呈下降趋势，2013年下降至33.8%；小麦和玉米产量占粮食总产量的比重均呈上升趋势，2013年分别升至20.3%和36.3%。

稻米总产量变动情况。稻米是我国主要的粮食作物，其产量约占粮食总产量的39.5%，在稻米类粮食作物中，以中稻和一季稻为主，其所占份额呈上升趋势。稻米的主要产区在南方，种植品种以籼稻为主，种植面积占水稻总面积的90%以上；北方以粳稻为主，种植面积占10%左右。1980年至2012年，全国稻米产量从13 990.5万吨，上升到20 423.59万吨，增幅为46.0%，其中，早稻从4 914万吨下降到3 329万吨，降幅为32.25%；中稻和一季晚稻从5 405.5万吨上升到13 356.86万吨，增幅为147%；双季晚稻从3 671万吨上升到3 737.63万吨，增幅为0.02%。

玉米产量变动情况。玉米是我国仅次于稻米的第二大粮食作物，其产量约占粮食总产量的25.3%。1980—2012年，除1999年、2002年玉米产量明显下降外，其余年份均呈上升趋势，从1980年的6 260万吨上升至2012年的21 848.9万吨，增长率为250%，年均增长率为3.7%。

小麦产量变动情况。小麦是我国第三大主要粮食作物，其产量约占粮食总产量的21.4%。自1983年以来，我国成为世界上第一大小麦生产国，但由于需求量大，我国每年仍需进口一定数量的小麦。小麦分为冬小麦、春小麦，分别占小麦总播种面积的84%和16%。冬小麦主要分布在华北平原、黄淮和长江流域；春小麦主要分布在长江以北的寒冷地带，甘肃、新疆、西藏等地既有冬小麦又有春小麦。从1980年至2012年，我国小麦产量从5 520.5万吨上升到12 102.36万吨，增幅为119.2%；其中冬小麦从4 649万吨增加到11 437.13万吨，增幅为146.0%；春小麦从871.5万吨下降到665.23万吨，降幅为23.7%。从各年间的变动趋势来看，小麦产量呈波动上升的变动态势。

（二）粮食种植面积变动情况

粮食种植面积总体呈先降后升的变动趋势。2013年我国粮食作物种植面积为11 195.6万公顷，其中，稻谷种植面积为3 031.2万公顷，小麦为2 411.7万公顷，玉米为3 631.8万公顷。从变动情况来看，粮食作物种植面积大概经历了5个变动阶段：第一阶段为1949—1956年，种植面积快速增加，从10 995.9万公顷增加至历史最高值13 633.9万公顷；第二阶段为1957—1959年，种植面积快速下降，从13 363.3万公顷下降到11 602.3万公顷；第三阶段为1960—1998年，种植面积基本稳定，在此期间平均年种植面积为11 638.7万公顷；第四阶段为1999—2003年，种植面积大幅下降，从11 316.1万公顷下降到历史最低点9 941.0万公顷；第五阶段为2004年至今，种植面积稳步上升，从10 160.6万公顷上升至11 195.6万公顷。稻谷和小麦种植面积与粮食作物种植面积走势大体一致，但玉米种植面积呈波动上升趋势。

二、我国粮食安全不容忽视

粮食是具有公共性的商品，是人民群众生活生产必不可少的基础。由于粮食已经在很多国家实现了市场化，政府并不直接干预粮食生产和供给，给国际投机资金带来逐利空间。全球化迅猛发展、国际投机资金的炒作,带来粮食价格的异动。近年来,我国粮食价格波动的背后不仅是供需的不平衡,还有国际资本炒作的痕迹。我国粮食市场发育不健全,国外资本很容易侵蚀粮食产品的公共性,危害我国粮食安全。粮食是关系国计民生和国家经济安全的重要战略物资,也是人民群众最根本的生活资料,粮食安全与社会和谐、政治稳定、经济持续发展息息相关。中国粮食安全是世界关注的重大政治和经济问题,解决好13亿多人吃饭问题,始终是我国治国安邦的头等大事,对于我国而言,粮食安全是一场输不起的战争。虽然目前我国粮食供需基本保持平衡,但随着气候环境变化、城市发展占用大量耕地等情况的出现,我国粮食安全的不确定性加大。

全球性生物能源的生产对粮食需求大量增加。近年来,国际上生物乙醇和生物柴油等生物燃料发展迅猛。2007年全球用于生产燃料乙醇的谷物约占总产量的3.5%,其中,美国23%的粗粮、巴西54%的糖类作物用于生产燃料乙醇。国际能源署预测,到2030年全球将有2%的耕地用于生产制造生物燃料的原料,新能源用粮与食用粮食之争将会加剧,全球粮食供给不足将使我国的粮食安全状况恶化[①]。从我国各省份粮食自给情况来看,粮食供给有余的主要有黑龙江省、吉林省、辽宁省、河北省、河南省、山东省;供给基本平衡的是安徽省、湖北省、湖南省、江西省、陕西省、新疆维吾尔自治区;供给不足的主要有福建省、广东省、海南省、江苏省、上海市、浙江省、北京市、天津市、青海省、西藏自治区。

我国是世界人口大国、农业大国、粮食消费大国,粮食安全是我国头等大事。中国政府对农业和粮食安全高度重视,中央一号文件连续10多年关注三农问题。2009年我国制定了《全国新增500亿公斤粮食生产能力规划(2009—2020年)》,要求到2020年,我国粮食生产能力达到5 500亿千克,比现有产能增加500亿千克[②]。而实际上,2010年我国粮食总产量接近5.5亿吨,提前9年实现粮食新增500亿千克的目标,2011—2013年,我国粮食总产量分别为5.7亿吨、5.9亿吨和6.0亿吨,截至2013年,粮食产量实现

---

① 陈健鹏:《生物燃料的发展对国际粮食市场和我国粮食安全的影响》。http://www.chinac2m.com/j0/j005/j00501/news/20081208/142323.asp。

② 国家统计局:《我国今年粮食总产量达58 957万吨　实现9连增》,2012–11–30。http://news.xinhuanet.com/forture/2012–11/30/c_124029390.htm。

了10连增①。虽然我国粮食总产量连续增长,但我国粮食进口也呈上升趋势,我国北粮南运的规模也在不断增加,2008年我国粮食总产量为5.3亿吨,进口谷物(粉)占国内总产量的0.3%,2012年粮食总产量接近5.9亿吨,进口谷物(粉)占国内总产量的2.3%。2012年粮食进口总量首次突破0.8亿吨,当年全国粮食总供给超过6.7亿吨,创下了历史新高②。预计未来5~10年,我国每年粮食大概有0.5亿~1亿吨的供给缺口,中国粮食安全依然是不可轻视的战略问题,同时,随着人口增加、经济社会发展和气候变化带来的不确定因素,要保持粮食总产量超过5.5亿~6亿吨的生产能力,仍是一项艰巨的任务。农业是我国受气候变化影响较大的行业。为保障经济发展和提高居民生活水平,必须确保国内粮食稳定供给。积极应对气候变化的不利影响,保持我国农业健康发展,稳定粮食产量,确保国家粮食安全是我国的基本国策③。

粮食安全即"保证任何人在任何时候都能得到为了生存和健康所需要的足够的食品",这一概念最早由联合国粮农组织于1947年在罗马世界粮食大会上提出。粮食安全是关系到国家政治稳定和经济发展的重大战略问题,尤其是对于拥有13亿多人口的中国来说,粮食安全问题更为重要。农业是自然再生产和社会再生产重合的产业部门,以农作物发育为基础。农作物生长发育直接受水、光、热、土壤等自然因素影响,对气候变化非常敏感。每种作物都有适合自己生长的温度范围,过高或过低都对作物生长不利,甚至可能使作物完全无法生存。

在全球气候变暖的大背景下,我国气候也将持续变暖,相关研究预测,到2020年我国平均气温将比1961—1990年平均气温升高1.3~2.1 ℃,2050年将升高2.3~3.3 ℃④。气候持续变暖会造成水资源重新分配,生态系

---

① 国家统计局:《2013年全国粮食总产量60 194万吨》。http://news.xinhuanet.com/photo/2014-01/20/c_126032818.htm。

② 中国经济周刊:《缺粮的中国:过半省份难以自给》,2013-07-02。http://news.xinhuanet.com/city/2013-07/02/c_124941398.htm。

③ 朱晓禧、方修琦、高勇:《基于系统科学的中国粮食安全评价研究》,《中国农业资源与区划》2012年第33卷第6期,第11-17页。

④ 左洪超、吕世华、胡隐樵:《中国近年气温及降水量的变化趋势分析》,《高原气象》2004年第23卷第2期,第238-244页。

统退化，极端气候时间增加、自然灾害加剧等一系列问题，给粮食安全带来危害。中国气象局局长郑国光在《求是》上撰文指出，我国每年因干旱平均损失粮食300亿千克，约占各种自然灾害损失总量的60%，并且在全球气候变暖背景下，已经持续30多年的华北地区干旱问题在未来10多年内仍不会有缓解迹象。在现有种植制度、种植品种和生产水平不变的前提下，到2030年，中国种植业生产潜力可能下降5%~10%，其中灌溉和雨养小麦的产量将分别减少17.7%和34.4%。如果不采取积极应对气候变化的有效措施，在现有生产水平和保障条件下，21世纪后期，我国主要农作物如小麦、水稻、玉米的年产量最多可下降37%。气候暖化和极端气象灾害导致粮食生产的自然波动将从过去的10%增加到20%，极端不利年份甚至会达到30%。相关研究表明[1]，升温会使农作物由于实际生育期缩短和水分供需差增大而造成减产。

　　20世纪80年代以来，长江地区[2]的年平均气温持续升高，特别是20世纪90年代，年平均气温较60年代升高0.5 ℃以上，上海和宁波升温达1.0~1.2 ℃。冬季气温变化幅度大，夏季变化幅度小，90年代冬季平均气温比60年代高1.2~2.0 ℃。降水时空分布更加不均，年总日照时数也呈减少趋势。随着长江地区气候变暖，年积温总量增加，农作物的播种、生长、产量、品质等都会受到不同程度的影响。如冬前积温的增加，会造成冬麦形成旺长苗，不利于安全越冬，最终导致产量降低；夏季高温还会使稻米质量变差。相关研究表明：长江地区平均气温每升高1 ℃，水稻生育期缩短14~15天，导致双季稻区早稻平均减产16~17千克/公顷，晚稻减产14~15千克/公顷；小麦生育期缩短10天，秋季到初春天气持续偏暖，造成冬麦生育期提前，个体偏弱，群体过大，严重影响产量和品质。此外，温暖的环境导致农作物旺长，加重田间渍害，引发病、虫、草害，加大管理难度。同时受气候变化影响，长江地区农作物病虫害发生的频率和严重程度不断上

---

① 林而达：《农业与气候变化》，《科学中国人》1996年第4期，第14–16页。

② 长江地区包括上海、江苏省沿长江的南京、镇江、扬州、泰州、苏州、无锡、常州、南通和浙江省东北的杭州、嘉兴、绍兴、舟山、宁波、湖州、台州，总面积占国土面积的1/14，是我国最大的都市圈之一，农业发达，主要盛产稻米、蚕桑、棉花等，是我国著名的鱼米之乡。

升，一些原已控制的病虫再度回升，病虫抗药性不断增强。近几年，暖冬和春季高温少雨使长江地区水稻飞虱爆发且带毒率明显偏高，常常导致水稻整株死亡。另外，麦蚜、吸浆虫、红蜘蛛、棉铃虫等害虫也都呈严重多发趋势。

气候变暖引起海平面上升，影响沿海地区农业生产。在全球变暖的大背景下，过去50年中国沿海海平面平均每年上升2.5厘米，远高于全球平均值。海平面上升会形成海水倒灌，侵蚀海堤，农田盐碱化，海潮顶托，造成洪水难以及时排出，对沿海农业生产构成严重威胁。如江苏省海洋与渔业局的海岸侵蚀监测结果表明，2003—2006年，江苏连云港至射阳河口岸段沿岸海堤受侵蚀严重的海岸线长19.75千米，海岸侵蚀总面积为529平方千米，对防护工程造成了重大影响。

气候变化也对作物种植的地理分布产生影响。如果平均气温增高2 ℃，则两熟区将北移到目前的一熟区中部，目前的两熟区大部分将被不同组合的三熟制取代，三熟制北界将由目前的长江流域北移到黄河流域，三熟制面积扩大，一熟区缩小。气候变化将进一步加大黄淮平原区水分供需差，加剧此地原有的春旱和干热风，危害小麦生产，限制一年两熟农田的扩大，原有两年三熟的旱作小麦、棉花、玉米及果树等会面临干旱的威胁。气候变暖可能会引起亚热带作物种植区的北移，使淮北、鲁东地区水资源紧张的问题因水分供需差的扩大而加剧。气候变暖，使滇中南高原区水分供需差持续加大，一年两熟的旱农作物农业体系会遭到严重破坏，牧林面积有可能增大。

第四节　气候变化对粮食生产的影响

气候变化，气温升高、温室气体（主要是二氧化碳）浓度增加，将会直接导致辐射、光照、热量、温度、湿度、风速等与作物生长密切相关的气候要素的变化，对农业生产形成全方位的影响。一方面，温度升高将改变作物生长季的长短，可能加剧对光热敏感作物的吸收作用，降低作物干物质积累，导致作物产量减低。另一方面，气候变暖大大增加我国大多数区域的有效积温,有效延长作物生长周期,提高光热资源的利用率。气候变化对农业的影响具有双重表现,气候变化可能加剧农业生产的逆境(包括生物逆境和非生物逆境);也有可能因增加了光热资源,而促进作物生长发育。此外,气候还可以通过影响作物的生长环境、适宜种植区域和病虫灾害等因素对粮食生产产生影响①。

一、气候变化影响粮食产量

近年来国内外学者围绕气候变化对粮食生产的影响开展了大量的研究,认为温度和降水的变化是影响农业生产的两个主要因素,但对于不同国家和地区,二者对作物产量的影响方向(增加或减少)及影响程度有所差别。研究发现,气候变化对小麦、玉米、大麦的粮食生产有害,如1981—2002年,全球气温持续上升导致世界小麦、玉米等每公顷年产量减少4.3千克,大麦减产6.95千克,而其变化对稻米、大豆、高粱等作物没有明显影响。作物生长对温度的要求非常敏感。植物生理生态学研究指出,随着温度的升高,植物体内酶活性等生理指标会呈现倒"U"形的变动过程,也就是说,冷暖要在适当的范围内,暖期有利于作物生长,冷期抑制作物生长;但在目前的气候条件下,现有农作物的生长会被持续走高的气温所抑制②。Tao等(2008)对中国主要粮食作物产量与气候变化的关系进行定量分析,发现气候变化使我国水稻(1951—2002年)和大豆(1979—2002年)总产量增加,而使小麦和玉米(1979—2002年)总产量减少。Joshi等(2011)分析了1987—2007年降水、气温等气候变化因素对尼泊尔粮食产量的影响,发现气候变化对不同作物产量的影响存在较大差异。Isikand Devadoss(2006)的研究表明,降水增加和温度升高会减少美国爱荷华州小麦、大麦、土豆和甜菜的单产。曹光平、陈永福(2012)研究了1990—2009年气候因素和非气候因素对山东省种植业的影响,结果表明气候变暖对山东省种植业产生明显的负影响。

---

① 郭建平:《气候变化对我国东部地区粮食产量的影响初探》,《地理研究》1992年第11卷第1期,第56–61页。

② 何凡能、李柯、刘浩龙:《历史时期气候变化对中国古代农业影响研究的若干进展》,《地理研究》2010年第29卷第12期,第2289–2297页。

中国大部分地区太阳总辐射和直接辐射呈减少趋势，给粮食生产造成不利影响。查良松（1996）和李晓文等（1998）分别分析了中国1957—1992年和1960—1990年的地面总辐射、直接辐射和散射辐射的年平均值和季节变化特征，指出大气中悬浮粒子浓度增加可能是导致辐射量降低的主要原因。气温极值和气候极端事件对经济社会和生态环境影响日益增大。

二、气象灾害影响粮食生产

在全球变暖的背景下，中国农业气象灾害、水资源短缺、农业病虫害的发生程度等都呈加剧趋势。若多种灾害同时发生或连片发生，将会对粮食生产造成巨大的威胁。

极端气候变化影响农业生产。2009年全年有9次台风登陆中国，较常年多2次，受灾地区农业生产遭受严重破坏，2009年农作物受灾面积4 721.4万公顷，绝收面积491.8万公顷。此外，气候变化导致的持续性少雨，在半干旱地区和湿润区诱发大范围干旱，2009年，中国东部冬小麦主产区出现30年一遇的冬春连旱，局部地区旱情达50年一遇。温度升高还导致病虫害泛滥，近10年来水稻螟虫灾害的早发和高发，严重影响南方水稻产量，稻飞虱和南方果树黄萎病也明显扩张。中国每年因旱灾平均损失粮食300亿千克，约占各种自然灾害损失总量的60%。而在气候变暖的背景下，我国华北地区已经持续30多年的干旱问题在未来10多年中仍会有所持续；同时南方雨量充沛地区的季节性干旱也会日益凸显。我国每年气象灾害造成农业直接经济损失高达1 000多亿元，占全国生产总值的3%~6%，其中影响最大的是旱灾，其次是洪涝和风雹[①]。近年来，我国农业水灾、旱灾成灾面积分别占播种面积的17.6%和8.1%。各省旱灾成灾面积一般为5%~19%，水灾为2%~10%。据国家减灾委、民政部统计，2009年夏粮生产先后遭受了旱灾和水灾双重袭击，夏粮总产量为1.2亿吨，比2008年减少了

---

① 局辉、许吟隆、熊伟：《气候变化对我国农业的影响》，《环境保护》2007年第6A期，第71–73页。

39万吨,7年来首次出现夏粮减产①。20世纪90年代,辽宁、吉林、黑龙江均发生了3~4次严重旱灾,而在此之前很少发生严重旱灾,2000年以来,年均发生8次严重旱灾②。气温回升会增加地面水分蒸发量,进一步增加旱灾发生的概率和强度。气候变暖会造成大气环流异动,造成局部地区在短时间内发生强降雨,形成洪涝灾害。1978—2013年,全国农作物平均受灾面积4 429.1万公顷,受灾面积占农作物总播种面积的29.8%,平均成灾面积为1 822.8万公顷,占农作物总播种面积的12.3%。在水灾、旱灾、风暴灾害、冷冻灾害等主要气象灾害中,旱灾、水灾危害最大,旱灾受灾面积占总灾害面积的53.4%,水灾占25.4%;旱灾成灾面积占总成灾面积的53.2%,水灾占27.1%。气象灾害给我国粮食安全带来了严峻挑战。

气候变暖为害虫的生长和繁殖提供更优越的环境,使农业害虫越冬北界北移、越冬基数高、死亡率低;发生期提前,危害加重;迁入期提前,迁出期延后,危害期延长;繁殖代数增加和迁飞区域扩大。随着气候变暖,我国农业作物病虫害危害呈加重趋势③。气候变暖、积温增加,使粘虫、稻飞虱的繁殖代数增加。相关研究资料表明,在北纬18~27度粘虫冬季繁殖气候带内,粘虫繁殖代数将从6~8代增加到7~9代,并且受气候变暖影响,粘虫冬季繁殖区的范围向北扩大1~2个纬度;北纬18.5~21度将成为稻飞虱最适宜繁殖气候区,年繁殖代数由9~11代增加到10~12代,北纬21~23度将变为稻飞虱适宜繁殖气候区,年繁殖代数由7~8代增加到8~11代。气温升高1.5~2 ℃后,吉林省及黑龙江南部地区的粘虫、玉米螟等害虫将由年繁殖1代增加至2代,而辽宁中、南部由2代增加至3代,病虫越冬存活率增加,发生期提前,发生程度加重。另外,气候变暖导致南北温差缩小,使粘虫、稻飞虱等迁飞性害虫春季受较强西南风流的影响,向北迁徙的时间提前,范

① 汤宏波、段磊、刘莹:《新形势下气候变化对中国粮食安全的影响》,《湖北农业科学》2011年第24卷第12期,第93–97页。

② 张郁、邓伟、杨建锋:《东北地区的水资源问题供需态势及对策研究》,《经济地理》2005年第25卷第4期,第565–568页。

③ 孙智辉、王春乙:《气候变化对中国农业的影响》,《科技导报》2010年第28卷第4期,第110–116页。

围更广；秋季气候变暖，副热带高压减弱，东撤速度减缓，时间推迟，田间食料充足造成粘虫、稻飞虱由北向南回迁的时间推迟①。

粮食的利用包括食品的营养质量、食品卫生等方面，气候变化改变粮食生产环节，进而导致粮食的营养品质和卫生品质下降。一是气温的上升，导致作物生长期缩短，即作物从播种到收割的时间间隔缩短，其生物功能的衰退过早来临，对农作物的产量和营养质量均造成负面影响。二是大气中的二氧化碳含量增加，对作物生长非常有利，二氧化碳含量升高有利于植物的光合作用②，对于对二氧化碳敏感的小麦、水稻等碳三作物有益处，在同等条件下可以增加产量，而对碳四作物的有利影响较小③。随着研究的深入，越来越多的研究结果表明，大气中二氧化碳含量的增高对食物的营养含量有副作用，比如导致大米成分中直链淀粉增多、质地更加坚硬，大米中铁、锌等有益元素含量降低，蛋白质含量减少④。农作物营养含量的降低，使得食草类动物需要吃掉更多的食物才能获得生命所需的养分，对生态系统的平衡造成不利影响。

气温上升对农作物的影响因时因地而异，Chmielewski等（2004）指

① 李淑华：《气候变化对害虫的生长繁殖、越冬和迁飞的影响》，《华北农业学报》1994年第9卷第2期，第110-114页。

② 二氧化碳是植物进行光合作用的外界基质，光合作用的强度和速度均随二氧化碳浓度的增加而增大。二氧化碳含量的增加将直接影响植物的生命力和生产力。大量试验表明，二氧化碳浓度增加是作物生产力提高的主要生理和气候因素，通过作物生长防御动态观测得出，在二氧化碳高浓度下栽培的小麦、水稻、棉花等生长速度加快，分叶期提前，分叶多产量增加；禾本科植物花期和熟期延长，叶片旺盛，穗大。虽然有的试验发现个别植物种类在二氧化碳浓度增加时会加速老化，但大部分试验得出多数情况下大气中二氧化碳浓度增加对作物生长和生产力有利的结论。

③ 碳三植物也叫三碳植物，光合作用中同二氧化碳的最初产物是三碳化合物3-磷酸甘油酸的植物；碳三植物的光呼吸高，二氧化碳补偿点高，而光合效率低；小麦、水稻、大豆、棉花等农作物均为碳三植物。碳四植物又称为四碳植物，在光合作用过程中，既具有碳三途径又具有碳四途径，与碳三植物相比，碳四植物的二氧化碳补偿点很低，其在二氧化碳含量低的情况下存活率更高；玉米、甘蔗、高粱、马齿苋等均为碳四植物。

④ F.Woodward and C.Kelly: "The Influence of CO_2 Concentration on Stomatal Density", "New Phytologist", 2005（131）.

出，气温升高引起的农作物变化未对德国的农作物产量造成显著的影响；Lobelland Asner（2003）研究表明，持续升温已经影响到了美国大豆和玉米的产量。在我国不同地区气候变化对农作物产量的影响也存在差异①。哈尔滨在1981—2000年，玉米种植期、开花期明显提前，成熟期延迟，产量上升，黑龙江的水稻种植面积增加，单产也大幅提高；西北地区优质冬小麦种植界限西扩，减少相对低产的春小麦的种植面积。在天水地区，水稻和小麦产量均减少；浙江绍兴早稻结实率下降。

气候变化影响土壤呼吸，对粮食作物生长造成影响。土壤呼吸是指土壤中产生二氧化碳的所有代谢作用，其中包括三个生物学过程（植物根系呼吸、土壤微生物呼吸和动物呼吸）和一个非生物学过程（含碳矿物质的化学氧化作用）。研究表明，土壤呼吸释放的二氧化碳中约30%~50%来自植物根系呼吸（自养呼吸），其余部分主要源于土壤微生物对有机质的分解作用（异养呼吸）。土壤呼吸是生态系统碳循环的主要组成部分，是陆地植被所固定的二氧化碳返回到大气的主要途径。土壤呼吸在生态系统的碳平衡中扮演重要角色，土壤呼吸每年排放68~75pg碳到大气中。土壤温度是影响土壤呼吸的主要环境因素，土壤呼吸因温度升高而增加。气候变化导致光、热、水等气候要素发生变化，这些变化与土壤发生作用，影响土壤有机质、土壤气体、土壤水分、矿物质、土壤微生物活动和繁殖力等，进而对土壤肥力产生影响。很多学者利用模拟模型研究了气候变化对壤肥力的影响。土壤有机质是土壤肥力的重要构成要素，部分学者结合特定地区气温、降水等气候要素，分析了气候变化对土壤碳含量变化的影响，高鲁鹏等（2005）利用CENTRUTY模型对草原草甸植被下黑土在环境要素变化背景下的变化进行研究，发现气温升高和降水量减少将会导致土壤有机碳含量降低，气温降低和降水量增加则有利于土壤有机碳的增多，并且气温变化的影响大于降水量变动的影响。秦小光等（2009）利用陆地生态模型开展黄土高原土壤生物地球化学过程的定量模拟，分析不同气候

---

① 王媛、方修琦、徐锬等：《气候变暖与东北地区水稻种植的适应行为》，《资源科学》2005年第27期，第121–127页。

条件下黄土高原土壤有机碳变化情况，发现降水变化是影响黄土高原土壤有机碳变化的主要因素。

三、气候变化影响粮食种植制度

农作物的生长直接受自然条件尤其是光、热、水等要素的制约，不同地区和自然环境下，适宜生长的作物品种与种类存在明显的差异。气候变化将在很大程度上对特定地区适宜种植的农作物品种产生影响。我国地域广大，各地的种植制度也存在明显差异，当前主要种植制度有一年一熟、一年二熟、一年三熟、二年三熟和间作套种等。有效积温（日均温度大于等于10 ℃）是衡量作物热资源的重要标志，气候变暖使得有效积温增加，这不仅会改变农作物熟制的搭配，也将使气候带和作物的种植北界向北移动[①]。年均温度每增加1 ℃，北半球中纬度的作物带将在水平方向向北移动150~200千米，垂直方向上移150~200米。近50年来，一方面，中国冬小麦、春玉米和水稻种植区明显北移、西移，水稻种植已扩大至全国最北部的三江平原，耕种面积大大扩张；另一方面，全球变暖可能引发海平面上升，导致沿海平原土壤涝滞、盐碱化加剧，从而降低农作物生产力。

20世纪90年代以来，我国东北地区气候增温明显，使得东北水稻种植区域北扩，以前不能种植水稻的伊春、黑河等地如今也可以种植水稻，2000年黑龙江省水稻种植面积是1980年的7倍；20世纪80年代初东北水稻种植面积约为85万平方千米，2009年种植面积达到400万平方千米，玉米播种面积也明显增加，达到700万~800万平方千米，玉米的早熟品种被中、晚熟品种替代，小麦种植面积从300万平方千米缩小到不足40万平方千米[②]。华北地区种植的强冬性小麦品种将被半冬性小麦品种取代，比较耐高温的水稻品种将在南方占主导地位，粤北将成为荔枝、龙眼、香蕉、芒果的优势产区。随着气温变暖，中国很多农作物的种植制度和范围也会发

① 张厚：《中国种植制度对全球气候变化响应的有关问题（Ⅰ）气候变化对我国种植制度的影响》，《中国农业气象》2000年第21卷第1期，第9–13页。

② 谢立勇、李艳、林淼：《东北地区农业及环境对气候变化的响应及应对措施》，《中国生态农业学报》2011年第19卷第1期，第197–201页。

生很大的变化,我国一年三熟制种植北界将由目前的长江流域北移到黄河流域,种植面积将达到目前的1.5倍,一熟区将缩小23%[①]。

气温变化不仅改变作物种植的范围和界限,还会带来产量的变化。据研究,气温每升高1 ℃,水稻生育期平均缩短7~8天,玉米生育期缩短7天左右,小麦生育期缩短8.4天;随着生育期的缩短,东北地区中熟玉米将平均减产3.3%,晚熟玉米将平均减产2.7%,华北地区小麦将平均减产10.1%;北纬6~31度内众多农田实验表明,结实期温度上升1~2 ℃,会使产量下降10%~20%,纬度越高,受影响程度越严重。虽然气温升高对东北地区水稻产量的增加具有促进作用,如20世纪90年代黑龙江水稻单产产量比80年代增加了42.7%,其中气温升高的贡献率为23.2%~28.8%[②],但是,随着气温的进一步升高,水分蒸发大量增加,东北的水热资源不能匹配,最终造成粮食减产。相关研究指出,气候变暖最终可能使全国小麦、玉米、水稻产量分别减产3%~7%、1%~11%、5%~12%,粮食产量平均下降5%~6%[③]。

气候变化影响植物群落的物种组成和多样性,从而可能改变群落的结构和功能特征,特别是在不同植被类型过渡带或交错带表现得更为明显。东多西少的水资源分布特点,使占我国面积50%以上的西部干旱地区生物量仅占全国的13%,东部地区生物量占全国的87%;南热北冷的气温分布特点,使生物量从热带向寒温带递减,南北相差5~6倍。

高山林线是气候变化的最敏感区域之一。在云南西北部的干旱河谷地区,因气候变暖而引起冰川退缩,灌木种类入侵到高山草甸,林线海拔增加,大约每10年上移8.5米[④]。林线位置的变化与气候变化直接相关,但这种变化在较长的时间尺度上才能被观察出来,最近100年的短时间尺度

---

① 肖风劲、张海东、王春乙等:《气候变化对我国农业的可能影响及适应性对策》,《自然灾害学报》2006年第15卷第6期,第327–331页。

② 方修琦、王媛、徐锬等:《近20年气候变暖对黑龙江省水稻增产的贡献》,《地理学报》2004年第59卷第6期,第820–828页。

③ 王秀兰:《二氧化碳、气候变化与农业》,中国统计出版社1998年版。

④ Moskey R.K:"Historical Landscape Change in Northwest Yunnan China","Mountain Research and Development",2006(26):214–219.

上，林线位置的变化不是很明显，但林线树木密度的变化确实比较明显。如黑龙江老秃顶子地区，长白山北坡的岳桦—苔原过渡带，五台山高山带等地的林线结构特征产生了很大的变化，林线上部更新和生长的树木种类随着气候变暖呈增加趋势①。

干旱和半干旱地区也是响应气候变化的敏感、脆弱地区。在内蒙古典型草原、青藏高原腹地的羌塘盆地、青藏高原冻土区东部边缘地带的若尔盖、青海省海北生态站、青海省中南部的青南高原均发现生物量下降，群落结构和类型发生变化。气候变暖加剧了内蒙古草原春季干旱，使得典型草原的畜牧用草生产力下降，而耐寒的大针茅数量上升②。在羌塘盆地中较湿润的高寒草甸植被逐渐被较干旱的高寒植被替代③。若尔盖地区多年冻土退化，沼泽湿地变干，面积缩小，土壤的结构和营养成分发生变化，沼泽植被转变为草甸，一些阳坡草甸向草原转变④。青海北海草甸因地下水水位下降，禾草类植物占据了主导地位，原来的沼泽化草甸不复存在⑤。

干旱缺水影响粮食生产。我国70%的粮食产量来自灌溉农业，干旱缺水是中国粮食产量波动的重要原因之一，在受灾面积和成灾面积中，旱灾占主要地位。据统计，1950—2013年，旱灾受灾面积平均占总受灾面积的54.4%，旱灾成灾面积平均占总受灾面积的51.5%。我国灌溉用水一直呈快

① 王晓春、周晓峰、李淑娟：《气候变暖对老秃顶子林线结构特征的影响》，《生态学报》2004年第24期，第2412–2421页。

牟长城：《长白山落叶松和白桦—沼泽交错带群落演替规律研究》，《应用生态学报》2003年第14期，第1813–1819页。

戴君虎、崔海亭等：《五台山高山带植被对气候变化的响应》，《第四纪研究》2005年第25期，第216–223页。

② 刘钦普、林振山：《内蒙古草原羊草群落优势物种对气候变暖的响应》，《地理科学进展》2006年第5期，第63–71页。

③ 张国胜、李林、汪青春：《青南高原气候变化及其对高寒草甸牧草生长影响的研究》，《草业学报》1999年第3期，第1–10页。

④ 王燕、赵志中、乔彦松：《若尔盖45年来的气候变化特征及其对当地生态环境的影响》，《地质力学学报》2005年第11卷第4期，第328–340页。

⑤ 李英年、王启基、周兴民：《高寒草甸植物群落的环境特征分析》，《干旱区研究》1998年第11期，第54–58页。

速增长的态势。1949—2011年，总用水量增长了4.4倍，人均用水量增长了1.3倍。中国农业灌溉每年平均缺水300亿立方米，年均干旱成灾面积900万公顷，年均因旱灾减产约200亿千克粮食。农业灌溉用水短缺成为不争的事实，且我国灌溉用水效率十分低下。

四、改善粮食生产的对策建议

我国农业本身比较脆弱，气候变暖会使农业的脆弱性更加明显，引起农业生产环境恶化，使我国沙漠化加剧，水热资源匹配失衡，自然灾害加剧，加速土地退化。另外，气候变暖还会引起海平面上升，海岸线地势低洼的耕地会被淹没，海平面每升高1米，如果不采取任何方法措施，珠江三角洲将会有3 500平方千米土地被淹没[①]，海平面上升还会造成海水倒灌，海湾和三角洲大片土地盐渍化。为保障粮食安全，提出以下对策建议。

（一）积极应对气候变化

不同区域应根据实际情况，采取针对性的措施，充分利用气候变化带来的有利影响，规避弊端。近30年来，气候变暖是东北粮食总产量提高的主要原因之一，气候变暖总体上有利于多熟制作物种植制度的发展。东北地区在这方面已经取得了实际的经验和效果，例如黑龙江省充分利用温度增高、热量资源增加的自然气候条件，从以小麦、玉米为主的粮食作物种植结构变成以玉米和水稻为主的种植结构，大幅提高了粮食总产量，成为我国首要的粮食生产和供应基地。长三角地区，充分利用冬季变暖的气候变动特点，降低粮油种植面积，进行反季节蔬菜种植和水产品养殖，大力发展以棚栽为主的菜篮子工程。

培育适应气候变化的农作物新品种。随着气候变暖，一些现有农作物不能适应水热条件的变化，加快培育和种植适宜气候变化趋势、较为"强悍"的农作物，是应对气候变化，保障粮食生产的有效手段之一。为充分利用热量资源，抵御不利的气候因素，培育的农作物新品种要具有较长的生

---

① HanM.K：" Sea Level Rise on China's Coastal Plains"，"Global Warming and the Third World"，1992（6）：17–21.

育期、良好的抗逆性、广泛的适应性等特点，在耐干旱、耐高温、耐盐碱等方面取得突破。

（二）充分利用现有水资源

农业安全建立在水资源安全的基础上。水是生命之源、生态之基、生产之要，自古以来，人随水走，粮随水来，有水就有粮，无水则荒凉。中国的农业安全问题离不开水资源安全问题。充分合理利用有限水资源，是保证农业安全的重要手段。我国淡水资源时间和空间分布不平衡，水资源利用效率也较低。从我国各地区的自然环境来看，粮食生产能力并没有达到极限，还有很大潜力。我国西南五省水资源占全国水资源总量的44%，如果坚持南水北调西线工程，从长江给黄河调水，能够解决西北五省水资源短缺问题。通过从雅鲁藏布江、怒江、金沙江、澜沧江和大渡河向我国西北、华北、东北调水，建设中国水网，实现全方位南水北调，从而实现水资源安全和农业安全目标的协同实现。在气候变暖的影响下，我国东北地区和青藏高原气温增加明显，西北地区降水增加。我国应适应这一气候变化趋势，在西部地区和青藏高原投资水利工程建设，发展农业和粮食生产，加快东北粮仓建设，挖掘黄淮海粮仓生产潜力。我国非常重视农业水资源匹配问题，2011年中央一号文件提出，加快水利改革发展，未来10年将投资4万亿元兴修水利。频繁发生的严重洪涝、干旱灾害，反映出了我国水利基础脆弱、欠账太多、全面吃紧的问题。应因地制宜地推广管理节水技术，如输水系统节水技术、田间灌溉节水技术、田间农艺节水技术、化学节水技术、生物改良节水技术等。发展节水农业，走可持续的农业发展道路。

（三）提高防灾减灾能力

部署实施全国气候变化综合影响评估系统等气象灾害监测预警研究，加强农业灾害性气候的预测预报和预防工作，提高防灾减灾预警能力。重视农业灾害预测和防御，着力加强农业生产适应气候变暖的能力建设。加强农业病虫害发生的气象条件预测和防治。加强对土地荒漠化和水土流失等的综合治理，有效利用水资源，推广自动化、智能化耕作种植技术,实现农业现代化管理,大力推广节水灌溉模式,科学决策水资源分配和合理利用,降低农业生产成本,提高土地利用效率。加强病虫害的预测、预报,及时、有效地控制病虫害的发生;大力推进农业生态防治,利用自然因素的调节和控制作用,创造有利于农作物生长发育、不利于有害生物滋生繁衍的生态条件;做好清园清田工作,减少越冬害虫数量;开发和研制各种高效低毒的新型农药,提高防治病虫害的效率,有效保护农业生态环境。

参考文献

[1] M. WACKERNAGEL. Ecological Footprints of nations [EB/OL]. http: //ucl. ac. uk. 1997.

[2] 鲍勃·杰索普. 治理的兴起及其失败的风险: 以经济发展为例的论述 [J]. 国际社会科学, 1999 (12): 32-37.

[3] 庞中英. 全球政府——一种根本而有效的全球治理手段 [J]. 国际观察, 2011 (6): 16-23.

[4] 戴维·赫尔德. 重构全球治理 [J]. 南京大学学报, 2011 (2): 19-28.

[5] 俞可平. 全球治理引论 [J]. 马克思主义与现实, 2002 (1): 20-32.

[6] 何忠义. 全球环境治理机制与国际秩序 [J]. 国际论坛, 2002 (3): 26-30.

[7] 薄燕. 全球环境治理的有效性 [J]. 外交评论, 2006 (12): 56-62.

[8] 王学义. 工业资本主义、生态经济学、全球环境治理与生态民主协商制度——西方生态文明最新思想理论述评 [J]. 中国人口资源环境, 2013 (9): 137-142.

[9] MICHELE M. BETSILL, ELISABETH CORELL (eds.). NGO Diplomacy: The Influence of Nongovernmental Organizations in International Environmental Negotiations [G]. The MIT Press, 2008.

[10] 韩跃红. 普世伦理视域中的公平与正义 [J]. 哲学研究, 2007 (12): 85-89.

[11] MICHAEL RICHARDS. Poverty Reduction, Equity and Climate

Change: Global Governance Synergies or Contradictions? Globalisation and Poverty Program, Overseas Development Institute [R]. London, 2003.

[12] 黄之栋, 黄瑞祺. 全球暖化与气候正义: 一项科技与社会的分析——环境正义面面观之二 [J]. 鄱阳湖学刊, 2010 (5): 27-37.

[13] 张志强, 曲建升, 曾静静. 温室气体排放评价指标及其定量分析 [J]. 地理学报, 2008 (7): 24-27.

[14] 丁仲礼, 段晓南, 葛全胜, 等. 2050年大气CO_2浓度控制各国排放权计算 [J]. 中国科学D辑. 地球科学, 2009 (8): 157-172.

[15] BAER P, HARTE J, HAYA B, et al. Equity and Greenhouse Gas Responsibility [J]. Science, 2000, 289 (54): 22-87.

[16] SAGAR, A.D. Wealth, Responsibility and Equity: Exploring an Allocation Framework for Global GHG Emissions [J]. Climatic Change, 2000 (45): 511-527.

[17] EILEEN CLAUSSEN, LISA MCNEILLY. The Complex Elements of Global Fairness [R]. Working Paper of the Pew Center on Global Climate Change, Washington, 1998.

[18] 徐玉高, 郭元, 吴宗鑫, 等. 碳权分配: 全球碳排放权交易与激励 [J]. 数量经济技术经济研究, 1997, 14 (3): 72-77.

[19] HAHN R W. Market Power and Transferable Property Rights [J]. The Quarterly Journal of Economics, 1984, 398 (4): 753-765.

[20] GODBY R. Market Power in Laboratory Emission Permit Markets [J]. Environmental and Resource Economics, 2002 (23): 279-301.

[21] CASON T N, GANGADHARAN L, DUKE C. Market Power in Tradable Emission Markets: A Laboratory Testbed for Emission Trading in Port Phillip Bay, Victoria [J]. Ecological Economics, 2003 (46): 46-49.

[22] FOLMER, TIETENBERG. The International Yearbook of Environmental and Resource Economics [M]. Edward Elgar Publishing, 2003.

[23] ROSE A, STEVENS B, EDMONDS J, et al. International Equity and Differentiation in Global Warming Policy and Application to Tradeable Emission Permits [J]. Environmental and Resource Economics, 1998 (12): 25-51.

[24] HOEL M. Global Environmental Problems: The Effects of Unilateral Actions Taken by One Country [J]. Journal of Environmental Economics and Management, 1991 (20): 55-70.

[25] CARRARO C, D. SINISCALCO. Strategies for the International Protection of the Environment [J]. Journal of Public Economics, 1993 (4): 309-328.

[26] BARRETT, S. Self-enforcing International Environmental Agreements [R]. Oxford Economic Papers, 1994 (46): 878-894.

[27] METZ B. International Equity in Climate Change Policy, In Integrating Climate Policies in a European Environment [M] //C. CARRARO. Special Issue of Integrated Assessment. Baltzer Publishers, 2000.

[28] CONVERY F. Blueprints for a Climate Policy: Based on Selected Scientific Contribution [M]. Baltzer Publisher, 2000.

[29] FRANCESCO BOSELLO, CARLO CARRARO, BARBARA BUCHNER. Equity, Development, and Climate Change Control [J]. Journal of the European Economic Association, 2003, 1 (2/3): 601-611.

[30] WILLIAM D. NORDHAUS. After Kyoto: Alternative Mechanisms to Control Global Warming [J]. The American Economic Review, 2006, 96 (2): 31-34.

[31] 潘家华. 人文发展分析的概念构架与经验数据 [J]. 中国社会科学, 2002 (6): 15-25.

[32] CLINE W ROBIN. The Impact of Global Warming of Agriculture: Comment [J]. The American Economic Review, 1996, 86 (5): 1309-1311.

[33] E. KWEREL. To Tell the Truth: Imperfect Information and Optimal Pollution Control [J]. Review of Economic Studies, 1997 (44): 595–601.

[34] BENFORD F A. On the Dynamics of the Regulation of Pollution: Incentive Compatible Regulation of a Persistent Pollutant [J]. Journal of Environmental Economics and Management, 1998 (36): 1–25.

[35] BöHRINGER, LANGE. On the Design of Optimal Grandfathering Schemes for Emission Allowances [J]. European Economic Review, 2005 (49): 2041–2055.

[36] CRAMTON, KERR P. Tradable Carbon Permit Auctions: How and Why to Auction not Grandfather [J]. Energy Policy, 2002 (30): 333–345.

[37] HOLT C A, SHOLE W, BURTRAW D, et al. Auction Design for Selling CO_2 Emission Allowances under the Regional Greenhouse Gas Initiative [J]. SSRN Electronic Journal, 2007, 26 (10): 1–131.

[38] 张忠祥. 排放权贸易市场的经济影响——基于12个国家和地区边际减排成本全球模拟分析 [J]. 数量经济技术经济研究, 2003 (9): 95–99.

[39] VIGUIER L., VIELLE M. BERNARD A. H. A Two-level Computable Equilibrium Model to Assess the Strategic Allocation of Emission Allowances Within the European Union [R]. NCCR Work Package4, Working Paper, 2004: 1–24.

[40] W.D. MONTGOMERY. Markets in Licenses and Efficient Pollution Control Programs [J]. Journal of Economic Theory, 1972 (5): 395–418.

[41] SONIA LABATT, RODNEY WHITE. Carbon Finance: The Financial Implications of Climate Change [M]. John Wiley & Sons, New Jersey, 2007.

［42］张伟，李培杰. "环境金融研究"笔谈：国内外环境金融研究的进展与前瞻［J］. 济南大学学报，2009（2）：35-37.

［43］方灏，马中. 论环境金融的内涵及外延［J］. 生态经济，2010（9）：124-128.

［44］SONIA LABATT, RODNEY WHITE. Environmental Finance: A Guide to Environmental Risk Assessment and Financial Products［J］. John Wiley& Sons, Inc., 2002.

［45］TULLOCK, GORDON. Excess Benefit［J］. Water Resources Research, 1967（3）：643-644.

［46］KNEESE, A. V., B. T. BOWER. Managing Water Quality: Economics, Technology, Institutions, Resources for the Future［R］. Inc., Washington, D. C., 1968.

［47］PEARCE D.W. World Development Report Background Paper［R］. World Bank, 1992.

［48］SHIRO LAKEDA. The Double Dividend from Carbon Regulations in Japan［J］. Journal of the Japanese and International Economies, 2007（21）：335-364.

［49］BOVENBERG LANS, DE MOOIJ RUUD. Environmental Levies and Distortion Taxation［J］.American Economic Review, 1994, 84（4）：1085-1089.

［50］BOVENBERG A, VAN P F. Optimal Taxation, Public Goods and Environmental Policy with Involuntary Unemployment［J］. Journal of Public Economics, 1996, 62（1-2）：59-83.

［51］GOULDER L H. Environmental Taxation and the Double Dividend: A Reader's Guide［J］. International Tax and Public Finance, 1995, 2（2）：157-183.

［52］PARRY I W. When Can Carbon Abatement Policies Increase Welfare?

The Fundamental Role of Distorted Factor Markets [R].NBER Working Paper, 1997.

[53] WEST S. E., WILLIAMS R. C. Estimates from a Consumer Demand System: Implications for the Incidence of Environmental Taxes [J]. Journal of Environmental Economics and Management, 2004 (47): 535–558.

[54] BABIKER M H. Climate Change Policy, Market Structure, and Carbon Leakage [J]. Journal of International Economics, 2005, 65 (2): 421–445.

[55] BARKER T, JUNANKAR S, POLLITT H., et al. Carbon Leakage from Unilateral Environmental Tax Reforms in Europe, 1995—2005 [J]. Energy Policy, 2007 (35): 6281–6292.

[56] WALTER I. J. Environmental Policies in Developing Countries [J]. Ambio, 1979 (8): 102–109.

[57] 谭秋成. 关于生态补偿标准和机制 [J]. 中国人口·资源与环境, 2009 (6): 1–6.

[58] PEZZEY J C. Emission Taxes and Tradeable Permits: A Comparison of Views on Long–Run Efficiency [J]. Environmental and Resource Economics, 2003, 26 (2): 329–342.

[59] WINTERS L A. The Trade and Welfare Effects of Greenhouse Gas Abatement: A Survey of Empirical Estimates [M]. Harvester Wheatsheaf, 1992.

[60] OLIVEIRA–MARTINS J, BURNIAUX J M, MARTIN J P, et al. Trade and the Effectiveness of Unilateral CO_2 Abatement Policies: Evidence from Green [R]. OECD Economic Studies, 1992.

[61] FELDER S, THOMAS F. RUTHERFORD. Unilateral CO_2 reductions and Carbon Leakage: The Consequences of International Trade

in Oil and Basic Materials [J]. Journal of Environmental Economics and Management, 1992 (25): 162–176.

[62] BABIKER M., MASKUS K, THOMAS F. RUTHERFORD. Carbon Taxes and the Global Trading System [R]. University of Colorado Working Paper, 1997.

[63] IPCC. Second Assessment Report of the Intergovernmental Panel on Climate Change [M]. Cambridge: Cambridge University Press, 1996.

[64] IPCC. Third Assessment Report of the Intergovernmental Panel on Climate Change [M]. Cambridge: Cambridge University Press, 2001.

[65] BABIKER M H. Climate Change Policy, Market Structure, and Carbon Leakage [J]. Journal of International Economics, 2005, 65 (2): 421–445.

[66] KELSALL W, IKONIC, HARRISON, et al. Optical Cavities for Si/SiGe Tetrahertz Quantum Cascade Emitters [J]. Optical Materials, 2004 (5): 851–854.

[67] COLE M A. Trade the Pollution Haven Hypothesis and the Environmental Kuznets Curve: Examining the Linkages [J]. Ecological Economics, 2004 (48): 71–81.

[68] COOPER R. Toward a Real Global Warming Treaty [J]. Foreign Affairs 1998, 77 (2): 66–79.

[69] COOPER R. The Kyoto Protocol: A Flawed Concept [J]. Environmental Law Review, 2001 (31): 11484–11492.

[70] KAHN J R, FRANCESCHI. Beyond Kyoto: A Tax–Based System for the Global Reduction of Greenhouse Gas Emissions [J]. Ecological Economics, 2006 (58): 778–787.

[71] ALDY J E, ORSZAG P R, STIGLITZ J E, et al. Climate Change: An Agenda for Global Collectie Action [J]. Climate Policy, 2001 (4): 256–

274.

[72] MCKIBBIN W J. Moving Beyond Kyoto [M]. Washington, D.C.: Brookings Institution, 2000.

[73] PIZER W A. Combining Price and Quantity Controls to Mitigate Global Climate Change [J]. Journal of Public Economics, 2002, 85 (3): 409–434.

[74] ALDY J E, BARRETT S, STAVINS R N, et al. Thirteen Plus One: A Comparison of Global Climate Policy Architectures [J]. Climate Policy, 2003, 3 (4): 373–397.

[75] BODANSKY D, CHOU S. International Climate Efforts Beyond 2012: A Survey of Approaches [J]. Climate Policy, 2004 (10): 125–132.

[76] NORDHAUS W. D. To Tax or Not to Tax: Alternative Approaches to Slowing Global Warming [J]. Review of Environmental Economics and Policy, 2007, 1 (1): 26–44.

[77] KOLSTAD C D, TOMAN M.The Economics of Climate Policy [J]. Handbook of Environmental Economics, 2005 (3): 1561–1618.

[78] WEITZMAN M. L. Prices VS Quantities [R]. Review of Economic Studies, 1974.

[79] WITTNEBEN B B, KIYAR D. Climate Change Basics for Managers [J]. Management Decision, 2009, 47 (7): 1122–1132.

[80] TULLOCK G. The Welfare Costs of Traiffs, Monopolies and Theft [J]. Economic Inquiry, 1967: 224–232.

[81] PARRY I W. Pollution Taxes and Revenue Recycling [J]. Journal of Environmental Economics and Management, 1995, 29 (3): 64–77.

[82] CLINE W. Political Economy of the Greenhouse Effect [R]. Washington D.C.: Institute for International Economics, 1989.

[83] MANNE A S, RICHELS R G. Global CO_2 Emission Reductions–The

Impacts of Rising Energy Costs [J]. The Energy Journal, 1991, 12 (1): 87–108.

[84] NORDHAUS W D.A Sketch of the Economics of the Greenhouse Effect [J]. The American Economic Review, 1991, 81 (2): 146–150.

[85] CRAMTON PETER, KERR SUZI. The Distributional Effects of Carbon Regulation: Why Auctioned Carbon Permits Are Attractive and Feasible, the Market and the Environment: The Effectiveness of Market-Based Policy Instruments for Environmental Reform [G]. Cheltenham, U.K., 1999.

[86] KLING C, ZHAO J.On the Long-run Efficiency of Auctioned vs. Free Permits [J]. Economics Letters, 2000 (69): 235–238.

[87] HOEL, KARP M. Axes and Quotas for a Stock Pollutant with Multiplicative Uncertainty [J]. Journal of Public Economics, 2001 (82): 91–114.

[88] POTERBA J. Lifetime Incidence and the Distributional Burden of Excise Taxes [J]. American Economic Review, 1989 (79): 325–330.

[89] POTERBA J. Is the Gasoline Tax Regressive? [J].Tax Policy Economics, 1991 (5): 145–164.

[90] BRIAN R. COPELAND, M. SCOTT TAYLOR. Free Trade and Global Warming: A Trade Theory View of the Kyoto Protocol [J]. Journal of Environmental Economics and Management, 2005, 49 (2): 205–234.

[91] FERNG J J. Allocating the Responsibility of CO_2 Over-emissions from the Perspectives of Benefit Principle and Ecological Deficit [J]. Ecological Economics, 2003, 46 (1): 121–141.

[92] BASTIANONI S, PULSELLI F M, TIEZZI E, et al. The Problem of Assigning Responsibility for Greenhouse Gas Emissions [J]. Ecological Economics, 2004, 49 (3): 253–257.

[93] LENZEN M, MURRAY J, SACK F, et al. Shared Producer and

Consumer Responsibility Theory and Practice [J]. Ecological Economics, 2007, 61(1): 27–42.

[94] RODRIGUES J, DOMINGOS T, GILJUM S, et al. Desiging an Indicator of Environmental Responsibility [J]. Ecological Economics, 2006, 59(3): 256–266.

[95] WILING H C, VRINGER K. Environmental Accounting from a Producer and a Consumer Principle: An Empirical Examination Covering the World [J]. Ecological Economics, 2007, 26(3): 235–255.

[96] CARSON R.T., JEON Y., MCCUBBIN D. The Relationship Between Air Pollution Emission and Income: US Data [J]. Environmental and Development Economics, 1997(2): 433–450.

[97] PANAYOTOU T. Demystifying the Environmental Kuznets Curve: Turing a Black Box into a Policy Tool [J]. Environmental and Development Economics, 1997(2): 465–484.

[98] 包群, 彭水军. 经济增长与环境污染. 基于面板数据的联立方程估计 [J]. 世界经济, 2006(11): 55–62.

[99] 林伯强, 蒋竺均. 中国二氧化碳的环境库兹涅茨曲线预测及影响因素分析 [J]. 管理世界, 2009(4): 27–36.

[100] STERNER T. Policy Instruments for Environmental and Natural Resource Management [M]. Rff Press, 2003.

[101] SOYTAS U, SARI R, EWING B T, et al. Energy Consumption, Income, and Carbon Emissions in the United States [J]. Ecological Economics, 2007(62): 482–489.

[102] APERGIS N, PAYNE J. Energy Consumtion and Econmic Growth in Central America: Evidence from a Panel Cointegration and Error Correction Model [J]. Energy Economics, 2009(31): 211–216.

[103] HUANG BWO-NUNG, WANG M.J., YANG C.W. Does More

Energy Consumption Bolster Economic Growth? An Application of the Nonlinear Threshold Regression Model [J]. Energy Policy, 2008 (36), 755-767.

[104] CONG R, WEI Y, JIAO J, et al. Relationships Between Oil Price Shocks and Stock Market: An Empirical Analysis from China [J].Energy Policy, 2008 (36): 3544-3553.

[105] 杨子晖. "经济增长"与"二氧化碳排放"关系的非线性研究. 基于发展中国家的非线性Granger因果检验 [J]. 世界经济, 2006 (10): 100-125.

[106] FEDER G.On Exports and Economic Growth [J]. Journal of Development Economics, 1983 (12): 59-73.

[107] ENDERS W. Applied Econometric Time Series [M]. New York: Sons, John Wiley, 2004.

[108] HANSEN B E. The Grid Bootstrap and the Autoregressive Model [J]. Review of Economics and Statistics, 1999: 594-607.

[109] WTIGHT P. Liberalisation and the Security of Gas Supply in the UK [J]. Energy Policy, 2005, 33 (17): 2272-2290.

[110] 张雷, 刘慧. 中国国家资源环境安全问题初探 [J]. 中国人口·资源与环境, 2002 (1): 67-71.

[111] 王礼茂, 郎一环. 中国资源安全研究的进展及问题 [J]. 地理科学进展, 2002 (4): 79-83.

[112] 谷树忠, 成升魁, 等. 中国资源报告——新时期中国资源安全透视 [M]. 北京: 商务印书馆, 2010.

[113] JANSEN J C, VAN ARKEL W G, BOOTS M G. Designing Indicatiors of Long-term Energy Supply Security [R/OL]. 2004-01.

[114] WINZER C. Conceptualizing Energy Security [R]. Cambridge Working Paper in Economics, 2011.

[115] NORMAN MYERS. The Environment Dimension to Security Issues [J]. The Environmentalist, 1986, 6 (4): 249–257.

[116] 邝杨. 环境安全与国际关系 [C]. 欧洲论坛, 1997 (3): 24–29.

[117] 文军. 国家环境安全及其对中国的启示——中国环境安全问题的社会学分析 [J]. 社会科学战线, 2001 (1): 198–202.

[118] 叶文虎, 梅凤桥, 关伯仁. 环境承载力理论及其科学意义 [J]. 环境科学研究, 1992 (6): 45–47.

[119] 李岩. 资源与环境综合承载力的实证研究 [C]. 产业与科技论坛, 2010, 9 (5): 89–91.

[120] 顾晨洁, 李海涛. 基于资源环境承载力的区域产业适宜规模初探 [J]. 国土与自然资源研究, 2010 (2): 8–10.

[121] 赵鑫霈. 长三角城市群核心区域资源环境承载力研究 [D]. 北京: 中国地质大学, 2011.

[122] 陈修谦, 夏飞. 中部六省资源环境综合承载力动态评价与比较 [J]. 湖南社会科学, 2011 (1): 106–109.

[123] 吴振良. 基于物质流和生态足迹模型的资源环境承载力定量评价研究 [D]. 北京: 中国地质大学, 2010.

[124] 毕明. 京津冀城市群资源环境承载力评价研究 [D]. 北京: 中国地质大学, 2011.

[125] 董文, 张新, 池天河. 我国省级主体功能区划的资源环境承载力指标体系与评价方法 [J]. 地球信息科学学报, 2011, 13 (2): 177–183.

[126] 刘向东. 让资源大省的"载舟之水"更充沛——山西省环境承载力与经济可持续发展形势分析 [J]. 环境保护, 2010 (16): 57–59.

[127] 邬彬. 基于主成分分析法的深圳市资源环境承载力评价 [J]. 中国人口·资源与环境, 2010, 20 (2): 133–136.

[128] 王志伟, 耿春香, 赵朝成. 开发区资源环境承载力评价方法初探 [J]. 价值工程, 2010, 29 (26): 127–129.

[129]类淑霞,郝晋珉,杨立,等.煤炭型城市土地生态环境及资源承载力定量研究:基于土地利用总体规划视角[J].国土资源情报,2010(11):49-53.

[130]陈明曦,杨玖贤,孙大东.矿产资源总体规划对四川省甘孜州资源—环境承载力影响分析研究[J].四川环境,2011,30(3):128-132.

[131]吴珠.长株潭城市群资源与环境承载力研究[D].长沙:湖南师范大学,2011.

[132]DERHER AXEL, RAMADA-SARASOLA, MAGDALENA. The Impact of International Orgnizations on the Environment: An Empirical Analysis[M]. Social Science Electronic Publishing, 2006.

[133]马向前,任若恩.中国投入产出序列表外推方法研究[J].统计研究,2004(4):31-34.

[134]李斌,刘丽君.序列投入产出表的研究[J].北京理工大学学报,2002(2):258-260.

[135]陈诗一.中国工业分行业统计数据估算:1980—2008[J].经济学季刊,2011(3):735-776.

[136]WOOD R, WIEDMANN T, LENZEN M, et al. Uncertainty Analysis for Multi-region Input-output Models: Case Study of the UK's Carbon Footprint[J]. Economic Systems Research, 2010, 22(1): 43-63.

[137]盛斌.中国对外贸易政策的政治经济分析[M].上海:上海三联书店,2002.

[138]MUENDLER M. CONVERTER.From SITC to ISIC[R]. CESifo and NBER, 2009.

[139]林伯强,牟敦国.能源价格对宏观经济的影响[J].经济研究,2008(11):88-101.

[140]任泽平.能源价格波动对中国物价水平的潜在与实际影响[J].经济研究,2012(8):59-69.

［141］吴一平. 外商直接投资、能源价格波动与区域自主创新能力——基于省级动态面板数据的实证研究［J］. 国际贸易问题，2008（11）：67-73.

［142］林伯强. 加快天然气价格改革步伐［J］. 价格与市场，2010（1）：28-28.

［143］林永生. 能源价格对经济主体的影响及其传导机制——理论和中国的经验［J］. 北京师范大学学报（社会科学版），2008（1）：127-193.

［144］林永生，李小忠. 石油价格、经济增长与可持续发展［J］. 北京师范大学学报（社会科学版），2010（1）：132-139.

［145］杨迎春，刘江华. 能源价格上涨对我国出口贸易的影响［J］. 经济纵横，2012（7）：76-85.

［146］DAVIS S J, HALTIWANGER J. Sectoral Job Creation and Destruction Responses to Oil Price Changes［J］. Journal of Monetary Economics, 2001, 48（3）：465-512.

［147］LEE K, NI S. On the Dynamic Effects of Oil Price Shocks: A Study Using Industry Level Data［J］. Journal of Monetary Economics, 2002, 49（4）：823-852.

［148］段治平，郭志琼. 煤炭价格传导机制分析［J］. 价格月刊，2010（2）：14-16.

［149］张兆响，廖先玲，王晓松. 中国煤炭消费与经济增长的变结构协整分析［J］. 资源科学，2008（9）：91-93.

［150］张炎涛，李伟. 中国煤炭消费和经济增长的因果关系研究［J］. 中国煤炭，2006（11）：78-82.

［151］于励民. 我国煤炭消费与经济增长关系的实证研究［J］. 煤炭经济研究，2008（2）：11-16.

［152］邱丹，秦远建. 我国煤炭价格与经济增长关系的实证研究［J］. 煤炭经济研究，2009（2）：23-26.

［153］任少飞，冯华. 中国经济增长与煤炭消费结构的关系［J］. 财经科学，2006（12）：17–23.

［154］吴永平，温国锋，宋华岭. 世界主要煤炭消费国与其国家经济增长GDP关系分析［J］. 中国矿业，2008（5）：25–30.

［155］邢瑞军. 煤炭价格波动对新疆工业的影响［D］. 乌鲁木齐：新疆财经大学，2007.

［156］周爱前，张钦，郭冬，等. 煤炭价格对我国经济微观部门的影响测度［J］. 科技情报开发与经济，2010（17）：145–147.

［157］COLOGNI A, MANERA M. The Asymmetric Effects of Oil Shocks on Output Growth: A Markov–Switching Analysis for the G–7 Countries［J］. Economic Modelling, 2009, 26（1）：1–29.

［158］蒋殿春，张宇. 经济转型与外商直接投资技术溢出效应［J］. 经济研究，2008（7）：26–38.

［159］任泽平，潘文卿，刘起运. 原油价格波动对中国物价的影响——基于投入产出价格模型［J］. 统计研究，2007（11）：22–28.

［160］JOACHIM S, KARL–MARTIN E, CHRISTIAN H, et al. Banning Banking in EU Emissions Trading?［J］. Energy Policy, 2006（34）：112–120.

［161］HAMILTON J D. This is What Happened to the Oil Price–macroeconomy Relationship［J］. Journal of Monetary Economics, 1996, 38（2）：215–220.

［162］MORK K A. Oil and the Macroeconomy When Prices Go up and Down: An Extension of Hamilton's results［J］. The Journal of Political Economy, 1989, 97（3）：740–744.

［163］赵元兵，黄健. 国际石油价格上扬对中国经济的影响［J］. 经济纵横，2005（1）：30–31.

［164］刘强. 石油价格变化对中国经济影响的模型研究［J］. 数量经济技术经济研究，2005（3）：16–27.

[165]师博. 能源消费、结构突变与中国经济增长: 1952—2005 [J]. 当代经济科学, 2007, 29 (5): 94–100.

[166]曾奕. 国际油价波动对中国经济发展的影响及相应策略研究 [J]. 东北大学学报 (社会科学版), 2007 (3): 5–12.

[167]REGNIER E. Oil and Energy Price Volatility [J]. Energy Economics, 2007, 29 (3): 405–427.

[168]FERDERER J. Oil Price Volatility and the Macroeconomy [J]. Journal of Macroeconomics, 1996, 18 (1), 1–26.

[169]刘霞辉. 论中国经济的长期增长 [J]. 经济研究, 2003 (5): 23–31.

[170]张红凤, 周峰, 杨慧, 等. 环境保护与经济发展双赢的规制绩效实证分析 [J]. 经济研究, 2009 (3): 14–26.

[171]林伯强, 王峰. 能源价格上涨对中国一般价格水平的影响 [J]. 经济研究, 2009 (12): 13–21.

[172]林伯强, 刘希颖. 节能和碳排放约束下的中国能源结构战略调整 [J]. 中国社会科学, 2010 (1): 78–86.

[173]WANG SHENJIE, ZHANG MINGJUN, LI ZHONGQIN, et al. Glacer Area Variation and Climate Change in the Chinese Tianshan Mountains since 1960 [J]. Journal of Geographical Sciences, 2011, 21 (2): 263–273.

[174]FARRELL M. J. The Measurement of Productive Efficiency [J]. Journal of Royal Statistical Society Association, 1957, 120 (A), 253–281.

[175]CUNADO J, PEREZ De GRACIA F. Oil Prices, Economic Activity and Inflation: Evidence for Some Asian Countries [J]. The Quarterly Review of Economics and Finance, 2005, 45 (1): 65–83.

[176]陈宇峰, 陈启清. 国际油价冲击与中国宏观经济波动的非对称时段效应: 1978—2007 [J]. 金融研究, 2011 (5): 72–83.

[177]GISSER M. & GOODWIN T. H. Crude Oil and the Macroeconomy:

Tests of some Popular Notions [J]. Journal of Money, Credit, and Banking, 1986(18): 95–103.

[178] FERDERER J. Oil Price Volatility and the Macroeconomy [J]. Journal of Macroeconomics, 1996, 18(1): 1–26.

[179] HENRIQUES I., SADORSKY P. Oil Prices and the Stock Prices of Alternative Energy Companies [J]. Energy Economics, 2008(30): 998–1010.

[180] KANEKO T., LEE B S. Relative Importance of Economic Factors in the US and Japanese Stock Markets [J]. Journal of the Japanese and International Economies, 1995(9): 290–307.

[181] FAFF R. W., T. J. BRAILSFORD. Oil Price Risk and the Australian Stock Market [J]. Journal of Energy Finance and Development, 1999(4): 69–87.

[182] PAPAPETROU E. Oil Price Shocks, Stock Markets, Economic Activity and Employment in Greece [J]. Energy Economics, 2001(23): 511–532.

[183] HAMMOUDEH S., HUIMIN L. Oil Sensitivity and Systematic Risk in Oil-sensitive Stock Indices [J]. Journal of Economics and Business, 2005(57): 1–21.

[184] NANDHA M, FAFF R. Does Oil Move Equity Price? A Global View [J]. Energy Economics, 2008, 30(3), 986–997.

[185] BASHER S.A., SADORSKY P. Oil Price Risk and Emerging Stock Markets [J]. Global Finance Journal, 2006, 17(2): 224–251.

[186] BOYER M, FILION D. Common and Fundamental Factors in Stock Returns of Canadian Oil and Gas Companies [J]. Energy Economics, 2007(29): 428–453.

[187] NANDHA M, FAFF R. Does Oil Move Equity Price? A Global

View[J]. Energy Economics, 2008, 30(3): 986–997.

[188]SADORSKY P. Risk Factors in Stock Returns of Canadian Oil and Gas Companies[J]. Energy Economics, 2001(23): 17–28.

[189]金洪飞, 金荦. 石油价格与股票市场的溢出效应——基于中美数据的比较分析[J]. 金融研究, 2008(2): 56–62.

[190]郭国峰, 郑召锋. 国际能源价格波动对中国股市的影响——基于计量模型的实证检验[J]. 中国工业经济, 2011(6): 54–62.

[191]ZHANG Y. J., Wei Y. M. The Dynamic Influence of Advanced Stock Market Risk on International Crude Oil Return: An Empirical Analysis [J]. Quant Finance, 2011(11): 967–978.

[192]AL-MUDHAF, ANWAR, THOMAS H. GOODWIN. Oil Shock and Stocks: Evidence from the 1970s[J]. Applied Economics, 1993(25): 132–141.

[193]HENRIQUES I, SADORSKY P. Can Environmental Sustainability Be Used to Manage Energy Price Risk? [J]. Energy Economics, 2010(32): 1131–1138.

[194]BECK N, KATZ J. What to Do (and not Do) with Time-series Cross-section Data[J]. American Political Science Review, 1995(89): 634–647.

[195]叶康涛, 陆正飞. 中国上市公司股权融资成本影响因素分析[J]. 管理世界, 2004(5): 56–71.

[196]程建伟, 周伟贤. 上市公司现金持有: 权衡理论还是啄食理论[J].中国工业经济, 2007(4): 42–51.

[197]巫景飞, 何大军, 等. 高层管理者政治网络与企业多元化战略: 社会资本视角——基于我国上市公司面板数据的实证分析[J]. 管理世界, 2008(8): 45–57.

[198]褚王涛, 徐召辉. WTI和Brent原油价格倒挂的原因及其影响

［J］. 国际石油经济, 2011(9)：32-35.

［199］AIKEN L, WEST S. Multiple Regression: Testing and Interpreting Interactions［M］. Sage, London, 1991.

［200］陈宇峰, 陈启清. 国际油价冲击与中国宏观经济波动的非对称时段效应: 1978—2007［J］. 金融研究, 2011(5)：72-83.

［201］翟盘茂, 任福民. 中国近四十年最高最低温度变化［J］. 气象学报, 1997, 5(4)：418-429.

［202］PEREZ-FOGUET A G. Analyzing Water Poverty in Basins［J］. Water Resources Management, 2011(14)：3595-3612.

［203］曹建廷. 水匮乏指数及其在水资源开发利用中的应用［J］. 中国水利, 2005(9)：22-24.

［204］何栋材, 徐中民, 王广玉. 水贫困测量及应用的国际研究进展［J］. 干旱区地理, 2009, 32(2)：296-303.

［205］邵薇薇, 杨大文. 水贫乏指数的概念及其在中国主要流域的初步应用［J］. 水利学报, 2007, 38(7)：866-872.

［206］孙才志, 王雪妮. 基于WPI-ESDA模型的中国水贫困评价及空间关联格局分析［J］. 资源科学, 2011, 33(6)：1072-1082.

［207］苏杨, 赵野. 理性评估中国水风险［J］. 环境经济, 2014(4)：39-41.

［208］徐雯, 孙才志, 刘欣. 基于五元集对模型的辽宁省水资源安全评价研究［J］. 资源开发与市场, 2013, 29(11)：1173-1175.

［209］陈午, 许新宜, 王红瑞, 等. 基于序关系法的北京市水资源可持续利用模糊综合评价［J］. 水利经济, 2014, 32(2)：19-24.

［210］JOSHI N P, MAHARJAN K L, PIYA L. Effect of Climate Variable on Yield of Major Food-crops in Nepal［J］. Journal of Contemporary India Studies: Space and Society, 2011(1)：19-26.

［211］ISIK M, DEVADOSS S. An Analysis of the Impact of Climate

Change on Crop Yields and Yield Variability [J]. Applied Economics, 2006, 38 (7): 835–844.

[212] 曹光平, 陈永福. 气候变暖等因素对山东省种植业产出的影响 [J]. 中国人口资源与环境, 2012, 22 (3): 32–36.

[213] 查良松. 我国地面太阳辐射量的时空变化研究 [J]. 地理科学, 1996, 16 (3): 232–237.

[214] 李晓文, 李维亮, 周秀骥. 中国近30年太阳辐射状况研究 [J]. 应用气象学报, 1998, 9 (1): 24–31.

[215] CHMIELEWSKI F–M, MÜLLER A, BRUNS E. Climate Changes and Trends in Phenology of Fruit Trees and Filed Crops in Germany 1961–2000 [J]. Agricultural and Forest Meteorology, 2004 (121): 69–78.

[216] LOBELL D B, ASNER G P. Climate and Management Contributions to Recent Trends in US Agricultural Yields [J]. Science, 2003 (9): 10–32.

[217] 高鲁鹏, 梁文举, 赵军, 等. 气候变化对黑土有机碳库影响模拟研究 [J]. 辽宁工程技术大学学报, 2005, 24 (2): 288–291.

[218] 秦小光, 李长生, 蔡炳贵. 气候变化对黄土碳库效应影响的敏感性研究 [J]. 第四世纪研究, 2001, 2 (2): 154–161.

后　记

　　2012年6月，我从南开大学经济学院博士毕业之后，进入国际关系学院国际经济系任教。此时，恰逢我系开展北京市本科教育教学专业建设项目，该项目力求突出我系"全球经济治理与国家经济安全"的特色方向，目的是建设具有国家经济安全特色的"国际经济学"学科点，并形成一批富有特色的教学、研究和国际学术交流成果。本书的研究正是在此背景下得以推动并产生的。作为资源环境经济学领域一名青年教师和研究人员，我深刻地感受到全球环境问题的严峻性，以及国际社会为了改善环境所做出的努力和行动正在带来的重大变革。依托国际关系学院和国际经济系在"全球治理"和"国家安全"相关领域的研究优势，结合我博士期间一直所从事的"全球气候变化经济学"的相关研究，将全球环境治理与国家资源环境安全相结合，研究在全球环境治理机制下我国资源环境安全面临的变革与挑战的想法很自然地产生了。

　　本书的研究虽然历时两年多，但就其内容来说，该书却是我读博士以来既有研究领域的一个延伸和扩展。在此，我要向带领我进入资源环境经济学领域的我的导师——可持续发展经济学领域专家、南开大学经济学院教授、博士生导师钟茂初先生，致以崇高的敬意！感谢他多年以来对我的指导和帮助！钟老师于我而言亦师亦友，虽然毕业多年，但他还时刻关心着我的工作和生活。从老师身上，我获得的不仅仅是学问，更是老师谦逊为人、踏实做事、严于律己、追求真知的作风和精神。

　　本书作为国际关系学院国际经济系"全球治理与发展战略丛书"之一，得到学校和系部领导的大力支持。陶坚校长在百忙之中仍关心着本书的研究进展，多次对本书的框架和内容提出建设性意见；国经系主任张士铨教授、系副主任羌建新老师组织了多次针对本研究的学术研讨会；他们和付卡佳教授、张澜涛教授、孟晔老师等其他国经系的同事一起，在本书写作期间多次给予我工作上和生活中的帮助。可以说，没有他们的支持和帮助，本书不会如此顺利地完成！

当然，我还要感谢在背后默默奉献、给予我莫大鼓励和支持的家人。在本书写作期间，我的先生不仅承担起很多照顾幼子的家庭责任，更在本书的校订和格式修正等方面提供了帮助。作为家中独女，我在写作期间不得不放弃许多与远在异乡的父母相聚的时光，年迈的父母不仅理解并且十分支持我的工作，我想这部专著的出版亦是对他们最好的回馈和礼物！

当前，资源环境问题在我国的关注度越来越高。本书的出版虽然使研究暂时告一段落，但我对资源环境问题的关注和研究还将继续下去，力争有更多的成果奉献给读者！

史亚东

2015年5月于北京